执笔者一览 (执笔序,*编者)

*岛谷 幸宏 (Yukihiro SHIMATANI)	国土交通省九州地方整备局武雄河川事务所 所长	
*细见 正明 (Massaki HOSOMI)	东京农工大学工学部化学系统学科 教授	
*中村 圭吾 (Keigo NAKAMURA)	独立行政法人土木研究所水循环研究组 (河川生态)主任研究员	
藤本 尚志 (Naoshi FUJIMOTO)	东京农业大学应用生物科学部 酿造科学科 讲师	
花里 孝幸 (Takayuki HANAZATO)	信州大学山地水环境教育研究中心 教授	
山口 启子 (Keiko YAMAGUCHI)	岛根大学生物资源科学部生态环境科学科 讲师	
相崎 守弘 (Morihiro AIZAKI)	岛根大学生物资源科学部生态环境科学科 教授	
浅枝 隆 (Takashi ASAEDA)	埼玉大学理工学研究科环境制御工学专攻 副教授	
高村 典子 (Noriko TAKAMURA)	独立行政法人国立环境研究所生物多样性研究项目 综合研究官	
西广 淳 (Jun NISHIHIRO)	东京大学大学院农学生命科学研究科保全生态学研究室	
中井 智司 (Satoshi NAKAI)	东京农工大学工学部化学系统学科 助手	
下桥 雅树 (Masaki SAGEHASHI)	东京大学生产技术研究所 物质·生命大部门 助手	
佐藤 和明 (Kazuaki SATO)	财团法人河川环境管理财团河川环境综合研究所 技术员	
稻森 悠平 (Yuhei INAMORI)	独立行政法人国立环境研究所循环型社会形成推进·废弃物研究中心 室长	
稻森 隆平 (Ryuhei INAMORI)	筑波大学生命环境科学研究科 研究生	
孔 海南 (Hainan KONG)	上海交通大学环境科学与工程学院 教授(中国)	
安部 贤策 (Kensaku ABE)	木炭水质净化研究会 代表	
田中 宏明 (Hiroaki TANAKA)	独立行政法人土木研究所水循环研究组 (水质)首席研究员	
冈安 祐司 (Yuji OKAYASU)	独立行政法人土木研究所水循环研究组 (水质)研究员	
大久保卓也 (Takuya OKUBO)	滋贺县琵琶湖研究所 专门研究员	
县 和一 (Waichi AGATA)	财团法人西日本绿色研究所 所长 九州大学名誉教授	
杨 瑜芳 (Yufong YANG)	独立行政法人国立环境研究所地球环境研究中心 客座研究员	
小岛 均 (Hitosi OJIMA)	茨城县工业技术中心纤维工业指导所高分子技术部 部长	
鹫谷 IDSUMI (Idsumi WASHITANI)	东京大学大学院农学生命科学研究科保全生态学研究室 教授	
饭岛 博 (Hiroshi IIJIMA)	特定非营利活动法人 ASAZA 基金 代表理事	

*本书中,日本的行政单位县、市、町分别对应中国的省、市、村镇;

省相当于中国的部委;

横滨鳉、台湾帚菊、日本长石蝇、菲律宾蛤仔等,均为学名,与地区、国名无关。

前　言

　　虽然生态水质净化技术的概念现在还没有一个明确的定义，但是本书提出的概念，可能对诸多领域的技术框架及技术开发产生潜在的影响。这些技术不同于所谓的 20 世纪型硬技术体系，它是一种内涵丰富、实施灵活的软技术。在本书中收集介绍的各种水质净化实例，虽然并未完全体现生态技术的所有精髓，但总体上涵盖了生态技术的基本模式，仅供各位读者参考。

　　生态技术的概念，最早由合田先生在 1977 年提出。合田指出："生态技术，是从生态的视角对系统全局进行考察的系统工程。一方面，该词汇在新技术开发过程中导入共生概念，另一方面，它也是生态学和技术的合成语。因为该概念中包含了全球的理念，因此将其命名为'共生技术'。"（合田周平，《生态技术的推广》，KORONA 出版社，1990）。合田提出的概念受到本田宗一郎的支持并开始在产业技术中推广。

　　关于生态技术在水质及水环境方面应用的著作，以米歇尔（美国）等编著的《生态工程入门》较为有名。在书中提到如下定义："所谓生态工程或生态技术，就是同时从人类社会和自然环境两个方面进行考虑的技术手法。"19 世纪 80 年代后期开始，生态工程开始在欧美盛行，这些技术和本书的思路有很多相似之处。

　　可以说生态技术已经不是一个新概念，在本书中，我们将生态学和科学技术融合起来，重新提出以下定义："生态技术是基于生态系统的基本原理，利用生物的行为减小能源的消费以及对环境的负荷，以保护生态系统，实现自然和人类的可持续共生"，这个概念也适用于水质净化的领域。传统的生态技术概念，常常过于强调生态系统基本原理的应用，结果对生态系统的保护反而起不到应有的作用，生态技术应当更多的关注对整个生态系统的保护。

　　本书共有 4 个部分组成。

　　第 I 篇绪论，主要说明生态技术的基本思路以及需要注意的地方，希望读者先通读本篇。

　　第 II 篇基础篇，水质净化生态技术牵涉多方面基础知识，本书主要针对植物浮游生物、动物浮游生物、底生动物、湖岸植生带等，从功能和生态学两方面进行说明，同时还对生态系统的人为保护、植物抗感作用、水质生态模型、流域水循环模型等的基础知识及最新研究进展进行了介绍。虽然作者的视点不同，观点也不大相同，通过这些来自各个角度的介绍，可以获得比较全面的基础知识，并加深对生物之间相互关系的重要性的认识。本篇对水质生态模型和流域水循环模型也进行了比较详细的介绍，请大家参考。

第Ⅲ篇应用篇，主要是介绍生态技术的实践及研究实例，主要包括植物净化，紧凑湿地，土壤净化，利用木炭进行水质净化，接触氧化，湖岸植被的复原，贮水池的净化效果，无土水耕栽培净化技术，人工浮岛，底泥利用新技术等，内容都很有意义。

第Ⅳ篇则从将来的展望出发，从生态系统保护的角度，对一些轻率的生态技术利用方法提出警告和提醒，同时强调了市民参加的重要性以及对生态技术发展的展望。

可以说，利用生态技术进行水质净化，是尚处在发展期的新兴技术，其作为一种软技术，具有很大的发展潜力。在生态技术的实施过程中，必须对现场的历史演替及自然环境现状作充分的了解，并时常根据现场的情况进行修正。

通过本书的编写，希望为实现人类生活与自然的和谐，为建设环保的、可持续的美丽家园作出贡献。

编者代表 岛谷幸宏

2003 年 8 月

目 录

前言

Ⅲ. 应用篇：基于生态技术的水质净化技术

IV. 今后的展望和观点

I. 绪论： 基于生态技术的水质净化概念

（岛谷幸宏）

1. 基于生态技术的水质净化的基本思路

21 世纪被称为环境的时代，同时也被称为水的时代，环境问题、水问题越来越为社会所关心。综观日本公共水域的水质，虽然因污水管网的普及有了明显的改善，但仍存在封闭水体的富营养化、海湾生态系统的退化及全流域的水质尚未恢复至清澈水平等问题，水质改善还远未达到使国民满意的程度。在这样的情况下，今后该如何开展水质改善技术的研究？一方面，有必要进一步发展和普及现有技术；另一方面，有必要开发利用自然机理的低成本、低环境负荷、净化能力高并能实现人与自然和谐的软技术。

本书从后者的角度，围绕生态技术这一关键词展开论述。基于生态技术的水质净化与传统的技术相比，在技术思想上有根本的差异，绪论将对此进行详细讨论。

"生态技术"是由"生态"和"技术"这两个词组成的复合词，其概念亦可以理解为生态学概念与技术概念的融合。

本书将基于生态技术的水质净化定义为"基于生态系统的基本原理和生物的相互作用的，低能耗、低环境负荷的人与自然相协调的可持续的水质净化技术"，为便于理解以上定义，以下从几个方面说明使用生态技术进行水质净化的基本思路。

（1）对水质的理解角度更加多样

一般在评价水质时，容易将水质等同于水质指标，或是将水质改善等同于水质指标的改善。这一思路有其合理的一面，但未必能够实现水环境改善的目的。

水环境改善不能单以水质指标的高低代表水质的优劣，还要考虑到该水域是否栖息大量鱼类、岸边景色是否优美等；也就是说，生态系统的健全与否和自然风景的优劣也是需要考虑的要点。对水环境的关注不仅表现为化学性指标和富营养化问题的改善，还需考虑包括当地栖息的生物和自然风景等更加广义的概念。不能单纯满足于仅从化学水质指标评价水质净化的目标，从包含了人类感观、动植物的栖息状况及生物多样性等的宏观角度出发设定目标的观点也很重要。

（2）对自然破坏的程度最小

生态技术的基础是利用生态系统的机理和思路，因此，笔者将有利于保护生态系统的技术称为生态技术。单纯利用生态机制，最终却导致对生态系统造成负面影响的技术则不能称之为生态技术。例如，在利用植物净化水质之际，如果引进外来植物致使该水域原有物种灭绝，那即便其净化效率再高，也称不上降低了环境负荷。因此一般这类外来物种的引进是要控制的。

（3）生态技术的特征及与传统技术的差异

可以将生态技术定位为利用生态系统的基本原理、同时保护生态系统的技术。完美的生态系统本身是可持续和稳定的，但由于能量与物质的流动，生物种群及生物量的空间分布是不均匀的，也会随时间发生变化。与以长期稳定为目标的传统工程技术不同，生态技术无法回避时间的不稳定性和空间分布的非均匀性，这不是生态技术的缺点，而是生态技术的特性。例如，太阳能电池在制造时会耗费大量能量和物质，但投入使用后就可称为生态技术。虽然太阳能电池只能在光强足够时运行，但不能将夜间无法使用视为缺陷，而应将白天运转视为优势，并充分利用其特点在白天使用，这样一来，则无需专门配置夜间运行的蓄电池，将太阳能电池作为日间供电技术来使用具有明显的优势。

（4）技术的可组合性

大多数生态技术存在时间上的不稳定和空间分布的不均匀，根据技术各自的特征进行灵活的分类和组合是非常有效的。

基于生态技术的水质净化技术亦可利用各种方法进行组合，达到取长补短的效果，这也被认为是一种非常有效的思路。

（5）允许变化的技术

基于生态技术的水质净化多是利用动物或植物的方法。若将生物种类和生物量保持在规划初期的水平，会给运行维护工作带来诸多困难，必须认识到生态系统必然会发生种群的迁移和种类的变化，并据此制定出能够包容这些变化的计划。反言之，能够预见迁移和变化的技术是最好的。

（6）整体把握的技术

生态技术一般针对开放系统。虽然也有利用封闭空间中的生态系统的技术，但在开放空间利用自然的机理实现与自然和谐是生态技术的根本。在开放空间完全控制开放的生态系统是不可能的，因此从长期宏观角度进行系统考虑是很重要的。

（7）水循环及水质保障

除关注一般的物质循环，还须从土地利用变化引起的流域层面水循环的变化的角度分析物质流。由于营养元素和有机物等物质随水流而移动，水的流向与物质流密切相关。

例如，洪水集中涌入河道即洪水流量的增加，会导致发生洪水时的流出负荷增加，随之引发物质流在下游的集中。从这层意义上来说，保持流域的蓄水能力和渗透能力会改变物质流，具有缓解物质向下游聚积的作用，有利于水质的保护。

（8）生态技术的内涵

生态技术是有效利用自然能量的低环境负荷的生态系统保护技术，高能耗、高负荷、对后代产生不良影响的技术均不能被称为生态技术，其中使用寿命较长的设施或技术被认为更生态一些。

综上所述，生态技术是人与自然协调的低维护、低能耗的技术，将生态与技术同时进行考虑非常重要。

2.推广实施水质净化生态技术的基本方法

实施水质净化生态技术的基本方法是对传统的生活方式进行分析和借鉴。传统的生活方式环境负荷小，可以据此反思生态友好的水质净化方法，笔者在这种方法的指导下得到诸多启示。

例如，嘉田在其著作《水边生活的环境学》（嘉田由纪子，昭和堂，2001）中对琵琶湖北部的余吴湖周边区域，进行了描述："不用说直接食用的鱼和野菜，连湖藻和山上的嫩枝树叶、人粪尿等，身边凡是能用的营养物质均得到有效的'循环利用'，地区内自给自足成为可能，也将水体污染和富营养化防患于未然。"这也说明了近代琵琶湖周边的"循环利用"的意义。当地将琵琶湖周边散布的、与琵琶湖水路相通的池沼称为内湖，余吴湖则是其内湖之一。

这种基于内湖的物质积累和生态系统的物质利用机理，利用循环系统进行水质净化即人工内湖技术。人工内湖是指在进入主湖之前人工配置的内湖，通过人工内湖技术可实现物质的积累与循环利用。本书正文将对人工内湖作简单介绍。这项技术现阶段循环利用还未系统化，也存在一些尚未解决的难题，如果通过居民和市民团体共同参与能够更好地实现循环利用，该技术可作为生态技术有效使用。

虽然以传统的生活为借鉴推广实施生态技术是一个有效的手段，但须注意避免毫无批判地全面赞颂过去。人类与环境共生的历史也是受到环境的直接影响并与自然灾害进行抗争的历史，为此也付出了巨大的生命和财产的代价。因此对过去的负面经验的分析与借鉴也是生态技术研究的重要内容之一。

将实现了能量循环且物质负荷小的生态系统作为基本单元应用于水质净化是推广实施生态技术的另一种方法。这种方法将人为引入的物质和能量最小化，使区域内物质循环最大化，并尽量利用自然能量。需要注意的是，这种方法由于着眼于物质和能量，容易忽视人的生活环境和生物的栖息环境。

此外，还有一种是着眼于生物的栖息地，有效利用并强化生态系统的食物链和生态系统自身的净化能力的方法，例如，利用湿地和湖岸植物带净化水质，以及利用双壳贝类去除营养盐类等生物操纵方法。这种方法有效利用了自然固有的机能，只要人类不过度干涉就是可持续的、低能量负荷的有效方法，其采用的方法因人类干涉程度大小而异。

其中干涉程度较轻的有利用湿地、湖岸植被带、潮间带等广泛应用的方法。这种方法需对生物栖息的空间和环境进行调节，另外还需要保障水循环、控制营养盐类、有效利用地形等，作为长期广泛使用的方法，也易于与城市规划相结合。这种方法可以定量或定性的溯及生物栖息的空间环境的时空脉络并加以保护。

干涉较强烈的方法如生物操纵技术。人类对生态系统管理较多，对条件控制过强时有可能会导致生态系统改变，产生不良的后果。这种方法虽然与生产活动结合较为有效，但仍需要研究该方法是否经受得住生产活动发生变动的考验。需要注意的是，过度管理有时反而不利于生态系统的保护。

上述方法在开发和应用水质净化生态技术时都很重要，这些方法从基本原理到实施效果与循环和共生均具有许多共同点。

3. 水质净化生态技术的基本概念

首先说明几个利用生态技术进行水质净化的重要概念。

初级生产：指植物利用太阳能将无机物合成为有机物的过程，植物合成的有机物是所有生物所使用能量的基础。

现存量：指当地现存的生物量。由生长量减去呼吸、捕食所减少的生物量的积分值得到。植物的现存量受气候、土壤、地形、生物间关系等条件影响，但某地植物最大现存量由气候等因素决定。对于利用植物进行水质净化来说现存量是十分重要的，获取的有效的方法是对各种植物的大致现存量进行了解。

食物链：指"在生物群落内 A 被 B 捕食，B 被 C 捕食所形成的 A → B → C 的连锁"（昭田真，生态学辞典，筑摩书房，1974）。实际上一种生物通常以多种生物为食，由此形成网状的捕食关系被称作食物网。从 A 到 B，营养级升高一级，营养级每升高一级耗费的能量约提高 10%。

限制因素：依据"利比希最低量法则"——"正常情况下仅能满足生物所需的最小量的物质为限制性因素。"

种群：指占据特定空间的、生物群落中的能够交换遗传信息的个体集合。

生物群落：指种群的集合体，在一定区域内生存的各种生物的总和。

迁移：指"一种生物群落向另一种生物群落演替的过程，持续演替的最终结果是发展为生物顶级群落"（生态学辞典）。洪水和人为收割等可导致自然演替无法进行，从而生物群落返回某一阶段。这对于利用植物的生态技术而言是极为重要的概念。

破坏与再生：河流的最大特征在于植物及生物栖息环境不断被洪水破坏，又不断得到恢复，有些生物只能在这种破坏过程存在的条件下才能生存。如钻天杨及河滩生物等。

外来物种："由于有意或无意的人类活动而出现在其原本的自然分布范围以外的物种称为'外来物种'"[河流外来物种对策（草案），外来物种影响及对策研究会]。现在外来物种的引进对本地生物的影响已经成为社会问题，很多本地生物面临灭绝的危机。必须注意不引进对本地生物影响尚不明确的外来物种。外来物种问题之所以受到关注，是因为 20 世纪以来，物种灭绝加速，需要清醒认识到我们正处于危机状态。

规范（保护、修复范本）：指保护、修复环境时所参考的规范。在没有参照的情况下思考环境修复的目标是十分困难的。一般认为生态系统的状态可分为各种等级，因此制定修复的规范是十分重要的。一般将过去的状态、现存状态较好的地方、附近的地点作为范本，通过溯源历史环境确定修复的规范。

历史溯源：指尽量收集过去的信息，包括生物信息、水文信息、地形、水质信息及人与水环境的关系（如渔业、农业、水利等）等，同时分析信息之间的关系。该过程非常重要，需要综合利用各种手段包括文献调研（研究论文、地方史、水文水质数据）、航片与地形图的叠加，座谈会等。座谈会可获得许多具体信息尤为重要。

改变、变化：自然界无时无刻不在变化，我们现在所看到的只是自然界转瞬即逝的一瞬。状态发生变化时必须分辨是图 1 中上图所示的向新的平衡点的逼近，还是下图所示的在一定范围内波动。识别改变的幅度和整体变化趋势非常重要，对发生的改变立刻加以控制是无法实现的。

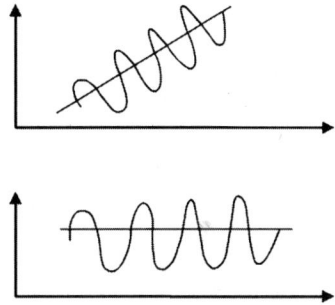

图 1

II. 基础篇：生态技术基础研究

1. 序言　生态技术与生态学

（中村圭吾）

本书的主要目的是向工程技术人员和研究人员介绍推广生态技术。基础篇是为希望成为生态技术专家的读者介绍必要的生态学和水质工程相关知识与观点，希望读者能在工程学思维的基础上，汲取生态学思想的精华。现在人们身边的自然环境大部分遭到破坏，如何使其恢复已成为研究重点。要想恢复自然环境，自然要立足于生态学，但需要进行一定规模的恢复时，工程知识也是必不可少的。需要认识到没有工程人员的协助，恢复身边的自然环境是不可能的。希望读者能以此心态进行学习Ⅱ. 基础篇。

1-1　生态学

生态学（Ecology）的定义是："研究特定环境中生物或生物群落的关系、分布及生物量的科学"[1]。不仅包含生物间的关系，还包括周围地形、气候等物理环境和生物的关系。这一概念由德国的生物学家恩斯特·赫克尔 Ernst Haeckel 在 1866 年首次提出的，词源是由希腊语中表示家庭的 oikos 和表示研究的 logos 组成的合成词[1,2]。顺便提一下，经济学（Economy）就是由前文的 oikos 和表示管理的 nomics 组成的。赫克尔本人在生态学这一词汇中包含 了因进化论而闻名于世的达尔文在《物种起源》中阐述的 "自然经济学"（economy of nature）的概念。经济学和生态学这两种相差甚远、甚至是相对的科学，在语源上却意外地相近。

1-2　生物群落的主要基础知识

本节将介绍理解水质净化生态技术所必需的生物群落基础知识概要，从第二节之后将介绍生物与水质的关系，供读者参考。

（1）藻类（浮游植物）[3~5]

大家知道浮游生物（plankton）的定义吧？浮游生物是 "自身无法移动、随水漂流的生物"，可分为浮游植物（phytoplankton）和浮游动物。那么藻类（algae）是什么呢？藻类是较为简单的真核植物（有真核的植物）的统称[4]，藻类会导致一些水质问题，但也是水生态系统（aquatic ecosystem）的重要生产者（能由无机物生产食物的生物）。浮游植物和海藻等属于藻类。时常有人将河流的石头上附着的黏滑藻类称为浮游植物，但实际上应称其为附着藻类（attached algae）。藻类有时被分为蓝藻、硅藻、绿藻等几大类，事实上蓝藻并不属于藻类，是比藻类更为原始的原核生物（没有真核的生物）。蓝藻的学名为蓝细菌（cyanobacteria），是细菌的一种。但一般资料都将蓝藻、硅藻、绿藻归入浮游植物，所以姑且先这样分类。

蓝藻类是湖泊和蓄水池管理者最头疼的生物。导致霞浦湖水华（water bloom）的微囊藻、导致恶臭的鱼腥藻、席藻和颤藻等都属于蓝藻。蓝藻是富营养化湖泊等的优势生物，有时爆发性增殖形成水华。

绿藻类拥有其他藻类所没有的进行光合作用的色素——叶绿素 b，从进化角度来看是最高等的藻类。草与树木等普通植物（维管束植物）被认为是从绿藻进化而来的。绿藻中与水质问题有关的是水绵、水网藻等丝状藻类（filamentous algae）。这些藻类会在较浅且干扰较少的水体大量繁殖，有时也会带来问题。

硅藻类以河底石头上的棕色附着藻而有名，是香鱼主要捕食的藻类。初春发生的水华（浮游植物大量增殖）多与硅藻有关。

一般贫营养湖泊以硅藻居多，当水质恶化、发生富营养化时，蓝藻有增加的倾向。另外，一般以所有藻类包含的色素——叶绿素 a 作为藻类现存量的指标。叶绿素 a 通常随氮磷等营养元素的增加而增加，具有良好的指示作用。浮游植物的增加会导致光合作用增强，使日间溶解氧（DO）增加至过饱和状态，同时 pH 也增高。

藻类除这三种分类外还有涡鞭毛藻、褐藻和隐藻等，但首要的是记住蓝藻、绿藻和硅藻的特征。

（2）浮游动物 [3, 6, 7]

浮游动物是由原生动物和轮虫类、甲壳类（枝角类、桡足类）等组成的生物群落。一般在捕食者较少的贫营养湖泊，桡足类的镖水蚤为优势种，在中营养湖泊或蓝藻较少的富营养化湖泊，枝角类的大型溞类（也就是常说的水蚤的一种）有所增加，而在蓝藻较多的富营养化湖泊，小型的水蚤、桡足类和轮虫类均有增加的倾向 [7]。由于溞类（如盔形溞）的存在有益于水质、特别是透明度的改善，最近颇受瞩目。由于岸边的植物带能使水蚤免遭鱼类捕食，因此保护、修复岸边植物带有益于增加水蚤，从而能够通过生态系统（生态友好地）改善水质。

大型浮游动物在湖泊、池沼会在垂直方向上进行以日为周期的运动。也就是说，日间在底部活动，夜间上浮。很明显，这是为了避免被鱼类等捕食。另外，浮游动物会在所有有水面的地方出现，这是由于其具有休眠卵，可通过风或鸟类被搬运而来。

针对浮游动物的环境调查是十分困难的。这是由于浮游动物与浮游植物相比，个体种类与数量的变化都更为剧烈。由于与一般的水质调查相比浮游生物调查的成本较高，往往会降低调查频率，因此很多时候难以对结果进行评价。若要实施浮游动物调查，就有必要进行高频率的调查，并需要考虑到以日为周期的运动、与浮游植物和其他生物的关系等。

（3）底栖动物 [3]

底栖动物（benthos）是在底部栖息的所有生物的总称。底栖动物通常指大型底栖动物，包括贝类和蚯蚓（寡毛类）、沙蚕（多毛类）、水生昆虫等，从某种程度上被认为是大型生物。

在河流生态学（stream ecology）中也称其为大型无脊椎底栖动物（macro-invertebrates），常指蜉蝣、石蛾、石蝇等水生昆虫的幼虫。这些底栖动物的种类会随河流的水质而变化，是具有良好指示作用的水质指标。

在湖泊及其沿岸的砂质底部，会有贝类、沙蚕等多毛类的底栖动物。另外，在富营养化的水体和湖泊的湖心等的泥质底部，常作鱼饵的红虫（摇蚊）和颤蚓类具有优势。摇蚊和颤蚓类等分类较不完善，导致非专业人员难以识别；而淡水贝类种类较少，分类也较为简单，可在环境调查有效应用并进行推广。

（4）植物 [8]

植物可分为陆生植物和水生植物，水生植物由于与水生生态系统和水质密切相关而尤显重要。在湖泊沿岸生长的水生植物从岸边向湖心依次为挺水植物（芦苇、菖蒲等）、浮水植物（水浮莲、莼菜等）及沉水植物（菹草、竹叶眼子菜等）等三类。以芦苇为主的挺水植物多被用于人工湿地（constructed wetland），有较多研究案例 [9]。有人探讨了沿岸芦苇的净化作用，但效果并不显著，但芦苇地对生物多样性保护有很大贡献。浮叶植物现存数量较少，关于其与水质关系的研究也不多。沉水植物是最为期待的通过生态系达到水质净化效果的植物。若沉水植物在小池塘大量繁殖，会对水质产生很大影响。通常沉水植物群落占池容积的百分比（PVI，Percent Volume Infested）达到 15% ～ 30% 时，会使浮游植物、叶绿素 a 减少，从而提高透明度 [10]。其机理主要是由于水蚤等大型浮游动物的作用，而岸边植物带有效地保护了浮游动物免遭鱼类捕食。但另一方面，沉水植物过量繁殖会影响到船的航行、娱乐活动及水的交换，成为害草（aquatic pest）。在研究保护水生植物的方法同时，还需要探讨适当的管理方法。

1-3　生态学分支学科 [1]

土木工程学科可以分成河流工程、抗震工程、桥梁工程、隧道工程等各个方向，同样生态学也有众多分支。对于希望成为生态技术工程师的读者来说，有必要了解生态学的主要分支。在此概述生态学的代表性分支。

（1）景观生态学（Landscape Ecology）

这里所说的景观比由景观一词所联想到的景色、风景等具有更为广泛的含义。生态系统一般以森林、草原或湖泊为单位，而景观则具有比生态系统更大的空间规模，并考虑森林或草原的形状和配置、湖泊及相连的水系网络等更高层次的系统。景观是由具有不同的生物和环境特征的斑块构成，景观生态学是研究斑块的配置模式对生态系统和生物的影响和因果关系。因景观的分析可借助 GIS 的手段，在考虑大规模的环境保护时，从景观角度比仅从某种生物的角度分析更易把握，今后景观生态学将在环境保护中越发重要。

（2）生态系统生态学（Ecosystem Ecology）

生态系统生态学是研究能量和物质流动以及生物相互关系的学科，主要目标是明确生物群落和环境之间的能量与物质循环。要调查生态系统中的物质循环，一般需要掌握各个生物群落的相关知识，同时还需要大量的人力和充足的资金，因此该领域需要合作研究计划进行推进。

（3）生理生态学（Physiological Ecology）

生理学是研究生物个体机能的科学，生态学是研究生物与生长环境的关系的科学，因此，生理生态学的目标是明确生物个体对栖息场所的温度等非生物学环境的生理反应。例如，研究温度或供给的食物量等环境变化时，生物个体内部的生物化学反应。

（4）行为生态学（Behavioral Ecology）

行为生态学则针对植物和动物的行为是如何适应环境进行研究，将行为作为进化的结果，掌握进化的过程。

（5）种群生态学（Population Ecology）

种群是指在一定区域生存的同种生物的集合。种群生态学是研究种群如何随时间变化，以及种群规模、栖息场所为何变化的学科。种群生态学在生物多样性保护中，对预测生物灭绝危险性发挥着十分重要的作用。如种群生存力分析（PVA）就是对濒危动植物红皮书 Red Data Book 中列举的生物进行灭绝可能性评价的方法。

（6）群落生态学（Community Ecology）

群落生态学是调查不同种群之间的影响模式及其相互关系的学科。种群的分布受到生物相互关系（捕食、竞争等）和环境因素（温度、水、营养元素等）两方面的影响。

（7）保护生态学（Conservation Ecology）[11]

保护生态学是对遭到破坏的地球的生物多样性进行评价与恢复方法进行研究的学科，担负着"保护生物多样性"和"维护健全的生态系统"两项明确的社会使命，目标是开展保护地球的研究并开发实用技术。

（8）历史生态学（Historical Ecology）

目前整体环境都在发生变化，其主要原因是由于人类的影响。历史生态学是研究人为因素对环境影响的程度，文化背景对生态学方法的影响及人类环境管理的历史等内容的学科。

1-4 小结：只有生态学就足够了吗？

在本节生态技术的基础篇的开篇，叙述了生态学的相关知识。但是，要想构建生态技术所追求的可持续发展社会，还需要从其他的自然科学和社会科学、人文科学等广泛知识中汲取智慧，系统地保护环境。有志成为生态技术工程师之人，首先须掌握包括生态学在内的广泛的基础知识，同时还须具备对自然进行实际观察得到的见识。除生态学以外，还需重视对环境整体进行描述的地形学、自然地理学、地质学等，以及在现实中发挥作用取得实效的经济学、法律学等社会科学。此外，为了成为更高层次的生态技术工程师，须从历史和文化的时间演变理解环境的变化，因此广泛地学习历史学、考古学、民俗学等也是十分必要的。

——引用文献——

1）Stanley I. Dodson *et al.* (1998)：Ecology, Oxford University Press.
2）E. P. オダム著，三島次郎訳（1991）：基礎生態学，培風館.
3）アレキサンダー・J・ホーン，チャールズ・R・ゴールドマン著，手塚泰彦訳（1999）：陸水学，京都大学学術出版会.
4）マイケル・アラビー編，今井　勝・加藤盛夫訳（1998）：エコロジー小事典，ブルーバックス，講談社.
5）秋山　優・有賀祐勝・坂本　充・横浜康継共編（1986）：藻類の生態，内田老鶴圃.
6）水野寿彦（1971）：沼田真監修，生態学研究シリーズ－1　池沼の生態学，築地書店.
7）花里孝幸（1998）：ミジンコ　その生態と湖沼環境問題，名古屋大学出版会.
8）Marten Scheffer (1998)：Ecology of Shallow Lakes, Chapman&Hall.
9）IWA Specialist Group (2000)：Constructed Wetlands for Pollution Control, IWA publishing.
10）Martin Søndergaard and Brian Moss (1998)：Impact of submerged Macrophytes on Phytoplankton in Shallow Freshwater Lakes, *In*：The Structuring Role of Submerged Macrophytes in Lakes, Ecological Studies 131, Springer.
11）鷲谷いづみ・矢原徹一（1996）：保全生態学入門，文一総合出版.

2. 浮游植物与水质

——水华问题

（藤本尚志）

2-1 水华的产生和危害

水华主要发生在霞浦湖、手贺沼、印旛沼、诹访湖等富营养化的湖泊或蓄水池，并集中在夏季爆发（照片 1）。水华主要是由蓝藻类造成的，其中以微囊藻属（*Microcystins*）、鱼腥藻属（*Anabaena*）和颤藻属（*Oscillatoria*）等为代表种（照片 2～照片 4）。微囊藻属隶属于色球藻目色球藻科，鱼腥藻属隶属于颤藻目念珠藻科，颤藻属隶属于颤藻目颤藻科。水华利用二氧化碳、氮、磷等进行光合作用，致使水中有机物浓度升高，因而导致水质恶化。由于 1mg 藻类相当于 $0.5mgCOD_{Mn}$，因此水华增加意味着 COD 也增加。霞浦湖平成 10 年（1998 年）的年均 COD 为 7.9mg/L，远远超过基准值 3mg/L，主要原因就是水华中的藻类的大量繁殖。随着水华的进一步增殖、死亡及分解，溶解性有机物浓度增加，细菌随之大量繁殖导致氧气大量消耗，底层溶解氧浓度降低，从而影响到鱼类和底栖生物的生存。作为富营养化湖泊代表的霞浦湖，从 1960 年代起，几乎每年夏天都会爆发水华，导致给水处理中的絮凝困难、过滤堵塞、异味等诸多问题，缺氧等问题导致蚬及鲤鱼等养殖业受到损失。丝状蓝藻类的纤细席藻属（*Phormidium tenue*）和颤藻属（*Oscillatoria*）爆发时导致二甲基异茨醇和土臭素等恶臭，甚至出现家畜饮用水华爆发的水后致死的事件，这类事件从 1990 年代以来世界各国均有报道。以微囊藻属为首的蓝藻含有一种名为微囊藻毒素的毒性物质，巴西曾发生过这种物质致死的事故。表 1 列出了有毒蓝藻类及其所含的毒性物质。微囊藻毒素和节球藻毒素对肝脏具有毒性，而类毒素和束丝藻毒素是神经毒素。在这些毒性物质中，微囊藻毒素的出现频率最高，这是由于蓝藻中作为优势种出现频率较高的微囊藻属、鱼腥藻属和颤藻属都含有微囊藻毒素的缘故。微囊藻毒素是由 7 种氨基酸形成的环状肽链构成（图 1）。据报告，微囊藻毒素有近 60 种的同系物 [1]。关于微囊藻属分离株微囊藻毒素的含量的研究一直持续至今，报告显示不同分离株的微囊藻毒素的组成和含量都有所不同 [2]。此外，有报告显示微囊藻毒素因氨基酸不同存在各种同系物，不同同系物对小白鼠的毒性也不尽相同 [3]。日本微囊藻毒素发生时的报告显示 1g 干燥水华含有 238～409μg 的微囊藻毒素，而微囊藻毒素 -LR 对小白鼠的 LD50（半数致死量）为 50μg/kg。[1]

照片 1　水华爆发的水城

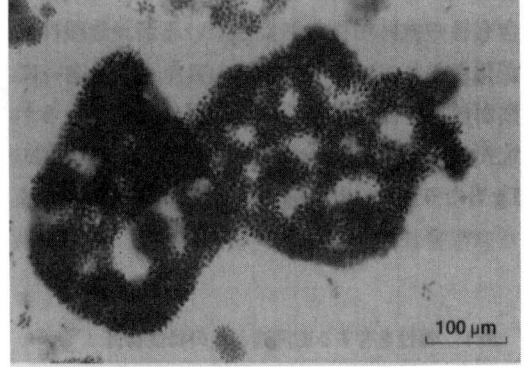

照片 2　*Microcystis aeruginosa*（铜绿微囊藻）的显微镜照片

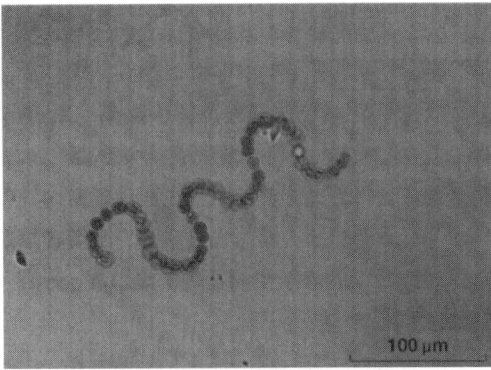

照片 3　*Anabaena spiroides*（螺旋鱼腥藻）的显微镜照片

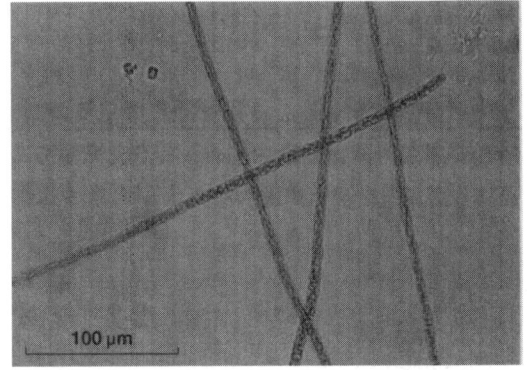

照片 4　*Oscillatoria mougeotii*（孟式颤藻）的显微镜照片

表 1　有毒类蓝藻及其所含毒性物质

水华鱼腥藻（*Anabaena flos-aquae*）	类毒素
	微囊藻毒素
水华束丝藻（*Aphanizomenon flos-aquae*）	束丝藻毒素
铜绿微囊藻（*Microcystis aeruginosa*）	微囊藻毒素
绿色微囊藻（*Microcystis viridis*）	微囊藻毒素
泡沫节球藻（*Nodularia spumigena*）	节球藻毒素
阿氏颤藻（*Oscillatoria agardhii*）	微囊藻毒素

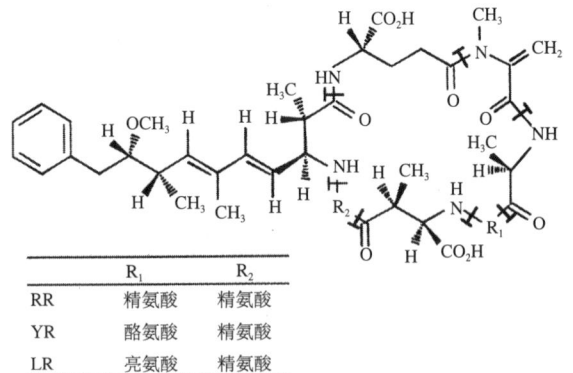

	R_1	R_2
RR	精氨酸	精氨酸
YR	酪氨酸	精氨酸
LR	亮氨酸	精氨酸

图 1　微囊藻毒素的化学结构

2-2 水华的优势化

藻类繁殖主要受氮和磷等营养元素、水温和光的影响。富营养化发生时，湖泊和蓄水池内除蓝藻外也可能出现绿藻和硅藻等，随着季节变化优势种群发生更替。这是由于不同藻类在不同的营养元素浓度、光照及温度条件下具有不同的繁殖特性，最能适应水体环境条件变化的藻类会占有优势。与绿藻和硅藻相比由于适合高温的条件，形成水华的蓝藻在夏季有大量增殖的倾向。而绿藻的特点则是在较低光照强度下可达到最大生长速率。此外，形成水华的蓝藻其细胞内有气泡，能够上浮。微囊藻属的细胞能聚集形成集群，颤藻属呈丝状，这些特征使它们不易遭到浮游动物的捕食，同时也是促进水华占据优势的重要原因。从藻类特性的差异来看，优势化过程中氮、磷的吸收及藻类的繁殖是非常关键的因素。

高村等的研究发现，微囊藻属占据优势的湖泊中，其总氮、总磷浓度分别大于0.5mg/L和0.08mg/L[5]。笔者们以日本211座湖泊为对象，以氮、磷浓度和N/P比值等为参数，研究蓝藻优势化的主要影响因素，结果显示在总氮大于0.39mg/L、总磷大于0.035mg/L的条件下，蓝藻占优势的湖泊比例增高。湖泊中藻类可利用的氮元素为硝酸根和铵根，可利用的磷元素为磷酸根。霞浦湖作为富营养化湖泊的代表，硝酸根是比铵根更重要的氮源。藻类营养元素的来源可分为内源和外源，氮的内源来自硝化细菌硝化分解浮游动物的排泄物的产物，磷的内源来自底泥的释放。而外源主要来自降雨和周围水体的径流。这样，湖泊中的藻类可以从各种来源获取营养元素，而来源供给速度的变化以及吸收所带来的浓度变化会影响其增长速率。如下式1所示，藻类的生长服从莫诺Monod方程和Droop方程。

藻类的比生长速率（μ）如Monod方程（式1）、Droop方程所示（式2），由外部基质浓度和细胞内营养元素含量决定。

$$\mu = \mu_{max}\left(\frac{S}{K_s+S}\right) \qquad \text{式1}$$

S：营养盐浓度（mg/L）

μ_{max}：最大比生长速率（d^{-1}）

K_s：与生长相关的半饱和常数（mg/L）

K_s是藻类的比生长素速率为μ_{max}的一半时所对应的营养盐浓度。已有文献对不同藻类的μ_{max}和K_s参数进行报道。当不同种类的微生物进行营养盐竞争时，若μ_{max}及氮磷等营养元素利用特性相同，则K_s最小的藻类最易于吸收营养盐，从而成为竞争中的优势种。

Droop方程如下所示。

$$\mu = \mu'_{\max} \left(1 - \frac{Q_{\min}}{Q}\right)$$

式 2

Q：细胞内的营养盐含量（mg · mgDW^{-1}）

$\mu'_{\max}$：最大比生长速率（d^{-1}）

$Q_{\min}$：细胞内最小含量（mg · mgDW^{-1}）

DW：干重

Droop 方程表示，细胞内的氮、磷含量越高，其比生长速度越快。$Q_{\min}$ 是藻类停止增长时的、细胞内的营养盐含量。在营养盐竞争中，当不同种类藻类的 $\mu_{\max}$ 和摄取特性相同时，$Q_{\min}$ 最小的种群会成为优势种。

对蓝藻类的铜绿微囊藻、丝状蓝藻类的纤细席藻分别以氮、磷为限制性基质进行连续培养，得到细胞内氮、磷含量和比生长速率的关系，如图 2 所示[7]。两种蓝藻的细胞内磷含量和比生长速率的关系几乎相同，而细胞内氮含量和比生长速率的关系存在显著差异，通过 Droop 方程回归计算得到纤细席藻的 $Q_{\min}$ 约是铜绿微囊藻的 2 倍，也就是说，纤细席藻增长需要更多的氮。水华等藻类是通过摄取氮磷等营养盐而增长的，基于上述比生长速率和营养盐的关系了解其利用特性，对于解析实际湖泊内发生的多种藻类对营养盐的竞争，具有重要意义。藻类营养盐的利用速率（v）同样服从 Monod 方程，由浓度所决定（式 3）。

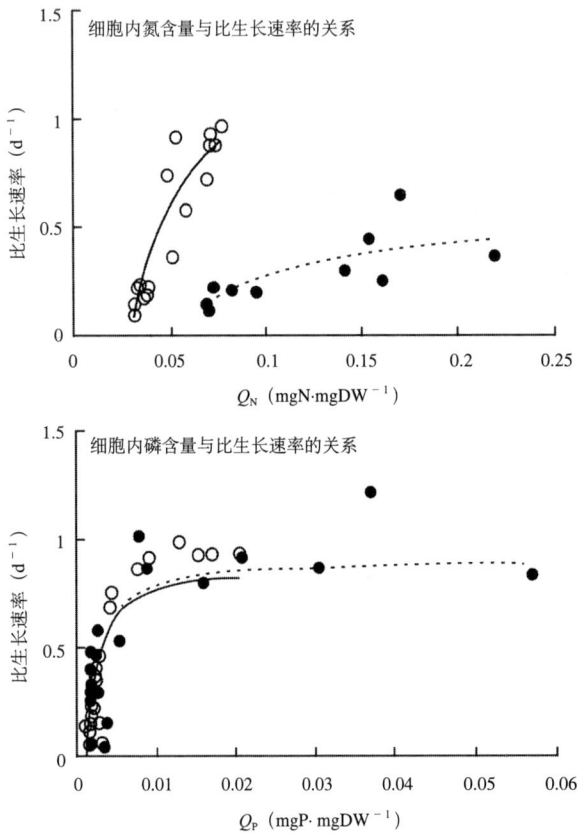

图 2 M.*aeruginosa* 铜绿微囊藻（O）及 P.tenue 纤细席藻（•）在氮、磷制限下细胞内营养盐含量（Q_N, Q_p）与比生长速率的关系（30℃）

实线和虚线分别代表铜绿微囊藻和纤细席藻的 Droop 方程回归结果

$$v = v_{\max} \left(\frac{S}{K_m + S}\right)$$

式 3

S：营养盐浓度（mg/L）

v_{max}：基质最大利用速率（d^{-1}）

K_m：与利用相关的半饱和常数（mg/L）

藻类对营养盐的利用速率不仅受外部浓度的影响，而且与细胞内营养盐含量也密切相关。研究表明细胞内营养盐含量越低，利用速率越高[8,9]。各种藻类的 μ_{max}、K_s、μ'_{max}、Q_{min} 和 v_{max} 等是表示其固有特性的常数，对掌握有害藻类的特性，防止水华爆发十分重要。湖泊中的一种藻类的优势化或优势种的更替多与这些常数的差异有关。最大比生长速率较大的绿藻类的栅藻和最大利用速率较大的蓝藻类的微囊藻围绕磷酸根竞争时，通过数学模型分析得到，前期最大比生长速率较大的栅藻成为优势种，随着磷酸根不断被消耗，最大利用速率较大的微囊藻成为优势种[10]。由此可见，研究不同种群的生长和基质利用相关常数的差异对弄清湖泊蓝藻优势化过程的十分重要。

迄今为止的研究结果表明，N/P 比值对藻类的优势种变迁具有重要影响，随着 N/P 比值增加，优势种会从硅藻和绿藻向蓝藻转变[11]，或是由能够固定氮元素的蓝藻向不能固定氮的蓝藻转变[12]。Takamura[13] 等人发现霞浦湖夏秋交替季节颤藻属（蓝藻类）取代微囊藻属（蓝藻类）成为优势种群，并推测是由于 N/P 比值从 10 以下上升至 20、甚至超过 21 所致。笔者对铜绿微囊藻和丝状蓝藻类的纤细席藻进行了连续混合培养试验，在基质 N/P 比值较低时铜绿微囊藻为优势种，在 N/P 比值较高时纤细席藻为优势种（图 3），该结果揭示霞浦湖从微囊藻属到席藻属（Phormidium）或颤藻属等丝状蓝藻的优势种的变迁，N/P 比值是主要影响因素[7]。笔者进一步建立了 2 种藻类氮

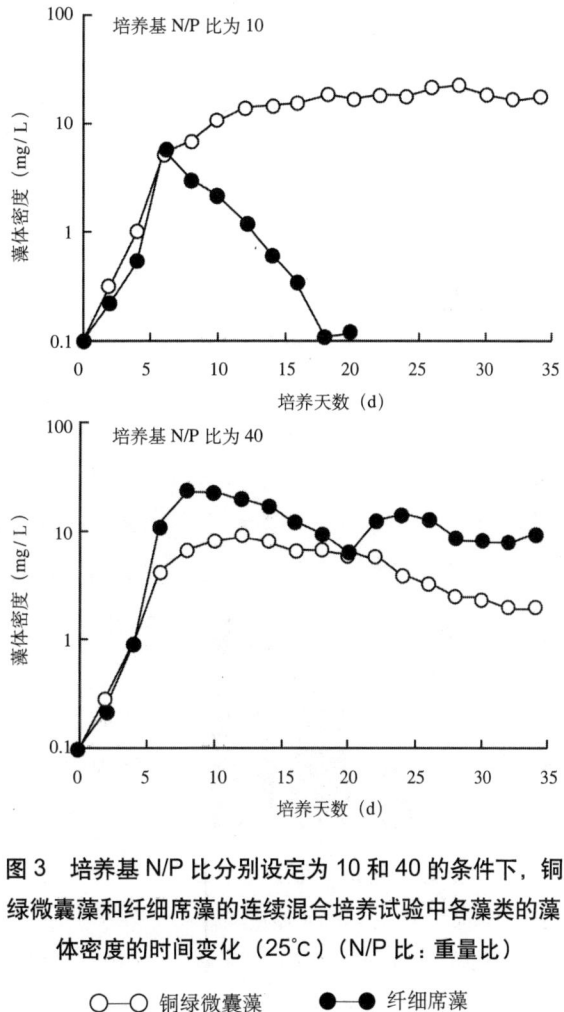

图 3　培养基 N/P 比分别设定为 10 和 40 的条件下，铜绿微囊藻和纤细席藻的连续混合培养试验中各藻类的藻体密度的时间变化（25℃）（N/P 比：重量比）

○—○ 铜绿微囊藻　●—● 纤细席藻

磷竞争的数学模型，研究生长相关常数不同的藻类在不同 N/P 比值下，其竞争关系的变化。假设氮的细胞内最小含量（Q_{min}）不同，藻类 A 为 Q_N，藻类 B 为 $2Q_N$，在基质 N/P 比值为 5 的条件下，计算得到经过一定时间（20 天）藻类 A、B 的比例分别为 85% 和 15%；在基质 N/P 比

值为 40 的条件下，藻类 A、B 的比例分别为 57%、43%，这证实培养基 N/P 比值的变化会影响各种藻类所占比例的变化。同样也证实了在最大利用速率等常数变化时，各种藻类比例也会随 N/P 比值变化。由于铜绿微囊藻和纤细席藻的胞内最小氮含量和磷的最大利用速率不同，可推测 N/P 比值的增加导致纤细席藻所占比例的增加是由于生长及基质利用常数的差异所造成的 [14]。

2-3 水华问题的相关研究

水体的氮、磷增加首先会引起水华爆发，即富营养化。伴随着富营养化，捕食者和分解者受到影响，从而转变为能在富营养化状态下生存的生物相。湖泊、蓄水池等再生产场所由于富营养化而溶解氧不足，对于鱼类来说，成鱼具有抵御外部影响的抗性，而鱼苗却没有，等于失去了产卵场所。鱼类的减少会导致高级捕食者鸟类的减少。当作为饮用水水源的湖泊出现有毒的水华时，会威胁到人类健康。当牲畜饮湖水发生死亡时，人类同样面临死亡的威胁，如在巴西发生过的事故。考虑到氮、磷的流入会对水生态，乃至整个生态系统产生重大影响，有必要推广脱氮除磷的污水处理厂和净化槽等来抑制水华爆发。

在水环境保护中，需要高度重视水华产生的微囊藻毒素等毒性物质。迄今的研究主要集中在氮磷浓度、光照强度和温度等环境要素对环境中微囊藻毒素的浓度的影响 [15~17]。研究结果表明，在高温、高照度条件下，细胞内微囊藻毒素含量降低；微囊藻毒素的产生对氮的依存作用强于磷，个别种群对磷依存性较强。通过对有毒蓝藻类的绿色微囊藻进行连续培养试验，改变磷酸态磷和硝酸态氮的浓度，在自然界实际可能存在的氮磷浓度范围内，微囊藻毒素的量主要受硝酸态氮浓度的影响，在硝酸态氮浓度 0.5mg/L 时未检出微囊藻毒素 -LR，在硝酸态氮浓度大于 1mg/L 时，微囊藻毒素 -LR 量随硝酸态氮浓度的增加而增大（图 4）[18]。此外，向氮消耗殆尽的绿色微囊藻添加硝酸根时，其生长前会先进行微囊藻毒素的合成，24h 后细胞内微囊藻毒素含量增加至原来的 2 倍 [19]。这是细胞的营养状态不同导致的微囊藻毒素生成特性的差异，可以推测，通过硝化等作用向缺乏氮素的水华提供硝酸根，会增加细胞内微囊藻毒素含量。目前已有关于水华增长的数学模型预测湖泊的水华动态，对于制定防止水华爆发对策起到十分重要的作用，但还没有水华发生时微囊藻毒素生成的有效模型。今后，水源的藻类防毒措施会越发重要，因此有必要研究营养盐浓度、细胞营养状态和毒素产生的相关关系等，为构建水源的毒性物质动态预测模型提供基础数据。

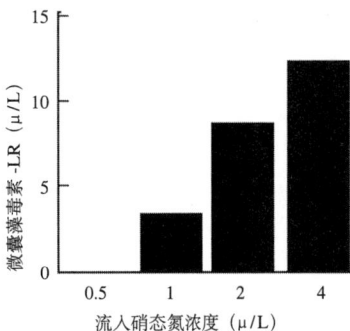

图 4 Microcystis viridis(绿色微囊藻) 的连续培养过程中氮浓度对微囊藻毒素的产生造成的影响

——引用文献——

1) 彼谷邦光（1998）：microcystin などの藍藻毒によるリスクの実態，土屋悦輝・中室克彦・酒井康行編集，水のリスクマネジメント実務指針，p.329-336，サイエンスフォーラム.

2) 渡辺真利代・原田健一・藤木博太編（1994）：アオコ　その出現と毒素，東京大学出版会.

3) 土屋悦輝（1998）：藻類の産生する臭気物質およびトキシンによる水道水のリスクの実態，土屋悦輝・中室克彦・酒井康行編集，水のリスクマネジメント実務指針，p.58-64，サイエンスフォーラム.

4) Rinehart, K. L., M. Namikoshi and B. W. Choi (1994) : Structural and Biosynthesis of toxins from blue-green algae (cyanobacteria), *J. Appl. Phycol.*, **6**, 159-176.

5) 高村典子（1988）：ラン藻による水の華，特に*Microcystis*属の生態学的研究の現状，藻類，**36**，65-79.

6) 藤本尚志・福島武彦・稲森悠平・須藤隆一（1995）：全国湖沼データの解析による藍藻類の優占化と環境因子との関係，水環境学会誌，**18**，901-908.

7) Fujimoto, N., R. Sudo, N. Sugiura and Y. Inamori (1997) : Nutrient-limited growth of *Microcystis aeruginosa* and *Phormidium tenue* and competition under various N : P supply rations and temperatures, *Limnol. Oceanogr.*, **42**, 250-256.

8) 清水達雄・工藤憲三・那須義和（1992）：藻類のリン摂取と増殖に関する動力学モデル，水環境学会誌，**15**，450-456.

9) Okada, M., R. Sudo and S. Aiba (1982) : Phosphorus uptake and growth of blue-green alga, *Microcystis aeruginosa*, *Biotechnol. Bioeng.*, **24**, 143-152.

10) 藤本尚志（1995）：東北大学博士学位論文.

11) Suttle, C. A. and P. J. Harrison (1988) : Ammonium and phosphate uptake rates, N:P supply ratios, and evidence for N and P limitation in some oligotrophic lakes, *Limnol. Oceanogr.*, **33**, 186-202.

12) Stockner, J. G. and K. S. Shortreed (1988) : Response of *Anabaena* and *Synechococcus* to manipulation of nitrogen:phosphorus ratios in a lake fertilization experiment, *Limnol. Oceanogr.*, **33**, 1348-1361.

13) Takamura, N., A. Otsuki, M. Aizaki and Y. Nojiri (1992) : Phytoplankton species shift accompanied by transition from nitrogen dependence to phosphorus dependence of primary production in lake Kasumigaura, Japan, *Arch. Hydrobiol.*, **124**, 129-148.

14) 藤本尚志・鈴木昌治・高橋力也・杉浦則夫・稲森悠平・須藤隆一（1999）：N:P比をパラメータとした連続混合培養系における藍藻類の種間競争の数理モデルによる解析，水環境学会誌，**22**，749-754.

15) Watanabe, M. F. and S. Oishi (1985) : Effects of Environmental Factors on Toxicity of a Cyanobacterium (*Microcystis aeruginosa*) under Culture Conditions, *Applied and Environmental Microbiology*, **49**, 1342-1344.

16) Sivonen, K. (1990) : Effects of Light, Temperature, Nitrate, Orthophosphate, and Bacteria on Growth and Hepatotoxin Production by *Oscillatoria agardhii* Strains, *Applied and Environmental Microbiology*, **56**, 2658-2666.

17) Rapala, J., K. Sivonen, C. Lyra and S. I. Niemela (1997) : Variation of Microcystins, Cyanobacterial Hepatotoxinns, in *Anabaena* spp. as a Function of Growth Stimuli, *Applied and Environmental Microbiology*, **63**, 2206-2212.

18) 相馬正壽：東京農業大学修士論文（1999）.

19) Fujimoto, N., M. Soma, M. Yoshida, M. Suzuki, R. Takahashi and Y. Inamori (2002) : Production of Cyanobacterial Hepatotoxin Microcystin in a Nutrient-limited Culture of *Microcystis viridis*, *Japanese Journal of Water Treatment Biology*, **38**, 39-45.

3. 浮游动物与水质

（花里孝幸）

3-1 湖泊的浮游动物

浮游生物是在水中浮游生活的生物，可以分为两种：一种为拥有叶绿素，能够利用光能合成有机物的浮游植物；另一种为通过捕食其他生物获取能量的浮游动物。

浮游动物的生物群落实际是由许多分类学上不同种群的生物所构成。湖泊常见的浮游动物有昆虫类、甲壳类（枝角类、桡足类、糠虾类）、轮虫类和原生动物。其中最为常见的是枝角类、桡足类和轮虫类。

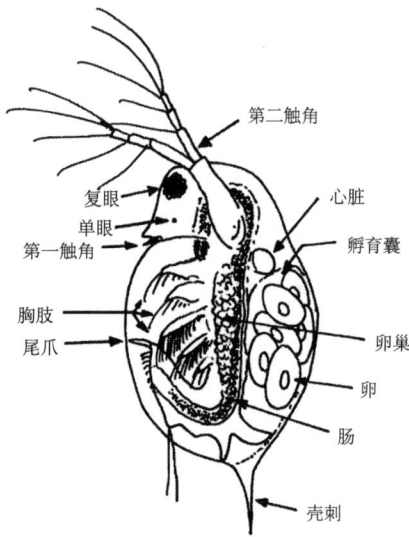

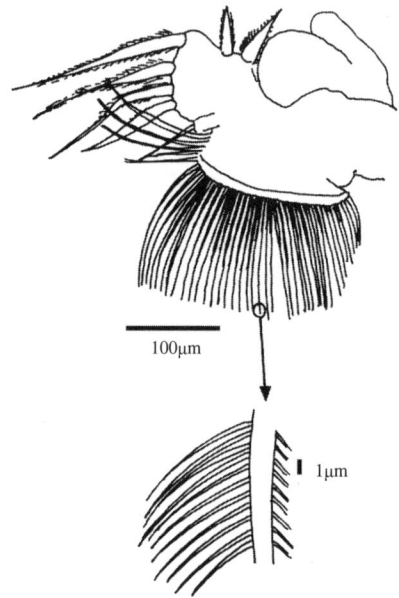

图 1　水蚤的身体构造　　　　　　　　　图 2　水蚤的胸肢与过滤鞭毛

枝角类常被称作水蚤，绝大多数的身体为 0.2～3mm。水蚤多为植食性，主要以浮游植物为食。但由于胸肢（图 1）上长有细毛（过滤鞭毛，图 2），能够过滤并收集水中的粒子，因此除浮游植物外也以细菌为食。在 23℃ 的水温中，寿命为 3～4 周。水蚤通常只有雌体，雌体的个体生长、成熟、不经过交配而直接产卵繁殖（单性繁殖）。卵在背上的孵育囊（图 1）中孵化，在发育为完全的水蚤之前，一直在孵育囊中生长。但孵育囊中的卵与母体并没有直接的连接点，这种繁殖方式叫作卵胎生。由卵孵化的个体全部为雌体。卵在23℃的水温中，经过2d左右长成仔虫而被产出。产下的仔虫经3～5d即成熟，又形成最初的卵。卵孵化为仔虫，接着又形成新的卵，水蚤在死亡之前不断重复这一过程。大型水蚤在存活期内产卵数可多达数百个。水蚤虽然不断重复单性繁殖的过程，但在食物不足或水位低（干旱）、水温低等不利环境条件下，孵育囊中的卵会孵化成雄体（即雌体成虫产下孵化成雄体水蚤的卵）。雌体与该雄体交配，产下耐久卵（休眠卵）。休眠卵能够忍受恶劣环境，在环境好转时休眠卵会孵化为雌体，这一雌体会通过重复单性繁殖构成新的水蚤种群。也就是说，水蚤种群拥有依靠休眠卵渡过恶劣环境的生活史。水蚤即使在春天冰雪融化暂时形成的水池中也能生存，正是依靠休眠卵熬过了没有水的干旱期。

图3是日本湖泊常见的水蚤。盔形溞（*Daphnia galeata*）是大型水蚤，属于溞属（*Daphnia*），体长约2mm；长额象鼻溞（*Bosmina longirostris*）身长只有0.5mm左右，是小型水蚤的代表，富营养化湖泊中常见；富营养化湖泊有很多短尾秀体溞（*Diaphanosoma brachyurum*）；圆形盘肠溞（*Chydorus sphaericus*）在水草多的岸边栖息。

桡足类的剑水蚤（剑水蚤目）和镖水蚤（哲水蚤目）的组合在湖泊十分常见（图4）。卵孵化

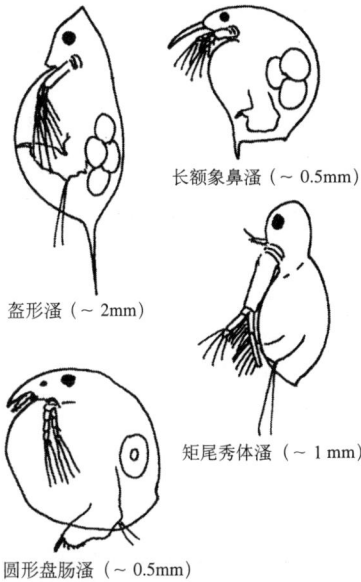

图3　日本湖泊常见的水蚤

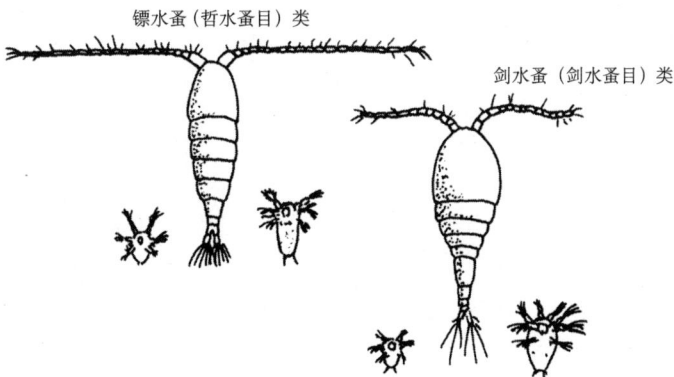

图4　桡足类（无节幼体与成体）

的幼虫被称为无节幼体，与母体形态差异极大。在成长过程中变态发育，成长为类似于成体的桡足幼体形态。无节幼体主要以浮游植物为食，但有不少在成长为桡足幼体后变为肉食性，以其他浮游动物为食。桡足类与水蚤同为甲壳类，但与水蚤不同的是通常雌雄两性共存，通过交配产卵；寿命也一般比水蚤长，世代周期多为 1 年。

轮虫类较小，体长为 0.1 ~ 0.5mm （图 5）。与水蚤类似，多以浮游植物和细菌为食。虽然与水蚤在分类上存在很大差异，但生活史却很类似。一般进行单性繁殖，在环境条件恶劣时会出现雄体，与其产下休眠卵。

水蚤和轮虫在出生后数日即成熟，世代时间较短，因此种群能够适应环境变化，在短时间内做出较大改变。

1984 年 4 月，霞浦首次出现多形溞（*Daphnia ambigua*）[1]。从 4 月 8 日第一次被采集到开始，多形溞开始急速增长，1 个月后的 5 月 24 日，密度高达每 1L 水中 208.8 个（图 6）。之后又急速衰减，到了 6 月 6 日，密度降至每 1L 水不到 1 个，之后 2 周时间内消失无踪。考察其种群构成，在种群密度达到峰值的 5 日前，雄体出现的频率达到 46%，之后出现了有休眠卵的雌体。这可能是由于种群急速增加导致食物被消耗殆尽，食物不足导致雄体和休眠卵的产生，最终种群崩溃。

浮游动物种群的动态受食物（浮游植物）变化的强烈影响。而另一方面，浮游动物也对浮游植物群落产生极大的影响。

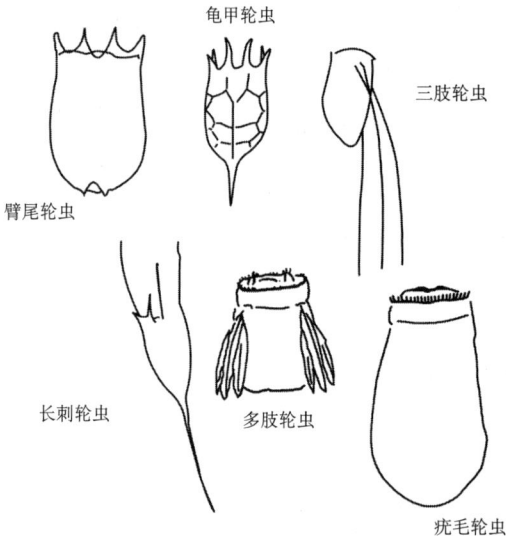

图 5　湖泊中常见的轮虫类

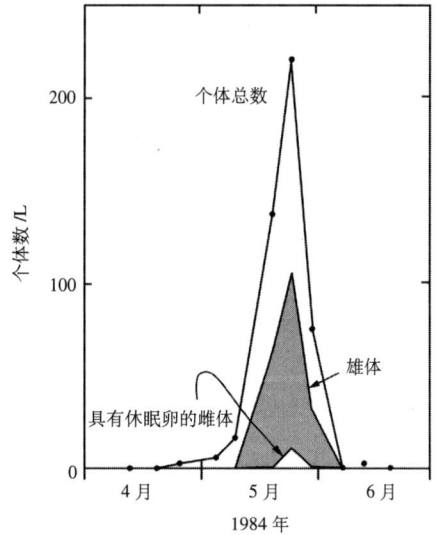

图 6　1984 年霞浦湖出现的多形溞（Daphnia ambigua）的种群动态[1]

3-2　捕食浮游植物的浮游动物

浮游动物是浮游植物的主要捕食者。

通常用滤水速率表示湖中的浮游动物捕食浮游植物的速率。可使用放射性同位素标记的浮游植物，测算得到的浮游动物在一定时间内、为捕食浮游植物而过滤的水量来表示。例如，某种被标记的浮游植物的细胞密度为 1 个 /mL，如果水蚤在 1 小时内吞食了 10 个细胞，就意味着这个水蚤在 1h 内过滤掉了 10mL 水中的粒子，因此这时水蚤的滤水速率就为 10mL/h。

水蚤的滤水速率随着水蚤体型的增大呈指数型增长。例如，身长 3mm 的水蚤（如大型溞类）的滤水速率能达到约 178mL/d[2]，而身长 0.5mm 的水蚤（如长额象鼻溞）的滤水速率只有约 2mL/d。

美国的 Haney 在实际湖水中将部分浮游动植物关闭在透明箱子内，箱中浮游动植物的种群组成、密度和环境可认为与实际湖水极为接近，之后在短时间内投入放射性同位素标记的酵母并对浮游动物群落的滤水速率进行测定，由此计算浮游动物群落的相对滤水速率[3]。所谓相对滤水速率是指浮游动物一天内所能过滤的体积在湖水体积中所占的比例，以 % 表示。酵母的投入时间可控制在 5min 内，以保证短于被同位素标记的酵母被浮游动物消化并排泄的时间。

例如，假设 1L 湖水中有 10 个浮游动物，每个个体的滤水速度为 10mL/h（即 240mL/d），水中全部浮游动物的滤水速率是 2400mL/（d·L），相对滤水速率即为 240%（2400mL/1000mL × 100）。

Haney 的试验结果表明，相对过滤速率随季节和在湖水中的深度变化，有时会超过 100%（图 7）。这意味着浮游动物能在一天内吃光湖里所有的食物粒子，浮游植物群落受到了浮游动物捕食的巨大压力。试验中当相对过滤速率超过 100% 时，大型水蚤类的溞属便成为优势种，这表示大型水蚤会对浮游植物群落产生很大影响。

一方面大型水蚤的捕食速度（过滤速率）很快，此外，水蚤还可利用胸肢上生长的过滤鞭毛过滤、收集食物（图 2）。不同种属的水蚤过滤鞭毛的间隔也不同[4]，体型较大的大型水蚤的过滤鞭毛较细，其间距远比 1μm 还要细得多。与之相比，湖中最为常见的小型水蚤——长额象鼻溞的过滤鞭毛间距为 1μm 左右或更粗。过滤鞭毛的间距决定了水蚤所能捕食食物的最小尺寸，因此大型水蚤能捕食到比小型的长额象鼻溞还要小的食物粒子。而水蚤所能捕食食物的最大尺寸由口器的大小所决定，大型水蚤能捕食比小型的长额象鼻溞还要大的食物。大型水蚤与小型水蚤相比，既能捕食更大也能捕食更小的食物粒子，因此捕食范围广，加上捕食速度快，被称为高效率的浮游植物捕食者。

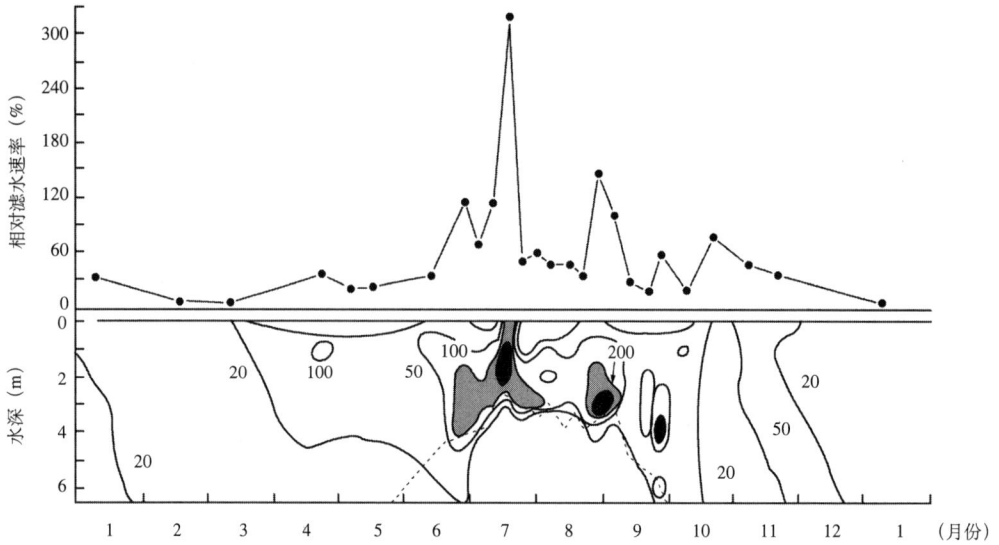

图7　哈特湖中浮游动物群落的相对滤水速率[3]

上图为贫氧层（下图中用虚线表示的部分）之外湖水中平均值的季节变化；

下图为垂直方向滤水速率的季节变化。

3-3　浮游动物及其捕食者

浮游动物有着各种各样的捕食者，这些捕食者对浮游动物群落产生很大影响。

直到1960年左右，水温和pH等无机因子仍被认为是影响浮游动物的分布和群落物种组成的主要因素。但Hrbacek[5]的研究结果表明，在试验水槽中引入鱼类对浮游动物群落产生了很大影响，而Brooks和Dodson[6]通过比较引入鱼类前后湖泊浮游生物群落和拥有不同鱼类群落湖泊的浮游生物群落，也证明鱼类会对浮游动物的群落构造产生很大影响。由此人们认识到，生物间相互关系（捕食‐被捕食关系和竞争关系等）是决定生物群落的主要因素，相关研究随之迅速发展。

Brooks和Dodson[6]调查并比较了位于美国新英格兰的水晶湖（Crystal Lake）在1942年和1964年两年的浮游动物群落。1942年湖里还没有捕食浮游生物的鱼类西鲱，而1964年是这种鱼入侵的次年。这两个年度的浮游动物群落的构造存在显著差异（图8）。1942年，湖中有很多体长超过1mm的浮游动物，特别是大型水蚤为优势种，这时浮游动物群落的平均个体大小为0.8mm。到了1964年，大型水蚤已不见踪影，而长额象鼻溞等小型种成了优势种，这时的群落平均个体大小为0.35mm，与1942年相比大幅缩小。

Brooks和Dodson[6]认为，1963年大型浮游动物的消失是由鱼类对大型浮游动物的选择性捕食所致，随后在很多湖泊都观察到当鱼类增加时，浮游动物群落的构成种群会趋于小型化，

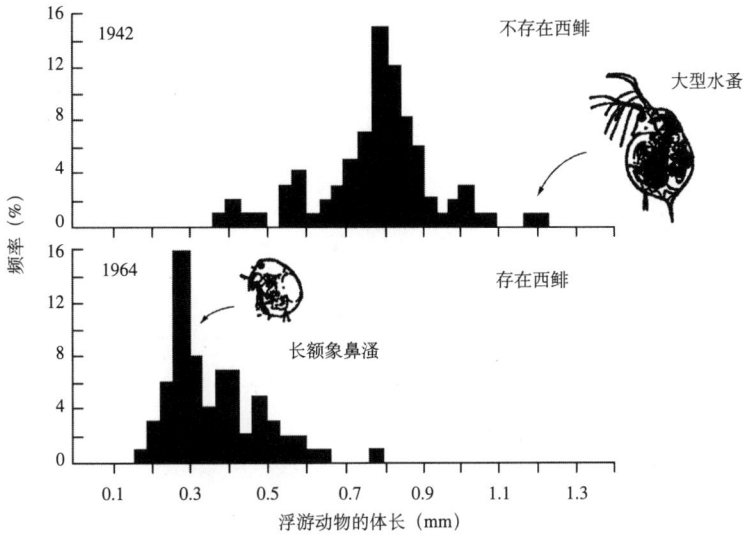

图 8　1942 年（不存在鱼类西鲱时）与 1964 年（西鲱已增多的年份）水晶湖中浮游动物的体长分布 [6]

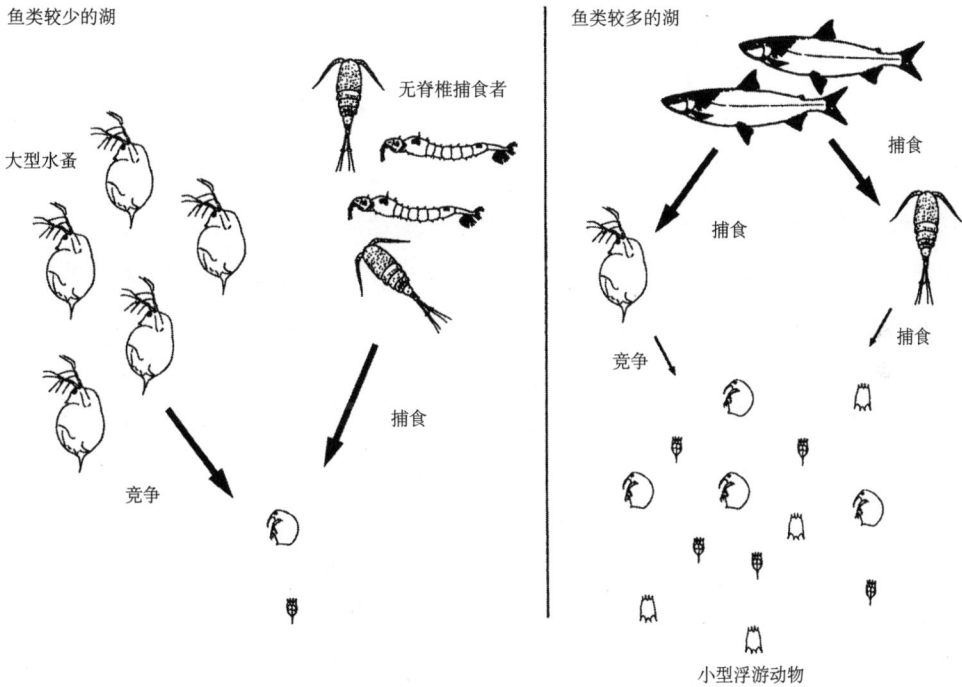

图 9　鱼类数量不同的湖中浮游动物的群落构造及生物间相互作用（捕食、竞争）

鱼的捕食压力对大型浮游动物的个体数具有很强的影响的结论逐渐得到认同。

除鱼的捕食压力以外，Brooks 和 Dodson [6] 还注意到，在鱼类较少时，湖泊浮游动物群落中大型种占优势，难以见到小型种。他们通过浮游动物的种间竞争来解释这一现象，即存在食物竞争时大型种占据优势。因此，在没有鱼类的环境里，大型种会驱逐小型种。随后的大量研究证实了这一假设。正如前文所述，大型水蚤与小型的浮游动物相比，具有更高的捕食效率，加上耐饥饿能力强，因而在竞争中具有优势。

对此，Dodson[7] 提出了另一种捕食机理，在该机制中无脊椎捕食者发挥了重要作用。无脊椎捕食者是指剑水蚤和薄皮水蚤等捕食性浮游动物，它们的体型比鱼类采食的浮游植物要大（体长 1 ～ 10mm），容易被喜欢大型浮游动物的鱼类捕食，因此在鱼类较多的湖泊数量会减少。鱼类的减少可使大型浮游动物占据更多优势。其中因无脊椎捕食者专门捕食小型浮游动物，从而导致其数量减少，而难以被无脊椎捕食者吞食的大型浮游动物增加。

捕食和竞争是决定浮游生物群落种群组成的重要生物学因素（图 9）。特别需要注意的是，对浮游植物群落造成显著影响的大型水蚤种群同时也受到鱼类捕食的显著影响。Lynch[8] 利用隔离水体实验对鱼—水蚤—浮游植物的关系进行了考察。

他首先在明尼苏达州一个面积 $0.25hm^2$ 的没有鱼类的池塘设立了隔离水体。在浮在水面的木框上放置了数个直径 1m、长 1.8m 的聚乙烯袋，并注入池水，这样袋子里就封入了和池塘相同的浮游动植物群落。他在各个袋子中分别投入 0 条、1 条、2 条、4 条、5 条蓝鳃太阳鱼的幼鱼，以调查其对浮游生物群落和水质的影响。

池水（隔离水体之外）和没有引入鱼类的隔离水体内，大型水蚤淡水枝角水蚤（*Daphinia pulex*：体长～ 3mm）或盔形溞（*Daphinia galeata mendotae*：体长～ 2mm）为优势种群，只有少量小型的长额象鼻溞（图 10），在隔离水体内甚至可以见到无脊椎捕食者美洲幽蚊（*Chaoborus americanus*）的幼虫。一旦引入了鱼类，2 种大型水蚤和美洲幽蚊的幼虫在隔离水体内消失，取而代之，长额象鼻溞的数量大为增加，这是由鱼类的选择性捕食所造成的。在没有鱼类的水体，小型水蚤无法增加，则可能是由于被竞争中占据优势的水蚤所抑制，以及被水体中的美洲幽蚊幼虫所捕食所导致。这一试验直接证明了鱼类能够使得浮游动物群落中的优势种从大型种变为小型种。

该结果表明，鱼类的投入会导致浮游动物群落的变化，同时也会影响到水质。在未引入鱼类的隔离水体，浮游植物大量减少，体现为作为浮游植物量指标的叶绿素浓度极低（图 11），这使得水体透明度增加，隔离水体清澈见底。而引入了鱼类的水体中浮游植物和叶绿素增加，透明度为 1m 左右，远低于未引入鱼类的水体。这是由于鱼类的存在改变了浮游植物量，从而改变了透明度。另一方面，不同水体中的总磷量（溶解态磷与悬浮态磷）不存在明显差异；但是，没有鱼类的水体磷酸盐浓度有所增加。

分析原因，在没有鱼类的水体，大型水蚤为浮游动物群落中的优势种。由于水蚤高效捕食浮游植物，水中的浮游植物减少、透明度升高。水蚤排泄物中含有大量的磷酸盐，大量进食的水蚤必然导致大量的磷酸盐的释放。结果导致虽然浮游植物利用磷酸盐作为营养盐，但由于水蚤的不断捕食，浮游植物无法繁殖到完全利用水中的磷的程度，因此水中的磷酸盐浓度高居不下。而在引入了鱼类的水体内，鱼类的选择性捕食导致大型水蚤消失，小型浮游动物成为优势

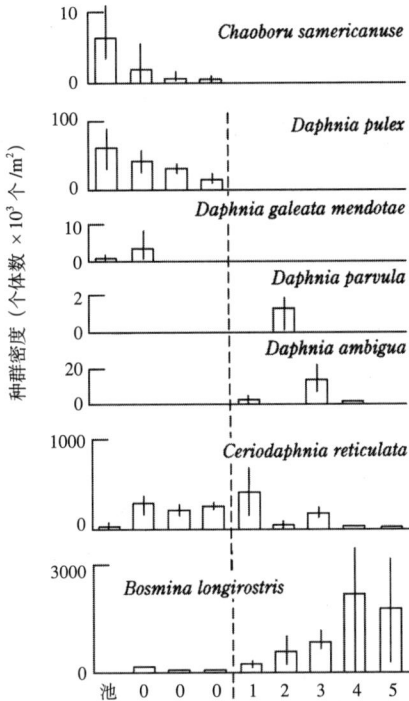

图 10　投放入不同条数的捕食浮游生物
的鱼类（蓝鳃太阳鱼）的隔离水体中浮游
动物的种群密度 [8]

x 轴的数字表示投放的鱼类的个体数

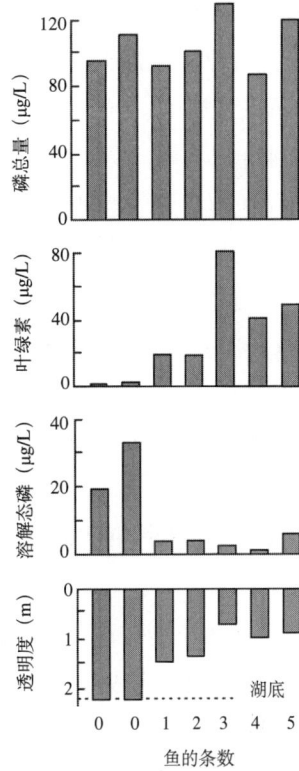

图 11　投放入不同条数的捕食浮
游生物的鱼类（蓝鳃太阳鱼）的
隔离水体中磷总量、叶绿素含量、
溶解态磷含量及透明度 [9]

种。小型浮游动物捕食浮游植物的效率不高，无法大幅减少浮游植物的数量，大量浮游植物吸收磷导致磷酸盐浓度降低，水体的透明度也降低。

　　上述在隔离水体内观察到的浮游动物群落的变化引起湖泊水质大幅变化的现象，在实际湖泊也屡屡可见。

　　霞浦湖有一种名为新糠虾的糠虾，1982 年以前数量较多，每年春秋季节可多达 10000 个 /m² （2500 个 /m³）。这种糠虾捕食水蚤，在其数量多的时候会使水体中几乎见不到水蚤出现。但 1983 年以后，新糠虾数量呈不规则变化，甚至有些年份完全消失。与此同时，浮游动物的群落也发生了巨大变化。新糠虾数量较少的春秋季节，浮游动物、特别是水蚤的数量增加，并可观察到新糠虾数量多时不会出现的大型水蚤 [10]。1986 年霞浦湖第一次出现了体长达到 2mm 的盔形透明溞，1988 年及 1989 年数量达到近 200 个 /L （图 12）。这段时间就观察到浮游植物的明显减少。一般每年 1 月代表浮游植物量的叶绿素 a 浓度至少有 20μg/L，而在 1989 年 1 月、盔型透明溞的数量达到 187 个 /L 的峰值时，叶绿素 a 浓度只有不到 1μg/L，达到开始观察以来的最低值，这正是盔型透明溞可大量捕食浮游植物所致。霞浦湖往年同期只有 1m 的透明度，当年却达到了 4m。霞浦作为日本第二大湖，是最大水深 7m、平均水深只有 4m 的浅湖，当时能够从船上看到大部分区域的湖底。1988 年秋冬季新糠虾数量较少，在盔型透明溞数量增加前，小型的长额象鼻溞和轮虫类大量出现，此时湖水的透明度与往年相似。由此可见，大型水蚤非常有助于减少浮游植物量（水质净化）。

3-4　浮游动物和蓝藻

　　大型水蚤由于能够高效捕食浮游植物，被称为"浮游植物的天敌"。但是，水蚤并不能捕食所有浮游植物，特别是大型浮游植物对大型水蚤而言也捕食困难，因而多数浮游植物以各种形态形成群落，以此作为避免浮游动物捕食的一种对策。在富营养化湖泊形成水华的蓝藻类微囊藻和鱼腥藻不但能形成群落，还会产生毒素。试验表明有毒蓝藻会使水蚤的生长速率和生存率降低，可认为生产毒素也是藻类避免被浮游动物捕食的对策

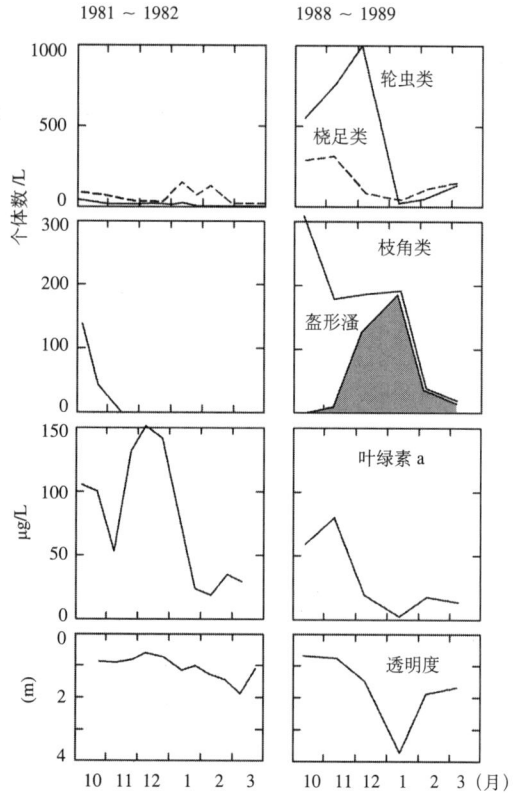

图 12　1981 ～ 1982 年冬季以及
1988 ～ 1989 年冬季霞浦中浮游动植物
量与透明度的变动 [10]

1981 ～ 1982 年新糠虾较多，而 1988 ～ 1989 年则基本没有观测到新糠虾。盔形溞较多时叶绿素 a 含量（浮游植物量的指标）极低，而透明度增加。

之一 [11]。蓝藻大量爆发形成水华状态阻止了水蚤的捕食，会使大型水蚤数量减少。但如果在湖泊发生水华之前大型水蚤的数量增加，则可能抑制水华的发生。分析原因可能有以下两个方面：一是，水蚤捕食导致浮游植物减少和初级生产力降低，由于碳酸平衡发生变化导致 pH 降低，从而形成不利于蓝藻生长的环境；二是，浮游植物的数量减少导致透明度增加，大部分藻类的光环境改善，成为不利于蓝藻与其他藻类竞争的条件。在水蚤与蓝藻的竞争中哪一方会胜出，受到各自种群状态和环境影响。明确这种关系是利用浮游动物进行湖泊水质净化的关键之一。

——引用文献——

1) Hanazato, T. and M. Yasuno (1985) : Occurrence of *Daphnia ambigua* Scourfiled in Lake Kasumigaura, *Jpn. J. Limnol.*, **46**, 212-214.

2) Knoechel, R. and B. Holtby (1986) : Construction and validation of a body-based model for the prediction of cladoceran community filtering rates, *Limnol. Oceanogr.*, **31**, 1-16.

3) Haney, J. F. (1973) : An in situ examination of the grazing activities of natural zooplankton communitites, *Arch. Hydrobiol.*, **72**, 87-132.

4) Geller, W. and H. Muller (1981) : The filtratikon apparatus of Cladocera: Filter mesh-sizes and their implications on food selectivity, *Oecologia*, **49**, 316-321.

5) Hrbacek, J., M. Dvorakova, V. Korinek and L. Prochazkova (1961) : Demonstration of the effect of the fish stock on the species composition of zooplankton and the intensity of metabolism of the whole plakton association, *Verh. Internat. Verein. Limnol.*, **14**, 192-195.

6) Brooks, J. L. and S. I. Dodson (1965) : Predation, body size, and composition of plankton, *Science*, **150**, 28-35.

7) Dodson, S. I. (1974) : Zooplankton competition and predation: An epxeimental test of the size-efficiency hypothesis, *Ecology*, **55**, 605-613.

8) Lynch, M. (1979) : Predation, competition, and zooplankton community structure: An experimental study, *Limnol. Oceanogr.*, **24**, 253-272.

9) Shapiro, J. (1980) : The importance of trophic-level interactions to the abundance and species composition of algae in lakes. *In*: Barica, J. and L. R. Mur (eds.), Hypertrophic Ecosystems, Dr. Junk, The Netherlands, p. 105-116.

10) Hanazato, T. and M. Aizaki (1991) : Changes in species composition of cladoceran community in Lake Kasumigaura during 1986-1989: Occurrence of *Daphnia galeata* and its effect on algal biomass, *Jpn. J. Limnol.*, **52**, 45-55.

11) 花里孝幸 (1989)：富栄養湖におけるラン藻と動物プランクトンの相互関係, 陸水雑, **50**, 53-67.

4. 底栖动物的净化作用

——以日本蚬为中心

（山口启子、相崎守弘）

水中生活着各种各样的生物。水生生物中，像水蚤和草履虫这样没有游泳能力、在水中漂浮的生物被称作"浮游生物"，像鱼一样能够在水中自由游动的生物被称作"游泳生物"，而像贝和蟹一样、在水底也就是在水体底部的表面和内部生活的生物被称作底栖生物（benthos）。本章将介绍底栖生物中依赖底质生活、移动性不高的底栖动物，它们与生存场所的水质与环境之间的关系十分紧密。

底栖动物多以水中的浮游植物或附着藻类及其残骸组成的腐殖质或底质有机物为食，是一级消费者。也就是说，在水生态系统中，底栖动物与浮游动物的营养级是相同的[1]。一级消费者通过摄食防止导致富营养化的浮游植物大量繁殖，从而防止蓝藻和赤潮的发生，在水体净化和水生态系统的稳定中发挥了十分重要的作用。

本章将介绍底栖动物水质净化的机理及相关基本概念，以及利用该机制进行水质净化的相关基础研究。下文将以日本蚬为重点利用几个案例进行说明。

4-1 底栖动物生态及其净化作用

（1）生活、摄食方式与净化

河流湖泊生活着各种底栖生物，其中代表性的有：双壳贝如蚬和牡蛎、螺如田螺和放逸短沟蜷、多毛类如沙蚕和海稚虫、寡毛类如正颤蚓、甲壳类如虾和蟹以及昆虫幼虫如摇蚊和萤火虫的幼虫等，它们具有各种不同的生活方式和摄食方式。其生活方式有的像蚬一样将身体埋在底部泥沙内，将进水管伸入水中的，也有像蟹和沙蚕一样在底泥沉积物中挖掘巢穴出入的，还有像田螺和放逸短沟蜷一样在底泥沉积物表面爬行的等。在咸淡水区有很多像藤壶和牡蛎一样，附着在硬质基岩表面生活的底栖生物。底栖生物对底泥、基岩附近的空间的立体利用，构成了彼此相影响的复杂生态系统（图1）。

底栖动物的生活方式、特别是摄食方式对水体净化发挥了关键作用。蚬等双壳贝多为摄食浮游植物等悬浮物的食悬浮体动物（suspension feeder），将水和悬浮物一同吸入体内，通过过滤进行摄食的也被称为滤食动物（filter feeder）。滤食动物鳃表面的纤毛运动带动水流，通过进水管吸入大量的水。这些水通过鳃表面时吸收氧气，同时过滤吸附浮游植物等水

营养盐负荷氮磷等　　光照

从系统中去除
捕捞、捕食、移动

（二级、三级消费者）

（二级消费者）　（一级消费者）
浮游动物

（生产者）
浮游植物

光合作用

（二级消费者）
食肉动物

水中悬浊物

粪便

（生产者）
植物残骸

水中悬浊物

O_2

无机态氮磷

粪便

O_2

CO_2

食悬浮体动物
（牡蛎、藤壶等）

底栖藻类
附着藻类

腐殖质有机物

粪便、拟粪
腐殖质

粪便

细菌
（分解者）

氧化层

底质

还原层

食悬浮体动物
蚬等

（一级消费者）

表层食碎屑动物
沙蚕、钩虾等

食碎屑动物

有机物
细菌

底层食碎屑动物
水蚯蚓等

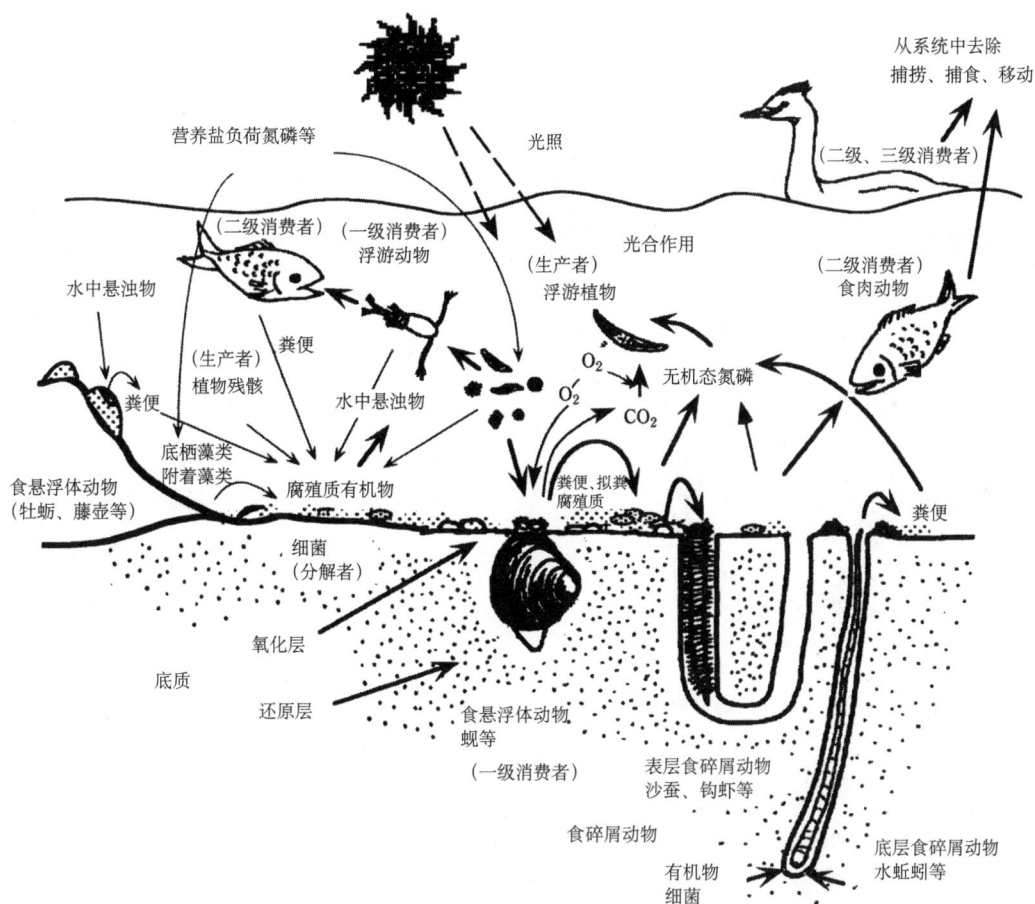

图 1　微咸水湖中的生物及其相互关系

中的悬浮物（图 2）。被吸附的悬浮粒子被鳃表面的纤毛运往口部。口部正前方的唇瓣（labial palp）对进入口中的粒子进行筛选。砂粒等不适宜作为食物的大粒子和多余的有机物粒子被黏液固定成为拟粪，通过进水管直接排入水体。通过口部进入消化器官的粒子则会在体内消化，没被吸收的残渣会成为粪便通过出水管排出体外。这样，双壳贝将悬浮物和水一起吸入体内，一部分被用于其生长，其余以粪或拟粪的形式形成固体、排出体外成为沉积物（生物沉积作用，biodeposition）[2]。过滤摄食具有从水中过滤、去除悬浮物的作用，因此食悬浮体动物能够直接净化水体。特别是水中直径 5μm 以下的微粒子，一般物理方法难以去除，生物过滤作用可使其强制性沉淀。而污染水体悬浮物浓度较高时，能够被鳃捕获的悬浮物也会增加。虽然食悬浮体动物摄食消化有机物的能力是有限的，但因摄入的有机物最终以拟粪的形式加快分离，从水中去除污染物的能力仍可维持在较高的水平。但要注意吸入大量浮泥有可能阻塞鳃而导致其窒息死亡[3]。

圆田螺和川蜷同属于螺，都是通过剥落附着藻类和植物碎片进行摄食的植食性生物。值得

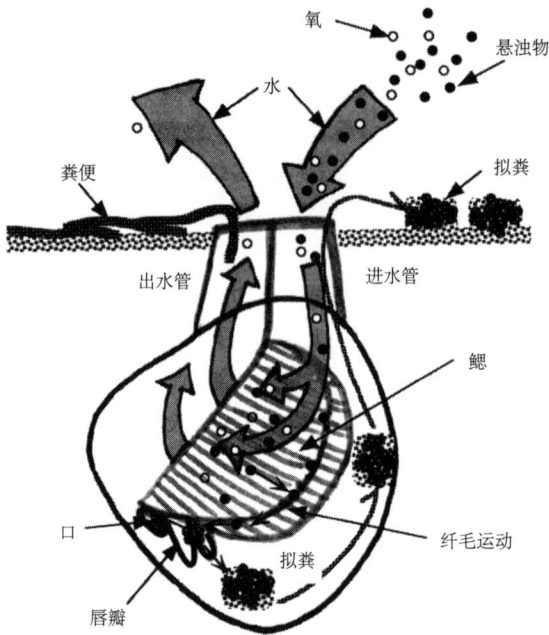

图 2　双壳贝的过滤摄食模式图

注意的是, 有研究表明 [4] 在污染水体栖息的圆田螺是具有抑制浮游植物增长的"净化型"螺, 而在清洁水体栖息的川蜷是会使水中叶绿素增加的"污染型"螺。试验研究还表明 [5], 圆田螺能够摄食水华等水中悬浮物。在污染水体栖息的螺呼吸时通过鳃捕获、摄食悬浮物, 因此具有和摄食悬浮体动物一样的机能。在持续污染的水体, 圆田螺 (净化型螺) 的增加则是生态系统通过生物群落发挥其净化机能的一种体现。

而食碎屑动物 (deposit feeder) 则摄食底泥表层及内部的有机物以及地岩屑, 将有机物固定在生物体内, 主要包括附着藻类和浮游植物等的残骸、动物粪便以及分解这些的细菌 (图 1)。多毛类的沙蚕、寡毛类的水蚯蚓以及摇蚊的幼虫采用这种摄食方式。食碎屑动物可进一步分为表层食碎屑动物和下层食碎屑动物。例如, 沙蚕是表层食碎屑动物, 它修筑"U"形的巢穴, 从一侧的洞口伸出头摄食表层沉积物, 而从另一侧排泄粪便。而线蚯蚓是下层食碎屑动物, 它将头潜入沉积物中摄食底部内部的沉积物, 而将排泄口伸出沉积层外将粪便排向表层。这两种动物都能够分解、固定导致水体恶化的有机质, 有助于净化水质, 此外还可通过生物扰动作用 (Bioturbation) 促进底部环境的改善、净化水体, 详见下一节的内容。

(2) 底栖动物的生物扰动作用与底泥净化

底栖生物在沉积物中栖息, 会扰乱底质, 这一作用被称为生物扰动作用, 这种作用由于能够净化底质而受到关注。这一作用包括通过摄食分解与固定有机物, 通过造穴和黏液分泌等稳定底泥, 可防止浮泥上升和再次悬浊化引起的水质污浊。此外, 最重要的是能够通过搅拌沉积物促进物质循环 [2]。

一般水体的底泥表层因和上方水体的物质交换频繁, 具有充足的氧气, 因此被称为氧化层, 而底泥的深处则成为还原层。在有机污染日益严重的水体, 超过水体分解能力的有机物形成污泥, 在底部沉积增厚, 增厚的还原层逐步淤泥化。因此, 在有机污泥沉积的封闭水体, 底层水的溶解氧被污泥分解消耗, 呈缺氧状态。当底层水变为无氧状态时, 磷会从底泥中溶解, 成为赤潮和水华发生的原因。此外, 还原层的硫酸盐还原菌厌氧分解硫酸盐会产生硫化氢, 导致底泥时常被卷起, 含有硫化氢的水流 (被称作青潮) 上升会导致水质急剧恶化, 甚至导致水生生物窒息死亡。

为改善淤泥化水体的水质环境，一般采用淤泥疏浚或铺沙等办法进行改进。作为生态技术采用食碎屑动物净化有机污泥，近年来备受关注。

从直接效果来看，食碎屑动物可摄食底部有机物，将有机物固定于高级生物体内等，直接减少了有机物的蓄积，从间接效果来看，食碎屑动物的生物扰动作用可促进底质和上方水体的物质交换。例如，底泥中的动物在底部翻地、造穴时，会促进氧气进入底部。特别是修筑"U"形巢穴的沙蚕和甲壳类，为在巢穴中获得氧气而搅动水流，促进了巢穴及巢穴下层底部的氧气供给（图3）。氧化层的扩大促进了好氧细菌的有氧呼吸及有机物的分解，达到抑制淤泥化的效果。在还原层以铵根（NH_4^+）形态存在的氮元素，在氧化层会被硝化细菌氧化为硝酸或亚硝酸；而在还原层，硝酸会被还原为氮气（N_2），从而实现脱氮。硝化、脱氮作用相互促进，能够有效地去除氮。因此，底栖动物的巢穴的形成能够立体地扩大氧化层和还原层的交界面，高效地净化底质（图1、图3）[2]。反之，还原性底泥上升到表层后，氮和磷会发生溶解、分别以氮和磷酸的形态进入水体，导致利用这些物质的浮游植物大量繁殖。氧化层的扩大能够限制营养盐的溶解，从而具有防止赤潮和水华的作用。

底栖生物也用于有机物污染的养鱼场的底质环境的修复，利用食碎屑动物淡水小头虫

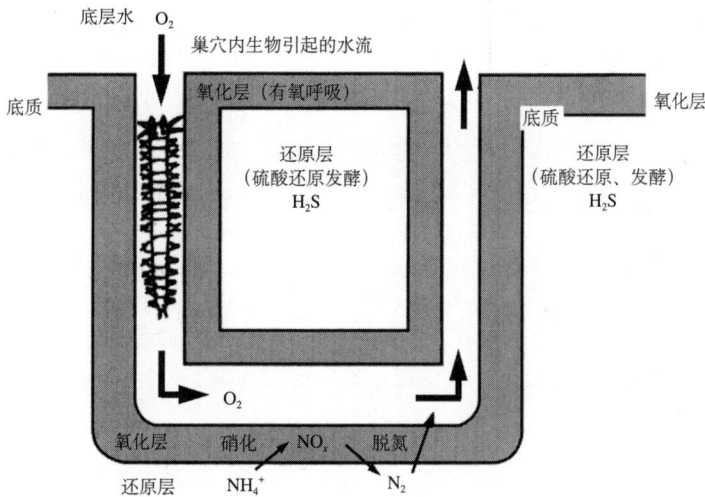

图3 底质中巢穴对底质净化的影响（概念图）

（*Capitella* sp.1）进行的实验，得到了很有价值的结果[6]。如往试验水槽添加有机物的同时添加淡水小头虫，能够抑制沉积物中有机氮的浓度上升（图4a）。不仅如此，添加了淡水小头虫的生态系统还能够抑制酸性可挥发性硫化物（AVS）的产生（图4b），可见淡水小头虫的存在能够明显提高底泥中微生物的活性。淡水小头虫通过翻地促进底泥中的细菌的生长，摄食有机污

泥的同时也减少了硫酸盐还原菌，从而抑制了底部厌氧化以及硫化氢的产生。

因此，底栖动物在底部的活动能够净化底质，抑制有机污染水体的水质恶化。

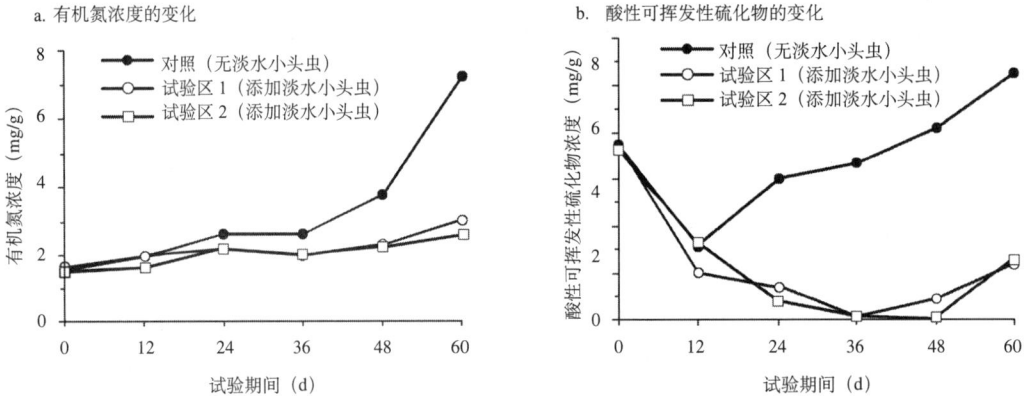

a. 有机氮浓度的变化

b. 酸性可挥发性硫化物的变化

图4　淡水小头虫对底质有机物的影响（引自门谷、堤[6]，有改动）

（3）利用在食物链或生态系统中的功能净化水体

底栖动物的摄食活动与生物扰动作用能够直接净化水质，改善底质环境，接下来考察生物的相互作用及其在生态系统中的功能。首先关注食碎屑动物与滤食动物的关系，滤食动物排出的粪便或拟粪在底质上大量沉积，导致底质有机污泥化与缺氧。另外，滤食动物吸入这种污泥也可能引起鳃阻塞，有时会由于自己的粪陷入生命危机。底部的沙蚕等食碎屑动物则会摄食这种粪，进行有机物的再吸收、同化及分解（图1）。食碎屑动物摄食其他生物粪便的行为，可而食碎屑动物的活动能使其稳定固定在底部。

这样，食悬浮体动物有效地收集通过生物沉积作用沉积的浮游植物等水中悬浮物，而沉积物被食碎屑动物所利用。上文提到，在生态系统中这些底栖动物与浮游动物处于相同营养级别，但是其在生态系统中的功能却存在差异。例如，贝类等底栖动物与浮游动物相比个体较大，在高密度生长的情况下单位面积的生物量非常大（如宍道湖的日本蚬，Corbicula Japonica，夏季 $0.5 \sim 2 kg/m^2$，平均 1500 个 $/m^2$）。贝类等大型底栖动物生存期限可从数月长达至数年，具有在某一场所适应一定程度环境变化，维持自身生活相对稳定的能力。因此，与环境变化会引起数量剧烈变化的小型浮游生物相比，大型底栖动物有助于稳定水体生态系统。从这点来看，底栖动物的存在在稳定水体生态系统和物质循环、净化水体中发挥了重要作用。

底栖动物一般会被鱼、鸟所捕食，或被人类捕捞；摇蚊和萤火虫等的幼虫在水中生长，在生长过程中摄取水体的有机物，羽化为成虫后离开水体；具有洄游习性的鱼类在河流或微咸水区生活一段时间，在这些营养丰富的水体摄食底栖动物后，回到海洋；通过这些行为，一级生产者将水体的营养盐固定在有机物内，然后被消费者所捕食，被其同化的营养盐随之移动时，其生物量相当的有机物及所固定的营养盐也随之从系统中被去除（图 1）。从水体系统中去除营养盐对于净化水体十分关键[10]。特别是在营养盐过剩的富营养化水体，通过捕食、移去摄食有机污泥的底栖动物，能够将大量营养盐带到系统外[10]。以沿岸海域为中心，对估算底栖动物去除的营养盐量进行了各种研究，在日本的湖泊方面，对宍道湖的日本蚬进行了十分详细的研究[10~14]。日本蚬是日本餐桌上必不可少的一种食物，是重要的内陆渔业资源。宍道湖的年渔业捕捞总量约 10000t，其中 90% 以上为日本蚬。通过捕捞，能够将日本蚬体内的以有机物形式存在的营养盐从水体中去除。在宍道湖进行的研究表明，以氮元素进行换算，夏季日本蚬通过过滤发挥生物沉积作用，相当于水中浮游植物的增长量的 $1/2$[10, 13]。而蚬在生长过程中通过摄食浮游植物所固定的氮元素量，约为进入河流的氮元素总量的 15%。而通过其他估算得到，日本蚬的捕捞每年能从宍道湖去除约 67t 的氮元素[14]。通过调整捕捞量使日本蚬的现存量保持在一定范围内，从而保证去除一定量的营养元素是很好的应用案例。冬季宍道湖的日本蚬和中海的东亚壳菜蛤是候鸟的重要食物，为了在春天返回北方，候鸟冬季会在湖内通过捕食积蓄足够的营养，这一行为也能够有效地去除营养盐[12]。

综上所述，以日本蚬为代表的底栖动物拥有从沉淀悬浮物等污水一级处理到利用生态系统去除营养盐的高级处理的多种净化能力。今后有效地使用这一生物机能，有望开发出生态工程

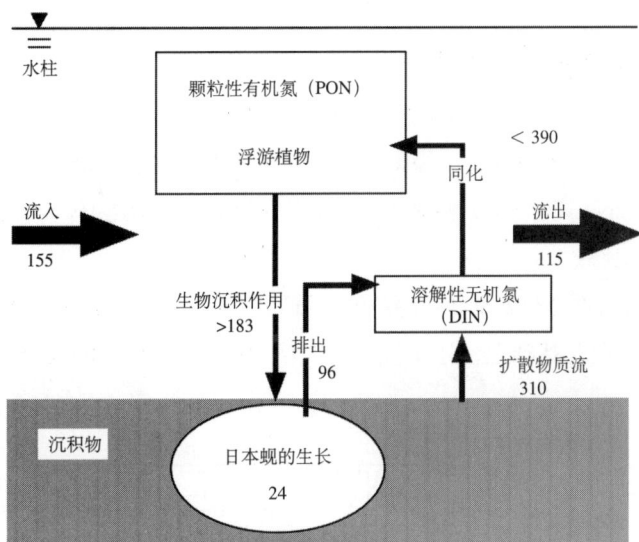

图 5　8 月份宍道湖的氮循环概念图（引自山室[10]，有改动）
箭头表示物质流的量（kgN/d）

的实用技术。但是，上述的估算均以夏季测量值为基础，并不一定完全准确。生物的生产力及净化能力会随季节、环境条件变化。为了更加有效利用生物机能、准确估算净化的效果，需收集更多相关生物的基础情报，进行进一步的讨论。

4-2 日本蚬的净化能力相关基础研究

日本蚬是具有代表性的、微咸水性双壳贝，时常在几个psu的低盐分浓度的微咸水湖泊或河流下游的水体成为优势种。随着陆域悬浮物的流入，微咸水水体易发生富营养化，产生大量浮游植物，作为滤食动物和渔业捕捞对象的日本蚬，在生态技术中被认为具有较高的利用价值。同时，双壳贝中日本蚬以对缺氧等环境的高耐受性而著称[15]，因此个体易于维持，具有较强的实用性。

岛根县的宍道湖是日本产量最高的日本蚬产地。但日本蚬不是在宍道湖的任意位置都能生存，而只能在水深不到3～4m的、相对较浅较狭窄的大陆架部分以高密度生存。蚬只分布在盐分、底质、溶解氧、食物供给以及其他条件均满足的环境内[16]。为了在生态技术中利用底栖动物，首先需要根据季节和环境条件等对不断变化的净化能力进行适当的估算，还需要掌握该种生物的生态及栖息条件对其机能的影响，或掌握能够充分发挥其净化能力的适当的培养条件。笔者通过室内试验和室外试验，研究了改变水温、底质（有/无）、个体大小、个体密度、水量负荷等发育条件对日本蚬的净化能力的影响。基于这些结果，利用室外水槽和人工湿地中试装置对蚬的水质净化进行了实证研究[17～19]。

（1）水温与底质有无的影响[17]

室内试验采用内直径11cm的丙烯管作为水槽（图6），测定在各种条件下培养的悬浮物颗粒相关水质指标数值的变化，包括：叶绿素a（Chl-a）、悬浮颗粒物（SS）、颗粒性有机磷（POP）和颗粒性有机氮（PON）等。通过这些指标计算出去除量和去除速率，以比较不同条件下的差异，进行净化能力的比较。

首先，根据蚬和底质的有无设计4种条件的试验系统（表1），其中NO.3与NO.4是未添加日本蚬的对照组。在此基础上，让水温在25℃、20℃、15℃、10℃、5℃等5个水平变化，

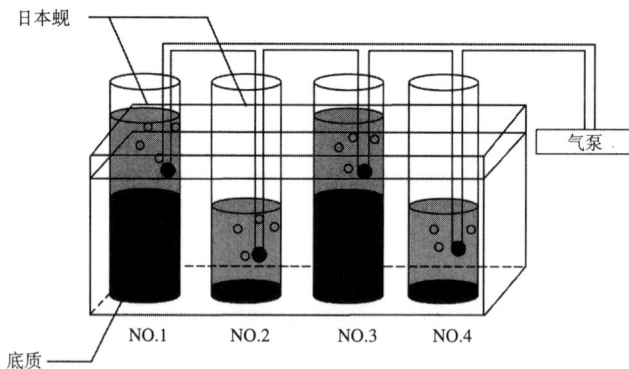

图6 试验装置示意图

研究水温对日本蚬去除悬浮物作用的影响。使用市场出售的标准大小（壳长 20mm）的蚬。试验结果表明，在高温条件下培养日本蚬的水槽的 Chl-a 有快速降低的倾向（图 7），根据过滤速率的计算方法（Nakamura 等 [11]），减去对照组进行换算后的结果如图 8 所示。水温在 10 ~ 20℃时过滤速率稳定（特别是有底

表 1　试验条件

序号	试验用水	日本蚬	底质
1	+	+	+
2	+	+	−
3	+	−	+
4	+	−	−

质的组），温度达到 25℃过滤速率即急剧上升，而如图 9 所示，在 20 ~ 25℃时呼吸速率也直线上升。这是由于日本蚬活性随水温升高而上升，但是这种上升与水温的升高并非直线关系。一般随着水温的升高，双壳贝的需氧量也升高，但是超过 25℃时有可能突然产生氧气不足的

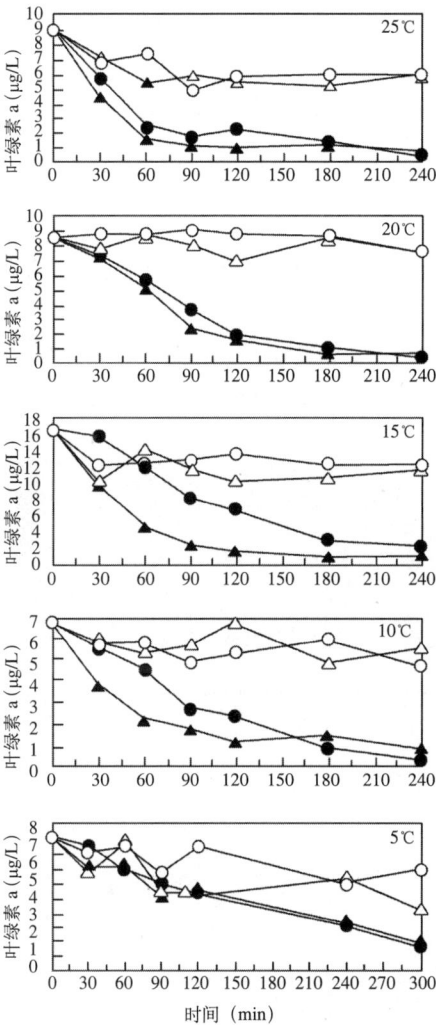

图 7　各试验条件下各种水温中叶绿素 a 浓度的时间变化

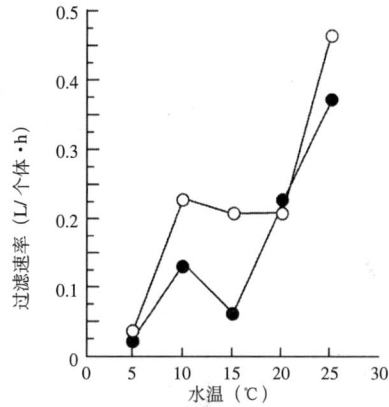

图 8　日本蚬的过滤速率与水温的关系

○：有底质　●：无底质
根据叶绿素 a 的浓度变化计算

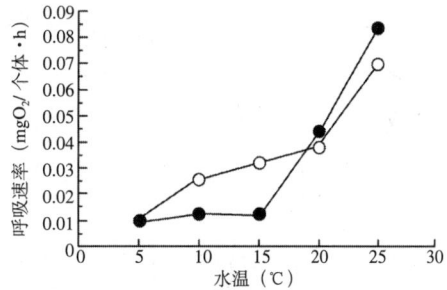

图 9　日本蚬的呼吸速率与水温的关系

○：有底质　●：无底质

表 2　根据各水温条件下日本蚬单个个体每小时平均的叶绿素 a 的浓度变化计算出的过滤速率

	25℃	20℃	15℃	10℃	5℃
NO.1	0.47	0.21	0.21	0.23	0.04
NO.2	0.37	0.23	0.06	0.13	0.02

[L/（个体·h）]

情况。反之，水温在5℃时日本蚬活性明显较低，推测其处于休眠状态。

而比较底质的有无可以看出，在有底质时过滤速率较高，特别是在15℃以下，有底质的组的过滤速率明显高于没有底质的组（表2）。冬季水温降低时，日本蚬潜至底质深处，水温10～15℃潜行[20]最深。推测15℃以下时底质的有无对过滤速率具有大幅度影响则与日本蚬的这种习性有关。

根据以上试验计算得到，在10～20℃的生物活性稳定条件下培养，壳长20mm左右的1个成熟的日本蚬个体的过滤速率约为0.2L/h。

（2）个体大小与栖息密度的影响[18]

接下来讨论个体大小对净化能力的影响。采用与1）相同的丙烯管，准备7种不同壳长的日本蚬（2.5mm为1级单位、从10～25mm共7级），研究不同大小日本蚬的净化能力。结果显示，随着壳长的增加，过滤速率与呼吸速率也增加（图10）。而以软体部分干燥质量进行换算，壳长15mm以上的日本蚬过滤速率基本相同，而存在小型日本蚬（壳长不到15mm）的单位软体部分干重的过滤速率较高的倾向（图11）。

日本蚬的栖息密度对其净化能力也存在影响。采用壳长约20mm的日本蚬，研究7种栖息密度（直径11cm内以5个为1级、从5～35个共7级、相当于530～3680个/m²）下的日本蚬的净化能力。结果表明，在密度不大于3160个/m²时，随着密度的增加对藻类的去除速率也增加（图12a），但是密度增加到3680个/m²后，去除速率有所下降。换算为单体过滤速

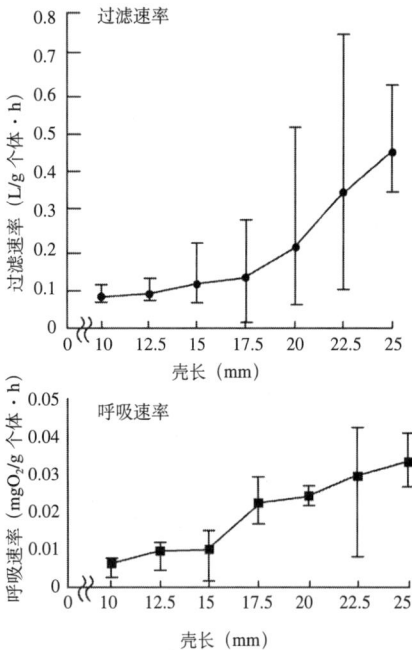

图10 日本蚬的壳长与单体平均的过滤速率及呼吸速率的关系

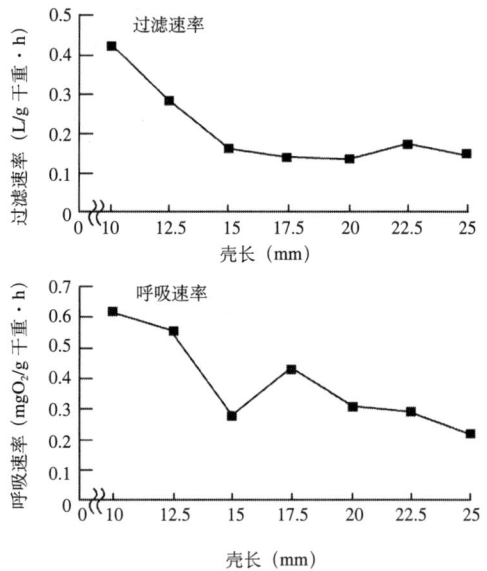

图11 日本蚬的壳长与软体部分单体干重平均的过滤速率及呼吸速度的关系

率和呼吸速率后得到，密度越低、过滤速率和呼吸速率越高（图12b、12c）。

换算为单位面积单位软体部分干重（质量密度）的活性，结果如图13所示。当重量密度超过100g/m²，不同壳长、不同个体密度的日本蚬的过滤速率和呼吸速率基本恒定。也就是说，当培养为一定大小的成贝后（这里为17.5mm以上），单位面积平均的过滤速率基本恒定，在个体大小和密度变化的情况下，仍具有稳定的水处理能力。

从上述结果可以得到，质量密度在200～240g/m²（壳长20mm的个体2600～3100个/

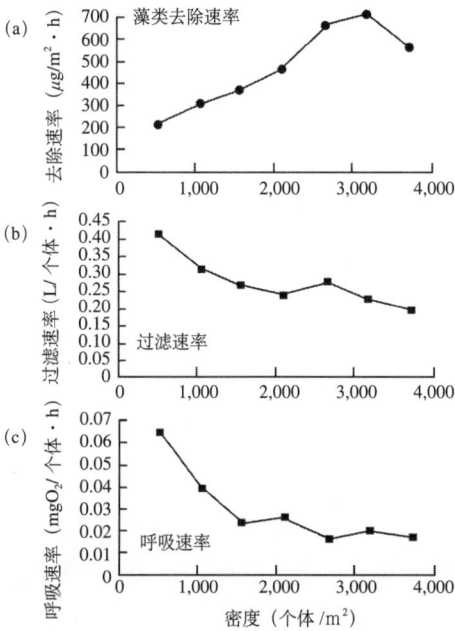

图12　日本蚬的栖息密度与单位面积平均
的藻类去除速率、单体平均的过滤速率及
呼吸速率的关系

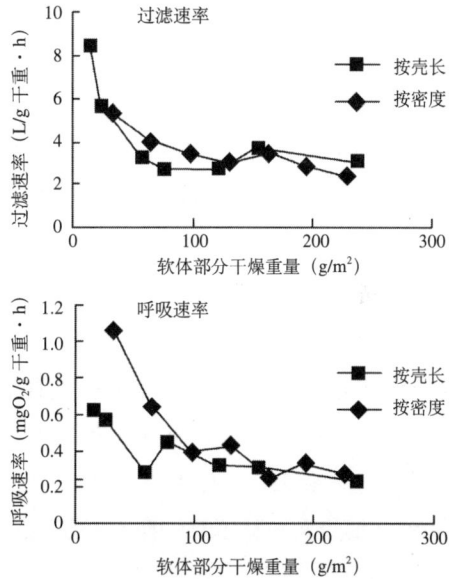

图13　日本蚬单位面积平均的软体部分干
燥重量与软体部分单位干重平均的过滤速率
及呼吸速率的关系

m²）时，藻类去除速率可维持在最高的水平；而上升至240g/m²（3680个/m²）时，单位面积平均的藻类去除速率降低。假设使用日本蚬进行水质净化，在壳长20mm、密度2500个/m²的条件下进行培养并对过滤速度进行估算，在10～20℃的水温范围内过滤速率约为0.2L/h，能承受的最大水量负荷为500L/（m²·h）。假设日本蚬的活性昼夜不发生变化，其处理水量可达到12m³/（m²·d），这一数值远高于植物净化设施的水量负荷[数吨/（m²·d）][21]。而根据上述结果，小型个体净化效率会更高，因此可以将幼贝到发育至可食用大小的成贝的养殖池等设施进行组合，从而提高效率。

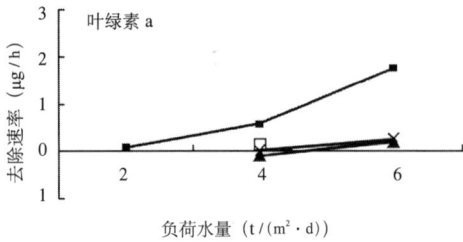

图 14　根据叶绿素 a 的浓度变体求得的各个季节日本蚬单位的平均去除速率

■：6 ～ 8 月，□：6 ～ 8 月（高密度）
×：9 ～ 11 月，▲：12 ～ 2 月

（3）利用室外水槽长期培养[19]

为有效利用以上结果，须采用与日本蚬自然生长相近的条件对净化能力进行评价，为此在室外设置了大型水槽进行长期（最长 10 个月）连续试验，通过持续供给污染湖泊的湖水对净化能力进行了评价。选取壳长 20mm 的日本蚬，在 1500 个 /m² 和 3000 个 /m² 的密度下进行试验。将岛根县的富营养化湖泊神西湖的湖水用水泵提升至水槽，作为试验用水，水量负荷采用 2t/d、4t/d 和 6t/d 等 3 个值。结果表明，随着水量负荷的增加，整体和单体对于悬浮物或 Chl-a 浓度的去除速率和去除率也都有所增加（图 14）。通常的水处理设施在负荷增大时，时常会由于发生阻塞而导致处理能力下降。但随着负荷增大，日本蚬的净化能力具有不降反增的特征，这可以根据上文提及的过滤捕食的特征进行理解。在水中悬浮物增加时，蚬会通过排除更多的拟粪来适应。而在水量负荷大时，能够充分供给蚬生存所需的食物和氧气，构成了良好的生活环境条件。

这一事实也可从存活率或成长情况得到体现。如图 15 所示，密度为 1500 个 /m²、水量负荷较高时（4t/d、6t/d），蚬保持了较高的存活率；而在水量负荷低（2t/d）或个体密度高（3500 个 /m²）的条件下，8 月部分蚬由于窒息死亡（图 15a），且发生窒息的两组蚬成长情况较差（图 15b），去除速率和去除率低下，净化能力低下且不稳定。水量负荷低或个体密度高的组别，单个体的食物供给本来就不足，而在需氧量高的夏季形成缺氧环境，最终导致蚬窒息死亡。上

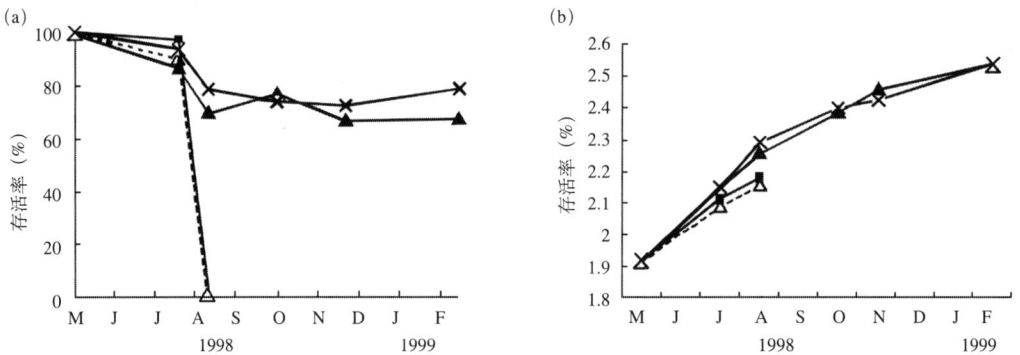

图 15　水槽培养的日本蚬每月的
A：存活率的变化　　B：平均壳长的变化

■：水量负荷 2t/（m²·d），密度 1,500 个 /m²
▲：水量负荷 4t/（m²·d），密度 1,500 个 /m²
△：水量负荷 4t/（m²·d），密度 3,500 个 /m²
×：水量负荷 6t/（m²·d），密度 1,500 个 /m²

文 2) 的室内试验结果表明在密度 3160 个 /m² 时蚬的净化能力最高，而在长期培养时 3000 个 /m² 的密度显然是过密了。这说明，直接根据室内试验的结果讨论实际水体的生物的净化能力是不合适的，有可能产生很大的误差。若要将利用日本蚬的水质净化推广成为生态工程技术，需要进行长期的大规模的验证实验，研究在环境条件变化时仍能维持日本蚬稳定的最适条件。

日本蚬虽是常见的水产品，但关于其净化能力、生态特征及其与栖息环境的关系的数据仍很缺乏；虽是环境适应性强的双壳贝，但还未能实现长期培养（包括养殖）的高效化和稳定化。因此，为了发挥底栖动物自有的净化能力、形成环境修复技术，需要继续积累其生态学知识，并且充分关注室内和室外两方面的试验数据及结论。

——引用文献——

1) 山室真澄（1997）：食物連鎖を利用した水質浄化技術，地質ニュース，**520**，34-41.
2) 栗原　康（1988）：河口・沿岸域の生態学とエコエクノロジー，335pp.，東海大学出版会.
3) 島根県水産試験場三刀屋内水面分場（1998）：宍道湖におけるシジミ大量へい死対策緊急調査報告書，75pp.，島根県.
4) 鈴木紀雄（1990）：水生植物帯における自然浄化機能，自然の浄化機構（宗宮　功編），p.134-145，技報堂出版.
5) 小澤和彦・横山淳史・朴虎東（2001）：ヒメタニシにおけるmicrocystinの蓄積・排泄機構の解明，日本陸水学会第66回大会講演要旨集，p.50.
6) 門谷　茂・堤　裕明（1996）：ベントスによる漁場底泥の環境修復，石田祐三郎・日野明徳編，生物機能による環境修復（水産学シリーズ110），p.65-78，恒星社厚生閣.
7) 中村幹雄・森　忠洋（1998）：シジミ漁による宍道湖の浄化，用水と廃水，**40**(5)，41-43.
8) 島根県水産試験場（1984）：昭和58年赤潮対策技術開発試験報告，87pp.，島根県.
9) 岩熊敏夫（1990）：水源水域における底生動物の水質に及ぼす影響，公害と対策，**26**(3)，210-216.
10) 山室真澄（1997）：汽水域での高次生産者を通じた窒素・リンの収支，沿岸海洋研究，**35**(1)，69-73.
11) Nakamura, M., M. Yamamuro, M. Ishikawa and H. Nishimura (1988) : Role of the bivalve Corbicula japonica in the nitrogen cycle in a mesohaline lagoon, *Marine Biol.*, **99**, 369-374.
12) Yamamuro, M., N. Oka and J. Hiratsuka (1998) : Predation by diving ducks on the biofouling mussel Musculista senhousia in a eutrophic estuarine lagoon, *Mar. Ecol. Prog. Ser.*, **174**, 101-106.
13) 山室真澄（1994）：食物連鎖を利用した水質浄化技術，化学工学，**58**，217-220.
14) 中村幹雄（2001）：ヤマトシジミが宍道湖の窒素循環に果たす役割，汽水域の科学－中海・宍道湖を例として－（高安克己編），p.92-100，たたら書房.
15) 中村幹雄・品川　明・戸田顕史・中尾　繁（1997）：宍道湖および中海産二枚貝4種の環境耐性，水産増殖，**45**(2)，179-185.
16) 中村幹雄（2000）：日本のシジミ漁業，266pp.，たたら書房.
17) 相崎守弘・森岡美津子，木幡邦夫（1998）：ヤマトシジミを利用した汽水域の水質浄化に関する基礎的研究，用水と廃水，**40**(2)，34-39.
18) 相崎守弘・福地美和（1998）：ヤマトシジミを用いた汽水性汚濁水域の浄化，用水と廃水，**40**(10)，46-50.
19) 前田伊佐武・相崎守弘・山口啓子・藤田直樹（2000）：汽水湖水を連続供給した屋外水槽でのヤマトシジミの水質浄化能に関する研究，水環境学会誌，**23**(11)，716-720.
20) Goshima, S., M. Ikegawa, T. Sonoda and S. Wada (1999)：Seasonal vertical migration within Sediment by the brackish water clam Corbicula japonica., *Benthos Research*, **54**(2)，87-97.
21) 橋本敏子（1998）：植物による水質浄化の評価，河川・湖沼の水質浄化技術の開発と汚染対策（工業技術会編），p.61-75，工業技術会.

5. 生物操纵的理论和模型

(浅枝隆)

5-1　生物操纵的由来与演变

生物操纵这一概念，近年来一直在进行修改，现是指通过去除湖泊内的鱼类，增加其捕食的浮游动物，以最终减少浮游植物量为目标的技术。生物控制以欧美为中心，是近年来被使用的最为频繁的技术。在日本，由于人们对鱼类抱有特殊的情感，该技术未必会常用。

20世纪60年代以来，人们认识到浮游动物食性鱼类会对浮游动物群落产生很大影响，从而促进浮游植物的繁殖。但是，直到1975年才在湖泊管理中考虑到这个问题。Shapiro等人除去明尼苏达州的湖中的鱼类，结果发现去除鱼类能够减少浮游植物量，因此将此技术命名为生物操纵[1]。

最初，生物操纵是以减少生态系统中的浮游植物为目的，从增加底栖的滤食动物、导入减少浮游植物的病毒、设置利于浮游动物逃避鱼类捕食的环境等多个角度进行考虑。但是，在20世纪80年代之后，该技术逐渐演变为主要指去除鱼类的方法。

生物操纵最初以水深相对较深的湖泊作为对象，并以在水深相对较深的湖泊使用作为目标[2]。但是，丹麦、英国和荷兰等国在富营养化浅湖的研究结果明确表明，对于沿岸带的大量浅水湖来说，生物操纵是极为有效的对策。随着研究的深入，生物操纵的原理也逐渐明确[3]。

5-2　生物控制相关假说

在水体透明度高时，阳光可以直达水底，从而促进沉水植物群落的形成。沉水植物能够防止各种物理扰动导致的底质上翻，同时通过与浮游植物竞争阳光和营养盐以及释放化感物质，抑制浮游植物的增长，从而提高水体的透明度。同时，沉水植物能给不同营养级的动物、特别是鱼虾食性鱼类提供产卵和避难的场所，促进其繁殖，从而防止底栖动物食性鱼类、浮游动物食性鱼类及草食性鱼类的生物量过度增加，减少底质上翻，提高透明度，并减少营养盐的溶出。而减少草食性鱼类有利于水生植物繁茂，减少浮游动物食性鱼类有利于浮游动物繁殖，从而抑制浮游植物的繁殖（图1）。最终使透明度提高，植物的覆盖水域增加。而一般在富营养化会破坏这一机制，水体中草食性、底栖动物食性或浮游动物食性的鱼类增加，而水生植物和浮游动物减少，导致藻类大量生长，而底栖动物食性鱼类还会使底质上翻、透明度降低。结果，植物区域减小，浮游植物进一步增加，而透明度进一步降低。

在这些过程中，生物操纵最初的机制是通过增加鱼虾类食性鱼类减少浮游动物食性鱼类、

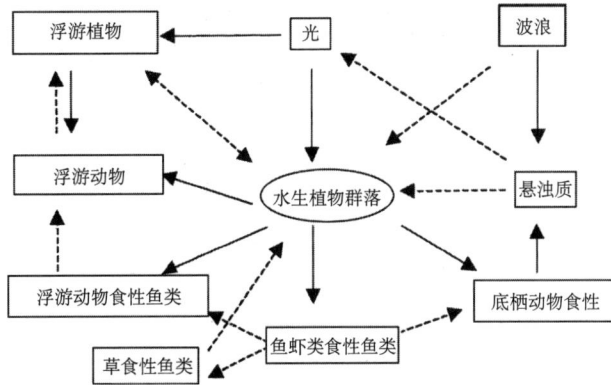

图 1 浅水湖生态系统简化图
──→增加关系，----→减少关系

增加浮游动物，最终减少浮游植物的自上而下的过程。即，通过去除鱼类增强水中光照，发展水生植物群落，为大型浮游动物、特别是大型水蚤提供免遭浮游动物食性鱼类捕食的场所，同时也增加鱼虾类食性鱼类（在欧洲特别是梭子鱼）的数量。但是鱼虾类食性鱼类受到很多其他因素的影响，结果效果并不显著。

需要指出，图 1 所示关系中被忽略的几点也会产生重要影响。首先，作为代表性的浮游动物，滤食动物在摄食浮游植物的同时，也捕食同样以浮游植物为食的鞭毛虫和纤毛虫。其次，其在成长过程中可能产生食性变化。如很多鱼虾类食性鱼类在幼鱼时期以浮游生物为食，而在幼虫期为草食性的剑水蚤在成虫后转变为肉食性。再次，虽然也是水蚤（浮游动物）的天敌，美洲幽蚊等无脊椎动物的幼虫也是鱼类的捕食对象，鱼类减少时其数量反而会增加。最后，细菌会分解所有的动植物的残骸和排泄物，该假说也忽视了这种微生物界循环。基于以上几点原因，这种基于下行效应减少浮游植物的设想在许多研究报告中均证明无法达到预定的目标。

另一方面，水生植物群落对氮的消耗能够特别抑制浮游植物；浮游动物通过在水平方向进行的日周运动，能够积极利用植物群落形成的避难所。同时，水生植物可有效防止底质上翻、化感作用抑制浮游植物繁殖的效果也十分显著。

综上所述，虽然生物操纵的最初提出是希望基于食物链的下行效应，但研究表明事实上这是一个也包含了自下而上的过程等多角度作用的方法，在荷兰的 18 座湖泊中进行的试验即明确显示出这一倾向。

5-3 荷兰 18 座湖泊试验的结论及启示

Meijer 在荷兰进行了近 15 年的研究，在此对其结果进行总结，可为掌握生物操纵的概念和效果提供参考[4]。

首先，对 Meijer 所有试验的结果进行分类汇总，如表 1 所示。

表 1 研究中各湖泊的特性及其生物操纵的形态与结果

	面积 (hm²)	平均水深 (m)	底质种类	开始生物操纵年份	以往的 TP(mg/l)	第一年的鱼去除率 (%)	同时采取的措施	实行生物操纵之后能否看见湖底
Blieswijkse Zoom;Galgje[5]	3	1.1	Clay	1987	0.25	84+		+
Boschkreek	3	2.0	Sand	1993	0.7	52+	D.P	
Breukeleveense Plas[6]	180	1.5	Peat	1989	0.1	62*		
Deelen[7]	45 ～ 65	1.0	Peat	1994	0.25	15-28	P	
Duningermeer[8]	30	1.0	Peat	1994	0.11	77+		+
Hollands Ankeveense Plas	92	1.3	Peat	1989	0.13	60+	D.P	
Klein Vogelenzang	11	1.5	Peat	1989	0.35	26+		
Nannewijd[10]	100	1.0	Peat	1995	0.39	82**	D.P	+/-
Noorddiep 3	4.5	1.5	Clay	1988	0.22	79		+
Oude Veren;40-Med[11]	10	1.4	Peat	1991	0.44	45+	D.I	
Oude Veren;Izakswijd[11]	26	1.5	Peat	1991	0.23	76	I	
Oude Veren[11]	11	0.8	Peat	1991	0.23	45+	I	
Tusken Sleatten Son-delerleiden	27	1.0	Clay	1991	0.29	93+*		
Waay	4	2.5	Clay	1994	0.11	79+		+
Wolderwijd[4, 12]	2650	1.5	Sand	1991	0.13	77+	F	+
Ijzeren Man[13]	11	2.2	Sand	1991	0.27	100		+
Zuidlaardermeer[14]	75	1.0	Sand	1996	0.29	80	P	+
Zwemlust[15]	1.5	1.5	Clay	1987	1.2	100	P	+

注释：+ 表示之后开始去除鱼；* 表示鱼被去除后又被引入；** 表示大型鱼的比例（整体低于 75%）；I：隔离；D：疏浚；F：冲洗；P：除磷。
（改动 Meijer[4]）

接下来对各湖的试验结果进行讨论。

由图 2 可以看出，进行生物操纵之后，所有湖泊的透明度都不同程度地得到提高，其中有 8 个湖泊甚至达到了清澈见底的程度。认定这些湖泊完全达成目标，但 3 ~ 4 年后，大部分湖泊的透明度开始降低。未达到清澈见底的 8 个湖泊，透明度均提高了 40% ~ 150%，也被认定为完成了目标。

虽然 70% 的湖泊的叶绿素 a 有所减少，但未达到清澈见底的湖泊的叶绿素 a 在春季有所减少，而在 7 月之后则有增加的趋势。

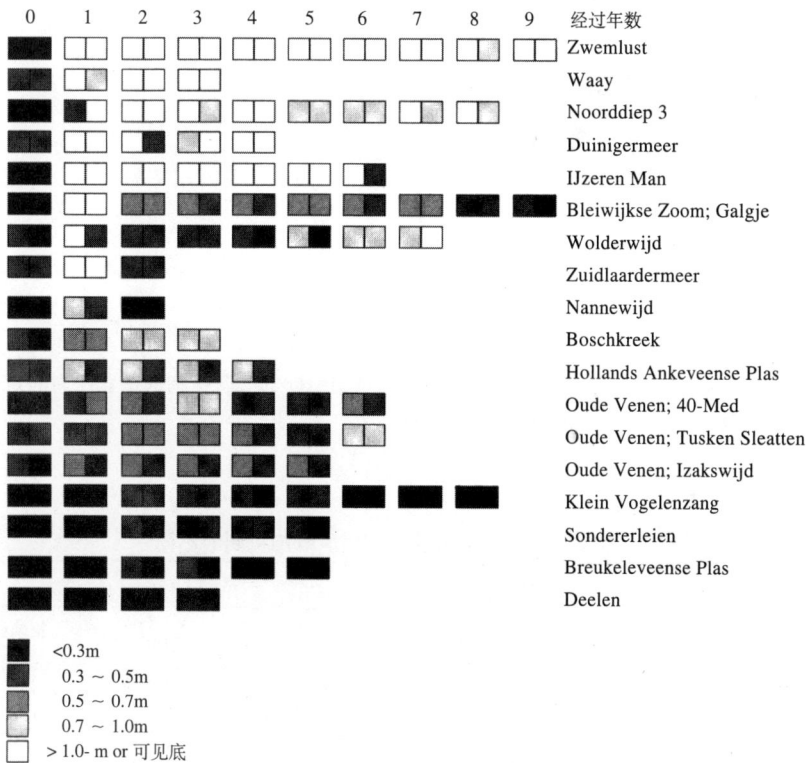

图2　实施生物操纵后春季与夏季的透明度变化[4]

左侧的正方形表示 5 ~ 6 月的数值，右侧的正方形表示 7 ~ 9 月的数值。

进行生物操纵后的浮游动物量如图 3 所示，除 Noordiep 湖之外，浮游动物的量逐渐缓慢增加，与减少的浮游植物（PGP）进行对比，其影响是很明显的。因此，采用生物操纵提高湖泊透明度的机制中，增加水蚤的量仍然是十分重要的。通常水蚤量在 5 ~ 6 月较多、效果较明显，但 7 ~ 9 月效果减弱。这是由于浮游植物减少成为水蚤生长的限制性因子，同时还受到 1 年生鱼类的捕食量增加等因素的影响。也有报道表明，虽然浮游动物食性鱼类减少，但由于以水蚤为食的无脊椎动物增加，最终水蚤数量没有增加。因此水质明显改善的湖泊的夏季透明度的提高，应该还受到其他主要因素的影响。

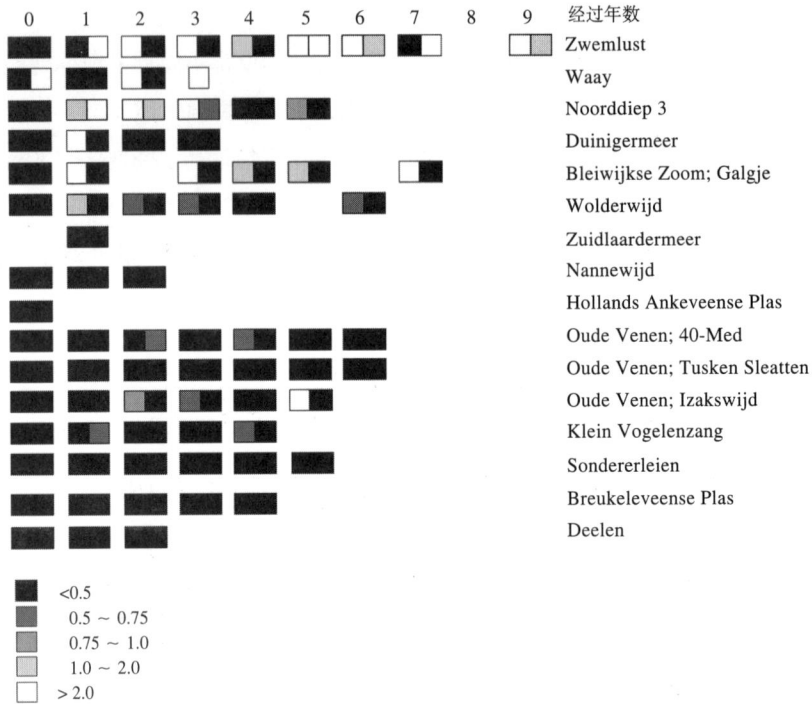

图 3　实施生物操纵后春季与夏季的平均水蚤量引起的浮游植物的捕食压力的变动[4)]
表示为水蚤的生物量与浮游植物的生物量之比。

表 2　湖泊春季与夏季透明度增加机制的不同

湖名	5 ~ 6 月				7 ~ 9 月			
	底栖动物食性的鱼类（<150kg/hm²）	浮游动物的捕食压力	溶解氮（<0.1mg/L）	正磷酸态磷（0.01mg/L）	浮游动物的捕食压力	溶解氮（<0.1mg/L）	正磷酸态磷（0.01mg/L）	植物覆盖比例（%）
Zwemlust	N	Y	Y	N	N	YN	N	Y
Waay		Y	Y	N	N	YN	N	Y
Noorddiep3	Y	YN	Y	N	N	YN	N	Y
Duningermeer	N	N	N	N	N	N	YN	Y
Ijzeren Man	YN		Y	N	N	YN	N	Y
Bleis. Z; Galgje	Y	Y	YN	N	N	YN	N	Y
Zuidlaardermeer	N	N	N	N	N	N	N	N
Woderwijd	Y	Y	YN	N	N	Y	N	YN

注解：以底栖动物食性鱼，Y：去除量 >150kg/hm²，N：去除量 <150kg/hm²。

其他指标：透明度较高期间：Y：60%，YN：30 ~ 60%，N：0 ~ 30%

引自 Meijer[4)]，有改动。

综上所述，水蚤的摄食是影响春季透明度增加的主要原因，而夏季透明度的增加则还需考虑其他原因。

夏季透明度增加主要是大型水生植物群落的效果。

图 4 为各湖植物群落随时间变化情况，所有清澈见底的湖泊都形成了水生植物群落，大部分是在短时间内则形成了轮藻（Characeae）群落。在面积较大的 Woldewijd 湖，轮藻花费了 7

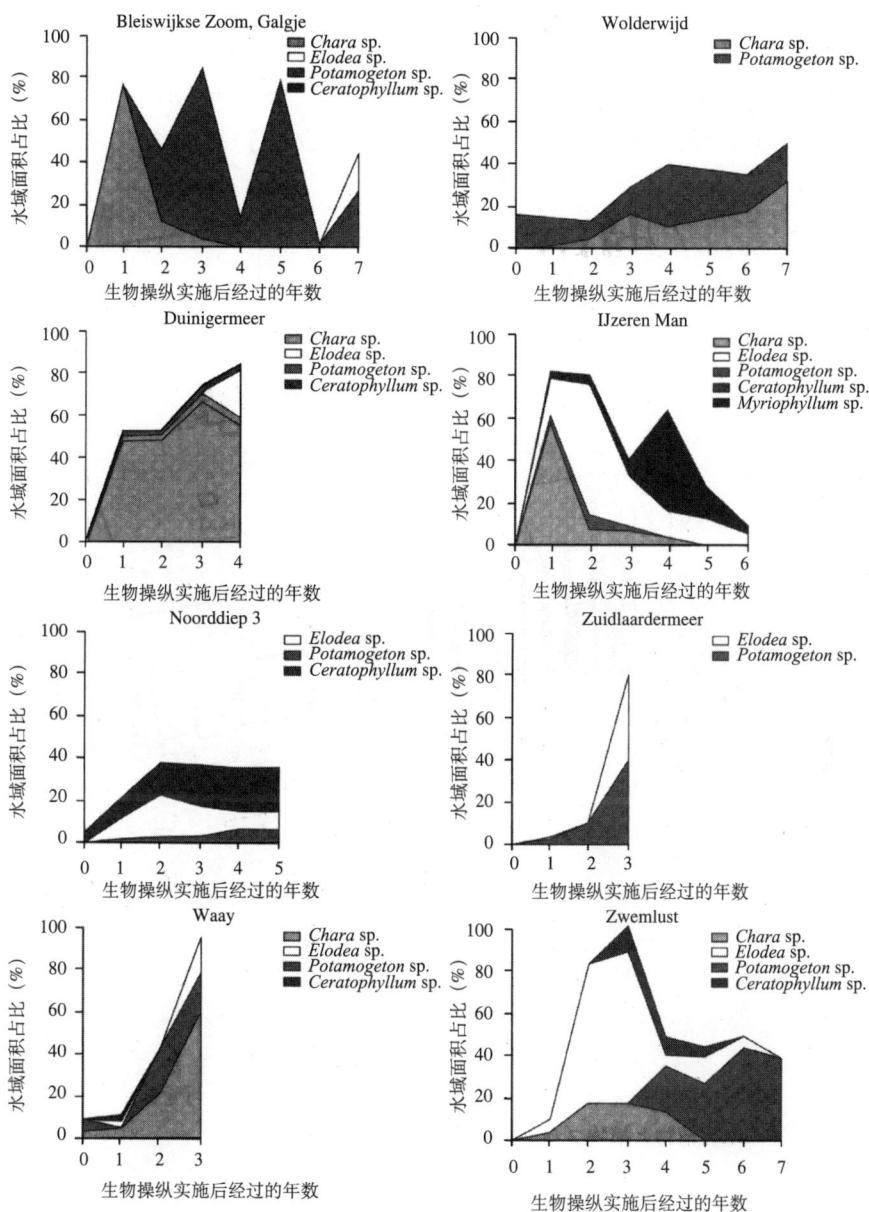

图 4　实施生物操纵后成功的湖泊中大型生植物群落的变动（引自 Meijer[4]，有改动）

年时间覆盖了湖底的 40%，这种情况下原先生长茂盛的眼子菜科的眼子菜发生了种群迁移。这种现象在 Veluwe 湖也可观察到，这座湖在除磷后透明度增加，特别是在形成轮藻群落后透明度猛增。

在没有观察到轮藻群落的地方，形成了伊乐藻（伊乐藻属，*Elodea* sp.）或金鱼藻（金鱼藻属，*Ceratophyllum* sp.）群落。在透明度未及湖底的湖泊中，只有 Hollands Ankeveense 湖形成了植物群落。由此可见透明度达到湖底的重要性。通过比较透明度的增加值，大型水生植物群落覆盖比例超过整个湖的 25% 后对透明度的改善才开始明显。相似地，以叶绿素 a 总含量进行衡量，大型水生植物覆盖面积超过湖底面积的 25% 后，浮游植物体内的叶绿素 a 含量出现急剧减少，以总氮衡量的叶绿素 a 的减少也是在水生植物的覆盖率达到这个比例后才开始变得显著。图 5 所示的丹麦的湖泊研究的结果（20%）也基本一致，可认为植物覆盖比例达到 20% ～ 25% 是提高透明度的重要条件。

丹麦的案例是希望通过增加浮游动物的量来提高透明度，增加植物群落提高水体透明度的机制包括以下几个方面：

①提高 SS 沉降速度，从而减少 SS 成分；

②可防止底栖动物食性鱼类或风浪等机械扰动使底质上翻；

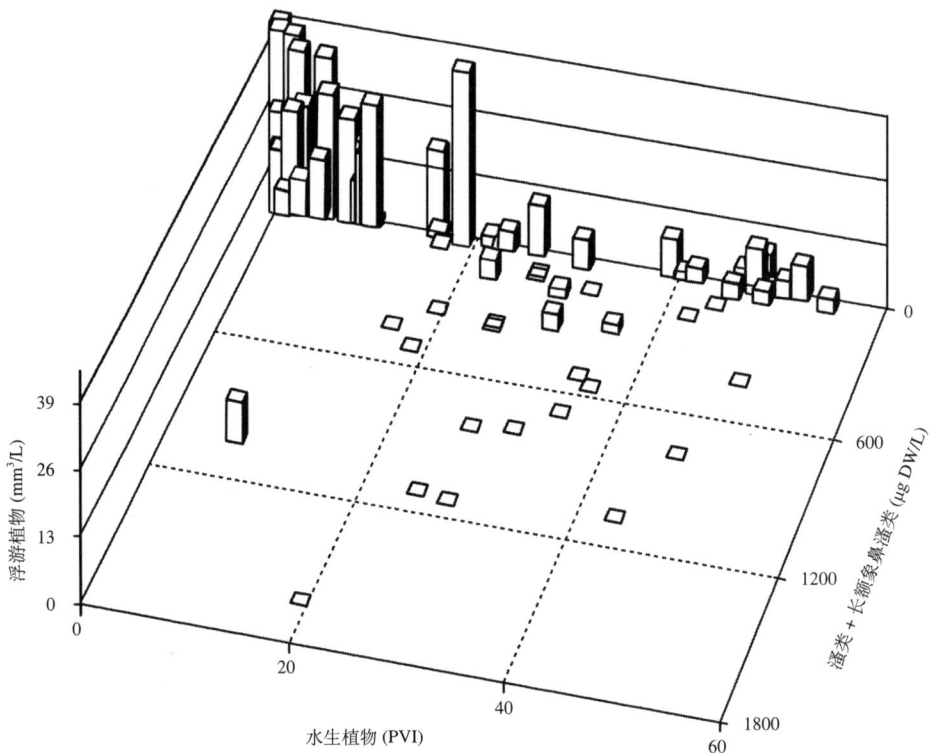

图 5　植物群落所占湖泊比例与浮游植物及浮游动物的关系[16)]

PVI 表示生长水生植物的水体的体积百分比。

③水生植物与浮游植物对氮元素的利用进行竞争；

④水生植物释放化感物质。

此外，轮藻在底部簇生形成的极高密度的群落也能够防止底质上翻，而底栖动物食性鱼类防止底质干扰的作用更为明显。

很多湖泊的磷都有所较少但未减少到极低的水平，在营养盐的去除上，与除磷相比脱氮效果更为显著。许多研究也显示，夏季透明度增加并不仅仅源于水蚤的增加，去除鱼类等也发挥了重要的作用。鱼类的去除作用导致氮元素减少，而营养盐浓度的变化是控制浮游植物的有效机制，因而可产生较大的影响。

对鱼类进行长期监测的 6 个湖泊中，4 个湖泊在进行生物操纵后鱼量有增加的趋势（图 6）。

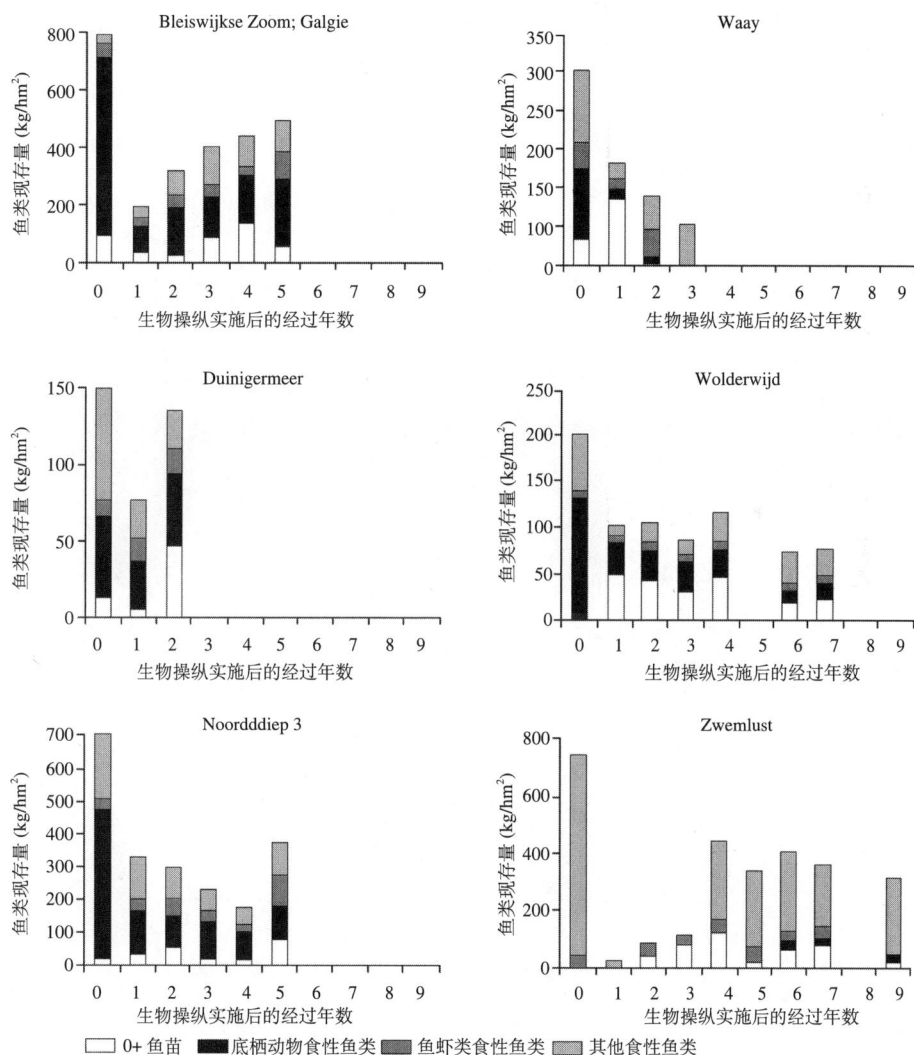

图 6　持续进行鱼类调查的湖泊中鱼类群落的变动（引自 Meijer[4]，有改动）

除在初期引入大量鱼类的 Zwemlust 湖外，其他湖泊的鱼虾类食性鱼类的比例并不高，植物的覆盖区域虽有所增加时但并没有明显差别。但是从表 1 可以看出，为了达到一定程度的处理效果，需要在初期将鱼类除去总量的 75% 以上。

5-4　应用生物操纵的可能性

综上所述，随着应用经验的增多，浅水湖的生物操纵正逐渐成为相对可靠的技术，而最初的假说也逐渐得到修正。特别是最初希望通过增加鱼虾类食性鱼类的数量，以长期控制浮游动物食性鱼类，而事实证明即使不增加鱼虾类食性鱼类也可以持续提高透明度，且透明度的增加不仅受到水蚤增殖的影响，植物群落对 SS、氮浓度的减少也有很大贡献。因此，透明度的提高不仅仅是生态系统具有显著作用的下行效应的影响，同时还受到上行效应的影响。

可以认为湖泊具有 2 个稳定状态：高透明度和低透明度，这点已在荷兰的试验结果中得到证明。事实上，在生物操纵时能够对未来的状态进行一定程度的预测。以轮藻群落的形成和透明度作为指标，根据试验数据对 Veluwe 湖和 Wolderwijd 湖进行理论预测的结果如图 7 所示 [3]。在透明度较低湖泊，减少总磷浓度至 0.1mg/L 之后透明度才开始提高，而反向操作时，在总磷增加至 0.15mg/L 之前湖泊可维持高透明度状态。从图中还可看出，总磷浓度低于 0.1mg/L 时，通过生物操纵可使湖泊处于高透明度的稳定状态，但当总磷超过 0.15mg/L 时，需要频繁地去除鱼类才能保持效果。

最初的生物操纵需要引入鱼虾类食性鱼类等，而研究发现实际上仅去除鱼类也能取得较好的效果，这使生物操纵更加易于使用，但其适用范围仍是有限的。

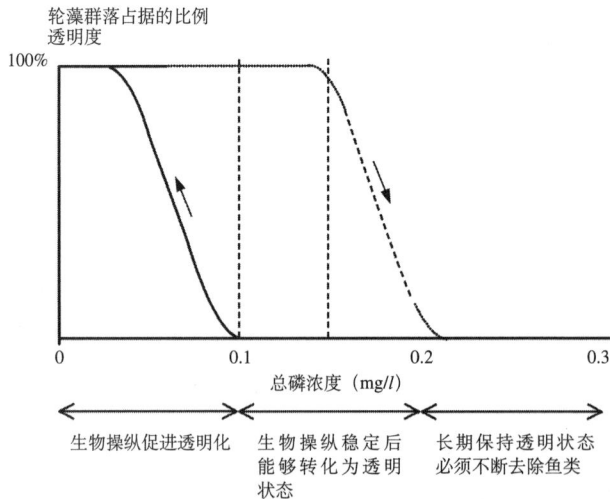

图 7　通过实施生物操纵实现湖泊再生的可能性

——引用文献——

1) Shapiro, J. and D. I. Wright (1984): Lake restoration by biomanipulation: Round lake, Minnesota, the first two years, *Freshwater Biology*, **14**, 371-383.

2) Benndorf, J.(1990): Conditions for effective biomanipulation; conclusions derived from whole-lake experiments in Europe, *Hydrobiologia*, **200/201**, 183-203.

3) Hosper, H.(1997): Clearing Lakes, an ecosystem approach to the restoration and management of shallow lakes in the Netherlands, RIZA, p.168.

4) Meijer, M. L.(2000): Biomanipulation in the Netherlands, 15 year of experience, RIZA, the Netherlands, p.208.

5) Meijer, M. -L., A. J. P. Raat and R. W. Doef (1989): Restoration by biomanipulation of Lake Bleiswijkse Zoom (the Netherlands), *Hydrobiological Bulletin*, **23**, 49-59.

6) Van Donk, E., R. D. Gulati, A. Iedema and J. T. Meulemans (1993): Macrophyte-related shifts in nitrogen and phosphorus contents of the different trophic levels in a biomanipulated shallow lake, *Hydrobiologia*, **251**, 19-26.

7) Classen, T. H. L. (1994): Eutrophication and restoration of a peat ponds area, De Deelen, in the northern Netherlands, *Verh. Int.Ver. Limmnol.*, **25**, 1329-1334.

8) Van Berkum, J. A., M. Klinge and M. P. Grimm (1995): Biomanipulation in the Duningermeer; first results, *Neth. J. Aquat. Ecol.*, **29**, 81-90.

9) Scheffer-Lightermoet, Y. (1997): Holland Ankeveense Plas. *In*: I. de Boois, T. Slingerland and M.-L. Meijer (eds.), Actief Biologisch Beheeer in Nederland. Projection 1987-1996, RIZA, report 97.084, p.73-81.

10) Classen, T. H. L. (1997): Ecological water quality objectives in the Netherlands especially in the province of Friesland, *Eur. Wat. Poll. Controll*, **7**(3), 36-45.

11) Classen, T. H. L. and R. Maasdam (1995): Restoration of the broads-area Alde Feanen, The Netherlands: measures and results, *Wat. Sci. Tech.*, **31**(8), 229-233.

12) Meijer, M. L.(2000): Effects of biomanipulation in the large and shallow Lake Wolderwijd, the Netherlands, *Hydrobiologia*, **342/343**, 335-349.

13) Driessen, O., P. Pex and H. H. Tolkamp (1993): Restoration of a lake: First results and problems, *Verh. Int. Ver. Limnol.*, **25**, 617-620.

14) Torenbeek, R. and D. de Vries (1997): Zuidlaardermeer. *In*: I. de Boois, T. Slingerland and M. -L. Meijer (eds.), Actief Biologisch Beheer in Nederland, Projecten 1987-1996. RIZA, report 97.084, p.169-176.

15) Van Donk, E. R., D. Gulati and M. P. Grimm (1990): Restoration by manipulation in a small hypertrophic lake: first year results, *Hydrobiologia*, **191**, 285-295.

16) Scriver, P., J. Bogestrand, E. Jeppesen and M. Sondergaard (1995): Impact of submerged macrophytes on fish-zooplankton-phytoplankton interactions: largescale enclosure experiments in a shallow eutrophic lake, *Freshwater Biol.*, **33**, 255-270.

6. 生物操纵

——利用隔离水体进行水华控制及
生态系统恢复能力的评价

（高村典子）

20 世纪 70 年代，日本湖泊的富营养化和水华问题日益严重。虽然考虑了各种各样的对策，但直到 21 世纪的现在，富营养化控制和水华防治仍是未解之难题。正如前文所述，位于食物链上层的生物通过捕食压力逐级影响下层生物的现存量，最终控制浮游植物的现存量，这被称作营养级联效应（trophic cascade）[1]。利用此效应，投入食鱼动物降低浮游生物食性鱼数量，增加大型浮游动物量，最终减少浮游植物量"[2]，此类生物操纵以北美为中心已经进行了实践。北美生物操纵开展较多的原因，是由于鱼虾类食性鱼类作为竞技垂钓的对象，具有很好的经济效益，但因经过多等级的食物链，存在控制效果减弱的问题[2]。这种方法难以控制水华发生[3,4]，这是由于形成水华的藻类具有毒性、缺乏营养价值且会成大型群落，即使增加大型浮游动物也难以进行过滤捕食。

产自中国大陆的白鲢能够直接捕食藻类，这种白鲢的鳃耙呈网状且极细密，基本能够过滤捕食 10μm 以上的所有浮游植物[5]。关于利用白鲢进行生物操纵的有效性，至今已进行多项研究[6~10]，结果一致显示白鲢能够减少产生水华的藻类[6~8]。但是，在减少浮游植物总量、提高水体透明度方面，未能得到一致的结论[6,9,10]。假设浮游植物总量没有减少，可能是由于：（1）小型浮游植物增加总量超过大型浮游植物，（2）白鲢过滤捕食浮游动物，因此间接地增加了浮游植物。

于是，为了解决这些疑问，1996 年在霞浦湖设置了 6 处隔离水体，分别在浮游动物密度小以及密度大的条件下，通过改变白鲢的密度，考察水质和浮游生物群落的反应[11]。另外，在 1997 年对引入和除去鱼类这样一种干扰，考察生态系统对干扰的反应[12]，从而对利用白鲢的生物操纵方法进行综合评价。

作为环境厅发展中国家环境技术研究的一环[13]，本研究以中国长江下游流域的浅水湖管理为目标。富营养化导致水华大量发生，和湖泊表面积减小，生物的栖息区域被隔断，导致的生物多样性减少，鱼类的过度捕捞并列，同为中国湖泊环境所面临的严重问题之一[14]。另一方面，作为食物资源的一部分，中国对淡水鱼的依赖程度极高，淡水鱼占全部水产资源捕捞量的 50%，远高于不足 14% 的世界平均值。白鲢与草鱼、青鱼、鳙鱼并称中国四大家鱼，是水产资源中需求量较高的一种鱼。因此，在形成大量水华的富营养化湖泊放养白鲢，可控制水华，同时可回收由于生活污水排放而进入湖中的氮、磷、水产物。

6-1　试验设计

在国立环境研究霞浦湖临湖实验设施的湖岸上构建了 6 个长 5m、宽 5m、深 2.2 ～ 2.5m 的隔离水体，在 1996 年和 1997 年进行了试验（照片 1）。隔离水体的外侧挡板由尼龙丝加强聚酯制成，在实验开始时同时沉入湖底，并将挡板底部的锤插进底泥。为防止湖里的鱼类进入，还在隔离水体的表面覆盖了 1 层孔径为 1cm 的网（网造成的光衰减率约为 20%）。日本为了食品增产，于 1940 年引进了白鲢，试验中使用的是在利根川水系自然繁殖的白鲢。

照片 1　在国立环境研究所霞浦临湖试验设施港设置的试验隔离水体（岩熊敏夫拍摄）

1996 年的试验使用的是 1 岁的白鲢，使其密度从 E1 ～ E6 变化（如表 1 所示）。在试验开始时为防止湖里的鱼类进入隔离水体，在挡板底部粘贴了一层孔径为 6mm 的网之后才沉入水中。但是所有的隔离水体都涌入了大量刚孵化的蓝鳃太阳鱼幼鱼，2 周后用捞网予以去除。试验由于台风中断了 1 个月左右，在台风过后的第 3 周重新开始，并降低了白鲢的密度，但是这次试验在进行了 1 个月左右后又因为台风而中止。因此，1996 年的试验分为前、后两期。前期主要调查在蓝鳃太阳鱼入侵、浮游动物极少的情况下的白鲢的影响；后期主要调查有浮游动物情况下的白鲢的影响。两期试验的其他不同点有：（1）前期平均水温为 26.5℃，而后期降至 24℃；（2）后期降低了所有隔离水体的白鲢密度。

表 1　各隔离水体的白鲢的引进密度、试验开始和结束时的现存量及试验期间增长量

隔离水体		密度	实验开始时的现存量 (g/m³)	实验结束时的现存量 (g/m³)	生长率 (%)
前期 (7/15 ~ 8/12)	E1	0	0	0	-
	E2	67	9.9	36.0	263
	E3	133	22.3	38.9	75
	E4	200	28.2	52.2	85
	E5	267	40.9	56.4	38
	E6	333	54.1	91.1	68
后期 (8/27 ~ 9/20)	E1	0	0	0	-
	E2	10	3.1	7.8	151
	E3	19	5.8	14.7	153
	E4	29	9.1	16.1	78
	E5	39	13.3	22.2	67
	E6	48	15.0	24.3	62

表 2　白鲢的引进（1A ~ 3A）和去除试验（1B ~ 3B）中各隔离水体白鲢的密度（g/m³）

隔离水体	处理前（5/22 ~ 7/22）		处理后（7/23 ~ 9/18）	
1A	0	(0)	15	(20.9)
2A	0	(0)	57	(78.8)
3A	0	(0)	0	(0)
1B	15	(9.1)	0	(0)
2B	57	(37.4)	0	(0)
3B	38	(22.0)	35	(56.3)

注释：处理前、后分别表示 5/21 和 7/22 测定的白鲢现存量（引自 Fukushima[12] 有改动）

1997 年的试验使用的是 2 岁的白鲢，进行引进和去除两种相反的操作（如表 2 所示）。首先，利用隔离水体 1A ~ 3A 研究调查引进白鲢的影响。其中 3A 作为对照组，在试验期间未引入白鲢；而 1A 和 2A 在试验进行了一半时，分别引进了低密度和高密度的白鲢。采用统计分析中的 Randomized Intervention Analysis 方法[15] 检验处理后 1A 和 3A、2A 和 3A 的测定值差异是否比处理前各自的差异呈现有意义差。然后,利用隔离水体 1B ~ 3B 研究去除白鲢的影响。其中 3B 作为对照组，在试验开始后引进中等密度的白鲢，之后未进行去除；而 1B 和 2B 在试验开始时，分别引进了低密度和高密度的白鲢，并在试验进行了一半时进行去除。采用同样的统计分析研究对各测定值的影响。

6-2　试验结果

（1）白鲢成功抑制水华，浮游生物小型化

根据 1996 年前期和后期的试验记录，前期 E1 为未引入白鲢的对照组，由于水华鱼腥藻造成水华大量形成，另一方面后期水温较前期低，同时由于短尾秀体溞等枝角类的增加，E1 中未形成水华，但在实验后半时水华鱼腥藻仍成为优势种。

引进了白鲢的 E2 ~ E6 组，能明显观察到浮游植物的小型化。在前期，离散色球藻（Chroococcus dispersus），圆胞束球藻（Gomphosphaeria aponina），阿氏浮丝藻（Planktothrix

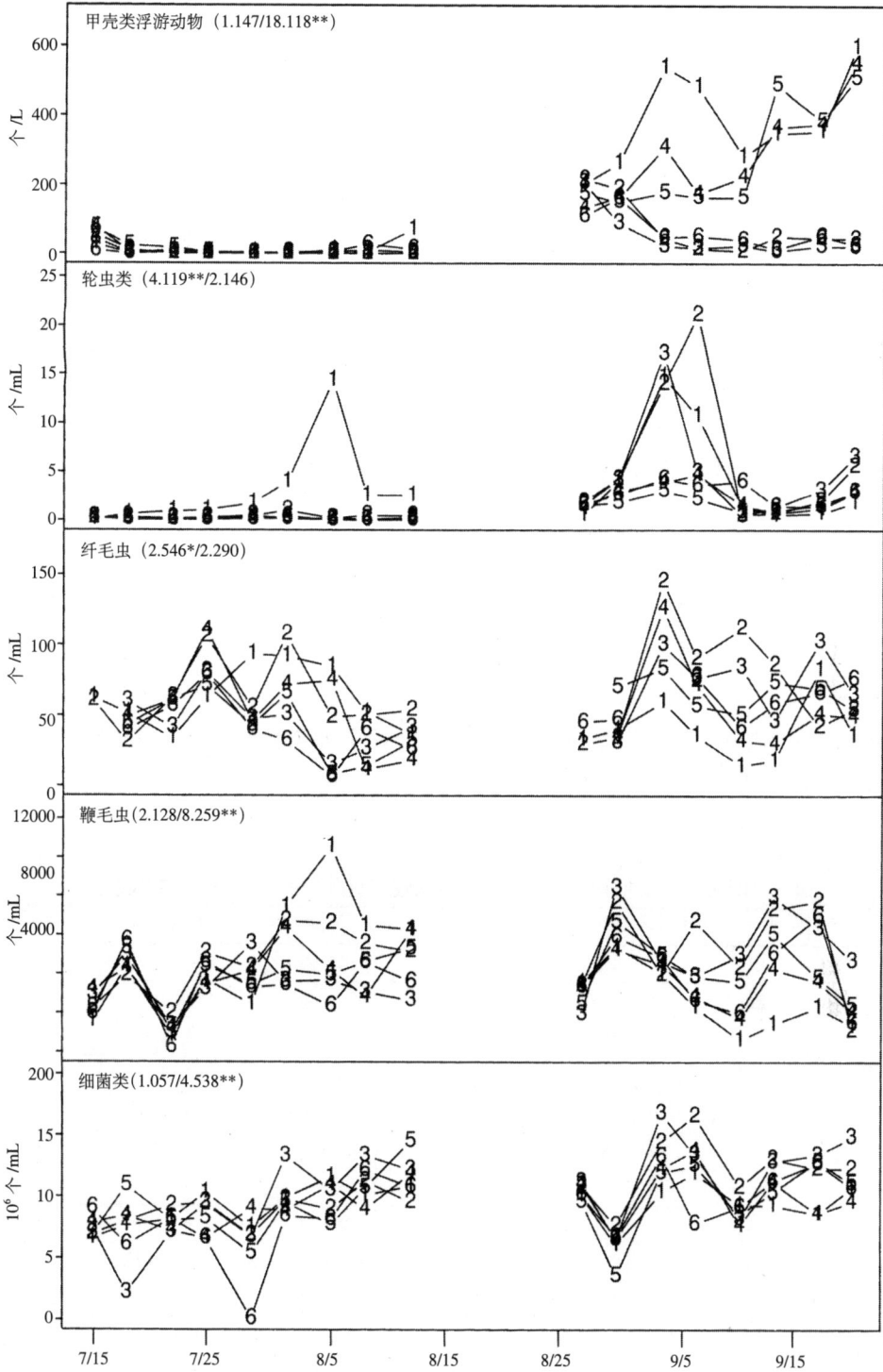

图 1　1996 年试验中浮游动物的变化（引自 Fukushima 等 [11]，有改动）
　　表中的数值为重复测量方差分析（repeated-measures ANOVA）F 值 *$P<0.05$、**$P<0.02$，
引入首批白鲢之前的 7/15 和 8/27 的数据没有包含在计算值中。

agardhii）和细小隐球藻（Aphanocapsa elachista）等小型或丝状蓝藻为优势种；在后期，同样是离散色球藻 C. dispersus，阿氏浮丝藻以及硅藻类的梅尼小环藻（Cyclotella meneghiniana）为优势种。在前期和后期，属于超微藻类的微型蓝细菌都显著增加。微型蓝细菌是指直径 $0.6 \sim 1.2\mu m$ 的球形或椭球形浮游植物（蓝细菌）。

浮游动物变化如图 1 所示。在前期用捞网去除蓝鳃太阳鱼的幼鱼后，只有 E1 中的轮虫类数量增加，而后期轮虫密度与白鲢密度呈明显的负相关。甲壳虫类在 E1 中增加。但是，即使在 E4 和 E5 中甲壳类也有所增加，但 E4 和 E5 中不存在如轮虫类和白鲢这样明显的相关关系。由此可见，白鲢对甲壳类和轮虫类的反应是不同的；而未引进白鲢的水体，甲壳类和轮虫类的密度相对较高。

另外，纤毛虫和鞭毛虫前期在 E1 中有所增加，而后期则在 E2 ~ E6 中有所增加。也就是说，与其说这些原生动物受到白鲢的直接影响，不如说更受到枝角类等数量增减的间接影响。

(2) 白鲢提升透明度、降低叶绿素 a 含量么？

前期试验结果显示，除氨氮外，所有隔离水体的各种营养盐浓度都存在明显差异（表 3）。引进白鲢的水体的氮浓度较高，而磷与此相反。但是由于前期 E1 中氮浓度固定的水华鱼腥藻为优势种，因此 E1 的氨氮浓度甚至要高于白鲢密度最大的 E6。推测底泥的释放掩盖了鱼类对正磷酸盐的浓度的影响；而后期试验受到鱼类密度和水温降低的影响，鱼类的影响未明确显现。

1996 年前期和后期试验不同大小浮游植物的叶绿素 a 含量如图 2 所示。有趣的是，白鲢对浮游植物的影响在很大程度上依赖浮游动物的变化。用于试验的白鲢的鳃叶的间隔大约为

表 3　1996 年试验前期及后期的营养盐比较（引自 Fukushima[11]，有改动）

		NO$_2$-N+NO$_3$-N	NH$_4$	PO$_4$-P	Total N	Total P
前期 (n=9)	E1	18±25	70±81	62±60	1407±757	188±106
	E2	13±26	19±29	57±48	887±198	143±61
	E3	12±18	38±52	76±57	778±206	161±72
	E4	11±8	49±52	55±46	832±172	129±55
	E5	24±29	42±43	48±46	776±170	115±55
	E6	23±18	55±43	19±18	818±198	88±21
	F-value	6.04***	1.850	14***	6.84***	13.85**
后期 (n=8)	E1	18±22	56±100	26±27	1296±167	132±14
	E2	9±10	26±60	21±17	1295±117	157±33
	E3	10±12	27±56	20±18	1240±127	142±29
	E4	12±13	36±66	16±10	1340±81	138±13
	E5	15±14	36±63	28±22	1264±96	158±35
	E6	14±13	34±66	29±27	1202±104	150±28
	F-value	0.390	1.740	3.020*	3.610*	2.920*

注释：单位为（μg/L：平均值 ± 标准差）。根据重复测量方差分析（repeated-measures ANOVA）的 F 值进行检验（前期 df=5.35，后期 df=5.30）。* 表示 $P<0.05$，** 表示 $P<0.01$，*** 表示 $P<0.001$。引进白鲢前的起始日期数值未参与计算（7/15，8/27）。

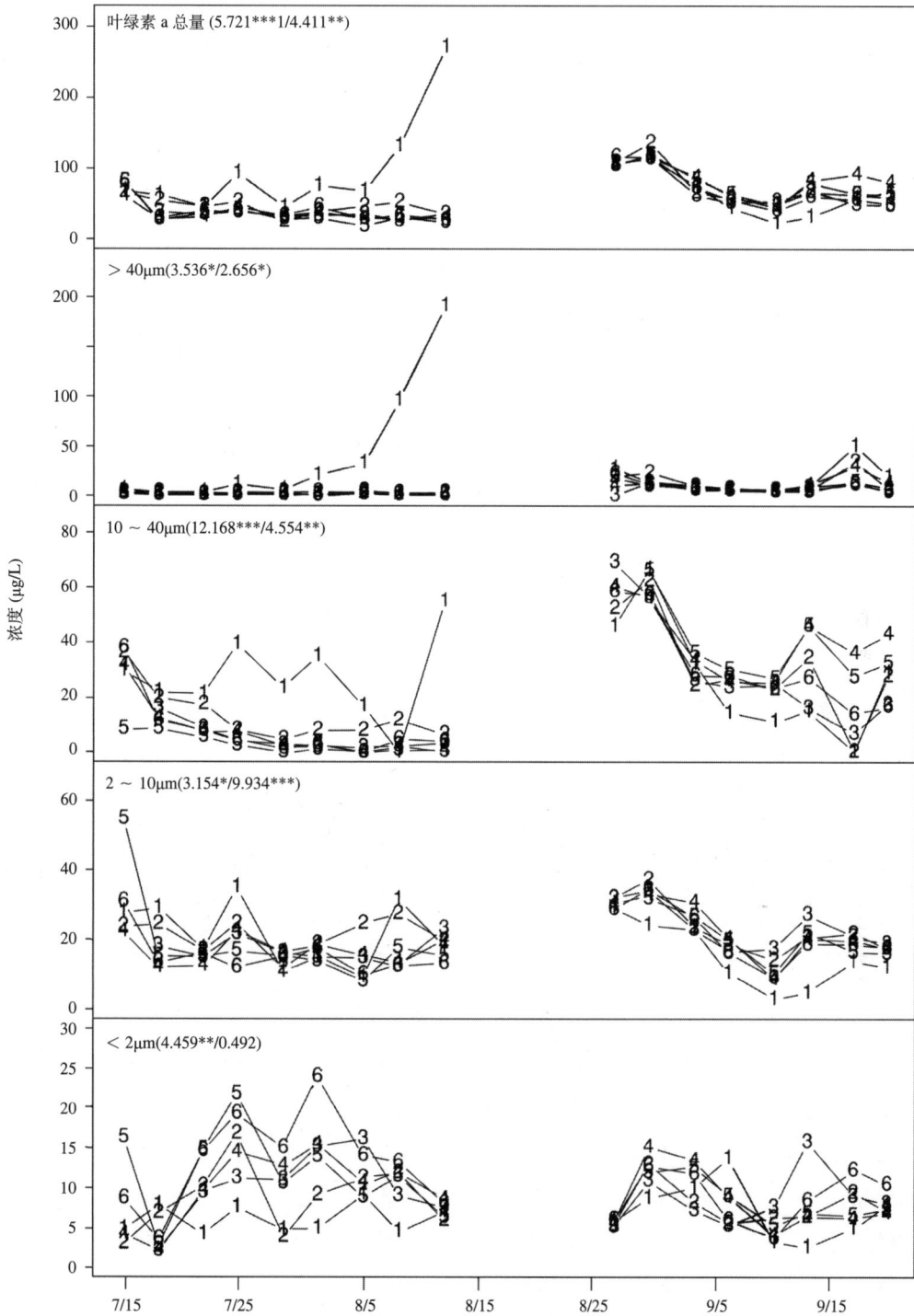

图2 1996年试验中不同大小的浮游植物的叶绿素a量的变化

(引自 Fukushima 等[11]，有改动)

表中的数值为重复测量方差分析（repeater-measures ANOVA）的 F 值。

*P<0.05，**P<0.01，***P<0.001。

引入首批白鲢之前的 7/15 和 8/27 的数据没有包含在计算值中。

20μm, 因此认为白鲢能够捕食大于这一尺寸的浮游植物。

40μm 以上的浮游植物会被白鲢捕食, 但不会被浮游动物捕食, 因此从图 2 中可以看出, 前期与后期在 E1 中的浓度均较高。而 10 ~ 40μm 大小的浮游植物, 前期在 E1 中浓度较高, 而后期较低。也就是说, 这是由于这种大小的浮游植物受到白鲢和枝角类的捕食, 在前期不存在浮游动物的情况下, 因为白鲢捕食, 在 E2 ~ E6 中大幅减少; 而后期比起白鲢捕食, 受枝角类 (特别是短尾秀体溞) 捕食的影响较大。2 ~ 10μm 大小的浮游植物在后期 E1 中的浓度降幅较大, 显然受到枝角类捕食的影响。而小于 2μm 的浮游植物似乎不怎么被白鲢和浮游动物捕食, 反而由于其他浮游植物受到抑制, 增强了光合作用[17], 在 E2 ~ E6 中的量有所增加。

结果, 浮游植物的总量在前期引进了白鲢的 E2 ~ E6 组较低, 而在后期未引进白鲢的 E1 组较低。如图 3 所示, 透明度随叶绿素 a 变化。因此试验说明, 如果一个系统中的浮游动物受到巨大捕食压力, 而轮虫类等小型浮游动物为优势种时, 引进白鲢确实能够发挥减少浮游植物、提高透明度的效果。但如果在其他系统中引进白鲢, 反而会因为减少了浮游动物, 浮游植物导致增加、透明度降低。

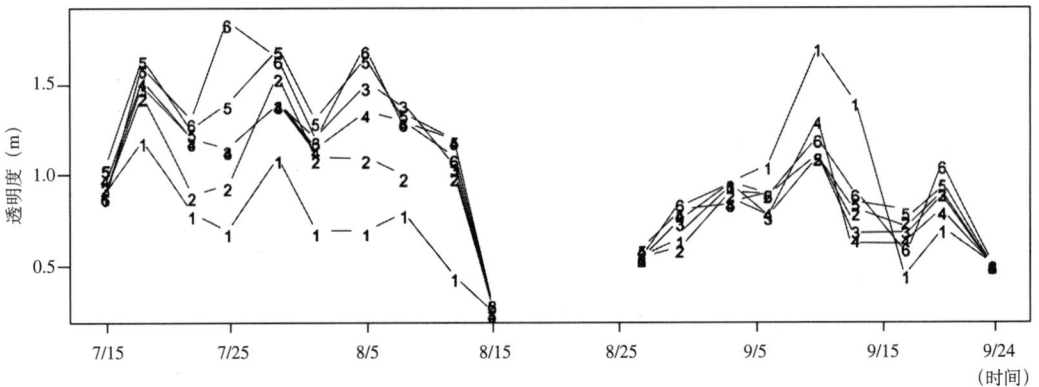

图 3　1996 年试验中透明度的变化

(3) 白鲢对生态系统维持能力及恢复能力影响

1997 年的试验结果如表 4 所示。正如根据 1996 年的试验所预测的, 引进白鲢能够明显降低透明度和 pH 值, 减少溶解氧和大型浮游植物的现有量, 增加溶解性无机氮和小型浮游植物的现有量。反之, 去除白鲢能够明显增加溶解氧和 10μm 以上的浮游植物现有量, 提高 pH 值, 减少溶解性无机氮和 2μm 以下的浮游植物现有量。

对于浮游植物种类来说, 白鲢的引进减少了大型的鱼腥藻属和弓形藻属 (Schroederia), 增加了小型的平裂藻属 (Merismopedia) 和杆皮藻属 (Rhabdoderma) 以及原核或真核的超微型浮游生物。去除白鲢则与此相反。

表4 RIA 结果 (Fukushima[12] 有改动)

	项目	引进白鲢		去除白鲢	
		低密度	高密度	低密度	高密度
水质	透明度	−1	−1	0	0
	溶解氧	0	−1	1	1
	pH	0	−1	1	1
	NO_2-N+NO_3-N	0	1	−1	−1
	NH_4-N	0	1	0	−1
	PO_4-P	0	0	0	0
浮游植物量	总叶绿素 a 含量	0	0	1	1
	40μm 以上	−1	−1	1	1
	10 ~ 40μm	0	0	1	1
	2 ~ 10μm	1	0	0	0
	2μm 以下	1	1	−1	−1
功能变化	初级生产量	0	0	0	0
	沉降量	0	0	0	0
浮游植物种类	*Anabaena*	0	−1	0	0
	Shroederia	0	−1	0	0
	Lyngbya	0	0	0	0
	Phormidium	0	0	0	0
	Synechococcus	0	0	0	0
	Aulacoseira	0	0	0	0
	Cyclotella	0	0	0	0
	Melosira	0	0	0	0
	Nitzschia	0	0	0	0
	Synedra	0	0	0	0
	Chlamydomonas	0	0	0	0
	Chodatella	0	0	0	0
	Monoraphidium	0	0	0	0
	Scenedesmus	0	0	0	0
	Tetrastrum	0	0	0	0

续表

项目		引进白鲢		去除白鲢	
		低密度	高密度	低密度	高密度
浮游植物种类	*Cryptomonas*	0	0	0	0
	Dactylococcopsis	0	0	1	0
	Oscillatoria	0	0	0	1
	Merismopedia	1	1	0	0
	Raphidiopsis	1	0	0	0
	Oocystis	1	0	0	0
	Rhabdoderma	1	1	−1	−1
	picocyanobacteria	1	1	−1	−1
	eukaryotic picoplankton	1	0	−1	0
	Ankistrodesmus	0	0	−1	−1
	Kirchneriella	0	0	−1	−1
	Aphanocapsa	0	0	0	−1
	Chroococcus	0	1	0	−1
	Diaphanosoma	0	0	0	0
浮游动物种类	*Brachyurum*	−1	−1	1	1
	Keratella tecta	0	−1	1	1
	Trichocerca similis	0	−1	1	1
	Keratella cochlearis	−1	−1	−1	1
	Scapholeberis sp.	−1	−1	0	0
	Asplanchna priodonta	0	−1	0	0
	Anuraeopsis fissa	0	−1	1	0
	Harpacticoida	0	0	1	0
	Trichocerca pusilla	0	0	1	0
	Polyarthra dolichoptera	1	0	1	1
	Cyclopoida	0	0	1	1
	Nauplii	0	0	1	1
	Bosmina longirostris	0	0	0	1
	Brachionus angularis	0	0	0	1

项目		引进白鲢		去除白鲢	
		低密度	高密度	低密度	高密度
浮游动物种类	纤毛虫（＜20m）	1	1	0	0
	鞭毛虫	0	0	−1	0
	细菌	0	0	0	0
	Moina micrura	0	0	0	0
	Alone sp.	0	0	0	0
	Calanoida	0	0	0	0
生物多样性指数（甲壳类）	*Shannon-Wiener*	0	0	0	1
	Pielou（evenness）	0	0	0	1
生物多样性指数（轮虫类）	*Shannon-Wiener*	0	0	0	−1
	Pielou（evenness）	0	0	−1	−1
生物多样性指数（浮游植物）	*Shannon-Wiener*	0	0	0	0
	Pielou（evenness）	0	0	0	1

注释：1 表示显著（$P < 0.05$）增加，−1 表示显著减少。

对于浮游动物种类来说，白鲢的引进使枝角类的短尾秀体溞、轮虫类的 *Keratella tecta* 和等刺异尾轮虫（*Trichocerca similis*）的数量减少，反之，去除白鲢它们的数量则会增加。同时，引进白鲢会减少枝角类的船卵溞（*Scapholeberis sp.*）和轮虫类的前节晶囊轮虫（*Asplanchna priodonta*）的数量，而去除白鲢后，枝角类的长额象鼻溞、桡足类的剑水蚤（*Cyclopoida*）、猛水蚤目（*Harpacticoida*）、无节幼虫（*Nauplii*）以及轮虫类的暗小异尾轮虫（*Trichocerca pusilla*）和角突臂尾轮虫（*Brachionus angularis*）等的数量则会增加。而小型的纤毛虫、鞭毛虫、细菌和枝角类的微型裸腹溞（*Monia micrura*）等小型浮游生物的变化趋势与此相反。但是，浮游动物的变化似乎并不是单纯地由其大小所决定的，例如，如枝角类的微型裸腹溞，体型大于轮虫类的浮游生物，在引进白鲢时反而有所增加。

需要注意的是，基于浮游动物的种类的变化有些存在一些矛盾的地方。首先，螺形龟甲轮虫（*Keratella cochlearis*）和长肢多肢轮虫（*Ployarthra dolichoptera*）这两种浮游动物，在进行相反的操作时却表现出相同的变化趋势。其次蓝纤维藻属（*Dactylococcopsis*）、尖头藻属（*Raphidiopsis*）、卵囊藻属（*Oocystis*）等浮游植物，裂痕龟纹轮虫（*Anuraeopsis fissa*）、暗小异尾轮虫等浮游动物，以及猛水蚤目、鞭毛虫和细菌等，会出现诸如在（白鲢）低密度时有所变化，而在高密度时没有变化这一矛盾现象。

初级生产量、沉降量等指标决定着生态系统的能量流动和物质循环速度，而这些代表生态系统功能的指标未出现明显变化。浮游生物的生物多样性指标在引进白鲢时未发生变化，但在去除时有所变化。即去除白鲢会提高甲壳类的生物多样性，考虑是由于捕食压力减轻所致。而受甲壳类竞争的影响，轮虫类的生物多样性指标有所下降。对于浮游植物的生物多样性指标来说，只有采用 Pielou 的表示均匀度的指标在去除白鲢后有所增加。浮游生物的生物多样性指标比起引进鱼类，在去除鱼类时才有所变化，这一现象值得思考。

综上所述，在引进、去除白鲢等干扰下，相比于与生态系统结构相关的物种等指标，与生态系统功能相关的初级生产量、沉降量等指标更具有抗干扰能力。可以说生态系统在干扰作用下，首先会通过改变物种等组成要素，以维持其功能的稳定。另外需要指出的是，虽然溶解氧、营养盐浓度和叶绿素 a 含量等指标直接受到鱼的呼吸、排泄、捕食等活动影响，在去除鱼类后能够恢复原状，但有些生物种群有可能无法恢复。而生物种群所呈现的矛盾的变化究竟是在怎样的机制中起作用的，这是接下来需要研究的课题。

6-3 评价

通过这次试验，可对利用白鲢进行生物操纵的有效性进行评价：

①引进白鲢确实能够减少会引发水华的蓝藻的种类。

②引进白鲢会使浮游生物群落小型化。特别是会增加超微型浮游生物和溶解性无机氮的浓度，因此在将其应用于水质净化时需要特别注意。

③由于白鲢会全面降低浮游动物的密度，并使其小型化，因此营养级联效应会间接增加浮游植物。因此，只有在浮游动物承受巨大捕食压力的系统引进白鲢，才能实现抑制叶绿素 a 含量、提高透明度的目标。

④随着白鲢的引进，浮游植物发生小型化，当营养价值较高[16]的硅藻或隐藻成为优势种时，可提高浮游动物和鱼类的生产能力。但是在霞浦湖的试验中小型蓝藻后来成为优势种，因此在现阶段还不能预测小型化所引起的藻类构成的变化。

⑤由于引进或去除白鲢，生态系统结构会发生巨大变化，但生态系统功能依旧稳定。与鱼的呼吸、排泄、捕食等活动直接相关的物理化学指标易于恢复原状，但由于部分生物种群无法恢复，浮游生物群落结构的抗干扰能力和恢复能力较差。

关于利用白鲢进行生物操纵对湖泊生态系统水平的影响，进行了以下研究：（1）比较实际湖泊受干扰或生物操纵前后的状态[17]；（2）利用可以反复试验的小型隔离水体或实验塘，采用目标指标发生大幅度变化的干扰或生物操纵的手法。但存在以下等问题，比如小型生态系统试验有可能会出现隔离效果，或是为了得到清晰结论而对其给予过度影响。这不仅仅是针对生物操纵而言，今后所有的人为操作中，生态系统水平的评价都是不可缺少的，同时作为检验预测的试验手段，这样的试验方法应予以进一步的推广。

——引用文献——

1) Carpenter, S. R., J. F. Kitchell and J. R. Hodgson (1985): Cascading trophic interactions and lake productivity, *BioScience,* **35**, 634-639.

2) DeMelo, R., R. France and D. J. McQueen (1992): Biomanipulation: Hit or myth? *Limnol.Oceanogr.,* **37**,192-207.

3) Lampert, W. (1987): Laboratory studies on zooplankton-cyanobacteria interactions, *N.Z.J.Mar.Freshwater Res.,* **21**,483-490.

4) Gliwicz, Z. M.(1990): Why do cladocerans fail to control algal blooms? *Hydrobiologia,* **200/201**, 83-97.

5) Cremer, M. C. and R. O. Smitherman (1980): Food habitats and growth of silver carp and bighead carp in cages and ponds, *Aquaculture,* **20**, 57-64.

6) Starling, F. L. R. M. (1993): Control of eutrophication by silver carp (*Hypophthalmichthys molitrix*) in the tropical Pranoá Reservoir (Brasília, Brazil): a mesocosm experiment, *Hydrobiologia*, **257**, 143-152.

7) Starling F. L. R. M. and A. J. A. Rocha (1990): Experimental study of the impacts of planktivorous fishes on plankton community and eutrophication of a tropical Brazilian reservoir, *Hydrobiologia*, **200/201**, 581-591.

8) Xie, P. (1996): Experimental studies on the role of planktivorous fishes in the elimination of Microcystis bloom from Donghu Lake using enclosure method, *Chin.J.Ocean.Limnol.*, **14**,193-204.

9) Opuszynski, K. (1979): Silver carp, *Hypophthalmichthys molitrix* (Val.), in carp ponds III. Influence on ecosystem, *Ekologia Polska*, **27**, 117-133.

10) Laws, E. A. and R. S. J Weisburd (1990): Use of silver carp to control algal biomass in aquaculture ponds, *The Progressive Fish-Culturist*, **52**, 1-8.

11) Fukushima, M., N. Takamura, L. Sun, M. Nakagawa, K. Matsushige and P. Xie (1999): Changes in plankton communities following the introduction of filter-feeding planktivorous fish, *Freshwater biology*, **42**, 719-736.

12) Fukushima, M., N. Takamura, B. Kim, M. Nakagawa, L. Sun and Y. Zheng (2000): Response of biomanipulation using the filter-feeding silver carp (*Hypophthalmichthys molitrix*), *Verh. Internat. Verein. Limnol.*, **27,** 1033-1039.

13) 国立環境研究所（2001）：富栄養湖沼群の生物群集の変化と生態系管理に関する研究. 国立環境研究所特別研究報告 SR-38

14) Xie, P. and Y. Chen (2000): The threats to biological diversity of Chinese inland waters, *Ambio*, **28**,674-681.

15) Carpenter, S. R., T. M. Frost, D. Heisey and T. K. Kratz (1989): Randomized intervention analysis and the interpretation of whole ecosystem experiments, *Ecology,* **70**, 1142-1152.

16) Mueller-Navarra, D. C., M. T. Brett, A. M. Liston and C. R. Goldman (2000) : A highly unsaturated fatty acid predicts carbon transfer between primary producers and consumers Nature, Vol. 403, No. 6765, p. 74-77.

17) 高村典子(1999)：ワカサギの侵入で透明度が悪化した十和田湖. 森　誠一編　淡水生物の保全生態学－復元生態学に向けて，p.204-212, 信山社サイテック.

7. 湖滨植物带现状
及其水质净化机能

7-1 湖滨植物带现状

（1）湖滨植物带功能

湖泊中的各种生物及其构成的生态系统，能够提供清洁水以及鱼、贝等资源，能够净化污染物质等，给人类生活提供了各种各样的物质基础。而支撑湖泊的生态多样性及其生态系统的重要节点是沿岸的过渡带（群落交错带，ecotone），即连接湖泊水体和周围陆地的过渡区域的生态系统。由于存在环境梯度，过渡带的生态系统拥有较高的生物多样性，同时，承担着维持湖泊整体生态系统稳定的作用，如向在湖心生活的鱼类提供产卵场等。此外，笔者将会在稍后的章节详述其在水质净化和护岸保护等生态系统机能方面的重要作用。

湖滨植物带是过渡带的生态系统的基础，因此过渡带植物的有无对湖泊生态系统影响较大。例如，生长着大量沉水植物的浅水湖泊生态系统具有一定的水质净化功能，它通过植物吸收营养盐或抑制底泥上浮，并且栖息在植物带中的浮游动物捕食浮游植物[1]，因此即使营养盐浓度小幅上升，它能够抑制营养盐浊度增加，是具有自净能力的稳定生态系统[2]。但是，在过量的营养盐进入水体时，浮游植物异常繁殖导致水体透明度下降，沉水植物无法获得充足的光照而消失。这样一来，生态系统中沉水植物的水质净化能力消失，无法发挥抑制浊度增加的功能。据称，在沉水植物消失后，生态系统会达到另一种和沉水植物存在时的生态系统不一样的稳定状态，即使营养盐浓度恢复至沉水植物消失时的水平，生态系统也无法恢复原状[2]。

水边的过渡带是近年来生物多样性丧失最为显著的区域之一，而淡水水域则是世界上公认的最高生物多样性危机的区域之一[3]。即便在日本，原有水草品种中已有 1/3 被濒危植物红皮书所收录[4]，主要原因之一可以说就是湖泊环境恶化、沿岸过渡带环境改变等。

（2）湖滨植物带退化的主要原因

下面将详述导致湖滨植物带退化的主要原因。需要说明的是，这些原因不是单独起作用，而是综合作用于生态系统。

①人工湖岸化

由于造地、水利或治水工程等需要，许多湖泊逐渐被改造成混凝土护岸等人工湖岸。

人工湖岸会直接破坏湖滨原有的植物带，导致植物带消失、分裂或隔离。研究指出，分裂或隔离芦苇滩等植物带会进一步分裂、隔离形成芦苇滩的其他植物种群，导致这些植物种群的种子生产能力降低，从而威胁到种群的存亡[5]。

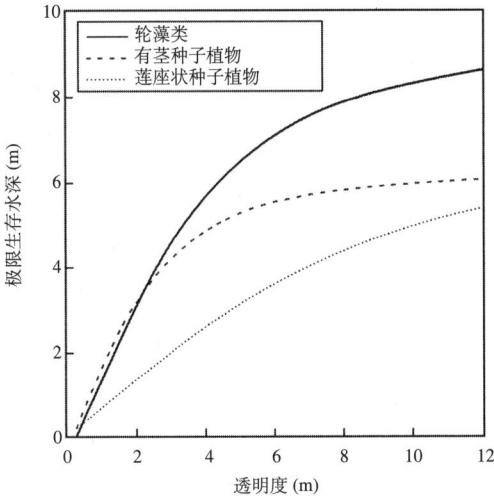

图1 极限生存水深与透明度的关系
（引自 Middeldoe 与 Markager[6]，有改动）

③水位及其涨落规律的变化

挺水植物及浮水植物依靠大气中的二氧化碳进行生存所必需的光合作用，因此必须保持叶子在水面以上。因此，湖泊水位上升、淹没植物，将阻碍植物生长繁殖。事实上，以水利等为

②水质和底质恶化

水质恶化尤其会影响沉水植物的生长繁殖。沉水植物利用进入水体的光线进行光合作用，合成其生长繁殖所必需的物质，因此在透明度降低时只能在浅水水域生存，在透明度进一步降低时将无法存活。水体透明度与极限生存水深的关系，根据各种植物光合作用对光照需求的不同，以及叶子伸展高度等结构不同而存在差异。Middelboe 和 Markager 以遍布全世界的153座湖泊为对象，研究沉水植物的极限分布水深和透明度的关系。研究发现一些具有明显特征的规律，如拥有地上茎的沉水植物能够将枝叶伸展至水面附近，而能够在透明度较低的水域的较深处生存（图1）[6]。

目的而被人为抬高的世界各湖泊地域，芦苇滩减小[7~9]、浮水植物急剧衰减[10, 11]，这样的案例在世界各地都有所报道。

由于土壤水分处于饱和状态，大多数湿地生草本或木本植物的根部只在土壤表层伸展，不会深入到氧气不足的地下。柳树等木本植物如果只在表层扎根的话，易被强风刮倒。这种由于露根（tip-up）引起的树木倒地，可作为土壤长期淹泡或土壤中溶解氧不足的指标[12]（照片1）。

照片1 因露根而倒伏的柳树（霞浦湖）

另外，随着湖滨植物已经能够配合自然的水位变化进化生长繁殖的时机。因此，有报道指出，若人为地改变湖泊原有的水位变化规律，会影响湖滨植物的正常发芽、生长，从而导致种群衰退或灭绝[13]。

④外来入侵物种的影响

具有强大竞争力的外来入侵物种不仅会掠夺当地原有物种的栖息地，还会危及与当地原有物种保持共生关系的动物的生存，有时甚至会影响到生态系统的水质净化等功能[14]。日本湖泊存在问题的外来入侵物种有：水葫芦、水浮莲、粉绿狐尾藻水蕴草和伊乐藻等[15]。这其中的几种常在公园等设施中被用于的水质净化。为了保护自然湖泊的生态系统，需要注意不要将这些物种引入到种子或植株播种繁殖的流域内。

（3）湖滨植物带再生

为了能够可持续地利用湖泊的丰富资源，湖泊的生物多样性及其完善的生态系统的保护与再生是需优先研究的课题。为此，需要在消除湖滨植物带退化的原因的同时，实施适当的生态系统管理（ecosystem management：以保护生态系统的可持续性为目的的自然资源管理）措施，以恢复和再生已退化消失的植被。具体的再生方法将详见后续章节，这里列举在湖滨植物带的保护与再生中需要注意的主要事项。

①查明并消除导致退化的原因

科学地查明导致湖滨植物带退化的原因，并提出相应的消除对策，这是实现湖滨带再生的根本解决之道，并有必要同时与其他紧急措施并行实施。湖滨带退化的原因并不局限于本书所述内容，由于各个湖泊的情况不同，需进行个别的有针对性的研究。

②优先实施濒危物种保护措施

在大部分情况下，查明并消除湖滨带退化原因需要花费大量时间，在调查工作的同时有必要采取措施保证不失去未来再生的潜力，其中最重要的就是避免某种生物种群或地域性种群的灭绝。不同濒危物种的有效措施是不同的，必须基于生态学知识采取适当措施。然而，由于知识不足拖延保护措施，导致无法挽回的后果的现象时有发生，因此濒危物种的保护措施以预防为原则，也就是说，即使退化原因尚未完全查明，也需采取措施消除可能的影响因素，同时慎重地在原生地外采取并行的系统维持策略等。

例如，霞浦湖有一种名为荇菜的濒危植物近年来急速退化，在当地进行环境修复的同时、采取了并行的系统维持策略。当地小学参加了市民发起的霞浦流域自然保护运动——"荇菜计划"[16]，从霞浦湖残存的荇菜种群中分离出植株移植到该小学现有的池子（蜻蜓池型群落生境[17]），进行培养（照片 2）。学校方面开课讲授关于霞浦湖的自然环境与荇菜的生态等知识，学生们在了解进行系统维持的必要性的基础上，协助 NPO 工作人员进行作业。为了保证荇菜来源不发生混乱，通过向每所学校颁发《来源证明》进行管理（照片 2）。这一方式将濒危植物保护与环境保护教育融为一体，霞浦湖流域已有近 50 座学校参加了这一活动。

照片2　参与荇菜系统维持的学校的群落生境（左）与荇菜的《来源证明》（右）
（照片提供：后藤章）

③不引进外来种

湖滨植物带的再生与一般的植被恢复一样，需要注意不能改变对象区域的生物相与种群内遗传变异等区域固有特征。因此，外来物种（alien species），即被人为地移到以往或现在的自然分布区域以外地区的生物[15]，不论是来自国外还是来自国内其他地区，必须对外来物种的引入非常慎重。

针对可进行人为移动（移植）植物的地理范围，利用遗传标记进行群内遗传学的分析是十分有效的[19]。在不具备遗传标记信息时，仅在种子和花粉等可频繁散布的范围内进行移植是可接受的。对于湖泊或河流来说，须严格遵守至少避免跨流域移动原则这一最低底线。而灵活使用实施植物再生的地点及其附近土壤中的种子库[18]，是避免发生上述问题的有效做法。

7-2　湖滨植物带的水质净化功能

（1）挺水植物（芦苇滩）的净化功能[20]

研究湖滨植物带的水质净化机能可从两个方面进行计算：生物体内的物质蓄积量（stock），和从物质平衡求得的经过生物体内的物质流（flux）。下面以霞浦湖进行的研究为例[20]，介绍湖滨植物带（沿岸带）的物质蓄积量和物质流。霞浦湖沿岸生物的年均物质蓄积总量（1996年）分别约为：碳26500kg（124g/m²），氮511kg（2.39g/m²）和磷59.6kg（0.279g/m²），其中80%以上是芦苇所贡献的。从蓄积总量来看面积大的湖心带虽大于沿岸带，而以单位面积计算时，沿岸带的蓄积量为湖心带的5～6倍。

表1以物质流表示霞浦湖的净化能力。在此，考虑芦苇固定的营养盐来自于土壤，不同于水体的自净过程，因此未包括在物质流中。霞浦湖沿岸带净化量（每单位面积每日）的年均值

为碳 648mg/（m² · d），氮 170mg/（m² · d），磷 16.6mg/（m² · d），湖心带与此基本相同。从表 1 可以看出，附着硅藻的光合作用对沿岸带净化能力贡献较大。从净化角度来看，与吸收营养盐相比，芦苇在提供生物附着载体和促进沉降方面具有较大作用。将表 1 中的捕捞、摇蚊羽化以及脱氮等过程等作为永久的物质去除，计算得到沿岸带和湖心带的永久去除量之和为碳约2.6t/d，氮 2.1 t/d，磷 0.1 t/d，约为进水负荷量（碳约 7t/d，氮 4.7 t/d，磷 0.2 t/d）的 40%。其中，沿岸带部分对永久物质去除量的贡献仅为 0.12%。因此认为，沿岸带直接净化水体的能力较差。但是，为了发挥包括湖心带在内的湖泊整体的净化能力，沿岸带在为湖心带的浮游动物、鱼类和底栖生物提供稳定的环境方面意义重大。今后需要进一步研究湖滨带对维持湖心带"完善的生态系统"的作用。

表 1　以物质去除、固定量衡量霞浦的净化能力（1996 年平均）[20]

物质流、净化过程		碳 C		氮 N		磷 P	
		kg/d	mg/（m² · d）	kg/d	mg/（m² · d）	kg/d	mg/（m² · d）
沿岸带	附着硅藻进行光合作用	40.1	187.4	12.52	58.5	1.12	5.2
	藻类附着在芦苇茎上	20.2	94.4	7.08	33.1	0.56	2.6
	微型动物附着在芦苇茎上	0.7	3.3	0.10	0.5	0.01	0.1
	附生微型动物捕食	3.0	14.0	1.84	8.6	0.24	1.1
	浮游动物捕食	9.0	42.0	1.28	6.0	0.15	0.7
	鱼类和贝类捕食	23.0	107.5	4.12	19.2	0.49	2.3
	新糠虾捕食	22.6	105.6	4.00	18.7	0.44	2.1
	捕捞	1.5	7.0	0.26	1.2	0.05	0.2
	大型底栖生物捕食	17.3	80.8	2.88	13.5	0.46	2.1
	摇蚊羽化	1.2	5.6	0.20	0.9	0.03	0.1
	湖泊底泥脱氮	—	—	2.07	9.7	—	—
	合计	138.6	647.6	36.35	169.9	3.55	16.6
湖心带	浮游动物捕食	54400	318.1	7650	44.8	1088	6.4
	鱼类和贝类捕食	28600	167.3	5040	29.5	572	3.4
	新糠虾捕食	16900	98.8	2990	17.5	333	1.9
	捕鱼	1600	9.5	280	1.6	44	0.3
	大型底栖生物捕食	12500	73.1	2090	12.2	320	1.9
	摇蚊羽化	1000	5.8	160	0.9	25	0.1
	湖泊底泥脱氮	—	—	1630	9.5	—	—
	合计	115000	672.6	19840	116.0	2382	13.9

注：湖滨带部分未考虑芦苇对营养盐的吸收和固定。

（2）沉水植物的净化功能

在不存在温度跃层的浅水湖泊（shallow lake），沉水植物对其生态系统构造影响最大[21]。众所周知，沉水植物一旦增加，浮游植物减少、透明度上升。沉水植物抑制浮游植物繁殖，其提高透明度的机制在于植物能够起到遮蔽效应、控制营养盐、产生化感作用、防止悬浮物上浮并增加浮游动物等[21]。沉水植物在提高透明度中所起到的功能，在不同案例中存在差异[21]。透明度并非随着沉水植物的增加一直上升，而是存在着一个阈值[22]。以沉水植物占湖泊体积的百分比PVI（percent volume infested）来计算，有些研究中虽然有些阈值出现在30%以上，有的在15%～20%，但总体阈值在15%～30%。

沉水植物的净化效果与浮游动物有关。沉水植物的存在能够为浮游动物提供避难处，减少其被鱼类捕食的压力，从而增加了浮游植物被浮游动物（特别是溞属水蚤和象鼻溞）捕食的压力。但也有研究表明，当鱼类密度达到2条/m²时这一效果不显著[23]。在植物密度较低时，化感作用效果更明显，但与其他因素相比仍影响较小[22]。

通过实际案例说明沉水植物的净化效果。自然共生研究中心使用4座容积533m³、水深0.9m的池子进行试验。通过人为改变池中植物的现存量（PVI），监测相应的水质变化。试验结果表明，当PVI超过38%时，叶绿素a浓度明显降低，浑浊度明显改善。

（3）湖滨植物带（沿岸带）的净化功能

物质在湖泊沿岸带的沉降速度约为湖心带的10倍[25]，因此，沿岸带富含有机物的底泥蓄积，有机物分解、脱氮等活动旺盛，因此可利用湖泊沿岸带的物质沉降作用削减河流带来的进水负荷。

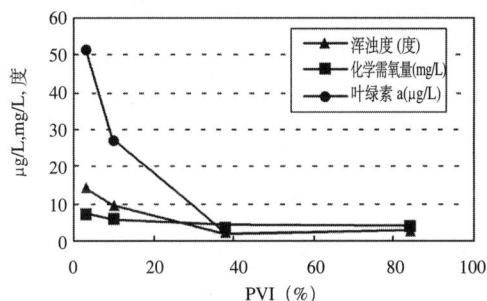

图2 沉水植物的现存量（PVI）增加时，叶绿素a、浑浊度和化学需氧量等减少

①利用内湖、内湾进行净化

内湖净化是指利用琵琶湖周边的小湖和池子等，初步沉淀河流带来的污染物质后，将上部的清水流入琵琶湖的净化方法。仓田等人较早就开始研究琵琶湖利用内湖削减非点源负荷的情况及其评价[26-29]。据中川等人调查结果显示，内湖沉淀了43.7%的磷[30]。

与此相似，利用周边的小水域净化大水域的还有在匈牙利的巴拉顿湖进行的研究[31]。巴拉顿湖上游有一座名为小巴拉顿的小湖。在小巴拉顿湖被填埋造地后，巴拉顿湖水质急剧恶化。于是，在小巴拉顿湖被恢复后，通过沉淀上游负荷，净化巴拉顿湖的水质。研究表明，小巴拉顿湖去除了46%的总磷及25%的总氮。而在挪威的Borrevannet湖将流入的农业废水引入被隔离的沿岸带芦苇滩，研究结果显示芦苇滩能够去除94%的悬浮物、44%的氮和65%的磷[32]。

②人工内湖法（湖内湖净化法）

湖内湖净化法是设置人工内湖，在削减流入的负荷的同时提升生态系统功能的方法。这一方法是在湖内应用琵琶湖的内湖的生态系统及净化作用，因而被称作"湖内湖"。该方法首次应用是 1998 年霞浦湖川尻川设置的湖内湖，研究结果表明，湖内湖能够去除进水中 40% 的化学需氧量和 42% 的磷 [33]。但是，由于这种方法主要依靠对悬浮物的沉淀作用，因此使用该方法的前提是每几年进行一次疏浚。由于大坝内土地有限，只得在霞浦的河口部分设置湖内湖。但这种做法有可能大幅度改变河口部的生态环境，在使用前需要充分考虑对生态系统的影响。理想的做法是在湖滨低洼处设置内湖，或者恢复周边原有的相当于内湖的水域。这一生态技术不仅可以净化水质，同时也可以恢复湖滨沿岸带的原有功能，进而使当地的社会文化与湖泊的生态同时得到恢复。

———引用文献———

1) Carpenter, S.R. and D. Lodge (1986)：Effects of submerged macrophytes on ecosystem processes, *Aquatic Botany*, **26**, 341-370.

2) Scheffer, M., S. H. Hosper, M. -L. Meijer, B. Moss and E. Jeppesen (1993)：Alternative equilibria in shallow lakes, Trends in Ecology and Evolution, **8**, 275-279.

3) WWF (2002)：Living Planet Report 2002, WWF International.

4) 環境庁（2000）：改訂・日本の絶滅のおそれのある野生生物-レッドデータブック-8 植物Ⅰ（維管束植物），㈶自然環境研究センター.

5) 西廣　淳・友部恭子・鷲谷いづみ（1998）：シロバナサクラタデの種子生産に対するヨシ原の分断化の影響. 保全生態学研究，**3**，97-110.

6) Middelboe, A. L. and S. Markager (1997)：Depth limits and minimum light requirements of freshwater macrophytes, *Freshwater Biology* **37**, 553-568.

7) Crivelli, A. J., P. Grillas and B. Lacaze (1995)：Responses of vegetation to a rise in water level at Kerkini Reservoir (1982-1991), a Ramsar site in Northern Greece, *Environmental Management*, **19**, 417-430.

8) Coops H. and G. van der Velde (1996)：Impact of hydrodynamic changes on the zonation of helophytes, *Netherlands Journal of Aquatic Ecology*, **30**, 165-173.

9) Shay, J. M., P. M. J. de Geus, and M.R. Kapinga (1999)：Changes in shoreline vegetation over a 50-year period in the Delta Marsh, Manitoba in response to water levels, *Wetlands*, **19**, 413-425.

10) 西廣　淳・川口浩範・飯島　博・藤原宣夫・鷲谷いづみ（2001）：霞ヶ浦におけるアサザ個体群の衰退と種子による繁殖の現状，応用生態工学，**4**，39-48.

11) Brock, T C. M., G. van der Velde and H. M. van de Steeg (1987)：The effects of extreme water level fluctuations on the wetland vegetation of a nymphaeid-dominated oxbow lake in The Netherlands, Archiv für Hydrobiologie Beihefte Ergebnisse der Limnologie, **27**, 57-73.

12) Cronk, J. K. and M. S. Fennessy (2001)：Wetland plants: biology and ecology. CRC Press LLC.

13) 西廣　淳（2002）：湖水位のダイナミズムの喪失と植物への影響，科学，**72**，84-85.

14) Wittenberg, R. and M. J. W. Cock (eds.) (2001)：Invasive Alien Species: A Toolkit of Best Prevention and Management Practices, CAB International.

15) 日本生態学会編（2002）：外来種ハンドブック，地人書館.

16) 飯島　博（1996）：湖と森と人を結ぶ霞ヶ浦アサザプロジェクト. 鷲谷いづみ・飯島　博編，よみがえれアサザ咲く水辺～霞ヶ浦からの挑戦，文一総合出版.

17) 後藤　章・飯島　博・鷲谷いづみ（2002）：トンボ池型ビオトープを活用した保全学習，環境情報科学，**31**，43-48.

18) 鷲谷いづみ・矢原徹一（1996）：保全生態学入門－遺伝子から景観まで－，文一総合出版.

19) 鈴木　武（2002）：現場最前線での植物保全と遺伝子多様性. 種生物学会編，保全と復元の生物学～野生生物を救う科学的思考，文一総合出版.

20) ㈳日本水産資源保護協会（2000）：平成11年度漁場富栄養化対策事業　河川・湖沼総合浄化促進事業　報告書，196pp.

21) Scheffer, M. (1998): Ecology of Shallow Lakes, Chapman&Hall.

22) Søndergaard, M. and B. Moss(1998): Impact of submerged macrophytes on phytoplankton in shallow freshwater lakes, The Structuring Role of Submerged Macrophytes in Lakes, Ecological Studies 131, Springer.

23) Schriver, P. and J. Bøgestrand, E. Jeppensen and M. Sondergaard(1995): Impact of submerged macrophytes on fish-zooplankton-phytop;ankton interactions: large-scale enclosure experiments in a shallow eutrophic lake, *Freshwater Biology*, **33**, 255-270.

24) 中村圭吾・川村竹治・西廣　淳・高村典子・尾澤卓思（2003）：沈水植物の有無が池の水質に与える影響，第37回水環境学会年次講演会，p.151.

25) 沖野外輝夫ほか（1988）：汚染物質の水域内物質循環過程，服部明彦編，湖沼汚染の診断と対策，日刊工業新聞，p.119.

26) 倉田　亮（1983）：内湖－その生態学的機能，琵琶湖研究所所報.

27) 倉田　亮（1988）：水草帯と内湖－その現況と機能－，琵琶湖研究－集水域から湖水まで－，p.142-163.

28) 倉田　亮（1985）：内湖の浄化機能，国立公害研究所　自然浄化シンポジウム，p.69-76.

29) 大久保卓也（1997）：琵琶湖流域における汚濁負荷削減対策，平成8年度農業工学研究所水工研究会資料，p.25-31.

30) 中川元男（2000）：赤野井湾流入河川での負荷削減対策の取り組み－琵琶湖水質保全対策行動計画－，琵琶湖研究所ワークショップ「面源汚濁負荷削減に向けての研究の現状と課題」講演資料集.

31) （財）琵琶湖・淀川水質保全機構（1997）：ヨーロッパの水質浄化－ハンガリー・オーストラリア・ドイツ湖沼水質浄化対策調査団報告－，p.57-59.

32) Bratli, J. L., A. Skiple and M. Mjelde (1999) : Restorarion of Lake Borrevannet - self-purification of nutrients and suspended matter through natural reed-belts, *Wat. Sci. Tech.* **40** (3), 325-332.

33) Nakamura, K. and Y. Shimatani (2001): Non-point pollution control by the artificial lagoon, IWA 2nd World Water Congress, Berlin, Abstracts, p.142.

8. 利用化感作用抑制藻类

（中井智司）

富营养化湖泊中藻类异常繁殖时，有可能引发水华导致景观恶化、鱼类窒息死亡、水处理过滤时堵塞等问题。特别是在蓝藻爆发时，还有可能产生微囊藻毒素等有毒物质，导致动物窒息死亡、饮用水腐臭，引发重大社会问题。因此，抑制藻类繁殖是湖泊管理中的重要研究课题。

本章将介绍利用水生植物和藻类间的生物相互作用—化感作用来抑制藻类繁殖的方法，介绍其至今的研究成果及今后的发展方向。

8-1　化感作用

1937 年，Molisch 将化感作用定义为某种植物（包括微生物）通过向环境释放出化学物质，对其他植物产生有利或不利影响的作用（化感作用也被称为他感作用）[1]。这种化学物质称为化感物质（allelochemicals）。本章将讨论的化感作用是指水生植物释放出化学物质抑制藻类繁殖的现象。利用水生植物的化感作用抑制蓝藻繁殖时，由于化感物质来源于生物，极少会长时间在水体残留、蓄积，有望成为生态友好的藻类抑制方法。

8-2　水生植物与藻类间的化感作用相关知识

至今为止已进行的研究包括：在藻类和水生植物共存的条件下对藻类繁殖影响进行评价的基础性研究，水生植物对藻类化感作用的实证性研究，水生植物体内及水生植物培养液中的生理活性物质(可能的化感物质)的分离与鉴别。下文将介绍对化感作用验证及化感物质的研究实例。

（1）验证化感作用
①实地水样验证
宝月等人[2]在水生植物繁茂的手贺沼采集表层水的水样，过滤后得到滤液，利用该滤液在两种不同的条件培养绿藻类的小球藻（*Chlorella* sp.）。a 添加 / 不添加营养盐；b 120℃下加热 20min/ 不加热。结果发现，小球藻在只添加营养盐的表层水中未进行增殖（图 1-B），而在既添加营养盐又加热的表层水中进行了增殖（图 1-A）。另外，未添加营养盐时，小球藻未进行增殖（图 1-C，图 1-D）。

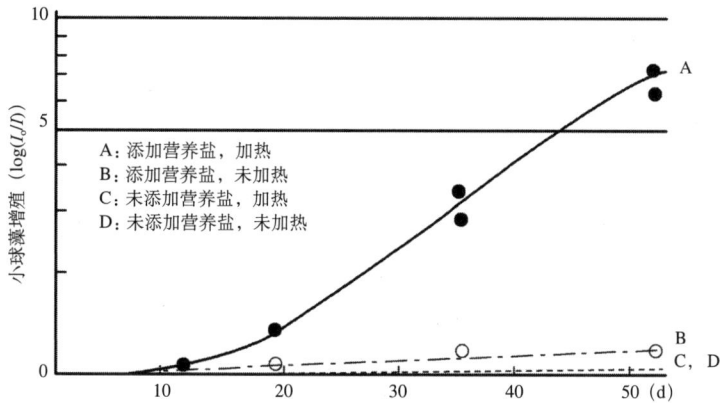

图1　手贺沼表层水中小球藻的增殖曲线 [2]

根据以上结果可以看出，手贺沼表层水中含有水生植物所释放出的、对热不稳定的抑制物质。另外，在水生植物开始干枯的9月下旬进行了同样的实验，结果表明，无论是否加热小球藻都发生了增殖，从而验证了上述结论，即水生植物产生了抑制物质。

但是，这一报告未记录繁茂的水生植物的种类及数量。在使用实地水样进行化感作用验证时，记录采样地点的植物种类及植物的繁茂程度对以后研究具有十分重要的参考作用。

宝月 [2] 等人之后未再有报道证实实际湖泊的水生植物繁茂水域的水样的化感作用。究其原因，可能是由于化感物质极微量，且在实际水域被扩散稀释，难以检测与定量。鉴于上述原因，下述试验通过浓缩水生植物培养液验证化感作用。

②水生植物培养液验证

笔者等人 [3] 将沉水植物穗花狐尾藻在100g-wet/L的浓度下培养3d后的培养液过滤灭菌，在50mL滤液中添加营养盐后，种植培养铜绿微囊藻。在试验开始后的5d内，每天除添加营养盐外，还补充培养液50mL（半连续添加试验）。而培养液为穗花狐尾藻在100g-wet/L的浓度下培养1d后的营养液。

如图2所示，穗花狐尾藻培养液抑制了铜绿微囊藻的增殖。而未补充培养液时，铜绿微囊藻能够增殖至与对照组相同的水平（未在图中表示）。因此证实了穗花狐尾藻释放出抑制铜

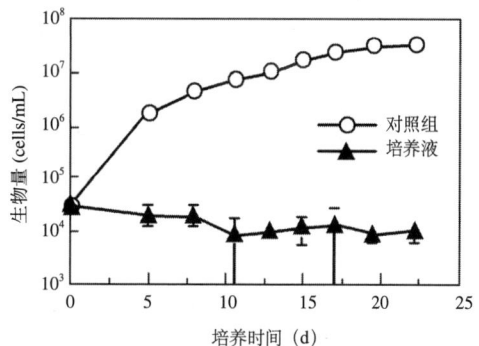

图2　半连续添加穗花狐尾藻培养液对铜绿微囊藻增殖的抑制作用 [3]

绿微囊藻增殖的化感物质，且可推测穗花狐尾藻植物体能够持续释放这种不稳定的化感物质。

还有试验利用XAD-2等吸附树脂提取培养液，通过确认提取液的增殖抑制效果，证实了

穗花狐尾藻和浮水植物水葫芦具有化感作用[4, 5]。但是，像这样明确证实水生植物对藻类化感作用的实例少之又少。

（2）化感物质的检索

在利用水生植物的化感作用抑制藻类增殖时，需要事先对化感物质进行鉴别，并评价其对藻类增殖的抑制作用。为了能对化感物质进行检索，很多研究通常通过对水生植物的提取物或培养液的浓缩物进行分离和提纯，鉴别出可能是化感物质的生理活性物质。

①生理活性物质的提取、分离及鉴别

对水生植物体内的生理活性物质进行提取时，大部分时候使用甲醇等有机溶剂[6 ~ 13]。从水生植物培养液中提取、浓缩可能的化感物质的方法有树脂法[4]和冷冻干燥法[14]。而提取液和浓缩液可通过溶剂提取法[6 ~ 9,14 ~ 16]和超滤法[4,14]等初步分离，再利用各种色谱进行纯化。在分离后，可通过 TLC 滴液试验[10] 或 NMR[6 ~ 9, 11 ~ 13, 15, 16]、IR[12, 13, 15]、MS[7, 9, 11 ~ 16] 等鉴别生理活性物质。

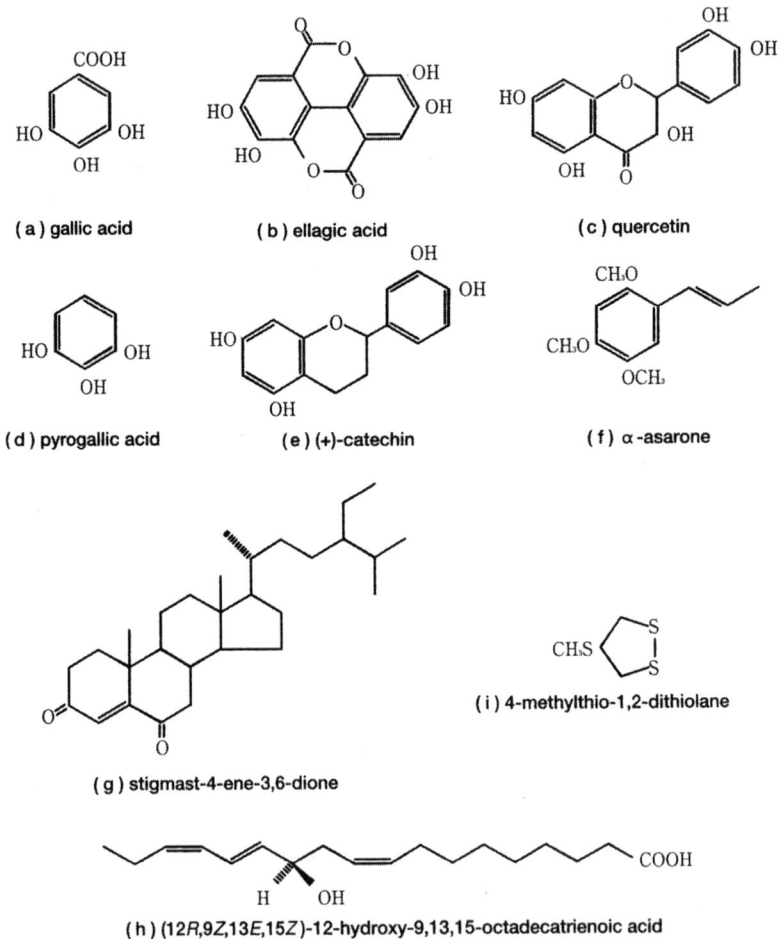

（a）gallic acid

（b）ellagic acid

（c）quercetin

（d）pyrogallic acid

（e）(+)-catechin

（f）α-asarone

（g）stigmast-4-ene-3,6-dione

（i）4-methylthio-1,2-dithiolane

（h）(12R,9Z,13E,15Z)-12-hydroxy-9,13,15-octadecatrienoic acid

图3　迄今为止研究报告的确定的及可能的化感物质

②已鉴别的生理活性物质（化感物质的可能清单）

至今已经鉴别的生理活性物质如下所示：

a. 丹宁及类黄酮

Planas 等人 [10] 利用 TLC 法从穗花狐尾藻的提取液中鉴别出构成鞣酸或丹宁的构成物质没食子酸 Gallic acid、鞣花酸 Ellagic acid（图 3-a，b）等多酚化合物，以及其他 11 种物质（包括将在后面介绍的类苯基丙烷）。另外，同属狐尾藻属的粉绿狐尾藻体内含有构成丹宁的没食子酸 Gallic acid 以及槲皮素 quercetin（图 3-c）等 3 种类黄酮物质 [12]。而挺水植物菖蒲体内含有槲皮素 -3-0- 新橙皮糖苷 quercetin-3-*O*-neohesperidoside 等 3 种类黄酮糖苷 [7]。

研究证实，穗花狐尾藻确实释放出构成丹宁的多酚和类黄酮糖苷，而 Gross 等人 [16] 证实其释放没食子酸 Gallic acid 和槲皮素 quercetin。而笔者等人证实穗花狐尾藻除没食子酸 Gallic acid 和鞣花酸 Ellagic acid 外，还能释放焦性没食子酸 Pyrogallic acid（图 3-d）和几茶素 (+) -Catechin（图 3-e），这 4 种多酚 [14]，并且这些物质是起到化感作用的物质（详见后文）。

b. 类苯基丙烷

Greca 等人 [8] 鉴别出石菖蒲体内存在 7 种类苯基丙烷，并与 Aliotta[6, 13] 合作从水浮莲和狐尾藻中提取并鉴别出数种类苯基丙烷，还比较、研究 20 多种多酚的工业制品对藻类增殖的抑制作用，指出水浮莲体内存在的 α- 细辛醚 α-asarone（图 3-f）[6] 对绿藻类的羊角月牙藻（*Selenastrum capricornutum*）的增殖具有较强的抑制作用。[17]

c. 类固醇

Aliotta[7] 等人从菖蒲中提取出 stigmast-4-ene-3，6-dione（图 3-g）。研究表明，这种物质能够抑制蓝藻类聚球藻（*Synechococcus sp.*）和鱼腥藻（*Anabaena sp.*）的增殖。从水浮莲的提取液中鉴别出 10 种类固醇，但是这 10 种类固醇对藻类增殖的抑制效果不明。最近从天南星科的马蹄莲（*Zantedeschia aethiopica*）中鉴别出 24R-24-ethyl-cholest-5-en-3β-ol 等 10 种类固醇 [9]。

d. 脂肪酸

Aliotta 等人 [6] 从水浮莲中提取出 (12R，9Z，13E，15Z) -12-hydroxy-9，13，15-octadecatrienoic acid（图 3-h）等两种不饱和脂肪酸，并评价了其对藻类增殖的抑制效果。结果表明 (12R，9Z，13E，15Z) -12-hydroxy-9，13，15-octadecatrienoic acid 对聚球藻（*Synechococcus leopoliensis*）和水华鱼腥藻（*Anabaena flos-aquae*）的增殖具有抑制作用。而 Van Aller[15] 等人从荸荠属的 Eleocharis microcarpa 中提取出包含环戊烷等数种脂肪酸。

e. 硫化物

Anthoni 等人 [11] 从轮藻目的球状轮藻(*Chara globularis*)中提取出 4-methylthio-1,2-dithiolane（图 3-i）等两种硫化物，并证实其对硅藻类的谷皮菱形藻（*Nitzschia palea*）的增殖具有抑制作用。像这样从水生植物提取出硫化物的生理活性物质是极为罕见的。

可以看出，许多水生植物体内含有抑制藻类增殖的生理活性物质。但是，即使植物体内含有高效抑制藻类增殖的生物活性物质，有时并不能影响藻类增殖。如前所述，球状轮藻的体内含有抑制硅藻类繁殖的两种生理活性物质（4-methylthio-1, 2-dithiolane 等），但 Forsberg 等[18] 的研究发现，在生长着茂密球状轮藻的湖泊，未能发现这些物质释放对藻类的抑制作用。

因此，如想确定在实际环境中产生化感作用的物质，不仅需要鉴别出生理活性物质，还需要确认该物质是否被释放。但是截止到现在，确定水生植物释放物质的报告仅有 3 例[14, 16, 19]。

③化感作用的贡献与评价

为了判明鉴别出的物质是否为化感物质，不仅需要确认水生植物是否释放该物质，还需要确认释放量是否达到抑制藻类增殖的程度。当水生植物释放多种物质时，还需考虑这些物质对藻类增殖抑制的综合作用。因此，在判别鉴别出的物质能否引发化感作用时，在证实含有和释放该物质的水生植物，对藻类增殖产生抑制作用的同时，还必须掌握该物质的释放量。有必要以释放量为基准评价可能的化感物质对藻类增殖的抑制效果，而在有多种可能物质时，为了研究其综合作用，需要同时加入多种物质以评价抑制效果。下面概要介绍化感作用相关物质的研究案例。

笔者等人[20] 在 100g-wet/L 的浓度下对穗花狐尾藻进行 3d 的培养，对前述 4 种多酚的释放量进行试验评价。结果表明 pyrogallic acid, gallic acid，(+)-catechin 及 ellagic acid 的释放量分别为 552.5 ~ 2.6µg/L、715.6 ~ 19.7µg/L、13.2 ~ 3.1µg/L 和 884.4 ~ 15.7µg/L，根据对数平均计算得到各种物质的日平均释放量分别为 16.5µg/（L·d）、33.1µg/（L·d）、2.5µg/（L·d）和 31.7µg/（L·d）。但是上述多酚从穗花狐尾藻释放后，会逐渐自然氧化[20]。

另外，如前文 1）中（2）章节所述，向穗花狐尾藻在 100g-wet/L 的浓度下培养 3d 的培养液接种铜绿微囊藻，每天向培养液半连续地添加穗花狐尾藻到相同浓度，结果表明对铜绿微囊藻的增殖具有抑制作用。于是，基于上述释放量配制 4 种多酚的模拟培养液，通过半连续添加试验研究评价对铜绿微囊藻增殖的抑制效果。试验结果表明，相当于 600g-wet/L 浓度的穗花狐尾藻的模拟培养液（成分详见表 1）与图 2 中 100g-wet/L 的实际培养液具有相同效果[20]（图 4）。另外，通过比较表 1 中成分与先前释放量结果可以看出，穗花狐尾藻会释放出足以抑制铜绿微囊藻增殖的化感物质，其中 pyrogallic acid, gallic acid，(+)-catechin 及 ellagic acid 的浓度已经足以抑制铜绿微囊藻增殖，但这些物质对穗花狐尾藻化感作用的贡献仅占 13%（约 1/6），Gross 等[16] 人的研究显示，可能还存在如丁子香鞣质（Eugeniin）等其他化感物质。

以上即为所有有关水生植物化感作用的研究，很多研究只进行到鉴别可能的化感物质的

表 1　模拟培养液成分（mg/L）

多酚 \ 添加时间	培养开始时	培养开始 1 ~ 5d 后
Pyrogallic acid	297	99
	124	41
Gallic acid	596	199
	249	83
(+)-Catechin	44	15
	19	6
Ellagic acid	570	190
	238	79

注释：数字上：相当于穗花狐尾藻密度 600g-wet/L
数字下：相当于密度 250g-wet/L

阶段。从穗花狐尾藻的研究案例中可以看出，有多种物质同时参与水生植物的化感作用，因此要发现能够充分解释水生植物化感作用的物质，还需进行长期的研究。

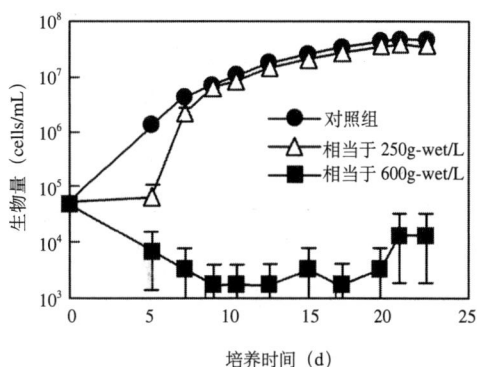

图4 半连续添加穗花狐尾藻模拟培养液对铜绿微囊藻增殖的影响 [20]

8-3 利用化感作用抑制藻类增殖的方法及其今后发展

利用水生植物的化感作用抑制藻类增殖时，在研究水域可通过两种方式达到化感作用的效果：(1) 释放化感物质（或可能的化感物质），(2) 种植水生植物。

(1) 释放化感物质（或可能的化感物质）

通过释放化感物质抑制藻类增殖，即将化感物质作为药剂加以使用。在使用该方法前不需要检验鉴别得到的生理活性物质是否为化感物质。为防止生理活性物质成为新的污染源，因此希望在大部分湖泊现有的有机碳浓度水平下，投放微量化感物质以达到抑制效果。因此首先需对使用物质的增殖抑制效果进行定量，当存在数种物质时需要评价其综合作用。实际研究表明，添加多种化感物质能够对藻类增殖产生几何倍数的抑制作用 [20]。而在查明抑制藻类增殖机制的同时，还需要掌握化感物质在水中的分解情况，评价其在水体的残留、积累情况以及对其他生物的影响等，生物安全性方面。

(2) 种植水生植物

上述方法受到自然分解和扩散稀释等作用的影响，需要每隔一段时间重新释放化感物质以维持对藻类增殖的抑制效果。而种植水生植物能够连续供给化感物质，可获得更稳定的效果。进行适当的植被管理不仅能够抑制藻类增殖，还可通过去除营养盐净化水质，并为鱼卵和鱼类提供附着载体和栖息空间。

但是，有必要清楚水生植物该如何种植以及何种程度地种植。水葫芦等浮水植物可在任意水深的水域进行种植，而在水体底部扎根的沉水植物和挺水植物无法在深水水域生长，因此，如要在水库等深水水域种植这些水生植物，可以利用人工浮岛等设施 [21]。

关于水生植物的种植量，虽然在研究穗花狐尾藻化感作用的案例中，使用了100g-wet/L的高浓度培养液 [3]，但试验证明在同一培养基中同时培养穗花狐尾藻和铜绿微囊藻时，1～2g-wet/L浓度（水深1m，1～2kg·m²）的穗花狐尾藻即能显著抑制铜绿微囊藻的增殖，因此种植水生植物达到这一浓度水平即可实现对藻类增殖的抑制 [3]。水生植物种类和对象藻类不同，藻类增殖的抑制效果也不同。实际上，穗花狐尾藻所释放的 4 种化感物质虽然对蓝藻抑制效果明显，但对绿藻抑制效果较差，而对硅藻几乎没有抑制效果[22]。该结果说明穗花狐尾藻的化感作用对蓝藻具有特异性抑制效果，但也有报告指出有些水生植物对蓝藻不具抑制效果[3]。这就需要通过上述水生植物与藻类的共同培养实验等方法，将水生植物对藻类增殖的抑制作用进行定量。在实际水体中化感物质可能扩散、稀释，需要注意这些作用对抑制效果的影响。

　　如上所述，在利用水生植物的化感作用抑制藻类增殖之前，必须掌握各种水生植物对不同藻类的化感作用抑制效果。但现在关于化感作用的实证案例还很少，需要在今后进一步进行研究积累。同时，还需透彻研究化感作用对藻类增殖抑制的机制，如前所述，充分了解化感作用的机制也需花费大量时间。因此，首先掌握产生化感作用的水生植物种类，量化植物量与抑制效果的对应关系，并在研究化感作用机制的同时，通过实验明确种植该种水生植物能否抑制藻类增殖，这样才能进一步推进化感作用的实际应用。由于水生植物吸收营养盐也会对藻类增殖产生影响，对水生植物吸收营养盐的活性及其枯萎时营养物质的释放情况的把握也不可缺少。在验证试验中，应同时监测藻类生物量和营养盐浓度等，以评价化感作用发挥的效果。

——引用文献——

1) Rice, E. L. (1984): Allelopathy 2nd ed., Academic Press, New York.
2) 宝月欣二ほか (1960): 植物プランクトンと大形水生植物との拮抗の関係について，陸水学雑誌，**21**, 124-130.
3) Nakai, S. *et al.* (1999): Growth inhibition of blue-green algae by the allelopathic effects of macrophyte, *Water Science and Technology*, **39**(8), 47-53.
4) Gross, E. M. and R. Sütfeld (1994): Polyphenols with algicidal activity in the submerged macrophytes *Myriophyllum spicatum* L., *Acta Horticulturae*, **381**, 710-716.
5) Shu-wen, Yu *et al.* (1991): Detection of antialgal compounds of water hyacinth, *Bioindicators and Environmental Management*, p.255-262, Academic press, London, Tokyo.
6) Aliotta, G. *et al.* (1991): Potential allelochemicals from *Pistia stratiotes* L., *J. Chem. Ecol.*, **17**(11), 2223-2234.
7) Aliotta, G. *et al.* (1990): In vitro algal growth inhibition by phytotoxins of *Typha latifolia* L., *J. Chem. Ecol.*, **16**(9), 2637-2646.
8) Greca, M. D. *et al.* (1989): Allelochemical activity of phenylpropanes from *Acorus gramineus, Phytochem.*, **28**(9), 2319-2321.
9) Greca, M. D. *et al.* (1999): Antialgal compounds from *Zantedeschia aethiopica, Phytochem.*, **49**(5), 1299-1304.
10) Planas, D. *et al.* (1981): Ecological significance of phenolic compounds of *Myriophyllum spicatum, Verh. Internat. Verein. Limnol.*, **21**, 1492-1496.
11) Anthoni, U. *et al.* (1980): Biologically active sulphur compounds from the green alga *Chara globularis, Phytochem.*, **19**, 1228-1229.
12) Saito, K. *et al.* (1989): Inhibitory substances from Myriophyllum *brasilience* on growth of blue-green algae, *J. Nat. Prod.*, **52**(6), 1221-1226.
13) Aliotta, G. *et al.* (1992): Three biologically active phenylpropanoid glucosides from *Myriophyllum verticillatum, Phytochem.*, **31**(1), 109-111.
14) Nakai, S. *et al.* (2000): Growth inhibition of blue-green algae (*Microcyctis aeruginosa*) by *Myriophyllum spicatum*-releasing four polyphenols, *Water Research*, **34**(11), 3026-3032.
15) Van Aller, R. T. (1985): Oxygenated fatty acids: a class of allelochemicals from aquatic plants, *ACS Sym.Ser.*, **268**, 387-400.

16) Gross, E. M. *et al.* (1996): Release and ecological impact of algicidal hydrolysable polyphenols in *Myriophyllum spicatum. Phytochem.*, **41**(1), 133-138.

17) Greca, M. D. *et al.* (1992): Structure-activity relationships of phenylpropanoids as growth inhibitors of the green alga *Selenastrum capricornutum, Phytochem.*, **31**(12), 4119-4123.

18) Forsberg, C. *et al.* (1990): Absence of alleopathicffects of Chara on phytoplankton in situ, *Aquat. Bot.*, **38**, 289-294.

19) Greca, M. D. *et al.* (1998): *Allelopathy J.*, **5**, 53. in Ref. 9.

20) 中井智司ほか（1998）：ホザキノフサモが放出したアレロパシー物質の藍藻類に対する複合作用及びアレロパシー効果の評価，水環境学会誌，**21**(10), 663-669.

21) 唐沢 潔 (2000): 渡瀬貯水池人工浮島について，人工浮島シンポジウム講演集p.37-43，ダム水源地環境整備センター

22) Nakai, S. *et al.* (2002): Algal growth inhibition effects of allelopathic polyphenols released by *Myriophyllum spicatum, Allelopathy J.*, **10**(2), 123-132.

9. 河流湖泊的水质生态系统模型

（下桥雅树、细见正明）

　　河流湖泊的水质净化主要考虑显示水质污浊程度的水中有机物（BOD、COD、TOC 等指标）的去除。河流湖泊等水域有机物的增减主要受到以下过程影响：有机物的流入与流出，浮游植物等初级生产者通过光合作用合成有机物，呼吸作用及细菌等异养生物分解有机物并产生二氧化碳，并且有机物沉淀和底泥释放也很重要。一般水质净化主要是削减进入水体的污染物负荷，如将水质净化定义为"去除水中有机物"，水质净化对策还包括 [1]：①增加流出量，该方法适用于可表层取水的水库，但难以应用于自然湖泊；②通过导入鱼或浮游动物，或者利用硫酸铜等化学药剂及化感作用，抑制浮游植物增殖，减少光合作用产生的有机物；③通过添加絮凝剂促进有机物和磷沉淀；④通过疏浚底泥或覆沙等方法抑制底泥释放有机物和营养盐。

　　在考虑水质净化对策的基础上，河流和湖泊的生态系统存在决定性差异。首先，河流常被称为流水，时刻在流动，而湖泊处于静止停滞的状态。因此两个生态系统的停留时间和生物群落也存在巨大差异。简单来说，当生物的增殖速度小于停留时间时，该生物会被水流冲出系统。日本河流湍急，入海时间短，有必要考虑河床上的附着藻类和水生植物等，而浮游植物几乎可以忽略。其次，是底质蓄积情况不同。虽然颗粒状有机物会沉淀为河流底质，但这只是暂时性的，当降雨等导致流量增大时，这些有机物会被全部冲走（在河口部分或许不一定。如果只考虑河流的生态系统，这无疑是极大的净化能力，但是会增大下游海域的污染负荷。）以年为单位进行考察，河流的底质积累微乎其微。但是，湖泊是逐年积累有机物的生态系统，需要从长远的角度考察底质和水质的相互作用。促进水中的有机物沉淀确实能够减少水中的有机物，但是会增加底质的有机物，而底质向水中释放有机物的可能性也随之增加。也就是说，净化作用（在某些地方能够减少污染物）会增加其他场所的污染物。因此，在从长远角度评价水质净化对策的同时，还需要考虑对所研究的生态系统及相邻的生态系统的影响。

　　另一方面，由于构成生态系统的生物之间、甚至是生物与无机环境因素（影响生态系统的营养盐、停留时间和流速等）之间存在复杂的相互作用，水质净化措施对生态系统的影响及水质指标的变化的准确预测是极为困难的。基于一定的目标，以数学方程式对该复杂系统进行定义和再现即为水质生态系统模型。因此，研究目标不同，模型建立者不同，水质生态模型也不同。下文将对代表性的河流及湖泊的水质生态模型进行概述。水质生态系统模型建立过程中，越想更真实地再现对象生态系统，数学方程式及模型参数越将大幅度增加。实际上，评价大量参数需花费很多的时间和精力，模型的不确定性也会增加。于是，本章对参数评价的方法进行了详细总结。

9-1　河流水质生态系统模型

（1）概要

目前被使用较多、具有代表性的河流水质生态模型有：Streeter-Phelps 模型、SIMCAT、TOMCAT、QUAL2E、QUASAR、MIKE-11 以及 ISIS 等[2]。Streeter-Phelps 模型是经典的河流水质生态模型，为后续模型的开发提供了参考。SIMCAT（SIMulation of CATchments）是由英国 Environment Agency 开发的一元模型，通过基于概率论的蒙特卡洛法解得可能的稳定状态，从而计算得到溶解氧、BOD、硝酸和氯离子等指标的浓度变化。TOMCAT（Temporal/Overall Model for CATchments）是由英国的 Thames Water 公司所开发的模型，与 SIMCAT 一样引入了蒙特卡洛法，各个过程的数学表达式也与 SIMCAT 基本相同，只是增加了水温和溶解氧的独立数学方程式。QUAL2E 是以 20 世纪 60 年代由 F.D. Masch 和 Texas Development Board 共同开发的以 QUAL-I 为基础，由 Tufts 大学和美国 EPA 共同开发的 QUAL-II 的最终版，能够计算 3 种守恒物质和水温、BOD、叶绿素 a、有机和溶解性磷、氮（有机氮、氨氮、亚硝酸盐氮和硝酸盐氮）、溶解氧、大肠杆菌、1 种非守恒物质等。QUASAR（QAUlity Simulation Along River System）是动态水质生态模型，分为市面销售的 PC-QUASAR 和面向教育机关的简化版 HERMES。MIKE-11 是由荷兰 Hydraulic Institute 开发的能够模拟河流水动力学和水质的模型，被广泛应用于洪水处理对策，在水质管理中也有所应用。ISIS 是由英国的 Halcrow 进行销售的模型，与 MIKE-11 一样能够模拟河流的水动力学和水质。综上所述，现在能买到多种模拟河流水质的模型包，这也说明了河流水质管理第一线对于水质生态模型的迫切需求。

下面详细介绍 Streeter-Phelps 模型和 QUAL2E 模型。

（2）Streeter-Phelps 模型

Streeter 和 Phelps[3] 以俄亥俄河支流的观测结果为基础，提出了包括河水中有机物分解、氧气消耗以及河流表面的大气复氧等过程的河流水质生态模型。这一模型是所有河流水质生态模型的基础。忽略近似流向水流的混合扩散，假设水流为推流可以得到如下稳态解：

$$BOD = BOD_o \cdot \exp\left\{ -k_1 \cdot \frac{x}{u} \right\} \qquad \text{式 1}$$

$$DO^* - DO = \left(\frac{k_1 \cdot BOD_o}{k_2 - k_1} \right) \left\{ \exp\left(-k_1 \cdot \frac{x}{u} \right) - \exp\left(-k_2 \cdot \frac{x}{u} \right) \right\} + (DO^* - DO_O) \exp\left(-k_2 \cdot \frac{x}{u} \right) \qquad \text{式 2}$$

其中，BOD：河水的 BOD 浓度（mg/L）；BOD_o：排入污水混合后河水的 BOD 浓度（mg/L）；DO：河水中的 DO 浓度（mg/L）；DO^*：饱和溶解氧浓度（mg/L）；DO_o：排入污水混合后河水的 DO 浓度（mg/L）；u：流速（m/d）；x：流经距离（m）；k_1：耗氧系数（1/d）；k_2：大气复氧系数（1/d）。

①式表示污水混合后 BOD 浓度随距离（时间）增加呈指数减少。②式被称为 Streeter-Phelps 氧垂曲线（DO sag curve），如图 1 所示。含有机物的污水进入河流混合后，活性微生物开始分解其中的有机物，氧气逐渐被消耗，即氧亏增加。另一方面，大气复氧速率随氧亏增加成比例增加。流经距离 x_c 后，氧亏达到最大值，即 DO 值降至最低，这一 DO_{cr} 被称为临界氧亏点或垂氧点。其数值对于河流水质管理十分重要，可以根据临界氧亏点的 DO 浓度制定排污量标准。在这一点上，微生物分解活动的耗氧量与大气复氧量相平衡。下游大气复氧量超过耗氧量，DO 逐渐恢复饱和状态，这一现象被称为自净。

Streeter-Phelps 公式中的重要参数是耗氧系数 k_1 和大气复氧系数 k_2。津野 [5] 通过整理日本国内外文献得到 k_1 的取值在 0.1 ～ 1.0（1/d）范围内。当在微生物分解的基础上考虑颗粒状有机物的沉淀去除时，k_1 数值可达 2 倍左右。谷垣 [6] 针对 k_2 进行了多方面讨论。对于相对较大较深的河流来说，水深 3 ～ 6m 流速缓慢（0.03 ～ 0.15m/s）河流的 k_2 取值范围为 0.05 ～ 0.10（1/d），水深 0.6 ～ 1.5m 中等流速（0.15 ～ 0.61m/s）河流的 k_2 取值范围为 1.0 ～ 5.0（1/d），可据此进行预测。然而，对于相对较浅、扰动较大的小河，不同计算方法的得到大气复氧系数值相当分散。

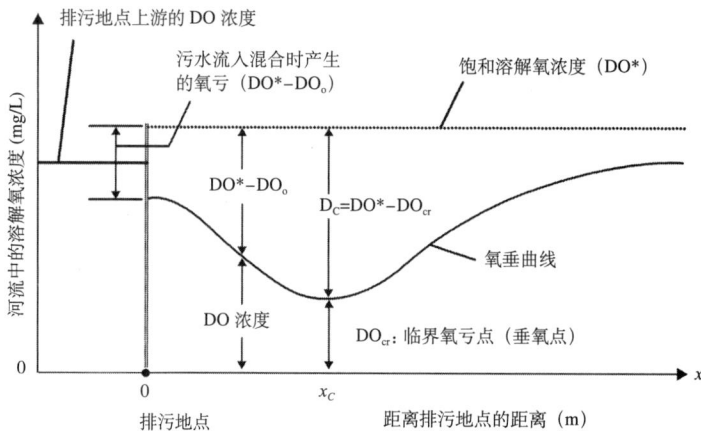

图 1　Streeter-phelps 模型的氧垂曲线

（引自 Tchobanoglous 与 schroeder[4]，有改动）

如日本那样，正受到轻微人为污染的河流除以 BOD 为代表的有机物分解过程外，河流底部（河床）有机物分解、水中氨氮（NH_4-N）的硝化等过程也消耗溶解氧（图 2）。底部的附着藻类吸收水中的氮、磷的生长过程能够产生 DO，呼吸过程消耗 DO，在其死后残骸会形成 BOD，这些过程也不容忽视。如枯水期般河水量减少，滞留时间增加时，附着藻类的影响将更为明显。在多摩川 [9]、[10] 及其支流野川 [11] 等地，正在研发模拟较浅的城市河流的模型。大久保等 [12] 建立了包含河床附着生物膜的模型，对受有机物污染小河的净化能力进行评价。

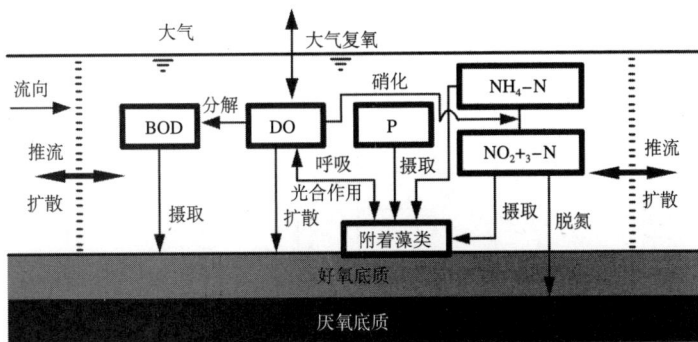

图 2　河流水质生态系统模型概念图 (引自细见[7, 8]，有改动)

(3) QUAL2E 模型[2]

QUAL2E 是全世界应用最为广泛的水质生态模型。QUAL2E 模型的概念如图 3 所示。该模型与 TOMCAT 和 SIMCAT 同样，假设水流为稳态，即

$$(\partial Q/\partial t)_i = Q_{x,i}$$

其中，$Q_{x,i}$ 表示所有外部污染流。首先通过求解与所有要素相关的流态以表示污染物的活动。污染物的转化以一元推流扩散模型表示。

$$\frac{\partial C}{\partial t} = \frac{\partial\left(AD_L\frac{\partial C}{\partial t}\right)}{A\partial_x} - \frac{\partial(A\bar{U}C)}{A\partial_x} + \frac{dC}{dt} + \Delta S$$

其中，C 为污染物浓度，A 为流体流动横截面积，D_L 为扩散系数，x 为单元长度，$\bar{U}$ 为平均流速，dC/dt 项与系统生物化学合成、消耗作用相关，ΔS 为外部流入源和流出源对浓度的影响。QUAL2E 可同时模拟下列组分的变化：溶解性守恒物质（不超过 3 种）、水温、BOD、叶绿素 a、磷（有机磷和溶解性磷）、氮（有机氮、氨氮、亚硝酸盐氮和硝酸盐氮）、DO、大肠杆菌和其余任意非守恒物质。

对大部分物质只考虑一次分解，而对 DO、硝酸和磷酸的反应速度考虑较为细致，如图 4 所示。

藻类模型包括增殖、呼吸和沉淀到底质等过程。

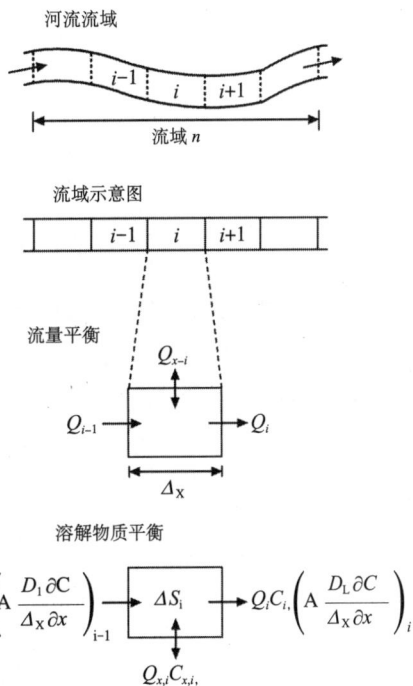

图 3　QUAL2E 模型的概念图[2]

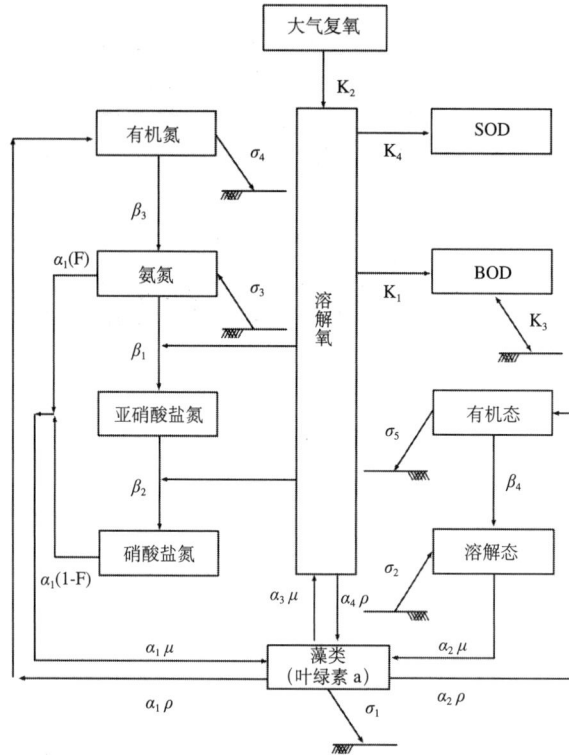

图4　QUAL2E 模型可模拟的全部过程[2)]

$$\frac{dA}{dt} = \mu A - \rho A - \frac{\sigma_1}{d} A$$

其中，A 为藻类生物量，t 为时间，μ 为增殖速率，ρ 为呼吸速率，σ_1 为沉降速率，d 为水深。

氮循环中包括有机氮、氨氮、亚硝酸盐氮和硝酸盐氮等各种形态的变化。藻类生产有机氮，有机氮可水解为氨氮或通过沉淀逐渐减少。

$$\frac{dN_0}{dt} = \alpha_1 \rho A - \beta_3 N_0 - \sigma_4 N_0$$

其中，N_0 为有机氮浓度，α_1 为藻类中氮比例，ρ 为藻类呼吸速率，β_3 为有机氮转化为氨氮的水解速率，σ_4 为有机氮的沉降速率。同时兼顾了底质生产氨氮过程，由下式表示。

$$\frac{d[\mathrm{NH_4}]}{dt} = \beta_3 N_0 - \beta_1 [\mathrm{NN_4}] + \frac{\partial 3}{d} - F_1 \alpha_1 \mu A$$

其中，

$$F = \frac{P_{\mathrm{am}}[\mathrm{NH_4}]}{P_{\mathrm{am}}[\mathrm{NH_4}] + (1 - P_{\mathrm{am}})[\mathrm{NO_3}]}$$

$[\mathrm{NH_4}]$ 为氨氮浓度，β_1 为氨氮的生物氧化速率，σ_3 为底质释放氨氮速率，F 为藻类摄取的氮中氨氮的比例，P_{am} 为藻类的氨氮选择系数，$[\mathrm{NO_3}]$ 为硝酸盐氮浓度。亚硝酸盐氮和硝酸盐氮的浓度变化由下式表示。

$$\frac{d[NO_2]}{dt} = \beta_1[NH_4 - \beta_2[NO_2]$$

$$\frac{d[NO_3]}{dt} = \beta_2[NO_2] - (1-F)\alpha_1\mu A$$

其中，$[NO_2]$ 为亚硝酸盐氮，β_2 为亚硝酸盐氮的氧化速率。

下式代表有机磷和溶解性磷的反应过程：

$$\frac{dP_0}{dt} = \alpha_2 PA - \beta_4 P_0 - \sigma_5 P_0$$

$$\frac{dPd}{dt} = \beta_4 P_0 + \frac{\sigma_z}{d} - \alpha_2\mu A$$

其中，P_0 为有机磷，α_2 为藻类中磷含量，β_4 为有机磷的分解速率，σ_5 为有机磷的沉降速率，P_d 为无机磷或溶解性磷浓度，σ_2 为底质释放磷速率。

BOD 模型如下所示：

$$\frac{dL}{dt} = -K_1 L - K_3 L$$

其中，L 为最大 BOD 浓度，K_1 为 BOD 氧化速率，K_3 为沉淀导致 BOD 浓度减少的速率。L 与 BOD_5（5 天内的 BOD）的关系由下式表示。

$$L = \frac{BOD_5}{(1 - \exp(5K_{BOD}))}$$

其中，K_{BOD} 为 BOD 转换系数。

DO 模型如下式所示。

$$\frac{dC}{dt} = K_2(C_s - C) + (\alpha_3\mu - \alpha_4\rho)A - K_1 L - \frac{K_4}{d} - \alpha_5\beta_1[NH_4] - \alpha_6\beta_2[NO_2]$$

其中，C 为 DO 浓度，C_s 为饱和 DO 浓度，K_2 为大气复氧速率，α_3 为藻类增殖的产氧系数，α_4 为藻类呼吸的耗氧系数，K_4 为底质耗氧速率，α_5 为氨氧化的耗氧系数，α_6 为亚硝酸盐氧化的耗氧系数。其中，C_s 可通过下式计算。

$$\ln C_{sf} = -139.34411 + \frac{1.575701 \times 10^5}{T_a} - \frac{6.642308 \times 10^7}{T_a^2} + \frac{1.243800 \times 10^{10}}{T_a^3} - \frac{8.621949 \times 10^{11}}{T_a^4}$$

其中，C_{sf} 为一个标准大气压下、温度 T_a（K）时的淡水饱和溶解氧浓度（mg O_2/L）。

根据各组分的热平衡计算温度。

$$H_n = H_{sn} + H_{an} - H_b - H_c - H_e$$

其中，H_n 为水—大气的净热传递，H_{sn} 为太阳短波辐射，H_{an} 为长波辐射，H_b 为长波逆辐射，H_c 为对流传热，H_e 为蒸发热损失。

标准的 QUAL2E 模型能够对 50 个流域的 20 种组分进行模拟。由该模型发展出来的 QUAL2E-UNCAS，能够进行灵敏度分析、一次方程误差分析，并能通过蒙特卡洛法进行不确定性分析。

9-2　湖泊水质生态系统模型

(1) 概要

湖泊模型可大致分为回归模型和生态系统模型 2 类。回归模型以 Vollenweider[13] 模型为代表，是营养盐（磷）负荷和浮游植物生物量的回归方程，已有部分研究成果（冈田等[14]）。回归方程是从宏观角度研究湖泊的富营养化现象的有效手段。但由于这些模型归根结底是回归方程，从根本上是以所有湖泊的生态系统构造都是相同的这一假设为前提条件。且由于回归方程的输入、输出都是年平均值，难以反应蓝藻形成水华等季节性变化的现象。另外，从湖泊管理的角度来看，由于 COD 作为环境标准，有必要预测 COD 和相关的叶绿素 a、DOC 等有机物浓度指标的季节变化，需要生态系统模型能反应湖泊内部初级生产的时间变化。

湖泊与河流不同，停留时间较长。初级生产者藻类在湖内增殖并在内部生产有机物，因此，即使减少流域的有机物负荷，只要氮、磷流入，仍会导致藻类增加，无法降低代表有机物的 COD。生态系统模型从基准物质（通常为碳、氮、磷）的物质循环视点出发，用数字表现湖泊的生态系统，作为相对于时间的连立常微分方程，或者是包括时间、地点的偏微分方程组来表达这个变化过程。至今已提出多种生态系统模型。虽然同为生态系统模型，根据不同目的所建立的各种模型的输出不尽相同。将湖泊生态系统的数学模型总结于表 1[15]，其中多数模型着眼于解释藻类爆发现象，可被归类为藻类中心型模型，另一方面，近年来也设计了一些以全面保护湖泊生态系统为目的的综合生态系统模型。此外，也有重点介绍多数模型包含的动力学参数的报告。下面，以表 1 为基础进行逐个介绍。

(2) 藻类中心型模型

藻类爆发是湖泊污染的中心问题。这里，藻类中心型模型是指以预测藻类繁殖为主要目的而建立的模型。

以诊断人为产生的营养盐负荷对湖泊的影响为目的，U.S. International Biological Program 的生态学和数理模型专家研发了 CLEAN 模型（Comprehensive Lake Ecosystem ANalyzer）[16]，为后续湖泊生态模型提供了标准结构。CLEAN 模型预置了 28 个状态变量，并考虑了水力学中的界面，能够应用于各种水体生态系统。特别是对浅水水域模拟，以纽约州 George 湖和威斯康辛州的 Wingra 湖的数据为中心，根据多座湖泊的观测值进行修正，从而能够根据观测值预

表 1　现有湖泊水质生态模型汇总 [15]

NO.	模型名称及研发者	SV*	浮游植物	浮游动物	鱼	营养盐	应用湖泊/注意事项
1	"CLEAN"	28	1)nanno 2)net	1)cladocera 2)copepoda 3)predatory	1)Bluegill 2)Bass 3)Carp	N, P	George 湖等，包括大型水生植物、底栖生物、分解者及底质的动力学
2	"CLEANER"	40>	1)nanno 2)net 3)bluegreen	1)cladocera 2)copepoda 3)predatory	1)Bluegill 2)Bass 3)Carp	N, P, Si	Sarasota 湖等，CLEAN 的改进型，考虑了 N、P、Si 的物质循环
3	Chen et al.,1975	15	4 groups	4 groups	4 groups with 3 life-stages	N, P	Ontario 湖，模型包含三维管道水力学
4	Di Toro et al.,1975	7	1 group	1 group	–	N, P	Erie 湖西部，模型具有 7 个部分
5	Patten et al.,1975	33	1)small 2)medium 3)large 4)bluegreen 5)floating mat 6)attached	1)small 2)large	1)eggs&larvae 2)fingerlings 3)filterfeeding 4)bottomfeeding 5)minnow 6)carnhivorous	N, P	Texoma 海湾，其他生物包括 aufwucks、海龟、植食性和肉食性脊椎动物、捕食悬浮物的无脊椎动物、无脊椎动物
6	Thomann et al.,1975	15>	1 group	1 group	1 species	N, P	Ontario 湖，模型可将水体分为 3～7 层，67 个分区进行计算，考虑底质动力学
7	Bierman,1976	14	1)diatoms 2)greens 3)N-fix BG 4)not N-fix BG	1)small 2)large	1 species(as Higher predators)	N, P, Si	Saginaw 湾，两阶段增长模型
8	Canale et al.,1976	25	1)small DIA 2)large DIA 3)bluegreen 4)green	1)nauplii 2)Daphnia 3)Bos.&Holb 4)Cyclops 5)Diaptomus 6)Lepto.&Poly. 7)Limnoc. &epischura	Alewife	N, P, Si	Michigan 湖，2 层模型
9	Jørgensen,1976a Jørgensen et al.,1978；1986	12	1 group	1 group	1 group	N, P	Glumsø Sø, Lingby Sø（荷兰），将藻类增长过程分为两阶段，考虑藻类体内氮、磷和底质动力学
10	Jørgensen,1976b	4	–	–	1 group(trout)	NH₄	11m³ 鱼缸，以物质平衡为基础模拟鱼的生长，包括 BOD 动力学和耗氧过程
11	Richey,1977	9	1 group	1 group	–	P	Castle 湖（加利福尼亚），磷循环模型，反应 pH、铁的影响，包含底质动力学
12	Nyholm,1978	7	1 group	1 group	–	N, P	丹麦的 13 座湖泊，模拟藻类所含氮、磷
13	Ikeda and Adachi,1979	8	1 group	1 group		N, P	琵琶湖，5 层模型（3 层表层水域、2 层深层水域），氮循环模型
14	Matsuoka et al.,1986	14	1)bluegreen 2)green	1 group	1)Neomysis 2)goby&shrimp 3)Carp&crucia	N, P	霞浦，4 个分区，藻类增长过程分两阶段，通过现场试验确定参数值
15	"PCLOOS"	3	1 group	1 group	–	P (F.F.)	Loosdrecht 湖（荷兰），碳循环模型
16	"PCLOOS v.2.4" Janse and Aldenberg,1990	18	1)bluegreen； 2)green； 3)diatoms	1 group	1 group	P	Loosdrecht 湖（荷兰），PCLOOS 的改进型，考虑碳磷循环和底质动力学
17	"PCLOOS v.2.5" Janse et al.,1992	20	1)bluegreen； 2)green； 3)diatoms	1 group	1 group	P	Loosdrecht 湖（荷兰），PCLOOS ver2.4 的改进型，适用于实际湖泊净化

续表

NO.	模型名称及研发者	SV*	浮游植物	浮游动物	鱼	营养盐	应用湖泊／注意事项
18	"PCLAKE" Janse et al.,1993；1995 Janse and Liere 1995；Aldenberg et al.,1995	54	1)bluegreen 2)green 3)diatoms	1 group	1)zooplankton and benthos feeder 2)zooplankton and macrophytes feeder 3)predatory fish	N, P, Si	Zwemlust 等荷兰的 18 座湖泊，PCLOOS 模型的改进型，考虑碳、氮、磷循环、底质动力学和大型水生植物
19	Rose et al.,1988	62	1)Nitszchia 2)Anab.& Lyng. 3)Chlamydo. 4)Chlorella 5)Selenastrum 6)Scenedesmus 7)Stig.&Uloth 8)Ankistro.	1)Daphnia-egg 2)small D. 3)medium D. 4)large D 5)Rotifers 6)Protozoans 7)Ostracods 8)Amphipods	–	N, P	0.075～3.0L 的试验生态系统，根据室内试验建模，忽略温度依赖性
20	Varis,1988	15	1) BG 2)others	–	–	N, P	Kuortaneenjärvi 湖（芬兰），藻类竞争模型
21	Keesman and van Straten,1990	3	1 group	–	–	P	Velue 湖（荷兰），组分评价法确定参数的实例
22	Scheffer,1989	2	–		1)bream 2)pike	1 group (F.F.)	考察理想状态，鱼类竞争模型
23	Scheffer,1991	2	1 group	1 group	-	1 group (F.F.)	考察理想状态，藻类—浮游动物竞争模型
24	Nielsen,1994	13	1)Microcystis 2)Aphaniz. 3)Stephanod. 4)Asterionella 5)Pediastrum 6)Scenedesmus 7)Dinobryon 8)Peridinium 9)Cryptomonas	1)cladoreran 2)copepods	- (F.F.)	P	Væng 湖（丹麦），构造动态模型，考虑底质
25	Thébault and Salençon,1993	8	1)diatoms 1)non diatoms	1)herbivorous copepods 2)carnivorous copepods 3)cladocerans	- (F.F.)	P, Si	Paleloup 湖（法国），2 层模型
26	Jayaweera and Asaeda,1996	18	1)Diatom-E 2)Diatom-P 3)Flagellate-E 4)Greens-E 5)Greens-N 6)Greens-P 7)Aphaniz-E 8)Aphaniz-P 9)Micro.-E 10)Micro.-N 11)Micro.-P 12)Osci.-E 13)Osci.-N 14)Osci.-P	1 group	1)bream 2)pike	N, P (F.F.)	BleiswijkseZoom 湖群（荷兰），根据实际生物操纵情况建模，考虑氮、磷元素限制和能量（光照）限制对藻类的影响
27	Jensen,1996	5	–	1)copepods 2)cladocerans 3)rotifers	1)lake herring 2)chub	–	Superior 湖，鱼类竞争模型

sv*：状态变量数值；(EE)：作为强制函数。

"CLEAN":Park et al.,1974

"CLEAN ER":Park et al.,1975;1979; Scavia and Park,1976;Clesceri et al.,1977;Young-berg,1977;Desmodeau,1978;Groden,1977

"PCLOOS":Kouwenhoven and aldenberg,1986; "PCLOOS v.2.4":Janse and Alden-berg,1990; "PCLOOS v.2.5":Janse et al.,1992

"PCLAKE":Janse et al.,1993;1995; Janse and Liere,1995; Aldenberg et al.,1995

BG:bluegreen; DIA:diatoms; BOS:Bosmina; Holo.: Holopedium; Lepto.:Leptodora; Poly:Polyphemus; Limnoc.:Limnocalanus; Anab.:Anabaena;

Lyng.:Lyngbia; Chlamydo.:Chlamydomonas; Stig.:Stigeoclonium; Uloth:Ulothrix; Ankistro:Ankistrodesmus; aphaniz.: Aphanizomenon;

Stephanod.:stephanodiscus; Micro.:Microcystis; Osci.:Oscillatoria

测水质等级。然而，模型对季节变化的模拟尚不完善，这是由于观测值本身存在本质误差。在 CLEAN 模型加入氮、磷循环过程，加入蓝藻和溶解氧组分，并改进分解过程的速率方程，发展出 CLEANER（CLEAN for Environmet Resource）[17~19] 和 MS CLEANER[20~23] 等模型。

Di Toro[24] 等人将 Elie 湖划分为 7 个水平分区，建立了浮游植物—浮游动物—营养盐的相互关系模型，并通过同位素标记氯离子等方法研究不同分区间的物质转移。

Thomann[25] 对美国的 Ontario 湖建立了 3 种不同层次完全混合箱体数的模型。Chen[26] 等人也构建了能够对同一湖泊内 4 种藻类、4 种浮游动物和三个发育阶段的 4 种鱼类进行模拟的模型，并尝试与其他途径研发的水力学模型相结合。

为了解析蓝藻爆发的原因，Bierman[27] 以 Saginaw 湾为对象建立了模型。这一模型的特点在于分别对藻类吸收营养盐过程和增殖过程建模，即能够模拟浮游植物的种群动态。Jørgensen[28] 对这一模型的适用性进行了评价。他利用自己研发的模型对比两阶段藻类增殖表现（吸收营养盐和增长）和单纯的 Monod 方程表现，得出结论：两阶段模型能够更好地模拟季节变化。而这一动力学表现方法在后来得到广泛应用。Nyholm[29] 研发了分别对藻类细胞内氮、磷进行模拟的模型，并应用于丹麦的 13 座湖泊。模型的大部分参数采用固定值，只有部分参数在极小范围内进行了修正。结果表明，该模型特别适用于水力学滞留时间短的湖泊。

Canale[30] 等人建立了 Michigan 湖的食物链模型，其中将一种名为灰西鲱的鲱鱼作为外部因素进行考虑。

Richey[31] 构建了 Castle 湖的磷循环模型，对磷相关过程进行了描述，特别是磷的沉淀性能对 pH 和铁离子依存关系。

Ikeda 和 Adachi[32] 建了具有 5 个完全混和箱体的琵琶湖模型。

与 CLEAN 模型类似，PCLOOS[33~35] 和 PCLAKE[36~39] 也属于同一系列。最初，为了深入分析荷兰浅水富营养化湖泊 Loosdrecht 湖的水质调查结果，同时预测降低磷的外部负荷这一净化对策的效果，建立了 PCLOOS 模型，之后增加了对氮、磷循环的分离模拟，形成了通用的湖泊生态系统数学模型。

Matsuoka[40] 等人构建了包含鱼类、大型甲壳类（虾等）的霞浦湖模型。该模型的特征在于所有参数值都通过现场试验得到，并确认了这些参数值的外插性。

Varis[41] 为了表现具有固氮功能的藻类——水华束丝藻和其他藻类的竞争，建立了只包含蓝藻和其他藻类等生物的 Kuortaneenjärvi 湖（芬兰）模型。"从收获的角度来看，春天一日等于秋天一周"，为了从定量角度握人们所常说的这一趋势，他利用该模型计算得到外部负荷变化的时期和灵敏度的关系。而作为水库模型化的实例，Thébault 和 Salençon[42] 建立了法国 Pareloup 坝湖的模型。该模型将水体分为表层和深层共两层进行模拟，并特别关注沉降性能好的硅藻。

（3）综合生态系统模型

在考虑保护湖泊生态系统的基础上，需要将浮游动物和鱼类的动力学定量化。这里所说的综合生态学模型是指重点关注生物变化相关关系的模型。此外，正如基础篇—5 和 6 中生物操纵章节所记载的那样，也有构建实施水域模型，进行现象解析的实例。

Patten 等 [43] 针对 Texema Cere 构建了包含尽可能多的生物的模型。为了验证该模型，收集充分数据十分困难，但该模型可称得上是模拟水体生态系统动力学的顶级模型之一。

为研究水体生态系统的稳定性，Scheffer [44, 45] 等人运用包含所需最少的状态变量的模型，进行了零等倾线 zero isocline 解析。包括东方欧鳊（欧洲产鲤科淡水鱼）、梭子鱼（大型淡水鱼、海狼鱼）、大型水生植物和外部营养盐负荷等版本模型 [44] 的模拟结果表明，营养盐负荷的高低导致最终稳定状态不同，即高负荷时只存在东方欧鳊成为优势种的、水质浑浊的稳定状态；而低负荷时出现梭子鱼和大型水生植物同时占优的、透明度高的稳定状态。而包含浮游植物、浮游动物、东方欧鳊和外源营养盐等版本 [45] 模型的模拟结果表明：东方欧鳊的存在会减弱浮游动物和浮游植物间的生态学上的变化幅度；外源营养盐的增加在东方欧鳊不存在时只增加浮游动物，在东方欧鳊密度高时只增加藻类。Jensen [46] 构建了两种鱼类进行捕食竞争的模型。

为分析在丹麦进行的生物操纵的结果，Nielsen [47] 以 Væng 湖为基础构建了通用模型。这一生态系统数理模型能够对 9 种藻类和 2 种浮游动物的构造动态进行充分模拟。而 Jayaweera 和 Asaeda [48] 根据荷兰实际湖泊的生物操纵试验结果构建了数理模型，对试验现象进行了分析。

对于鱼类的生长来说，有必要将鱼的个体体型增长和个体数量增长分别进行评价。在水产学上，分别使用以直线公式 vonBertalanffy 公式、Robertoson 公式和 Gompertz 公式等为代表的各种生长公式和以 Beverton-Holt 公式为代表的存活模型。Jørgensen [50] 对体型依赖性建模。他在 16℃ 条件下在 11m³ 的鱼缸内对 75 ~ 301g 的鳟鱼进行培养，根据观测结果和多个文献值，建立了具有体型依赖性的鱼类生长模型。（表 1 无记载）

另外，还有以针对非生态系统模型专家的，基于对湖泊生态系统的综合理解以及以用户界面简洁的要求，以分析简便为目标，研发了"SIMSAB"（the Simulation Modeling System for Aquatic Bodies）[51]、"MASAS"（Modelling of Anthropogenic Substances in Aquatic Systems）[52]、"DELAQUA"（Deep Expert System Lake Water QUAlityv）[53] 和"Lake Life [54]"等软件包。（表 1 无记载）

9-3　建模及参数修正实例

湖泊模型的基本结构是基于湖泊中生物及非生物之间的物质（碳、氨、磷等）移动速度的微分方程，基本的模型结构在 CLEAN 模型或 Bierman 模型之后未发生大幅度变化。因此，现在构造模型过程中占据最大比重的环节是动力学参数的评价。下文在介绍表 1 中的 Rose 模型（19）、PCLake 模型（18）以及 Keesman 和 Van Straten 模型（21）的结构的基础上介绍模型参数的确定方法。

（1）Rose 模型与迭代法

Rose [55] 等提出的模型结构如图 5 所示。其功能模块对 8 种浮游植物、7 种浮游动物及氮磷

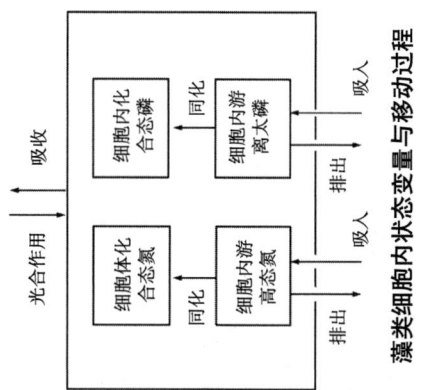

藻类细胞内状态变量与移动过程

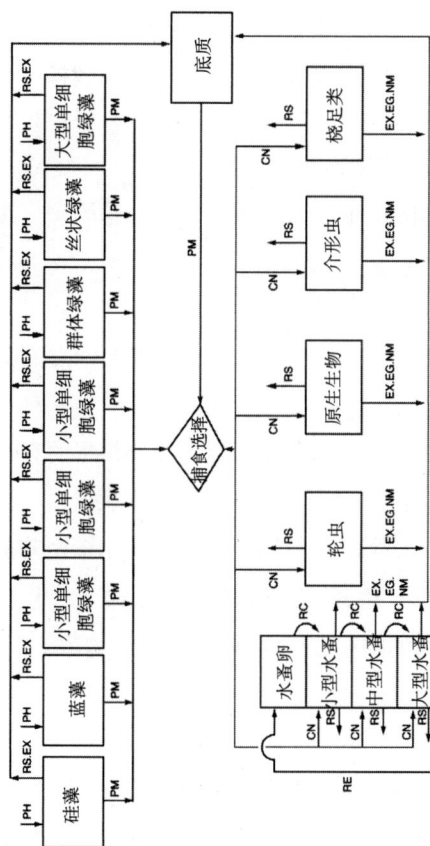

残渣循环

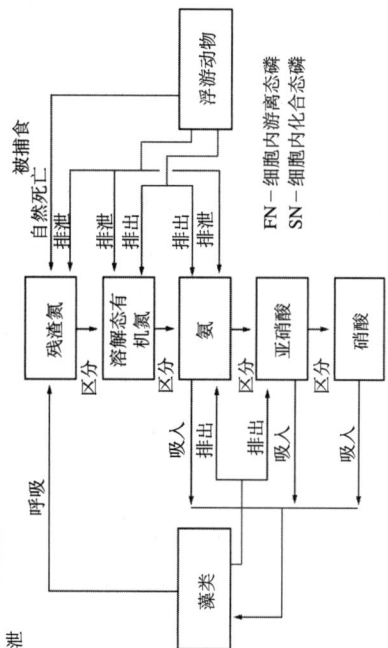

氮循环的状态变量与过程

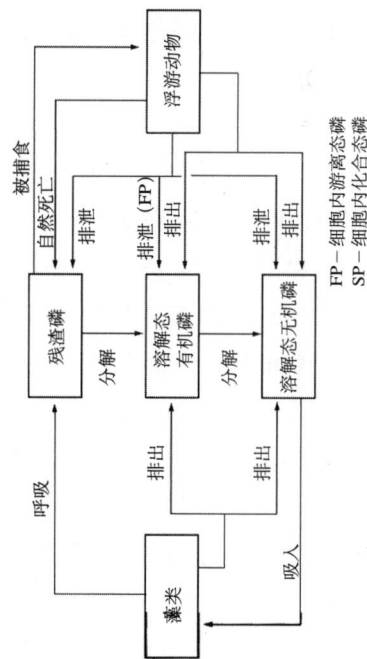

磷循环的状态变量与过程

整体物质能量流
PH：光合作用，RS：呼吸作用，PM：被捕食
CN：消费，EG：排出，EX：排泄，NM：自然死亡，RE：再生产；
RC：移入或成熟，RE：再生产

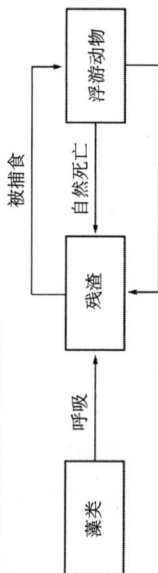

FN－细胞内游离态氮
SN－细胞内化合态氮

FP－细胞内游离态磷
SP－细胞内化合态磷

图 5　Rose 模型概要[55]

93

相关过程分类进行模拟。该模型的目的在于构建各种浮游植物、浮游动物的动态模型，是理想状态下的系统建模。

如表所示，Rose 等利用 0.05 ~ 3L 试验水槽进行室内试验从而对参数进行修正，其具体步骤如下：

步骤 1：使用 0.075L 水槽进行单独或 2 种混合培养的结果，对 Scenedesmus、Ankistrodesmus、Chlorella、Chlamydomonas 和 Selenastrum 的参数进行修正；

步骤 2：使用 0.5L 水槽进行单独培养，对 Nitzchia、丝状藻和蓝藻的参数进行修正，同时根据无捕食状态（无浮游动物）下的微观观察结果（使用 0.3L 水槽）进行修正；

步骤 3：使用微观系统进行混合增殖培养试验，根据试验结果对浮游动物的参数进行修正；

步骤 4：使用全尺寸的微观系统进行混合增殖培养试验，根据试验结果对营养盐相关过程的参数进行修正。

另外，参数修正时还需遵循以下 2 条规定：

①后续步骤不能改变前面步骤所确定的参数值；

②保证各功能模块的参数集合是唯一的。

修正结果表明，除蓝藻外其余参数集合均能够得到满足上述原则。而由于蓝藻单独增殖培养和混合增殖培养的试验结果不同，因此在步骤 3 对步骤 2 确定的参数进行了再次修正。下面以绿藻类的纤维藻（Ankistrodesmus）为例，介绍参数修正的具体步骤。首先，在步骤 1 根据单独培养、与绿藻类的栅藻混合培养的试验结果，对纤维藻的参数进行修正。然后，固定纤维藻的参数值，根据与纤维藻的混合试验（步骤 2）以及包含浮游动物的试验（步骤 3、4）的试验结果，对菱形藻（Nitzschia）、丝状藻、蓝藻和浮游动物的参数值进行修正。

模型计算结果和实测值的一致性是基于经验判断的同时，根据以下假设进行 t- 检验。

$$H_0: \sum_{t=1}^{n} \frac{Y_t}{n} = \sum_{t=1}^{m} \frac{X_t}{m}$$

其中，Y_t 为实测值，X_t 为模型计算结果，n 为观测数，m 为模拟天数。计算各时间点的实测值和计算值的皮尔森相关系数。

浮游植物相关的 t- 检验结果和皮尔森相关系数如表 2 所示，表中结果以 t- 检验结果的有效性（表中 n）及皮尔森相关系数高（表中 *）表示模型预测值与实测值的一致性。据表所示，从 43 组浮游植物的相关结果可以看出，有 32 组通过数据 t- 检验，而有 35 组数据的皮尔森相关系数表明具有明确的相关性，而 13 组浮游动物相关结果表明，所有组别都能通过 t- 检验，其中 12 组具有显著的相关性。综上所述，该模型能够充分评价浮游植物—浮游动物的室内实验结果。

(2) PCLake 模型与贝叶斯推论

PCLake 模型 [39] 的结构如图 6 所示，为两箱模型。该模型以干重和营养盐为基准表达状态变量，根据功能将藻类分为 3 类，图中以实线箭头表示食物链，虚线箭头表示其他生物学相互

表 2 Rose 模型计算结果与室内试验结果的 t 检验及皮尔森相关系数 [55]

	单独培养		与栅藻共同培养				混合培养	
			标准营养		0.01 营养		非捕食组 标准营养	捕食组 标准营养
	标准营养	0.01 营养	各种自身	栅藻	各种自身	栅藻		
Scenedesmus	n/*	n/*	—	—	—	—	*/*	n/*
Selenastrum	n/*	*/n	*/*	n/*	n/n	n/*	*/*	*/*
Ankistrodesmus	n/*	*/*	n/*	n/*	n/*	n/*	*/*	n/*
Chlorella	n/*	n/*	n/*	n/*	n/n	n/*	—	—
Chramydomonas	n/*	n/*	n/*	n/*	*/n	n/*	—	—
Chlor+Chlamy	—	—	—	—	—	—	*/*	n/*
Nitzchia	*/*	—	—	—	—	—	n/*	n/*
blue green	n/*	—	—	—	—	—	*/n	n/n
Filamentous	n/*	—	—	—	—	—	n/n	n/n

t 检验 / 相关系数；相关系数 * 表示 α=0.01，即存在显著相关关系；而 n 表示不存在显著相关关系。

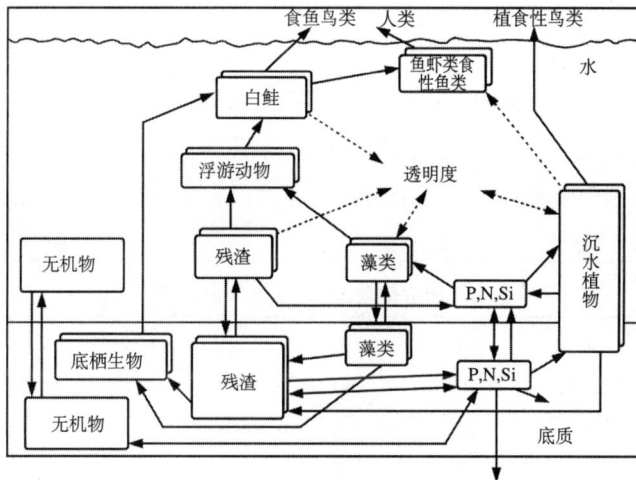

图 6 PCLake 模型结构 [39]

关系，对包括氮、磷、硅在内的营养盐进行模拟。图中未表示出死亡和呼吸的能量物质通量。该模型可对浅水湖泊的水体和表面底质的营养盐—食物链进行动态模拟，预测湖泊生物群落和非生物物质随营养盐（N、P、Si）负荷变化的变化情况。

　　模型参数根据 Loosdrecht 湖和 Reeuwijk 湖等湖泊的实测数值得到，接下来介绍通过贝叶斯推论决定参数值的方法。与以"参数拥有固定的真值"为前提的样本推论不同，贝叶斯推论的方法先对参数的分布情况进行假设，然后对观测得到的进行概率统计，从而推算得到参数。数理模型参数的确定一般采用和上述 Rose 模型类似的样本统计方法，但由于生态系模型是对自然现象的大胆简化，其参数难以明确定义，在空间和遗传特异性等方面具有不确定性，因此采用概率分布表示也是自然。

模型参数可分为 2 类：水深等确定性参数（x）和沉降速率等不确定性参数（θ）。根据模型 M 计算得到叶绿素 a 等预测值 η。

$$\eta = M(x, \theta)$$

若假设 θ 服从某种概率分布，则预测值也产生相应的变化。

现在，假设多次测量得到状态变量的实测值 y_{u1}、y_{u2}，基于实测值的参数的后验概率分布 $p(\theta|y_{u1}, y_{u2})$ 如下式所示。

$$p(\theta \mid y_{u1}, y_{u2}) \propto (S_{11} \cdot S_{22} - S_{12}{}^2)^{-n/2}$$

$$S_{ii} = \sum_u (y_{ui} - M_i(x_{ui}, \theta))^2 \quad (i = 1, 2)$$

$$S_{12} = \sum_u (y_{u1} - M_1(x_{u1}, \theta)) \cdot (y_{u2} - M_2(x_{u2}, \theta))$$

其中，S 为模型计算值和测量值差的平方和。以上述关系为基础，Aldenberg 等[39] 在 PCLake 模型的 130 个参数中选择残渣沉降速率（VeloSedDet, m/d），浮游动物捕食速率（FiltMax, m³/(g·d)）以及蓝藻的比吸光系数等 3 个参数在 0.075 ~ 0.275，2.4 ~ 5.6 及 0.17 ~ 0.33 等范围内进行 5 等分均匀赋值，即贝叶斯法的先验概率均匀分布，随后得到 125 组结果。结果分类情况详见表 3。

表 3　不确定参数[39]

参数	含义	单位	值 1	值 2	值 3	值 4	值 5
Velo Sed Det	残渣最大沉降速率	m/d	0.075	0.125	0.175	0.225	0.275
FiltMax	浮游动物最大过滤速率	m³/ (g·d)	2.4	3.2	4.0	4.8	5.6
Exit Spec Blue	蓝藻吸光系数	m³/g	0.17	0.21	0.25	0.29	0.33

表 4　研究使用的 18 座湖泊参数[39]

湖泊 (No.)	叶绿素 a (mg/m³)	总磷 (mgP/L)	水深 (m)	入流量 (mm/d)	渗透 (mm/d)	磷负荷 [mgP/ (m²·d)]	氮负荷 [mgN/ (m²·d)]
1 Naarden	27	0.060	0.90	10.0	1.2	0.68	6.8
2 Brielle	34	0.240	5.50	48.7	1.0	16.33	236.7
3 Braassem	43	0.460	3.50	42.7	1.0	28.3	218.7
4 Kaag	47	0.690	2.80	88.6	1.0	58.87	307.2
5 Waalboezem	50	0.220	3.75	33.1	1.0	17.00	183.7
6 Vuntus	83	0.091	1.36	5.0	0.1	0.70	7.0
7 Elfhoeven	88	0.180	2.40	30.7	0.3	11.60	116.0
8 Breukeleveen	94	0.097	1.45	10.4	2.0	1.70	17.0
9 Wolderwijd	97	0.260	1.62	2.2	2.0	1.10	16.9
10 Nieuwenbroek	101	0.110	1.60	5.0	0.3	1.00	10.0
11 Loosdrecht	115	0.085	1.91	6.8	1.5	0.95	9.5
12 Veluwe	120	0.180	1.30	9.2	2.0	3.08	49.2
13 Brandemeer	124	0.190	1.25	44.5	0.3	18.99	305.4
14 Geerplas	125	0.290	2.50	4.9	0.3	1.00	10.0
15 Sloten	135	0.180	1.60	9.3	0.3	3.67	72.4
16 Tjeulemeer	161	0.220	1.70	9.2	0.3	4.12	70.2
17 Amstelveen	173	0.260	1.80	5.5	0.3	2.30	23.0
18 Bergseplassen	288	1.464	2.00	18.2	1.0	55.59	307.7

基于上述参数利用 PCLake 模型对 18 座湖泊稳定状态下的叶绿素浓度和总磷浓度进行计算，结果如表 4 所示。在对比计算结果和测量值的同时，以测量值作为参照进行后验概率分布评价，从而对参数进行修正。修正结果如图 7 所示。

对比测量值（后验信息）可见，进行参数修正后，模型对叶绿素 a 的预测能力明显提高，但对总磷的预测能力未表现出明显改善。这一结果意味着叶绿素 a 对这三项参数具有较高的灵敏性，而总磷浓度主要由各个湖泊本身的参数所决定。此外，用各参数的平均值和标准偏差表

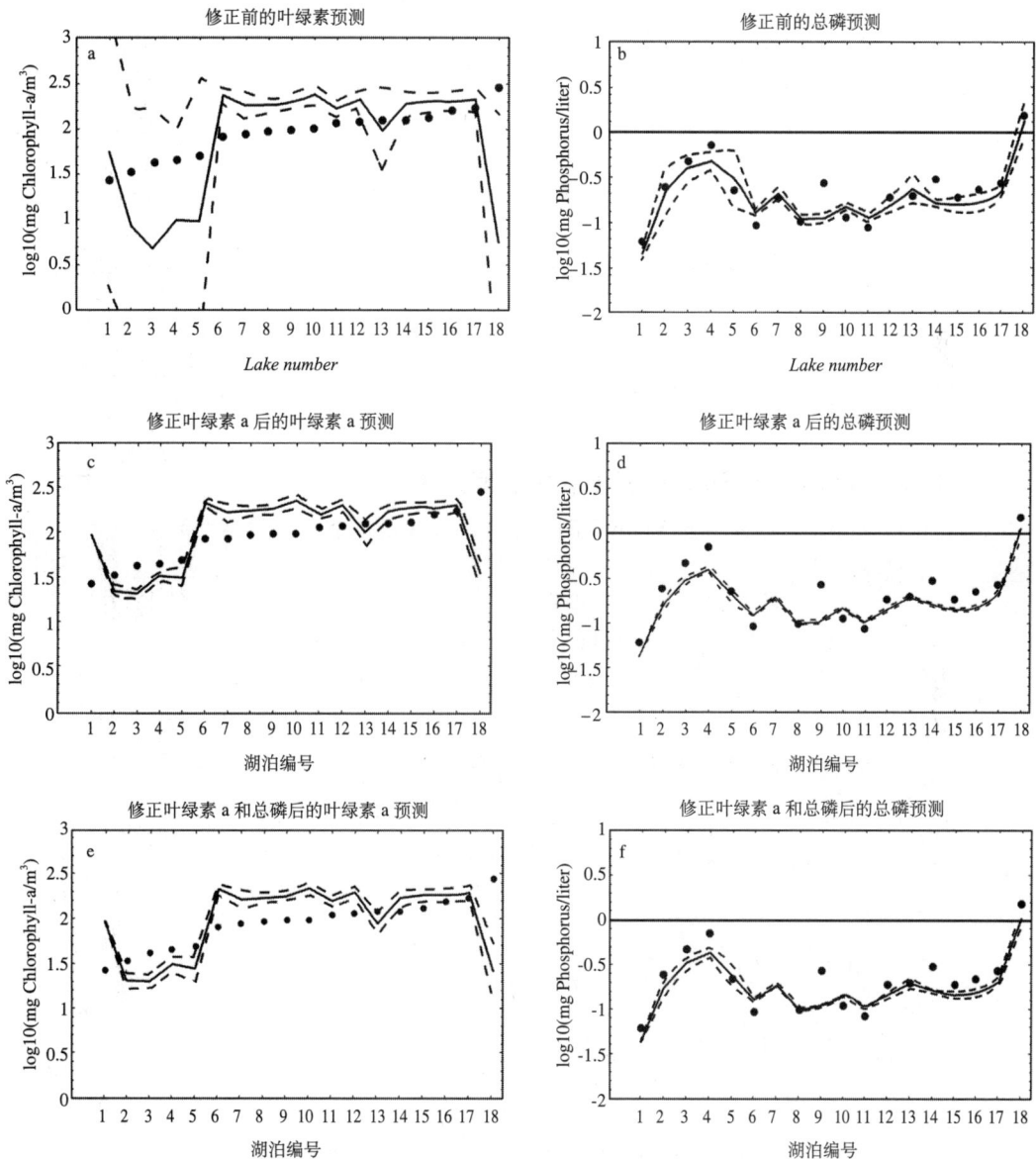

图 7　基于 PCLake 模型贝叶斯推论的前预测与后预测的分布[39]

（——：平均值；---：2 倍标准差范围）

示其概率分布（表5），与测量值对比可知，除1组数值表现出例外（根据总磷浓度修正的蓝藻的吸光系数），修正后各参数的标准偏差大幅度降低。而例外的这1组表明总磷浓度基本不受蓝藻影响。

综上所述，贝叶斯推论包括不确定性分析、参数修正、回归分析以及模型验证等。Aldenberg

表5　被修正的参数的平均值及标准偏差 [39]

	修正前	修正叶绿素后	修正总磷后	两者同时修正后
Velo sed Det	0.175	0.254	0.128	0.207
σ	0.071	0.033	0.057	0.047
Filt Max	4.000	3.201	3.807	3.202
σ	1.131	0.034	0.752	0.043
Ext spec blue	0.250	0.296	0.243	0.291
σ	0.057	0.041	0.056	0.045

等人的案例，虽然仅对极为有限的3个参数、2种状态变量进行了讨论，但实现了统计学和动力学模型相结合，为模型湖泊水质评价提供了极为有效的框架。

（3）Keesman 与 Van Straten 模型和隶属度方法

Keesman 和 Straten[56] 以荷兰的 Veluwe 湖为对象，以藻类磷成分、生物残渣中的磷及正磷酸构建了以下模型。

$$\frac{dA}{dt} = K_{gm}f_Tf_If_NA - K_{dT}A - \left(\frac{Q}{V}\right)A$$

$$\frac{dD}{dt} = K_{dT}A - K_mD - K_sD + \frac{L_D}{V} - \left(\frac{Q}{V}\right)D$$

$$\frac{dP}{dt} = -K_{gm}f_Tf_If_NA + K_mD + L_{int} + \frac{L_P}{V} - \left(\frac{Q}{V}\right)P$$

$$f_T = \begin{cases} 0 \ (T \geqslant T_c) \\ \dfrac{T_c - T}{T_c - T_o} \exp\left\{1 - \dfrac{T_c - T}{T_c - T_o}\right\} \end{cases} (T < T_c)$$

$$f_I = \frac{e\lambda}{\varepsilon HI}\{[1 - \exp(-I/\exp(\varepsilon H))]\exp(\varepsilon H)) - 1 + \exp(-I)\}$$

$$\varepsilon = \varepsilon_\mathrm{o} + \beta A \quad I = I_m/I_{oT}$$

$$I_\mathrm{m} = 2R/\lambda \mid I_\mathrm{o}t = i_\mathrm{o}\exp(i_1 T)$$

$$f_\mathrm{N} = \frac{P}{P_\mathrm{K} + P}$$

$$K_\mathrm{dT} = K_\mathrm{d}\theta_\mathrm{d}^{T-20}$$

$$L_\mathrm{d} = (1 - \gamma)\,L$$

$$L_\mathrm{p} = \gamma L$$

$$L_\mathrm{int} = \frac{K_\mathrm{ex}}{H}(P_\mathrm{eq} - P)$$

$$K_\mathrm{ex} = \mu\,(K_1 D_\mathrm{eff})^{1/2}$$

$$P_\mathrm{eq} = P_\mathrm{chem} + R/K_1$$

$$R = K_\mathrm{s}D\theta_\mathrm{r}^{T-20}H/\delta$$

其中，A 为藻类磷成分，D 为生物残渣中的磷，P 为正磷酸，T 为温度，R 为日照，λ 为日照时间，Q 为出流流量，V 为容积，H 为水深，L 为磷的外源负荷，L_D 为磷负荷中的残渣部分，L_P 为磷负荷中的正磷酸，L_int 为磷的内源负荷，μ 为孔隙率，D_eff 为磷的有效扩散系数，f_T、f_1、f_N 分别为增殖的温度、日照、营养盐的限值。参数详见表 6。

表 6　Keesman 与 Van Straten 模型的参数 [56]

参数	定义	取值范围
K_gm	藻类最大增殖速率	$0.5 \sim 2l/d$
T_c	藻类繁殖的极限温度	$28 \sim 35℃$
T_0	藻类繁殖的最适温度	$18 \sim 25℃$
ε_0	水的吸光率	$1 \sim 1.5l/m$
β	自我遮光系数	$0.015 \sim 0.025\mathrm{m}^2/\mathrm{mgP}$
i_0	藻类最适光照强度基本值	$35 \sim 50\mathrm{W/m}^2$
i_1	最适光照强度的温度修正系数	$0.035 \sim 0.045l/℃$
P_k	Monod 系数	$5 \sim 10\mathrm{mg/m}^3$
K_d	藻类死亡速率	$0.05 \sim 0.30l/d$
θ_d	死亡速率的温度系数	$1.02 \sim 1.20$
K_m	残渣无机化速率	$0.1 \sim 1.00l/d$
K_s	残渣沉降速率	$0.01 \sim 0.50l/d$
γ	正磷酸占总磷比例	$0.4 \sim 0.6$
K_1	交换移动系数	$100 \sim 300l/d$
θ_1	交换速率对温度的依存关系	$1.05 \sim 1.20$
δ	活性底质厚度	$1\mathrm{E}\text{-}4 \sim 1\mathrm{E}\text{-}3\mathrm{m}$
P_chen	底质中磷的背景浓度	$100 \sim 300\mathrm{mg/m}^3$

此处 1E-4 意味着 1×10^{-4}

包括该子模型的湖泊生态系统模型可以用下式概括表示：

$$\dot{x}(t) = f[x(t),u(t),\mathbf{P}]$$
$$y_k(t) = h[x_k] + e_k\,(k = 1, \cdots, N)$$

其中，x 为状态变量向量，u 为输入向量，$\mathbf{P}$ 为参数向量，y 为测量值向量，e 为误差向量，k 为测量指数，f、h 为向量函数。由于 e 存在误差分布，y 也呈概率分布，即 y 并非单一向量，而是反应系统特征行为的向量的集合，因此这一集合被称为系统特征集合。另外，系统的机械部分也是形成分布的成因之一，即参数向量也应呈概率分布，将这一参数分布集合记为 $\widetilde{\Omega}_p$。由于 $\widetilde{\Omega}_p$ 是系统固有的，因此在测量值，即系统特征集合（后验信息）不明的情况下，无法确定 $\widetilde{\Omega}_p$。但是根据文献值等先验信息，可以得到参数的一定范围，即可以得到先验参数集合 Ω_p。根据先验参数集合 Ω_p 对照系统特征空间，得到后验参数集合 $\widetilde{\Omega}_p$ 的方法即为主成分分析法。参数空间的隶属集合示意图如图 8 所示。图 a 中的长方形显示了根据先验信息得到的 Ω_p，为了提高计算的稳健性，将 Ω_p 标准化为 $-1 \sim 1$ 之间的分布 Ω_θ，对该分布进行参数向量的随机采样，并进行相应的模型计算（图 b）。通过统计分析确定计算结果中代表系统特征集合的样本，

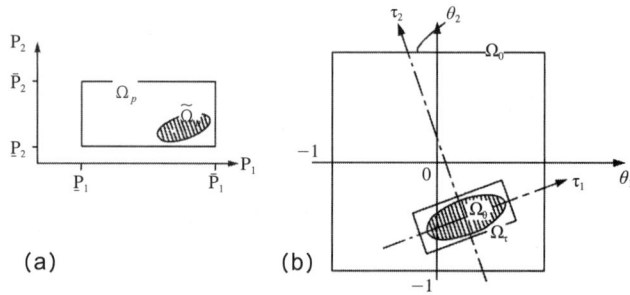

图 8　参数空间的隶属集合概念图 [56]

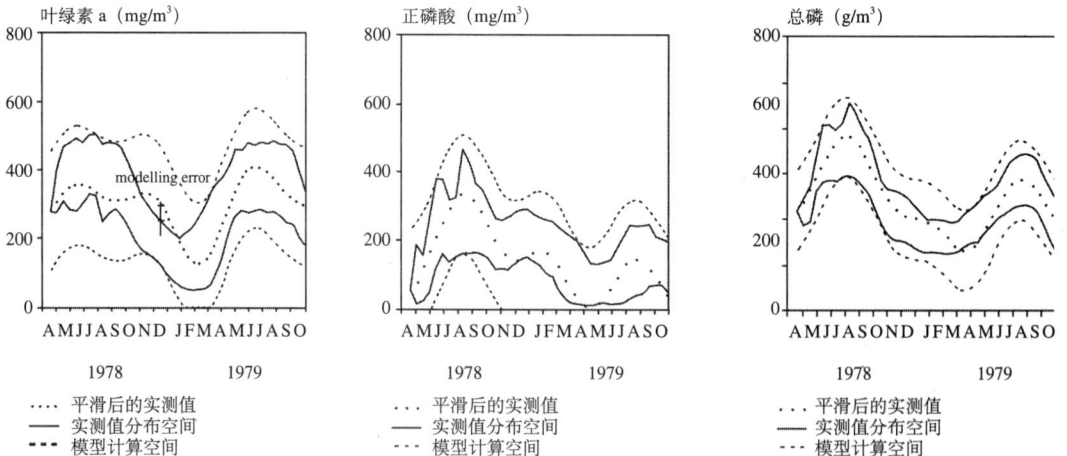

图 9　叶绿素 a、正磷酸及总磷浓度的模型计算结果

形成参数向量集合，从而得到 $\widetilde{\Omega}_\theta$（图中椭圆区域）。通过椭圆区域再得到长方形区域 Ω_r，再次缩小参数向量集合，重复这一过程最终得到的区域即为 Ω_p。

Keesman 和 Van Straten[56] 利用 Veluwe 湖 1978 年和 1979 年共 2 年的叶绿素 a、正磷酸和总磷的观测值确定系统特征空间，并用同样的方法对表 6 所示参数进行修正，结果如图 9 所示。

这一方法不仅能确定参数值，$\widetilde{\Omega}_\theta$ 的形状即代表各参数的灵敏度。将得到的椭圆集合的圆心记为 θ_c，则可将 $\widetilde{\Omega}_\theta$ 表示为：

$$\widetilde{\Omega}_\theta = \{\theta : (\theta - \theta_c)^T \Sigma^{-1}(\theta - \theta_c) \leqslant 1\}$$

其中，Σ 为正交矩阵。该公式表示在用 Σ^{-1} 的特征值分解得到的特征值中的最小值为"明确确定（分散较少）的参数向量空间的方向"。在与特征值相关的特征向量中，与数值大的特征向量所对应的参数支配系统行为，可判断其为"灵敏度高"的参数。Keesman 和 Van Straten 计算得到的特征值和特征向量如表 7 所示。其中 K_{gm}、T_0、K_d 及 θ_d 等参数，可以看出存在温度依赖关系的藻类生长、死亡过程的灵敏度较高。该方法的应用案例还有 Sagehashi[57, 58] 的研究，今后该技术有望在更广阔的范围加以应用。

表 7 修正后的有效参数集合的特征向量和特征值[56]

特征向量	特征值	K_{gm}	T_c	T_0	ε_0	β	i_0	i_1	P_k
1	0.079*	0.41*	0.30	0.45	−0.05	−0.16	−0.02	0.01	−0.00
2	0.253	0.08	−0.08	0.21	0.09	−0.08	0.02	0.07	0.10
3	0.363	0.17	−0.16	0.09	0.25	−0.57	−0.06	−0.07	−0.01
4	1.400	−0.23	−0.11	−0.43	−0.24	−0.14	−0.27	0.27	−0.04
5	1.309	0.03	−0.24	0.04	−0.02	−0.04	0.06	0.23	0.51
6	0.584	−0.42	0.22	−0.31	0.48	0.01	−0.12	−0.02	0.55
7	1.265	0.08	−0.04	0.14	−0.36	−0.35	−0.36	0.30	0.14
8	1.242	0.01	−0.01	−0.02	−0.04	−0.51	0.44	−0.10	0.06
9	0.675	0.01	−0.02	0.10	0.02	0.10	−0.08	−0.41	0.16
10	0.923	0.07	0.35	0.04	0.18	−0.06	−0.59	−0.10	−0.22
11	0.983	−0.37	−0.29	−0.10	0.17	−0.21	−0.03	−0.34	−0.42
12	1.020	−0.36	−0.33	0.03	−0.08	−0.13	−0.27	0.10	−0.02
13	0.825	−0.24	0.52	0.49	0.11	−0.29	0.03	0.13	0.01
14	1.065	0.17	−0.30	0.02	0.57	0.02	0.08	0.40	−0.14
15	0.719	−0.37	0.27	−0.10	−0.10	0.04	0.35	0.40	−0.30
16	0.755	−0.17	0.03	−0.12	−0.25	−0.18	0.16	−0.34	0.19
17	1.156	0.17	0.13	−0.39	0.15	−0.22	0.08	0.02	−0.09

特征向量	特征值	K_d	θ_d	K_m	K_s	γ	K_l	θ_r	δ	P_{chem}
1	0.079*	−0.48	0.49	−0.01	−0.11	−0.01	0.04	−0.01	−0.07	0.16
2	0.253	−0.31	−0.43	0.15	−0.39	−0.09	−0.10	−0.01	−0.54	0.38
3	0.363	−0.22	−0.26	−0.30	0.15	−0.22	0.21	0.37	0.28	−0.05
4	1.400	0.02	−0.24	0.12	0.03	0.32	−0.29	0.27	0.25	0.37
5	1.309	−0.09	0.10	−0.21	−0.05	−0.00	−0.31	−0.18	0.34	−0.26
6	0.584	0.06	0.04	−0.01	0.19	−0.21	0.01	0.04	−0.19	0.04
7	1.265	0.38	0.27	0.13	−0.00	−0.28	0.05	0.17	−0.33	−0.15
8	1.242	0.25	0.04	0.20	0.17	−0.13	−0.17	−0.48	0.13	0.33
9	0.675	0.30	0.21	0.10	−0.43	−0.02	0.32	0.27	0.26	0.45
10	0.923	0.01	−0.20	0.25	−0.18	−0.23	−0.13	−0.37	0.28	−0.11
11	0.983	−0.01	0.32	−0.12	−0.24	−0.07	−0.39	0.09	−0.22	−0.12
12	1.020	−0.26	0.13	−0.07	0.00	0.18	0.56	−0.46	−0.02	0.10
13	0.825	−0.08	0.19	−0.05	−0.04	0.50	−0.08	0.12	0.02	0.02
14	1.065	0.06	0.21	0.53	−0.02	0.13	0.08	0.10	0.08	−0.05
15	0.719	−0.04	−0.04	−0.02	−0.30	−0.45	0.24	0.11	0.16	0.00
16	0.755	−0.24	−0.14	0.59	−0.09	0.11	0.14	0.15	0.02	−0.45
17	1.156	0.43	−0.25	−0.22	−0.34	0.36	0.26	−0.11	−0.22	−0.22

噪声大小为 $250mg/m^3$；* 表示特征值的主方向；加粗的字（K_{gm}、T_o、kd、θd）表示对主方向贡献较大的参数。

9-4　底泥营养元素释放模型

正如本章开始所记，在对象水域进行水质净化时，需要同时考虑临近的生态系统。水中的有机物虽可以通过沉淀从水中去除而得到净化，但有机物在底质中沉积堆积使底质中的有机物增加，其中一部分会再次进入水体、造成水体浑浊。这种从底质进入水体的负荷被称为内源负荷，其是湖泊这种封闭性较强的水域形成富营养化的主要原因之一[59]。

美国明尼苏达州的 Shagawa 湖（面积 $9.2km^2$，平均水深 5.7m）和瑞典的 Trummen 湖是有名的显示内源负荷重要性的案例。报告指示，虽然通过深度处理（磷的絮凝沉淀）污水控制入流负荷，但由于底质氮、磷的释出，Shagawa 湖的水质未有所改善[60, 61]。而在 Trummen 湖在只改变污水流路的情况下未能改善水质，在进行底质疏浚后水质快速提高[62]。

为定量评价底质对水域水质净化的影响，对底质和上部水体间的氮、磷交换进行定量记录十分重要。将底质和水体间的氮、磷交换现象进行整理如下[59, 63]：

（1）沉淀、沉积过程：水体内生产的有机物以及来自于河流等流入的有机物或无机物通过沉淀，沉积为水底底质颗粒的过程。

（2）分解过程：沉积、蓄积过程中，底质颗粒中的一部分有机物被分解，同时无机物受到生物化学作用，其结果是，沉积的底质颗粒和底质孔隙水之间发生氮、磷交换。

（3）移动过程：底质孔隙水和底质上部水体间氮、磷通过扩散而移动的过程。此外，风浪等引起的底质上浮、底栖生物的活动也会引起物质移动。

首先，以沉降、沉积、压实等作用引起的底质颗粒和底质孔隙水移动过程，和底质中颗粒状氮、磷和溶解性氮、磷、DO 为变量，并包含氮、磷的变化过程，将氮、磷溶出模型作为一维垂直黑箱模型表示 [64, 65]。图 10 为磷的溶出模型的概要图。水体中磷可分为溶解性 PO_4-P 和颗粒状磷，根据逐级抽取法可将颗粒状磷分为可交换磷（EXC-P）、不可交换磷（NEX-P）和有机磷（ORG-P）。颗粒状磷逐年在底部累积，即从欧拉坐标系来看，水和底质界面在小幅度逐渐上升。以水和底质相接触的界面作为基准，水中颗粒的连续沉积使底质颗粒具有沉淀速率。可交换磷主要是 Fe-P，通过吸附、脱附与底质孔隙水中的磷进行交换，而不可交换磷只受吸附

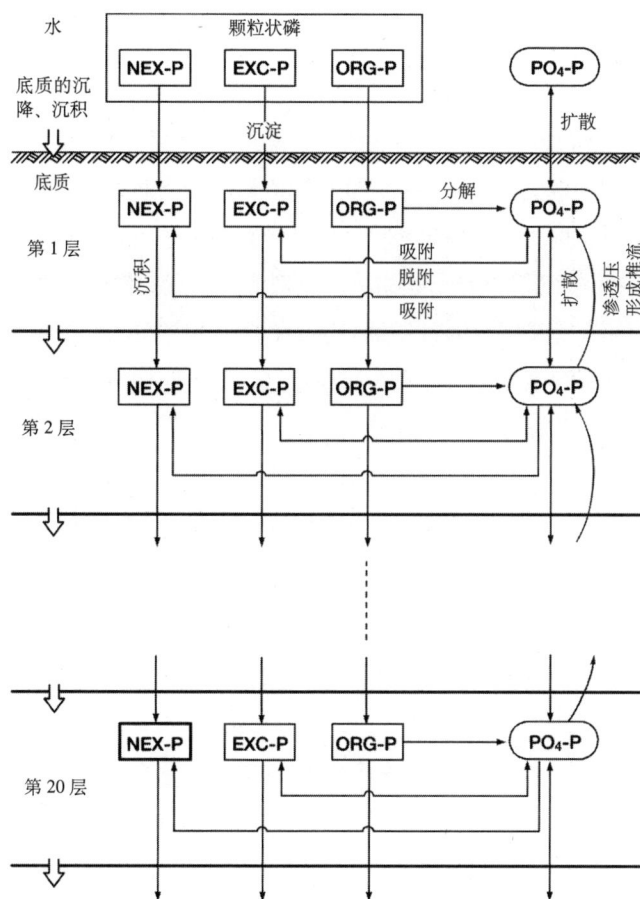

图 10　磷溶出模型概要图

作用。另外,有机磷被微生物通过一级反应分解为无机磷 PO_4-P,存在于孔隙水中。由于浓度梯度的存在,孔隙水中的 PO_4-P 产生分子扩散,与水体中的 PO_4-P 进行交换。而由于风浪引起的底质上浮和底栖生物扰动难以定量化,在此不予考虑。

该模型的输入函数为底质上部水体中各种形态的氮、磷浓度的月测量值,以及底层水温测量值。能够在计算底质中各种形态的氮、磷浓度的同时,根据水中 PO_4-P 和 NH_4-N 浓度及底质最表层(0～1cm)孔隙水中的 PO_4-P 和 NH_4-N 浓度和浓度梯度,计算氮、磷的溶出速率。将 1cm 厚的底质层作为一个箱体,深入 20cm 深的底质进行计算。如图 10 所示,在实际计算时,输入函数还包括水中 DO 浓度,并对底质孔隙水中的 DO 浓度进行计算。根据有机磷的分解速率计算 DO 的消耗速率。通过比较底质孔隙水中的 DO 值浓度和临界浓度的大小,判断底质为好氧或厌氧。也就是说在厌氧条件下,可交换磷上脱附成为 PO_4-P 的速率常数变大,氮的反硝化速率也变大,而相关常数可根据实验测定或由文献参考值确定。

利用柱状采泥器采集霞浦湖和汤湖的底质,在实验室采用与现场相似的环境条件进行再现试验,根据柱状采泥器采集的底质上部水体的氮、磷浓度随时间变化的情况,求得底质的氮、磷溶出速率。然后将氮、磷的实测溶出速率与溶出模型的计算结果相比较。霞浦湖底质的磷溶出速率的相关数值的比较结果如图 11 所示,而图 12 为底质表层孔隙水中的 PO_4-P 的实测浓度和计算结果的对比。结果表明,溶出模型不仅能对底质的氮、磷释出速率进行模拟,同时模型能够较好地再现底质孔隙水中的氮、磷浓度的测量值和计算结果的一致。

由此可见,氮、磷的溶出模型能够较好地再现测量值,能够根据各个状态变量的变化速率求得各底质浓度的 NH_4-N 的生成、硝化、脱氮和有机磷的分解、吸附、脱附等过程的反应速率。计算实例如图 13 所示。在磷的溶出过程中,与下层底质通过扩散移动的物质流相比,最表层的有机磷的分解、吸附和脱附过程对底质最表层的孔隙水中的 PO_4-P 影响较大。即在底质溶出磷的过程中,在底质最表层发生的反应尤为重要。这一结论同样适用于底质溶出氮的过程。此外,根据溶出模型参数的灵敏度分析可以得到,影响底质释出氮、磷速率的主要因素为:水中

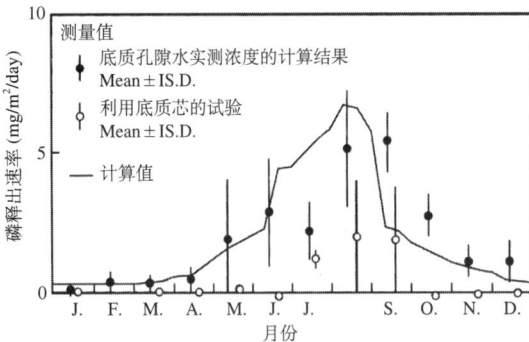

图 11 霞浦湖底质的磷溶出速率:
计算值与测量值的比较

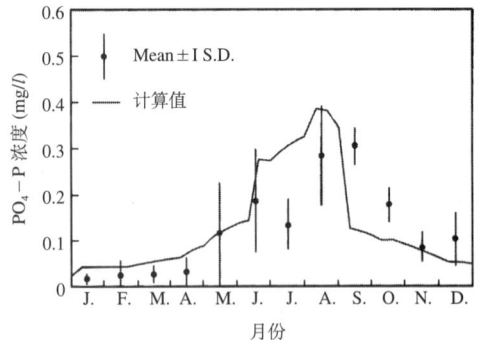

图 12 霞浦湖底质的最表层(0～1cm)
孔隙水中的 PO_4-P 浓度:计算值与测
量值的比较

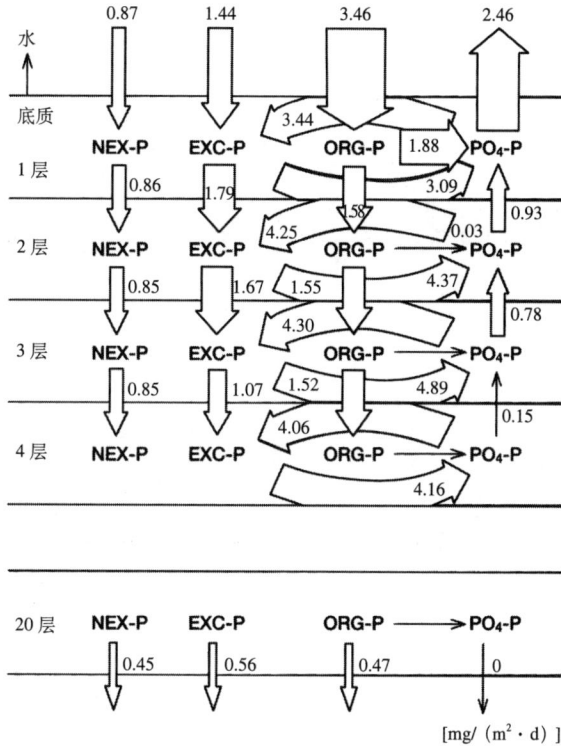

图13 霞浦湖底质中各状态变量的变化速率（年平均值）

的颗粒状氮、磷的沉淀负荷速率（即底质的增加）和底质表层的 NH_4-N、PO_4-P 的生成速率。

利用上述溶出模型，对各种底质净化措施对氮、磷溶出的抑制效果进行了评价。以汤湖为例，其 10 年间的模拟计算结果如图 14 所示。图中的虚线为对照组，即不采取任何底质净化措施时的溶出速率。

如图可见，疏浚和覆土对氮、磷溶出速率的抑制效果，在 2 ~ 5 年左右不被认可。

曝气能够促进氮的硝化，最终增加脱氮量、抑制氮的溶出。而对磷来说，维持好氧条件能够抑制夏季磷的溶出高峰，但之后底质表层可交换磷的浓度比模型模拟的对照值高出了 2 倍左右。这一结果表明，如不进行曝气，在底质表层大量沉积的可交换磷，有可能一下子释出，因此曝气措施也并非长久之策。

另外，通过外源负荷的削减将氮、磷在底质中沉淀的负荷速率调整为模拟计算值的 1/2 时，与上述对策比，对氮、磷释出的抑制效果最佳。

该模型将沉淀、沉积在底质表层的水中的浮游植物和残渣等颗粒状氮、磷，作为新的底质颗粒进行考虑。采取底质净化措施后 1 年，0 ~ 1cm 层的底质颗粒有 90% 以上是在采取措施后通过沉淀形成的。新形成的底质颗粒含有大量氮、磷，是湖泊的负荷源。因此，疏浚、覆土、灭活和曝气等单一措施难以有效长期抑制氮、磷从底质溶出，基本来说，有必要采取通过采取削减外源负荷来降低氮、磷沉淀的负荷速率等基本措施 [59, 63]。

105

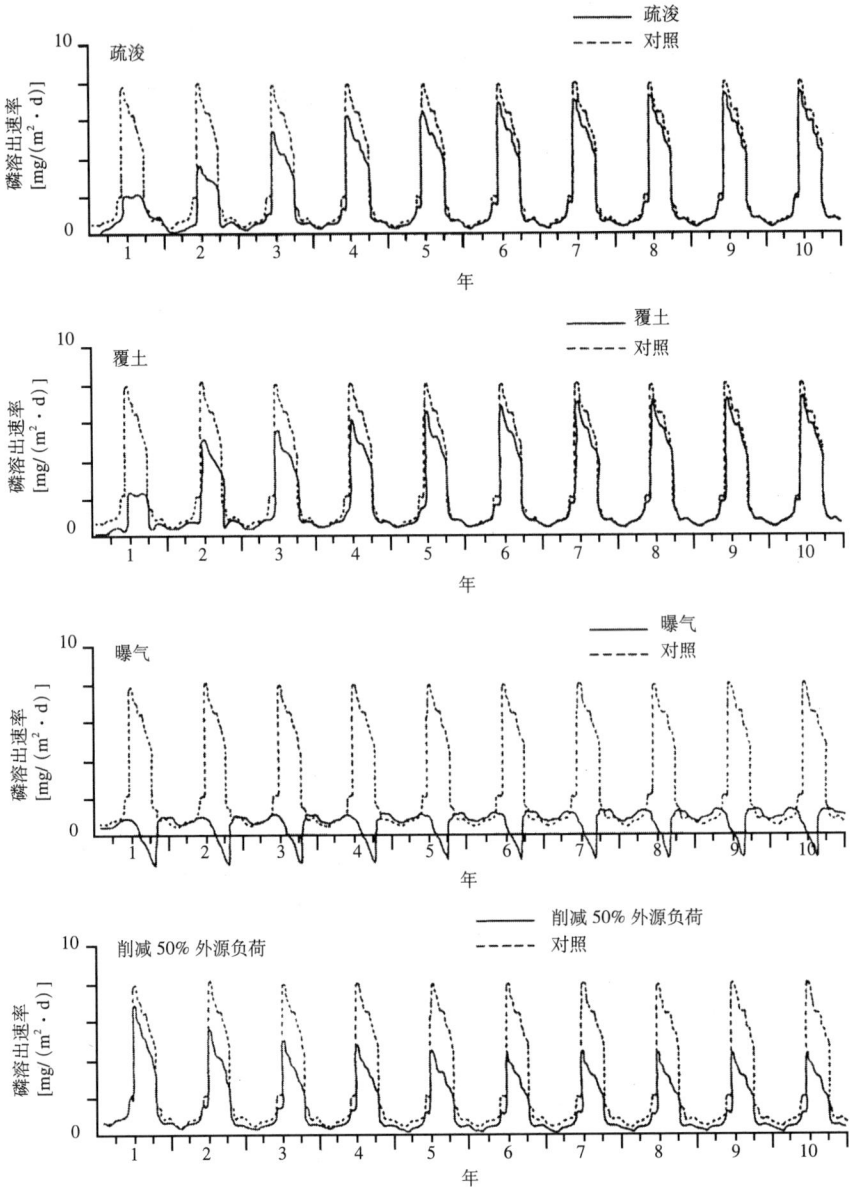

图 14　汤湖底质对策对磷溶出速率的效果影响

　　以上介绍了河流水质生态模型的多个实例，展示了经典的有机物污染和 DO 关系的模型，同时在湖泊水质生态系统模型中，特别是对生态系统的数理模型的相关研究进行了总结。

　　河流湖泊水质生态系统模型的基本结构在近 20 年间未发生显著改变，因此，作为河流湖泊水质生态系统模型研究的结果，今后迫切需要研究如何根据目标确定动力学参数，即今后的研究课题首先需要通过参数灵敏度分析确定影响河流湖泊生态系统动态结构的主要动力学参数，其次确定参数及使用参数的模型预测结果的可信度，最后根据参数和模型的不确定性分析明确参数和模型的可信度。需要注意的是，在统计分析中须以确切的观察或调查结果为基础，从速度论的角度判断成分是否为数学建模所需要，从而进行后续讨论。换言之，今后水质生态系统模型研究的重要课题之一为：如何减小用于确定参数的背景值的不确定性，从而最大限度地减小模型的不确定性。将来有望利用更大型的试验型生态系统，在更接近自然条件的状态下进行试验，以可信度较高的试验测量值为基础建模并对参数进行评价 [67~69]。

——引用文献——

1） 細見正明（1993）：6.2水域の直接浄化とエコテクノロジー，首都圏の水：その将来を考える，高橋　裕編，p.170-181，東京大学出版会.

2） Cox, B. A.(in press.)：A review of currently available in-stream water-quality models and their applicability for simulating dissolved oxygen in lowland rivers. the Science of the Total Environment.

3） Streeter, H. W. and E. B. Phelps （1925）：A study of the pollution and natural purification of Ohio river, Health Bulletin, Department of Health Education and Welfare, No.146.

4） Tchobanoglous, G. and E. D. Schroeder （1995）：WATER QUALITY MANAGEMENT：Water Quality, 766pp., Addison–Wesley Publishing Company.

5） 津野　洋（1990）：4．河川における自然浄化機能，自然の浄化機構，宗宮　功編著，p.85-100．技報堂出版.

6） 谷垣昌敬（1990）：8．水域での酸素吸収過程，自然の浄化機構，宗宮　功編著，p.211-229．技報堂出版.

7） 細見正明（1996a）：6．水界生態系モデル，最近の化学工学48，環境化学工学－大気・水環境を中心に次世代環境対策を考える，化学工学会編，p.47-56．化学工業社.

8） 細見正明（1996b）：水質汚染のシミュレーション，空気調和・衛生工学，**70**(11)，889-895.

9） 合葉修一・岡田光正・大竹久夫・須藤隆一・森　忠洋（1975a）：浅い汚濁河川におけるBOD，DOの収支のシミュレーション（第1報）－数理モデル－，下水道協会誌，**12**(131)，1-6.

10） 合葉修一・岡田光正・大竹久夫・須藤隆一・森　忠洋（1975b）：浅い汚濁河川におけるBOD，DOの収支のシミュレーション（第2報）－多摩川中流域への適用－，下水道協会誌，**12**(132)，1-12.

11） 川島博之・鈴木基之（1984）：浅い富栄養化河川水質シミュレーションモデル，化学工学論文集，**10**(4)，475-481.

12） 大久保卓也・細見正明・村上昭彦（1995）：数理モデルによる水路浄化法の性能に及ぼす影響因子の検討，水環境学会誌，**18**，121-137.

13） Vollenweider, R. A. (1975)：Input–Output Models with special reference to the phosphorus Loading concept in limnology, *Hydrologie*, **37**(1)，53-84.

14） 岡田光正（1982）：15．富栄養化予測のための数理モデル手法，湖沼環境調査指針，(社)日本水質汚濁研究協会編，p.201-220，公害対策技術同友会.

15） 下ヶ橋雅樹・迫田章義・鈴木基之（2000）：湖沼生態系数理モデルの現状と今後の課題，生産研究，**52**(2)，96-103.

16） Park, R. A., R. V. O'Neill, A.Bloomfield, H. H. Jr. Shuggart, R. S. Booth, R. A. Goldstein, J. B. Mankin, J. P. Koonce, D. Scavia, M. S. Adams, L. S. Clesceri, E. M. Colon, E. H. Dettman, J. A. Hoopes, D. D. Huff, S. Katz, J. P. Kitchell, R. C. Kohbelger, E. J. La Row, D. C. McNaught, J. L. Peterson, J. E. Titus, P. R. Weiler, J. W. Wilkinson and C. S. Zahorcak （1974）：A generalized model for simulating lake ecosystems, *Simulation,* **23**(2), 33-50.

17） Park, R. A., D. Scavia and N. L. Clesceri （1975）：The lake George model, Ecological Modeling in a Management Context (Editor Russel, C.S.), p.49-81, Resources for the Future.

18） Scavia, D. and R. A. Park （1976）：Documentation of selected constructs and parameter values in the aquatic model CLEANER, *Ecological Modelling,* **92**, 33-58.

19） Clescheri, L. S., R. A. Park, and J. A. Bloomfield （1977）：General model of microbial growth and decomposition in aquatic ecosystems, *Applied and Environmental microbiology,* **33**(5), 1047-1058.

20） Groden, T. W. （1977）：Modelling temperature and light adaptation of phytoplankton. Report #2, Center for Ecological Modeling, 17pp., Rensseleaer Polytechnic Institute.

21） Park, R. A., T. W. Groden and C. J. Desonneau （1978）：Modifications to the model CLEANER requiring further research. In Perspectives on Aquatic Ecosystem Modeling Editors Scavia, D. and Robertson, A., Ann Arbor Science Pblishers, Inc.

22) Park, R. A., C. D. Collins, D. K. Leung, C. W. Boylen, J. Albanese, P. deCaprariis and H. PorstnerForstner (1979) : The aquatic ecosystem model MSCLEANER. In State-of-art in Ecological Modelling 7 (Editor Jørgensen, S.E.) Internat. Soc. Ecol. Modelling.

23) Desormeau,C. J. (1978) : Mathematical modelling of phytoplankton kinetics with application to two alpine lakes, Report #4, Center for Ecological Modeling, 21pp., Renesselaer Polytechnic Institute, Troy.

24) Di Toro, D.M. D.J. O'Connor and R.V. Thomann (1975) : Phytoplankton - zooplankton - nutrient interaction model for western Lake Erie. In System Analysis and Simulation in Ecology vol. 3 (Editor B.C. Patten (NewYork, N.Y ; Academic Press), p.423-474.

25) Thomann, R. V., D. M. DiToro, R. P. Winfield and D. J. O'Connor (1975) : Mathematical modelling of phytoplankton in Lake Ontario. US Environmental Protection Agency, National Environmental Research Center, Corvallis, OR Report EPA 660/3-75-005.

26) Chen, C. W., M. Lorenzen and D. J. Smith, (1975) : A complehensive water-quality-ecologic model for Lake Ontario. Report to Grate Lakes Environment research Laboratory. National Oceamc and Atmospheric Administration by Tetra Tech, Inc., 202pp.

27) Bierman, V. J. (1976) : Mathematical model of the selective enhancement of blue-green algae by nutrient enlichment. In Modeling Biochemical Processes in Aquatic Ecosystem (Editor R.P. Canale) Ann Arbor, p.1-32, MI : Ann Arbor Science.

28) Jørgensen, S. E. (1976) : A eutrophication model for a lake, *Ecological Modelling*, **2**, 147-165.

29) Nyholm, N. (1978) : A simulation model for phytoplankton growth and nutrlent cycling in eutrophic shallow lakes, *Ecological Modelling*, **94**, 279-310.

30) Canale, R. P., L. M. DePalma and A. H. Vogel (1976) : A plankton-based food web model for Lake Michigan, *In* : Modeling Biochemical Processes in Aquatic Ecosystem (Editor R.P. Canale) Ann Arbor, p.33-74, MI : Ann Arbor Science.

31) Richey, J. E. (1977) : An empirical and mathematical approach toward the development of a phosphorus model of Castle Lake. *In* : Ecosystem Modeling in Theory and Practice (Editors C.A.S. Hall and L.W. Day Jr.) NewYork, NY : Wilev-Interscience. p.267-287.

32) Ikeda, S. and N. Adachi (1979) : A dynamic water quality model of lake Biwa-a simulation study of the lake eutrophication, *Ecolgical Modelling*, **4**, 151-172.

33) Kouwenhoven, P. and T. Aldenberg (1986) : A first step in modelling plankton growth in the Loosdrecht lakes, *Hydrobiological Bulletin*, **30** (1/2), 135-145.

34) Janse, J. H. and T. Aldenberg (1990) : Modelling pllosphorus fluxes inthe hypertrophic Loosdrecht lakes, *Hydrobiological Bulletin*, **24** (1), 69-89.

35) Janse, J. H., T. Aldenberg and P. R. G. Kramer (1992) : A mathematical model of the phosphorus cycle in Lake Loosdrecht and simulation of additional measures, *Hydrobiologia*, **233**, 119-136.

36) Janse, J. H., J. Van der Does and J. C. Van der Vlugt (1993) : PCLAKE : Modelling eutrophication and its control measures in Reeuwijk lakes. In Proc. 5th Int. Conf. Conserv. Managem. Lakes (Editors Giussani,G., and Callieli, C.), Stresa Italy.

37) Janse, J. H., E. VanDonk, and R. D. Gulati (1995) : M odelling nutnent cycles in relation to food web structure in a biomanipulated shallow lake Netherlands Journal of Aquatic Ecology 29 (1), 67-79.

38) Janse, J. H. and L. Van Liere (1995) : PCLAKE : A modelling tool for the evaluation of lake restoration scenarios, *Water Science and Technology*, **31**, 371-374.

39) Aldenberg, T., J. H. Janse and P. R. G. Kramer (1995) : Fitting the dynamic model PCLake to a mu1ti-lake survey through Bayesian Statistics, *Ecological Modelling*, **78**, 83-99.

40) Matsuoka, Y., T. Goda and M. Naito (1986) : An eutrophication model of lake Kasumigaura, *Ecological Modelling*, **31**, 201-219.

41) Varis, O. (1988) : Temporal sensitivity of Aphanizomenon flos-aquae dominance-A whole-lake simulation study with input perturbations, *Ecological Modelling*, **43**, 137-153.

42) Thébault, J. M. and M. J. Salençon (1993) : Simulation model of a mesotrophic reservoir (Lac de Pareloup, France) : biological model, *Ecological Modelling*, **65**, 1-30.

43) Patten, B. C., D. A. Egloff and T. H. Richardson (1975) : Total ecosystem model for a cove in Lake Texoma. *In* : System Analysis and Simulation in Ecology vol.3 (Editor B.C. Patten (NewYork, N.Y. Academic Press), p.206-423.

44) Schffer, M. (1989) : lternative stable states in eutrophic, shallow freshwater systems A minimal model, *Hydrobiological Bulletin*, **23**, 73-83.

45) Scheffer, M. (1991) : ish and nutnents interplay determines algal biomass : a minimal model.

46) Jensen, A. L. (1996) : A process model for food competition, *Ecological Modelling,* **87**, 1-9.

47) Nielsen, S. N. (1994) : Modelling structural dynamical changes in a Danish shallow lake, *Ecological Modelling,* **73**, 13-30.

48) Jayaweera, M. and T. Asaeda (1996) : Modeling of Biomanipulation in Shallow Eutrophic Lakes : An Application to Lake Bleiswijkse Zoom, the Nethedands, *Ecological Modelling,* **985**, 113-127.

49) 田中栄次（1994）：成長・生存，Ⅰ.：日本水産学会出版委員会（編）現代の水産学，p.44-48，恒星社厚生閣.

50) Jørgensen, S. E. (1976b) : A model of fish growth, *Ecological Modelling,* **2**, 303-313.

51) Voinov, A. A. and A. A. Akhremenkov (1990) : Simulation modeling system for aquatic bodies, *Ecological modelling,* **52**, 181-205.

52) Ulrich, M., R. P. Schwartzenbach and M. Imboden (1991) : MASAS-Modelling of Anthropogenic substances in Aquatic systems on personal computers-application to lakes, *Environmental Software,* **6** (1), 34-38.

53) Recknagel, P., B. Beuschold and U. Petersohn (1991) : DELAQUA-a prototype expert system for operational control and management of lake water quality, *Water Science and Technology,* **24** (6), 283-290.

54) Thébault, J. M. and M. J. Salençon (1992) : From the numerical model to the educational software : Lake Life., *Annls Limnol.* **28** (2), 175-189.

55) Rose, K. A. and G. L. Swartzman (1988) : Stepwise iterative calibration of a multi-species phytoplankton-zooplankton simulation model using laboratory data, *Ecological Modelling,* **42**, 1-32.

56) Keesman, K. and G. van Straten (1990) : Set membership approach to identification and prediction of lake eutrophication, *Water Resource Research,* **26** (11), 2643-2652.

57) Sagehashi, M., A. Sakoda and M. Suzuki (2000) : Predictive model of long-term stability after biomanipulation of shallow lakes, *Water Research,* **34** (16), 4014-4028.

58) Sagehashi, M., A. Sakoda and M. Suzuki (2001) : A mathematical model of a shallow and eutrophic lake (The Keszthely Basin, Lake Balaton) and simulation of restoratlve manipulations, *Water Research,* **35** (7), 1675-1686.

59) 細見正明（1993）：底質からの窒素およびリンの溶出とその制御，水環境学会誌，**16** (2), 91-95.

60) Malueg, K. W., D. P. Larsen D. W. Schilts and H. T. Mercier (1975) : A sis-year water, phosphorus, and nitrogen budget for Shagawa Lake, Minesota, *J. Environmental Quality,* **4**, 236-243.

61) Larsen, D. P., J. V. Sickle, K. W. Malueg and P. L. Smith (1979) : The effect of wastewater phosphorus removal on Shagawa Lake, Minesota : Phosphorus supplies, lake phosphorus and chlorophyll a, *Wat. Res.,* **13**, 1259-1272.

62) Bengtsson, L., S. Fleischer, G. Lindmark and W. Ripl (1975) : Lake Trummen restoration project. I. Water and sediment chemistry, *Verh. Internat. Verein. Limnol.,* **19**, 1080-1087.

63) 細見正明（1987）：湖沼底泥からの窒素・燐溶出とその制御に関する研究，学位論文，203p.

64) Hosomi, M. and R. Sudo (1992) : Development of the phosphorus dynamic model in sediment-water system and assessment of eutrophication control programs, *Wat. Sci. Technol.,* **26**, 1981-1990.

65) Hosomi, M., M. Okada and R. Sudo (1985) : A model of nitrogen release from bottom sediments, Proceedings of the 10th U. S -Japan Experts Meeting, US Army Corps of Engineers (T. R. Pati ed.), p.30-62.

66) Hosomi, M., M. Okada and R. Sudo (1982) : Release of phosphorus from lake sediments, *Environ. Int.,* **7**, 93-98.

67) Nielsen, S. N. (1995) : Optimizationof excergy in a structural dynamic model, *Ecological Modelling,* **77**, 111-122.

68) Boyle, T. P. and J.P. Fairchild (1997) : The role of mesocosm studies in ecological risk analysis, *Ecological Applications,* **7** (4), 1099-1102.

69) Suzuki, M., M. Sagehashi and A. Sakoda (2000) : Modelling the structural dynamics of a shallow and eutrophic water ecosystem based on mesocosm observations, *Ecological Modelling,* **128**, 221-243.

10. 水生植物在水质净化中发挥的作用

（细见正明）

河流、池塘、湖泊等的水质净化，一般是通过沉淀和有机物的分解作用，以及在水与底泥交界处附近发生的硝化脱氮和磷的吸附作用来实现的。在这样的河流和池塘、水田等地，水草（水生植物）繁盛的状态就是湿地。迄今为止，有各种各样关于湿地水质净化功能的事例被报道。在欧美，利用湿地来净化生活污水的技术备受关注，许多相关的手册和书籍[1~9]相继出版。

要理解湿地的水质净化功能，有必要首先理解水生植物在水质净化中发挥的作用。在日本，利用水生植物达到净化水质的功能的手法也被称为植物净化。如表1所示，Hans Brix[10]列举了以污水处理为目的的湿地处理过程中水生植物发挥的主要作用。例如：抑制侵蚀、过滤作用、为附着生物膜提供生存场所等物理效果；通过水生植物代谢过程，实现植物体对氮和磷的吸收及其对根圈氧气供养等效果。

表1　人工湿地处理过程中水生植物对水质净化起到的作用（改编自 Brix[10]）

水生植物的各部位	在水质净化中发挥的作用
地上植物体	·减少光照，抑制水中浮游植物的增殖，从而起到抑制水体内部生产力发生作用 ·地上植物体的存在，会影响到大气与水交界处的小气候。由于使水表面的风速降低，既抑制了水中悬浊物质的再浮游化，又能够在冬季时作为一种隔热材料发挥作用，抑制过冷现象 ·将地下和水中的植物体吸收的氮和磷贮藏在地上 ·随风摆动的芦苇等挺水植物形成的优美的风景，使人心情平静
水中植物体	·水中植物体可发挥物理过滤作用，可以去除水中的悬浊物质 ·降低植物表面附近的流速，促进悬浊物质的沉淀（类似沉淀池等的倾斜板的作用），还可以抑制再悬浊 ·附着后增殖的微生物在植物体表面形成一层生物膜 ·植物体吸收水中的氮和磷，并将一部分贮藏起来 ·沉水植物等通过光合作用在水中放出氧气，促进好氧微生物的分解和硝化 ·放出植物化感物质，抑制浮游植物的增殖
地下植物体	·发达的根茎和根，使植物的底部土壤或底质稳定化，抑制侵蚀 ·采用垂直潜水流等方式时，因为根和根茎发达，可以防止堵塞。特别是含有黏土质的微细地基土的情况下，可以使空隙率得到维持，但存在小石子和碎石等大粒子地基的情况下，反而会使空隙率降低 ·从地上输送到地下的空气，会使根和根茎表面放出氧气，从而促进好氧微生物分解和硝化有机物 ·地上光合作用合成的有机物通过根和根茎分泌，可以作为脱氮过程的碳源 ·植物体吸收水中的氮和磷，并将一部分贮藏起来 ·从根和根茎中放出的抗生素，可以抑制大肠杆菌等微生物

水生生物与水质净化虽然不是直接相关，但其在生态系统中承担着为鸟类、虫类和鱼类等多种多样的生物提供生存场所的重要作用。另外，在日本人滨水而居的空间里，水生植物形成了宁静、亲近自然的景观。

表 1 中所示的水质净化功能，定性地概括了水生植物的作用，虽然对其水质净化功能进行定量评价十分必要，但定量评价每个作用过程却是非常困难的。大多数的研究案例均对水生植物的水质净化作用进行总体评价，而不同的水生植物所发挥作用的重要性也不同。以下我们将对其重要的特色效果进行说明。

10-1　降低风速及遮光效果

水生植物的存在首先会产生物理上的水质净化效果。如图 1[9, 11] 所示，挺水植物的地上部分因存在于大气与水（或土壤）的交界处，因此可以减弱大气与湿地表面的风速，由此可见，水生植物在促进悬浊物质沉降的同时，还可减少再次悬浊的发生。但水面附近风速的减弱，也会导致大气复氧效果的降低。

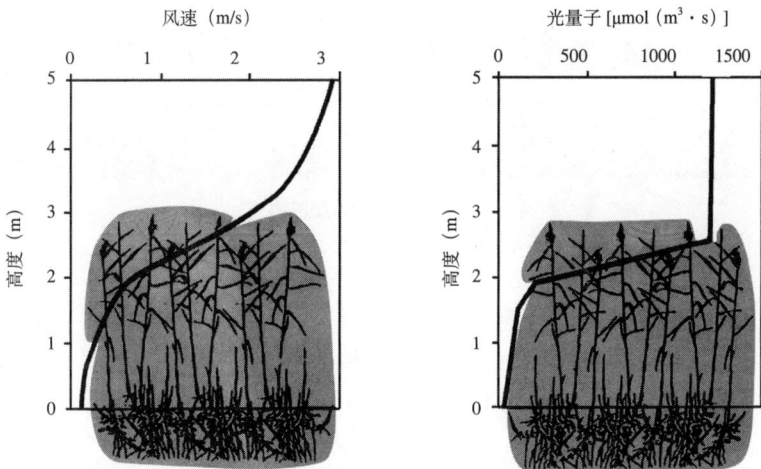

图 1　芦苇湿地中的风速及光的垂直分布（引自 IWA[9]、Brix[11] 有改动）

植物对光的减弱（遮蔽）效果如图 1 所示。光遮蔽使浮游植物等的光合作用受到抑制，从而使水体生产力被抑制。这种效果在浮萍等浮叶植物通过遮光效果抑制浮游植物增殖上也有运用。而狐尾藻等沉水植物与浮游植物竞争水中的光，导致浮游植物增殖也受到抑制。关于风速减弱和遮光效果，有报告称，琵琶湖沿岸的芦苇滩（宽 150m，深 50m）内部溶解氧浓度低于外部（湖面带）[12]，其原因不仅仅在于风速降低导致来自于大气的复氧效果的减弱，还可能是由于遮光效果使浮游植物增殖被抑制，从而导致光合作用生产的氧气量降低。

10-2　促进沉淀的效果

对水中水生植物产生的促进沉淀作用进行定量评价的案例很少。这种促进沉淀的效果，在表面流湿地的水质净化中发挥了重要的作用。Pettecrew 等人[13] 关于沉水植物进行了探讨。在日本黑三棱繁茂的落合川和神田川（东京都，照片 1），将底泥作为 SS 源瞬间注入上游地点，在下游的若干地点测定 SS 浓度随时间的变化，求出 SS 的捕捉量。计算结果显示，挺水植物日本黑三棱的现存量与 SS 的捕捉量之间存在相关关系，如果日本黑三棱的现存量增加 6 倍，SS 的沉淀效果就会变为原来的 4 倍[14, 15]。河水中的 SS 通过水生植物的沉淀作用被去除，逐渐蓄积到底质中。然而，促进沉淀的效果并不是长久持续的，雨天时原来蓄积的 SS 会被冲到下游。

照片 1　日本黑三棱繁茂的状态
落合川：收割后（左）；神田川（右）

细川等人[16] 利用沿岸区的芦苇滩研究芦苇对流速的影响及对悬浮物的过滤效果，在二维水路插入人工芦苇（直径 5mm 的丙烯树脂棒）来模拟芦苇原系统，将氯乙烯粉作为示踪剂或模拟流入的 SS，通过实验考察粗糙度和过滤效果的变化，定量地评价芦苇存在条件下粗糙度系数的变化（根据曼宁公式的粗糙度系数进行评价，芦苇存在时粗糙度系数变大，结果导致平均流速降低）。平均去除率则根据 SS 的沉降速度分布与芦苇原内部的平均流速来计算。细川等[17] 进一步利用 6 条临时设置于仙台湾蒲生潟湖的芦苇滩内的水路（长 20m，宽 1m），进行了悬浊颗粒的沉降实验。虽然悬浊颗粒的沉降速度在静水和流水中没有出现明显的差别，但因芦苇滩内的平均流速降低，促进了 SS 的沉降。总而言之，沿岸区芦苇滩内颗粒沉降相关的数值模拟结果表明，微粒通过沉降后被蓄积[18]。

另一方面，潜水径流的情况如图 2 和图 3 所示，导入植物根茎及土壤（根圈）的水，会沿着生的根或死的根茎形成的毛细水道或空隙向水平或垂直方向流动。随着水生植物的根和根茎的成长，地基土壤的空隙结构会被打乱，土壤粒子间的结合变得松弛。有报告指出，长成后的根和根茎的枯死会增大空隙，可以使地基土壤的透水系数增大达到约 10^{-3}m/s。在欧洲提出渗透、流湿地说法的 Kickuth[19] 认为，地基土壤为黏性土时，植物的根和根茎的发达会使透水性升高，达到接近砂质土的状态。尽管如此，对发生堵塞的潜水径流湿地进行实况调查的结果显示其空隙率减少到 6% 以下。而对于砂质或小石子构成的基土，当根茎发育程度很高时，其透水系数应该会降低到 10% 以下[20]。同样也有观点认为，透水系数会减少至 $10^{-5} \sim 10^{-6}$m/s 达到稳定[10]。由于美国多用小石子作为基土，根茎发达时透水系数减小的结论应该是确切的。然而，使用水田土壤作为基土进行模拟家庭排水的人工排水试验时，在栽植了芦苇的水槽和未栽植芦苇的对照组水槽中以 2 ~ 10cm/d 的速度进行浸透试验，即使只维持 2cm/d 的渗透速度，在 1 个月后未栽植芦苇的对照组中就会发生堵塞。但在栽培芦苇的水槽中即使达到 10cm/d 的渗透

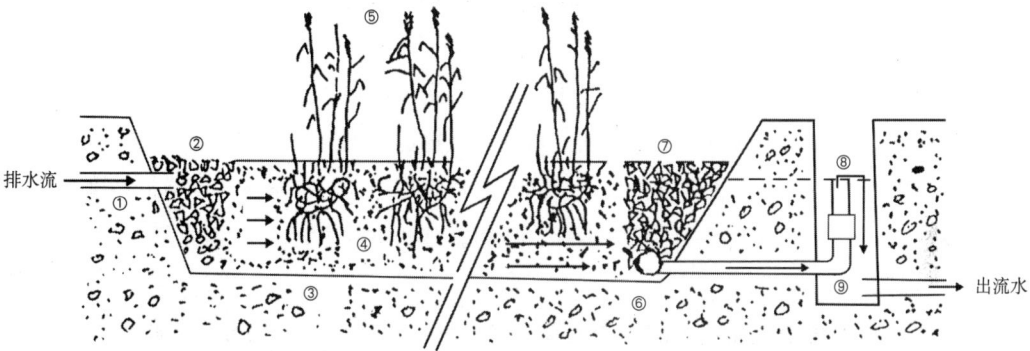

图 2　水平方向流向的渗透式人工湿地的一例（引自 IWA[9]，有改动）

①：经过预处理的污水的流入管，②：由大石块和小石子组成的均匀扩散污水的分配区，③：隔水膜，④：由小石子、砂和碎石等组成的地基土壤，⑤：芦苇等植物，⑥：集水管，⑦：由大石块和小石子组成的收集通过根圈的污水的集水区，⑧：可调节水位的流出口的水位，⑨：流出管

* 出处：Vymazal.J.(1997):Subsurface horizontal-flow constructed wetlands for wastewater treatment-the Czech experience.*Wetlands Ecol.Mgmt.,4,199-206.*

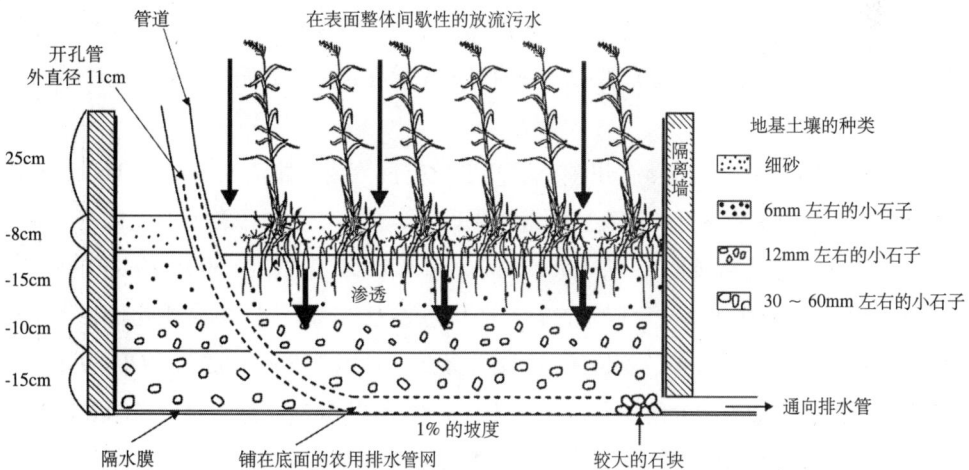

图 3　垂直方向流向的渗透式人工湿地的一例（引自 IWA[9]，有改动）

* 出处：Cooper.P.F.,G.D.Green.M.B.and R.B.E Shutes(1996);Reed beds and constructed wetlands for wastewater treatment Medmenham. Marlow.UK;WRc Publications.

速度，也未出现堵塞。因此，在像水田土壤那样相对接近黏性土的土壤中，发达的植物根茎可产生防止堵塞的效果。

相崎·中里[21] 在文献中介绍了日本土浦市的水生植物园，这是一个因采用水耕植物过滤法进行水质净化而有名的设施。这种方法是由中野·猪狩[22] 提出的。首先用混凝土铺底后平整地基，随后在地基上置入西洋菜、水芹、空心菜等植物并浇水使植物生长（特别是注意保证根的密生），最终通过过滤作用来净化水质。这也可以认为是一种没有土壤和底质作为基土、仅以水生植物根圈进行过滤的浸透流方式。水深只有约5cm，因而水中的SS可以被有效地因为密生的根部的过滤作用，再加上捕捉。

10-3　附着微生物的作用

水生植物浸没在水中的茎和叶的表面是生物膜附着生长的场所。附着生物膜是指藻类、细菌、丝状菌和原生动物等构成的微生物群落。这些微生物群落不仅附着在浸没在水中的植物体的表面，还会附着在根和根茎表面进行增殖。同时，根和根茎还可为附着生物膜的增殖提供必要的氧气和有机物，这些物质来自于植物的光合作用。这些附着生物膜在与微生物相关的湿地生物反应中具有重要的作用。

有研究将水中的植物表面附着的生物现存量及活性与周围水体的情况进行比较。樱井[23] 将 Riber[24] 提出的 VSI（wolume to surface index）引入日本。VSI 是将植物体周围水体中的单位面积的生物量或代谢活性，除以植物体表面附着生物膜的生物量或代谢活性量得出的，即单位面积的生物量或代谢活性量。VSI 的单位是 cm，表示与植物体单位面积的生物量或代谢活性量相当的水柱长度。换言之，这个值越大，就表示与周围水体相比，植物体的附着生物量及其代谢活性就越重要。Riber[24] 采用沉水植物穿叶眼子菜，其叶绿素 a 含量为 153cm，磷的摄取速度为 9.7cm。樱井[23] 调查的霞浦湖中的芦苇、茭白、香蒲中的异养菌处于 400 ~ 16000cm 的范围。因此可以预想，可降解有机物分解的异养细菌在水生植物净化作用中扮演着非常重要的角色。

在前述日本黑三棱繁生的落合川中，以几乎没有河流或水路流入的约 500m 区间为对象，对流量及上、下游的水质进行了调查。调查结果显示，全年中上、下游具有统计意义的差异水质项目只有 BOD（生化需氧量），从 40mg/L 减少到 3.3mg/L[14]。流经 500m 的时间平均约为 30 分钟。假设 BOD 的降低按一次反应来计算，净化系数为 9.21/d。SS 的年平均值在上游和下游的没有出现统计意义上的差异，若假定 BOD 的降低不是由于 SS 的沉淀，BOD 的降低则是由浮游微生物和附着生物膜的分解所致。另一方面，津野[25] 根据大量的研究数据对净化系数进行整理，若将水中的沉淀作用考虑在内，多摩川和千曲川的净化系数在 0.35 ~ 5.51/d 的范围内。由此可见，落合川的净化系数 9.21/d 是非常高的。落合川的特点是河道中繁生的日本黑三棱，这是与多摩川、千曲川最大的不同点。净化系数高意味着附着在水中的茎叶表面上的生物膜的效果大。

10-4 营养盐的吸收

水生植物同其他植物一样，生长与再生产过程需要营养盐，并主要通过根及根茎来吸收营养盐。芦苇等挺水植物还会通过水中的茎来吸收一部分营养盐；沉水植物不仅通过水中的茎，还可以通过叶子来吸收营养盐。不管怎样，湿地水生植物都是通过吸收营养盐来生长的，其生产速度在整个地球上都位居前列。水生植物的营养盐吸收速度取决于其生产速度、水生植物的生物量（单位面积的现存量）及植物体内蓄积的营养盐浓度。Reddy[26] 以沉水植物和浮水植物为对象，从生物量（g/m²）和生产速度 [g/（m²·d）] 出发，用回归直线关系式表现氮、磷的吸收速度回归直线关系式。由这个关系式可以看到沉水植物和浮游植物体内的营养盐浓度大体上是一定的。

Kadlec 和 Knignt[6] 汇总的水生植物主要元素的含量（%）如表2所示。这些数值虽然会随着水中的营养盐浓度等级和测量时期发生变动，但大体上氮含量处于1.2% ~ 40%，磷含量处于 0.18% ~ 0.63% 的范围内。

樱井[23] 整理了水生植物吸收氮和磷的速度。代表性的水生植物的氮及磷的吸收速度 [g/（m²·d）] 分别是：芦苇 0.17 ~ 0.53、0.029 ~ 0.078，西洋菜 0.44 ~ 1.1、0.081 ~ 0.36，浮萍 0.13 ~ 0.45、0.076 ~ 0.15，凤眼莲 0.45 ~ 2.7、0.10 ~ 0.50。佛罗里达等地区排水处理

表 2 湿地处理系统中利用的典型水生植物的主要矿物质成分（% 干重）的平均值和范围（Kadlec 与 Knight）[6]

水生植物的种类	C	K	N	Ca	Na	S	P	矿物质
湿地植物整体	41.0 (29 ~ 50)	2.61 (0.42 ~ 4.56)	2.26 (1.46 ~ 3.95)	1.34 (0.20 ~ 8.03)	0.51 (0.07 ~ 1.52)	0.41 (0.11 ~ 1.58)	0.25 (0.08 ~ 0.63)	14.0 (6.1 ~ 40.6)
菖蒲 (Typha iatifolia)	45.9 (43.3 ~ 47.2)	2.38 (0.91 ~ 4.39)	1.37 (0.86 ~ 2.12)	0.89 (0.35 ~ 1.62)	0.38 (0.05 ~ 1.09)	0.13 (0.05 ~ 0.53)	0.21 (0.08 ~ 0.41)	6.75 (3.96 ~ 10.2)
伞形天胡荽 (Hydrocotyle umbellata)	—	1.73	2.56	1.85	0.98	0.16	0.18	—
萤蔺 (Scripus americanus)	—	2.83	1.22	0.50	0.09	0.59	0.18	—
灯芯草 (Juncus effusus)	—	0.89	1.24	0.38	0.40	0.26	0.27	—
梭鱼草 (Pontederia cordata)	—	2.58	1.40	0.96	0.83	0.22	0.24	—

续表

水生植物的种类	C	K	N	Ca	Na	S	P	矿物质
芦苇（Phragmites communis）	—	1.47 (1.0 ~ 1.7)	2.57 (1.6 ~ 4.2)	0.28 (0.21 ~ 0.36)	0.17 (0.08 ~ 0.26)	—	0.18 (0.16 ~ 0.20)	—

余下的主要成分为：氧（44%）、氢（6%）、镁（0.1% ~ 0.8%）

原引用文献如下：

Boyd,C.E.(1978): Chemical Composition of Wetland Plants. pp.155-167. in R.E. Good, D. F. Whigham, and R. L. Simpson(Eds.),

Freshwater Wetlands: Ecological Processes and management Potential. New York: Academic Press..

Prentki, R. T., T. D.Gustafson, and M.S. Adams (1978): Nutrient Movements in Lakeshore Marshes. pp. 169-194. in R.E. Good, D.F.

Whigham, and R. L. Simpson (Eds.), Freshwater Wetlands: Ecological Processes and Management Potential. New York: Academic Press.

Reddy, K. R, and W.F. DeBusk. (1987):Nutrient Storage Capabilities of Aquatic and Wetland Plants. pp.337-357. in K.R. Reddy and W. H. Smith (Eds.),

Aquatic Plants for Water Treatment and Resource Recovery. Orlando, FL: Magnolia Publishing.

Raven P. H., P. F. Evert, and H. Curtis. (1981): Biology of Plants. 3rd Edition. New York: Worth Publishers.

Phillips, D. R., M. G. Messina, A. Clark, and D. J. Frederick. (1989): Nutrient concentration prediction equations for wetland trees in the US sourthern coastal plain. Biomass. 19: 169-187.

中应用的凤眼莲和日本应用的西洋菜对氮、磷的吸收速度很高，与此相反，芦苇的氮磷吸收速度则较低。

关于水生植物的氮、磷吸收速度的论文很多，IWA 专家组将用于污水处理的水生植物作了总结，如表3[9]所示。假设对芦苇等水生植物进行收割，可以得到从水中去除营养盐的速度。氮、磷的吸收速度分别为：0.21 ~ 0.67g /（$m^2 \cdot d$）、0.0068 ~ 0.055g /（$m^2 \cdot d$）。与其相比，凤眼莲对氮、磷吸收速度达 0.12 ~ 1.6g /（$m^2 \cdot d$）、0.029 ~ 0.35g /（$m^2 \cdot d$），特别是磷的吸收速度明显偏大。

表3　湿地中用于水质净化的水生植物的生物量和营养盐吸收速度（IWA 专家组[9]，有改动）

水生植物的种类	生物量 [g /（$m^2 \cdot y$）] [g /（$m^2 \cdot d$）]	氮 [g /（$m^2 \cdot y$）] [g /（$m^2 \cdot d$）]	磷 [g /（$m^2 \cdot y$）] [g /（$m^2 \cdot d$）]
宽叶香蒲（Typha）	574 ~ 9339 (1.6 ~ 26)	11.1 ~ 263 (0.030 ~ 0.72)	0.8 ~ 40 (0.0022 ~ 0.11)
灯芯草（Juncus）	796 ~ 5330 (2.2 ~ 15)	80 (0.22)	11.0 (0.030)
萤蔺（Scripus）	785 ~ 4600 (2.2 ~ 13)	12.5 ~ 77.5 (0.034 ~ 0.21)	1.8 ~ 15 (0.0049 ~ 0.041)
芦苇（Phragmites）	183 ~ 6000 (0.50 ~ 16)	75 ~ 245 (0.21 ~ 0.67)	2.5 ~ 19.9 (0.0068 ~ 0.055)
草芦（Phalaris）	800 ~ 3500 (2.2 ~ 9.6)	80 ~ 120 (0.022 ~ 0.33)	2.3 ~ 14 (0.0063 ~ 0.038)
甜茅（Glyceria）	900 ~ 2860 (2.5 ~ 7.8)	7.5 ~ 150 (0.021 ~ 0.41)	50 ~ 42.5 (0.014 ~ 0.12)
凤眼莲（Eichhornia）	8000 ~ 11000 (22 ~ 30)	42 ~ 585 (0.12 ~ 0.60)	10.5 ~ 126 (0.029 ~ 0.35)

水生植物的种类	生物量 [g / (m² · y)] [g / (m² · d)]	氮 [g / (m² · y)] [g / (m² · d)]	磷 [g / (m² · y)] [g / (m² · d)]
天胡荽（Hydrocotyle）	400 ~ 6000 (1.1 ~ 16)	54 ~ 320 (0.15 ~ 0.88)	13.0 ~ 77 (0.036 ~ 0.21)
青萍（Lemna）	600 ~ 2600 (1.6 ~ 7.1)	35 ~ 611 (0.096 ~ 1.7)	11.6 ~ 80 (0.032 ~ 0.22)

与其他挺水生植物和凤眼莲等相比，由于沉水植物的生物量比挺水植物和凤眼莲小，沉水植物的氮、磷的吸收速度也比其他水生植物小，最大仅 0.2g / (m² · d)、0.04g / (m² · d)。

然而，与最佳湿地处理系统的去除量相比，芦苇等水生植物的收割产生的效果，估计至多只占去除量 10%[27]。换言之，通过水生植物的收割来将营养盐带到系统外的方法，可能不会产生预期的效果[10]。但如果不进行收割，被植物体吸收的大部分氮和磷将重新回到水中或者基土中。即便从长期的效果来看，并不是所有的有机物都会被分解，也不是所有的营养盐都会溶出，这些分解残渣将沉积下来，不再回到水中。某种意义上，可以认为被带出到系统之外。然而，这种效果达到什么程度，在现阶段还没有长期而详细的数据。

在山王川实施的水生植物净化试验（河流环境管理财团[28]）显示，芦苇的茎叶及根茎中的氮浓度从春天开始持续减少，分别从 3% 减少到 1.8%、2% 减少到 1.1%，6 月以后几乎保持在恒定的数值。

渡边和櫻井[29]对霞浦湖、琵琶湖和千曲川中芦苇的生长及枯死过程中氮及磷浓度进行调查，结果表明，氮浓度在生长初期为 3% ~ 4%，5 月末减少到 1.5% ~ 2%，8 月到 9 月末最大现存量时期在 1% 左右，枯死后降到 0.5% 以下。另外，磷浓度在生长初期为 0.4%，5 月末减少到 0.2%，之后最大现存量时期维持在不到 0.1%，枯死后降到 0.02%。不过这些数值会随着所在地点的泥质或砂质的不同而发生变化。

由上文可知，植物体中氮及磷的浓度存在随生长阶段的推进而逐渐减少的倾向。植物伴随首自身的生长，将由光合作用等生产的有机物（包括氮和磷）从地上茎转移到地下茎，这样的现象被称为转移作用。地下茎作为营养的贮存地，对于第二年的生长是必不可少的。因此，植物的收割必须考虑这样的季节变化。换言之，在营养盐在植物体内蓄积最多的时期（主要是夏季）进行收割对水域净化最有利的。然而，如果地下茎中没有蓄积足够的营养盐，会阻碍植物第二年春天的生长[30]。因此考虑到水生植物第二年的生长，在夏季收割有时也未必适合。

10-5 根部氧气的释放

水生植物从根部到根圈放出氧气，使根附近原本处于还原状态的环境转变为氧化状态。该现象可以定性地通过根表面的铁氧化物显红色简单地进行识别。然而，在水生植物生长的湿地中实际放出了多少氧气，可以说还存在着很多争议[31, 32]。根向根圈放出氧气的能力，对于湿地植物的生存，即根茎呼吸来说是不可缺少的。特别是对潜水径流方式的湿地处理系统中，对有机物和氮的去除是十分重要的。

首先，野内[33, 34]对稻、荷、睡莲、芦苇等水生植物的以甲烷为中心的气体输送进行了讨论。如果将沼气换成氧气，其输送可看成是以水稻氧气丰富的地上部分和氧气枯竭的地下茎之间的氧浓度差为驱动力的分子扩散。但是，在浮水植物和挺水植物中，还存在压力差驱动的空气质量流动，其输送效率高于扩散作用。即空气整体随着压力差对流。因芦苇的地上茎与地下茎是相连的，而荷和睡莲的浮叶与地下茎是相连的，氧气进入光合作用活性高的地上幼茎（或浮叶），通过对流输送到地下茎，再通过衰老、枯死或折断的地下茎（或浮叶）离开植物体。被输送到地下茎的氧气，通过分子扩散作用被输送到更加细小的根，再通过根的表面释放出一部分。

在新生的地上茎与因折断或枯死而老化的地下茎之间产生的压力差机理，包括加压化[35]和负压化[36]两种类型。一般认为前者为散热和湿度原因引起的扩散，后者为风速的不同引起的文丘里效应，这些机理可参考野内的论文[33, 34]。

下文将以具体案例介绍水生植物通气组织内气体流动的简易测量方法，水生植物体内气体浓度的测量方法，现场或室内的水生植物的气体流量和氧气供给速度评价方法及光的影响。

（1）通气能力的测量方法

有门[37]等使用图4所示的通气压测量装置来测定植物的通气压。在植物体根部距根尖约1cm处切除后将根部密封到事先注入水的减压瓶中，将在根的截面开始出现气泡时的压力计读数作为通气压。尚未完全形成通气组织系统的植物，不能将用来补充减压瓶中减少的空气量迅速地从地上部输送到根部，因此，如果减压瓶中的负压不增大气泡就不会出现。选择在干燥土壤与湿润土壤中生长的21种植物测定通气压，结果显示所有生长在湿润土壤中的植物通气压

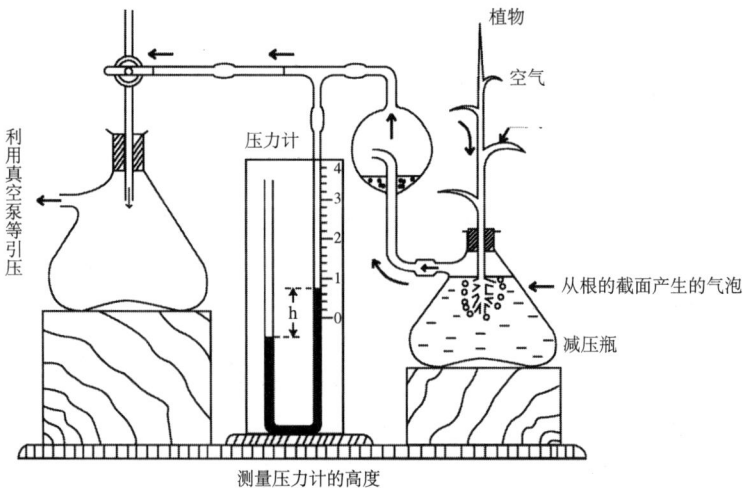

图4　测量通气压的装置（引自有门等[37]，有改动）

比较小，这是植物适应生活环境的结果。在 21 种植物中，生长在湿润土壤中的芦苇的通气压是最小的，为 400Pa，这表示芦苇的通气能力是最高的。

（2）水生植物体内的气体成分

Brix[38] 使用图 5 所示室内培养的芦苇，运用图 6 所示采样方法，采集地上茎和地下茎空洞部分的气体，测定其氮气、氧气和 CO_2 的浓度。先在一面可取下的透明丙烯容器中将芦苇培育 2 个月，再将这面取下，在芦苇地下茎和地上茎不同深度安装带有注射器针头的气体采集容器，以便从丙烯容器外部采集气体。两周后，设置明暗周期继续培养。在有光条件下，地上茎的 CO_2 浓度为 0.07%，高达大气浓度的 2 倍，无光条件下 CO_2 浓度上升。而氮气及氧气浓度与大气浓度却不存在差异。水中茎内的 CO_2 浓度比地上茎中

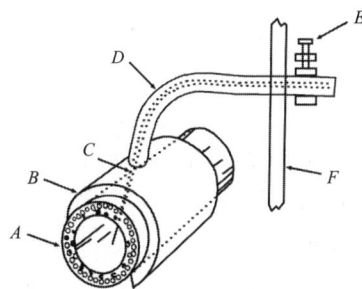

图 6　从地上茎及地下茎采集气体样本的装置（引用从 Brix[38]）

A：地下茎，B：采用真空油脂密封地下茎四周的分割型 PVC 管，C：贯穿根茎壁的针，D：与针相连的 PVC 管（内径 0.51mm）E：固定 PVC 管的夹子，F：图 5 所示的有机玻璃（聚甲基丙烯酸甲酯）制的培养槽的侧壁

CO_2 浓度高，但氧浓度却变低了。无光条件下，CO_2 浓度上升到 1.5%，氧浓度减少到 17%。氮浓度甚至高于大气浓度（78.5%）。

另一方面，生长于底质中的地下茎，其 CO_2 与氮气的浓度随深度的增加而升高，而氧气的浓度随之下降。而在明暗不同的条件下，CO_2 与氮气的浓度在无光条件下会上升，而氧气的浓度相反会出现降低的趋势。而从深度方向的变化来看，明暗条件不会对氮气、氧气和 CO_2 的浓度产生很大的影响，特别是最深部，芦苇从发芽到长成茎的过程中，其氮气、氧气、CO_2

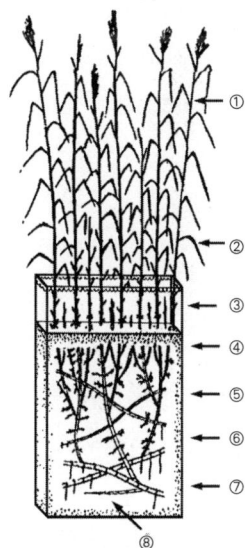

取样点	CO_2 (%)		O_2 (%)		N_2 (%)	
	有光条件	无光条件	有光条件	无光条件	有光条件	无光条件
①地上茎（距水面 50～80cm）	0.07	0.20	20.7	20.5	78.2	78.3
②地下茎（距水面 0～20cm）	0.09	0.32	20.7	20.2	78.2	78.5
③水中茎	0.53	136	19.8	17.6	78.6	80.2
④根茎（0～20cm）	1.11	2.73	18.9	1.5	79.0	81.8
⑤根茎（20～40cm）	3.49	5.04	14.9	9.9	80.6	84.1
⑥根茎（40～60cm）	4.60	6.39	12.5	6.3	81.9	86.3
⑦根茎（60～80cm）	6.32	6.71	14	7.8	82.3	84.4
⑧新根茎（50～80cm）	7.31	7.35	5.3	3.6	86.4	88.0

图 5　室内培养的芦苇（在地上茎和不同深度的地下茎上安装了气体取样装置）与 CO_2、氧气及氮气浓度（引自 Brix[38]，有改动）

有机玻璃到培养槽的大小为：长 10cm，宽 60cm，高 100cm。

在→所示①～⑧的位置，地上茎和不同深度的地下茎上安装着如图 6 所示的取样装置。

各取样点的 CO_2、O_2、N_2 浓度（%）又分为有光条件和无光条件两种。

的浓度大体上是一定的。

芦苇体内的氧浓度自地上茎向地下茎方向出现明显的浓度梯度，但是 CO_2 和氮浓度却呈现出相反的浓度梯度。在有光条件下，氧气浓度达到最大，但 CO_2 浓度却降低了。分析 CO_2 与氧气及氮气浓度的关系（图7），发现它们之间存在很高的相关性。随着 CO_2 浓度升高，氧气浓度随之下降，而氮气浓度随之增加。分析直线的斜率，氮气对 CO_2 的增加率为1，氧气对 CO_2 浓度的减少率为2，也就是说假定呼吸消耗 1mol 的氧气生成 1mol 的 CO_2，那么氧气则会减少2mol。分析原因，有两种可能性，一是从地上茎输送来的氧气经由根释放到底质间隙水的量很多，另一种是，呼吸生成的 CO_2 溶解到根内部的水里或底质的间隙水里，而根内部的水通过蒸腾作用被输送到叶。特别是 CO_2 溶于水产生的负压化，与地上茎到地下茎的氧气输送密切相关。

图7 以 1d 为周期中测量得出的芦苇地上以及地下茎中氮及氧与 CO_2 的浓度比。（$n=64$）（引用自 Brix[38]）

（3）水生植物地上茎的通气速度的现场测定

Brix 等[39] 在湖岸芦苇滩的现场测定了空气流入新生茎，再经由地下茎从衰老的芦苇茎中被放出的速度。估算通过芦苇的气体输送速度的方法有以下几种：

①将收割地上茎后剩下的残根密封到密闭箱内，根据箱内气体浓度的经时变化来估算气体的交换速度。这种方法虽然简易，但因为阻止了对流，所以只对基于分子扩散的情况才是有效的。

②把整个地上茎密封到密闭箱内，与①一样根据箱内气体浓度的变化估算气体的交换速度。这种方法可能会产生对流，但也存在箱内温度、湿度、风速等与实际的环境条件不同的可能性。

③根据芦苇茎中空洞内的气体浓度与大气浓度之间的浓度差及扩散阻力来估算气体交换速度的方法，虽然不需要改变环境条件，空洞内气体的采集与分析也相对容易，但是测量扩散阻力很困难，且地上茎中的气体浓度也会因茎的高度不同产生差异，所以怎样选取具有代表性的高度就成为问题所在。

④割去地上茎安装肥皂膜流量计，然后重新将其连结到原来的残根上，计算地上茎和地下茎之间发生的对流的方法。如果预先测出切割前茎内的气体浓度，就可以求出气体输送速度。也可以用压力计来代替流量计。割下的芦苇茎容易干燥，需要特别注意。

⑤在地上茎节与节之间的髓腔内注入水等液体来阻断空气的流动，在髓腔上下节设置装有流量计的细小导管，形成支路。预先在这个支路导管上设置气体采集口，就能采集气体样本，通过流量和气体成分的分析计算输送速度。这种方法不需收割地上茎就可以求出气体流速，但须十分注意支路的导管必须密封连接，不能出现泄漏。

Brix 等[39] 采用上述方法④来估算湖岸的芦苇滩内对流造成的气体交换速度。他们将长有

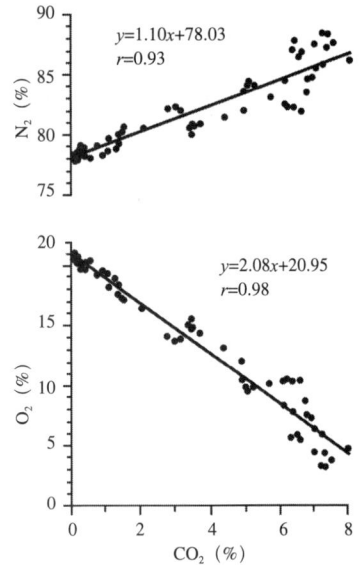

新生的绿色地上茎的芦苇作为流入侧，枯萎的芦苇作为流出侧，分别切开后各自装上流量计和压力计并重新连接到原来的残根上，然后测定对流产生的流量及大气压差（图8），同时测定气温、照度及湿度等。计算流入侧的芦苇（绿色的新生茎）及流出侧的芦苇（枯萎的芦苇茎）每10枝单株的平均值，并进一步测定每平方米面积内存活与枯萎的株数，由此计算得到单位面积的气体交换速度，如表4所示，比较流出侧和流入侧的结果，与预想一样，流出侧氧气的浓度降低了，而CO_2和甲烷的浓度升高了。氧气流入生长旺盛的芦苇茎速度为2.38L/（$m^2 \cdot h$），从枯死的芦苇茎流出的速度为1.75L/（$m^2 \cdot h$）。换言之，氧气流经地下茎的过程中，被消耗了0.63 L/（$m^2 \cdot h$）[21.6g O_2/（$m^2 \cdot d$）]。其他湖泊中测量的结果显示，氧气的流入速度为1.8～2.2L/（$m^2 \cdot h$），流出速度为1.7～1.8L/（$m^2 \cdot h$），氧气的消耗速度为0.24L/（$m^2 \cdot h$）

根据6月29～30日连续观察的日周变化（1天内）来看，黎明至午后的相对湿度从90%左右降低到45%，午后到日落的相对湿度大体上是一定的；太阳能辐射强度从黎明时开始上升，午后达到最大值2000μmol/（$m^2 \cdot s$），到日落为止不断减少；气温从黎明开始上升，午后时达到25℃；总之，对流流量呈现出与太阳能辐射强度和气温相同的趋势，但与湿度的变化呈现相反的趋势。当每株芦苇的对流流量上升到6～7mL/min（用流速表示为30～35cm/min）后，直到日落持续减少。由于夜间没有阳光，加上气温降低而湿度上升，导致夜间的流量几乎降为零。虽然芦苇内持续有空气流入，但白天从芦苇流出的氧气浓度呈现出减少的趋势，而CO_2浓度则出现增加的趋势。

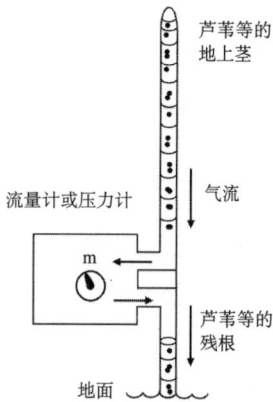

图8 实地测量的概要图

（引自 Sorrell 等[40]，有改动）

将一株地上茎从中间切开，将压力计或流量计安装到残根一例，测量地上茎向残根一侧的对流。从概念上谈，上图表示的是切割芦苇后安装压力计或流量计之后，再次与残根相连接。

表4 Oje 湖的芦苇滩中流入侧的茎（生长旺盛的新绿色茎：69 株/m^2）和流出侧的茎（枯死的茎：84 株/m^2）内空气成分与单位面积的流入及流出速度。将流入侧的茎和流出侧的茎作为一组，取10组数据的计算平均值和标准偏差如下（引用自 Brix 等人[39]）

	气体种类	流入侧的茎	流出侧的茎
气体构成（%）	O_2 CO_2 CH_4	20.7 ± 0.1 0.20 ± 0.02 < 0.01	15.8 ± 1.5 2.97 ± 0.72 0.23 ± 0.17
气流量 [mL/（$m^2 \cdot h$）]	O_2 CO_2 CH_4	2380 ± 300 21 ± 3 < 1	1750 ± 420 321 ± 84 19 ± 12

由上可知，芦苇茎中氧气的对流受到相对湿度、气温、太阳能辐射强度的影响，会发生日周变化。不仅如此，根据欧洲的研究经验，日本由于湿度高，对流强度低，可能在氧气消耗大、有机物质丰富的底质或炎热低湿的夏季出现氧气消耗量增加的季节性变化。

（4）芦苇茎内的空气流通速度受光的影响

Armstrong 等人[41] 将上一年秋天采集的芦苇地下茎放置于培养液中用人工光进行培养，待地上茎生长到 30 ~ 70cm、细根已经长成后，将其移植到透明丙烯基容器中，测定从生长旺盛的地上茎到地下茎，再到枯死的地上茎的对流强度。丙烯基容器内已注入相同的培养液，内含用于固定芦苇的琼脂（0.05%）。将一侧的地下茎用橡胶塞密封，另一侧的陈旧的地上茎连接压力计、氧电极、流量计。通过改变光照条件使气体从生长旺盛的地上茎流向地下茎，若安装了测量计的枯死地上茎有对流产生，就可以测出大气压差、从枯死的地上茎流出的氧气浓度和流量。

在温度（21℃）及湿度（34%）一定的条件下，光强度提高，对流和大气压的压差增大，温度也稍微上升（不到1℃）。光强度在 200μmol/（$m^2 \cdot s$）以下时，对流和大气差压会产生敏感的响应。

调查不同的明暗条件下的对流和根附近的好氧状态及从茎流出的气体中氧气浓度的变化发现，关灯一小时后，对流立即从 $0.038 \times 10^{-6} m^3/s$ 减少到 $0.00086 \times 10^{-6} m^3/s$，几乎接近于 0。流出气体的氧气浓度也减少到 14%。同样地，细根附近的氧浓度也降低了。但是 13h 后再次开灯后，对流重新开始，氧气浓度也基本恢复到原来的状态。

由此可见，有光照且发生贯流（存在流入侧和流出侧）的条件下，对流作用十分显著。一般认为对流的大小与气孔的开闭、光合作用和蒸腾作用是相关联的。

10-6　芦苇的除氮效果

水生植物还会从水中的叶茎、地下的根茎或根释放出氧气以外的其他物质。人们曾期待水生植物能够释放出抗生素类物质，而现在人们普遍关注从沉水植物中释放的化感物质，本书第Ⅱ篇，中井在"利用植物的化感作用控藻"中对化感物质进行了总结。

植物修复也逐渐受到人们的关注，因为光合作用产生的有机物可从根部溶出，从而增加了根圈微生物的活性并促进了 PCB 等难分解性物质的分解。而若立足于脱氮观点的话，从根部溶出的有机物可作为脱氮所需的氢供体，从而提高氮的去除能力。

本章利用种植芦苇的芦苇过滤器（垂直流方式）和没有芦苇的对照组，介绍除氮的实验研究结果（图9）[42]。

栽植了芦苇的系统和未栽植芦苇的对照系。装置内填充了河沙。图中为两个芦苇过滤器和两个对照系。对照系中设有采集土壤间隙水的导管。

1997 年 6 月，采用以河沙为基土的试验槽，设置栽植芦苇的过滤组和未栽植芦苇的对照

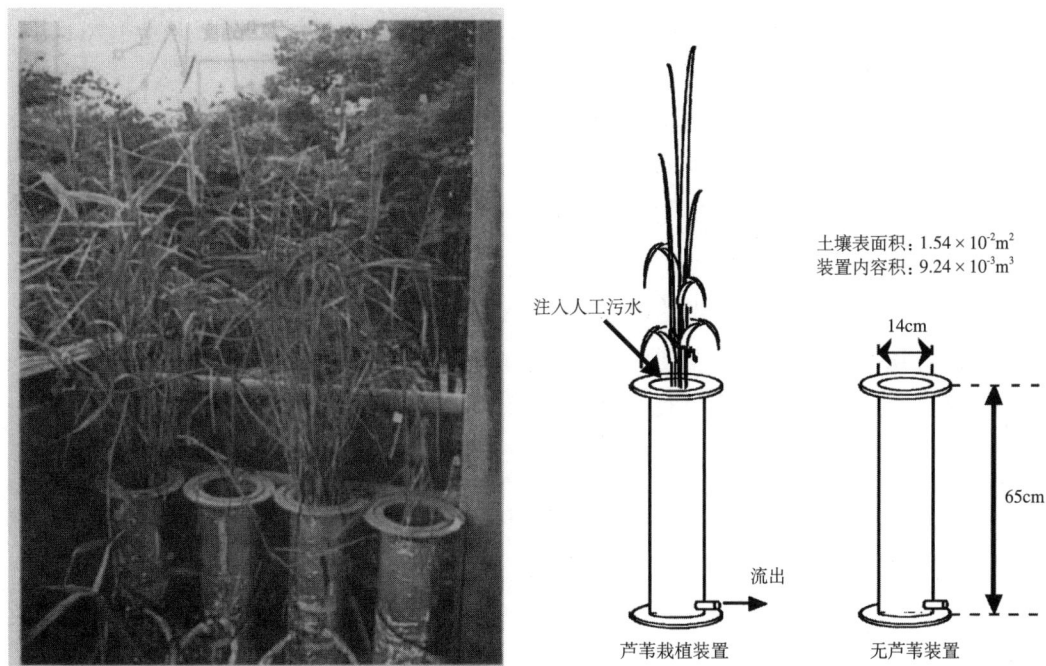

注入人工污水

土壤表面积: $1.54 \times 10^{-2} m^2$
装置内容积: $9.24 \times 10^{-3} m^3$

14cm

65cm

流出

芦苇栽植装置   无芦苇装置

图9   芦苇过滤器试验装置的概要与试验情况 [42]

分为栽植芦苇组和未栽植芦苇的对照组。装置内填充了河砂。照片为2个
芦苇过滤器和2个对照组。对照组中也有聚集土壤间隙水的导管。

组，从上部供给生活污水的人工配水，供水速度为5cm/d。对照组供水后，河沙表面容易产生堵塞，因此定期需进行挖除等维护管理。1997年向试验组植入芦苇，使其充分生长，试验数据从1998年2月开始采集到1999年1月。芦苇过滤器组和对照组一年内的运行状况的对比如图10和图11所示。

流入负荷可根据人工污水的氮浓度与进水流量计算，氮的去除速度可根据芦苇过滤器及对照组出水的氮浓度及出水流量计算。研究还利用稳定同位素 N^{15} 标识的硝酸盐氮配制人工污水，进水一周且脱氮速度达到稳定后，按图9所示，在芦苇过滤器及对照系上部安装设有搅拌器的密闭箱，将整个地上部分覆盖密封起来。一定时间后（30min或1h后），抽样采集密闭空间内的气体，测量气体中 N^{15} 浓度，根据其增加速度来估算脱氮速度。这种利用密闭空间实地测量水生植物与大气的交换速度的方法，相当于 Brix[39] 等人提出的方法②。计算中的流入负荷、氮去除速度及脱氮速度，均换算成每 $1m^2$ 芦苇过滤器表面求得。

无论是芦苇过滤器组还是对照组，氮去除速度及脱氮速度在夏季温度上升期出现增大的趋势，冬季温度下降期出现减小的趋势。迄今为止，芦苇过滤器中试装置（长95cm，宽40cm，高60cm）的除氮速度冬季也未出现过低的情况[43]，分析原因可能是试验室级别的小规模试验受气温的影响可能达到试验槽内根茎部分。槽越大，热容量就会越大，槽内的温度也就越不容易受到气温的影响。为确认这种可能性，我们在实验结束时的一月份，将芦苇过滤器搬到30℃的恒温室中，1天后测量脱氮速度发现与夏季的速度接近，为3gN/（m²·d）左右。由此可推断脱氮速度受气温的影响很大，如果加大试验槽，就可以降低冬季对氮去除速度及脱氮速度的影响。

如果以芦苇栽植的有无来估算年平均氮去除速度及脱氮速度，那么对照组分别为1.82gN/（m²·d）、1.48gN/（m²·d），而芦苇过滤器分别为3.76gN/（m²·d）、2.27gN/（m²·d），可以看出栽植芦苇使氮的去除速度及脱氮速度都增大了。芦苇过滤器组中氮的去除约有60%源于脱氮，这个比例与连续型氮处理系统相当。另外，对照组中氮去除速度和脱氮速度之间的差，可以认为是氮在槽内河沙中的蓄积，而芦苇过滤器组中则可认为是由于芦苇对氮的吸收和氮在槽内的蓄积。

芦苇过滤器中氮的迁移转化路径如图12所示。芦苇的存在不仅能够吸收氮，还可以从地上部分的芦苇向根茎输送氧气（见"10-5 根部氧气的放出"），继而在根的表面进行硝化反应，然后在厌氧的环境中脱氮（图10和图11）。

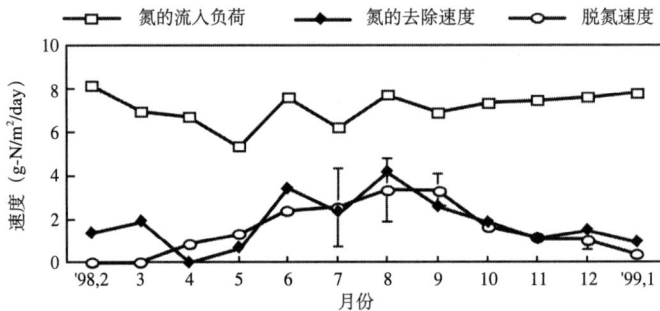

图 10　对照组中氮的流入负荷、氮的去除速度及脱氮速度的季节变化

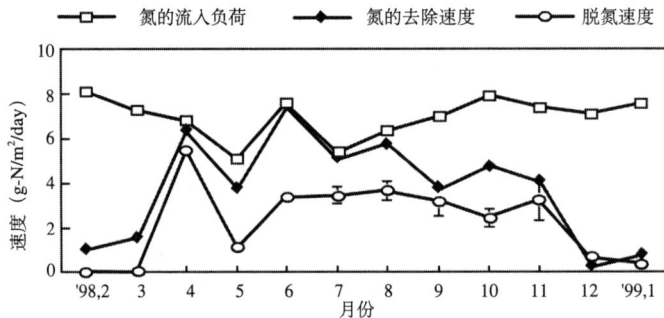

图 11　芦苇过滤器中氮的流入负荷、氮的去除速度及脱氮速度的季节变化

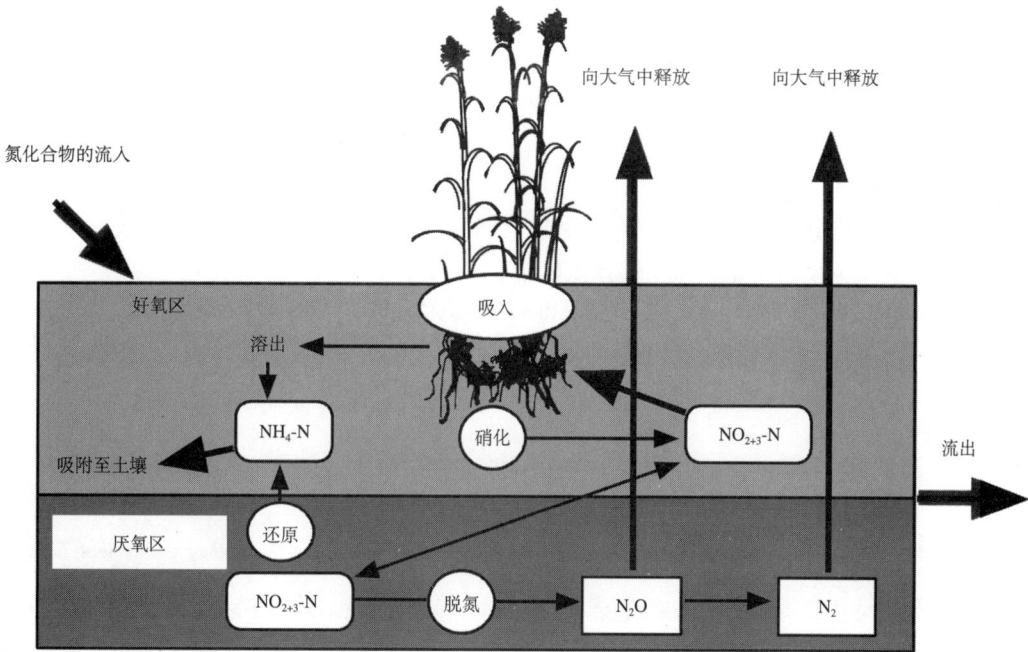

图 12 芦苇过滤器中氮的迁移转化路径

───引用文献───

1）Reed S. C. Middlebrooks, E. J. and R. W. Crites (1988)：Natural Systems for Waste Management and Treatment, McGraw-Hill Book Co.

2）U. S. Environmental Protection Agency (1988)：Design Manual: Constructed Wetlands and Aquatic Plant Systems for Municipal Wastewater Treatment. EPA/625/1-88/02. Office of Research and Development, Cincinnati, OH.

3）Hammer, D. A. Editor (1989)：Constructed Wetlands for Wastewater Treatment-Municipal, Industrial and Agricultural. Lewis Publishers.

4）Cooper, P. F., and B. C. Findlater, Editors (1990)：Constrcuted Wetlands in Water Pollution Control. Pergamon Press.

5）Reed S. C., R. W. Crites and J. E. Middlebrokkks (1995)：Natural Systems for Waste Management and Treatment. Second edition, McGraw-Hill, Inc.（石崎勝義・楠田哲也監訳,（財）ダム水源地環境整備センター企画（2001）：自然システムを利用した水質浄化－土壌・植生・池などの活用－, 技報堂出版)

6）Kadlec R. H., and R. L. Knight (1996)：Treatment Wetlands, CRC Press Inc., Lewis Publishers.

7）IAWQ (1997) Proceedings of International Conference on Treatment wetlands, Vienna, Austria, *Water Science and Technology*, **35**(5).

8）U. S. Environmental Protection Agency (1999)：Manual: Constructed Wetlands Treatment of Municipal Wastewaters. EPA/625/R-99/010. Office of Research and Development.

9）IWA Specialist Group on Use of Macrophytes in Water Pollution Control (2000)：Constructed Wetlands for Pollution Control, Processes, Performance, Design and Operation. Scientific and Technical Report No.8, IWA Publishing.

10）Brix, H. (1997)：Do macrophytes play a role in constructed treatment wetlands? *Water Science and Technology*, **35**(5), 11-17.

11) Brix, H. (1994) : Functions of macrophytes in constructed wetlands, *Water Science and Technology*, **29**(4), 71-78.

12) 藤原公一 (1996)：ニゴロブナの発育の場としてのヨシ群落の重要性. 第14回琵琶湖研究シンポジウム　農山村地域の生物と生態系保全，p.63-73.

13) Pettecrew, E. L. and J. Kalff (1992) : Water flow and clay retention in submerged macrophyte beds, *Can. J. Fish, Aquat. Sci.*, **49**, 2483-2489.

14) 細見正明 (2000)：河川生態環境評価法—潜在自然概念を軸として，玉井信行・奥田重俊・中村俊六編，東京大学出版会，p.124-134.

15) (財)河川環境管理財団 (1996)：河川整備基金事業　河川生態環境評価基準の体系化に関する研究報告書，平成8年度，194pp.

16) 細川恭史・三好英一・古川恵太・堀江　毅(1990)：植物体（ヨシ）による浄化能力の検討（その２）—ヨシ原の粗度効果とにごりろ過作用に水路実験—. 港湾技術資料，No.667，p.3-24，運輸省港湾技術研究所.

17) 細川恭史・三好英一・古川恵太(1991)：6.ヨシ原による水質浄化の特性. 港湾技術研究所報告，**30**(1)，205-237，運輸省港湾技術研究所.

18) Hosokawa. Y. and K. Furukawa (1994) : Surface flow and particle settling in a coastal reed field. *Wat. Sci. Tech.*, **29**(4), 45-53.

19) Kikuth, R. (1977) : Degradation and incorporation of nutrients from rural wastewaters by plant rhizosphere under liminic conditions, Utilization of Manure by Land Spreading, Comm. of the European Communitite, EUR5672e, London, p.235-243.

20) EPA (1993) : Subsurface flow constructed wetlands for wastewater treatment, A technology assessment, EPA832-R-93-008.

21) 相崎守弘・中里広幸 (1995)：植物水耕栽培系における根圏生物の変化と栄養塩の除去，水環境学会誌，**18**(8)，624-627.

22) 中里広幸・猪狩　将 (1992)：生態系を活用した低コスト水質浄化法（有機水耕栽培法），産業公害，**28**，254-261.

23) 桜井善雄(1988)：水辺の緑化による水質浄化，公害と対策（臨時増刊），**24**(9)，899-909.

24) Riber, H. H. (1984) : Phosphorus uptake from water by the macrophyte-epiphyte complex in a Danish lake: Relationship to Plankton, *Verh. Internat. Verein. Limnol.*, **22**, 790.

25) 津野　洋 (1990)：河川における自然浄化機構と数理モデル，自然の浄化機構，宗宮　功編著，技報堂出版，p.87-100.

26) Reddy, K. R. (1984) : Nutrient removal potential of aquatic plants, *Aquatics*, **6**(1), 15-26.

27) Gersberg, R. M., B.V. Elkins, S. R. Lyon and C. R. Goldman (1985) : Role of aquatic plants in wastewater treatment by artificial wetlands, *Water Research*, **20**, 363-368.

28) (財)河川環境管理財団 (2000)：植生浄化施設計画の技術資料(案)，平成12年11月17日，霞ヶ浦流入河川植生浄化技術検討委員会資料.

29) 渡辺義一・桜井善雄 (1986)：抽水植物の成長・枯死過程における窒素，リンの動向，日本陸水学会代51回大会講演集，150p.

30) 吉良竜夫 (1991)：ヨシの生態おぼえがき，琵研所報，**9**，29-37.

31) Bedford, B. L., D. R. Bouldlin and B. D. Beliveau (1991) : Net oxygen and carbon-dioxide balances in solutions bathing roots of wetland plants, *Journal of Ecology*, **79**, 943-959.

32) Sorrell, B. K. and W. Armstrong (1994) : On the difficulties of measuring oxygen release by root systems of wetland plants, *Journal of Ecology*, **82**, 177-183.

33) 野内　勇 (2001a)：湿地・水田からの大気への水生植物によるメタン放出機構，1.水稲のメタン輸送経路，大気環境学会誌，**36**(2)，A15-A25.

34) 野内　勇 (2001b)：湿地・水田からの大気への水生植物によるメタン放出機構，2.ハス・スイレン・ヨシなどの水生植物のガス輸送：マスフロー，大気環境学会誌，**36**(5)，A51-A57.

35) Grosse, W., J. Armstrong and W. Armstrong (1996) : A history of pressurized gas-flow studies in plants, *Aquatic Botany*, **54**, 87-100.

36) Armstrong, J., W. Armstrong and P. M. Beckett (1992) : *Phragmites australis* : Venturi-and humidity-induced pressure flows enhance rhizome aeration and rhizosphere oxidation, *New Phytologist*, **120**, 197-207.

37) 有門博樹・池田勝彦・谷山鉄郎 (1990)：水稲における通気組織と通気組織系に関する解剖学的ならびに生態学的研究，三重大学生物資源紀要，**3**，1-24.

38) Brix, H. (1988) : Light-dependent variations in the composition of the internal atmosphere of Phragmites australis (Cav.) trin. Ex Steudel, *Aquatic Botany*, **30**, 319-329.

39) Brix, H., B. K. Sorrel, and H-H. Schierup (1996) : Gas fluxes achieved by in-situ convective flow in *Phragmites australis. Aquatic Botany*, **54**, 151-163.(1996)

40) Sorrell, B. K. and P. I. Boon (1994) : Convective gas flow in *Eleocharis sphacelata* R. Br. :methane transport and release from wetlands, *Aquatic Botany*, **47**, 197-212.

41) Armstrong, J. and W. Armstrong (1990) : Light-enhanced convective throughflow increases oxygenation in rhizomes and rhizosphere of Phragmites australis (Cav.)Trin. Ex. Steud, *New Phytology*, **114**, 121-128.

42) 木村　基・楊　宗興・秋山博子・細見正明 (2000)：15 N トレーサー法を用いたヨシフィルターの窒素除去性能に関する研究, 水環境学会誌, **23**(11)，703-709.

43) Hosomi, M., K. Kisaka, Y. Nakagawa, M. Yumiki and A. Murakami（1995）：Three-year treatment performance of reed filter bed systems used for domestic wastewater and secondary effluent, International Conference on Natural and Constructed Wetlands for Wastewater Treatment and Its Reuse, Perugia, Italy (26-28 October 1995)

11. 流域水循环模型

(细见正明)

11-1 生态技术与水循环模型

本书的主题是用生态技术净化水质。然而，随着排水系统的普及，河流水质不断改善，虽然河流护岸仍被自然植被覆盖，但水量贫乏的河流已经不是原来意义上的河流了。笔者所属大学的校园位于多摩川的支流野川流域。如图 1[1] 所示，随着排水系统的普及，野川的流量一直在减少，实际上在长期无降雨的时期可以说几乎已经断流而变成一些零散的积水。

对于水质净化来说，水量也是很重要的，因为水量是决定停留时间的重要因素。而水量取决于水循环，特别是流域的水循环。山区的雨水降到地面后因势能快速流动，除因蒸发回到大气的部分外，相当部分的水渗透到地下比较迅速地成为伏流状态的地表水，另一部分渗透到更深的地下成为地下水，之后慢慢渗出后成为河水。降于平地的雨水有一部分蒸发，另一部分渗透到地下成为地下水或在地表流动成为河水。与此同时，这些水作为饮用水、农业用水或工业用水被利用后，通过净化槽或排水系统最终回到河流，再继续流入海域，最后在海域通过蒸发返回大气。

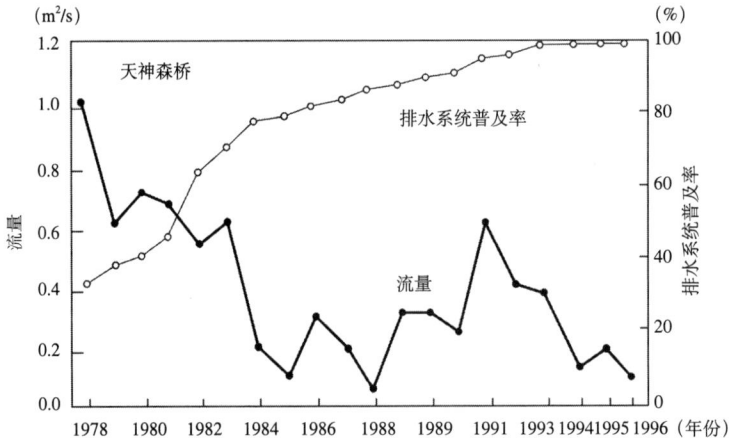

图 1　野川的流量与排水系统普及率的变迁 [1]

注：流量为公共水域水质测量值（资料篇）的月平均值。排水系统普及率根据下水道局资料换算为野川流域的普及率。

本章将雨水作为水循环的一部分，构建了评价降雨后河流流域内任意地点雨水流出过程的模型，考察了雨水渗透设施的效果及流域的土地利用与流出过程之间的关系。

11-2　城市化对河流流量的影响

随着近年来城市化的进程的加快，不透水区域，即混凝土和铺装道路等雨水不易渗透到地下的区域在不断增加，造成原本一边向地下渗透一边缓慢流入河流的雨水在短时间内集中流入河流，尤其是城市中心的河流，一旦下暴雨，短时间内雨水大量涌入河流，以致超过河流的排水能力，容易导致河水泛滥。

与降雨时流量增大相反，城市化的扩大阻碍了雨水向地下渗透，渗透到地下的雨水会转变为地下水，一部分在阶地成为泉水流出，或直接渗流到河流中成为河水。然而，不透水区域的增加致使地下水位降低，一方面导致泉水枯竭，另一方面也减少了平时河流保持的流量。结果就像我们在野川看到的一样，作为生物的生存空间和亲水空间的河流功能在不断消失。另外，地下水位的降低不仅增加了枯水的危险，还会造成绿地和行道树等植物的水分供给能力降低（其结果是导致蒸发散热能力下降），导致气温上升和干燥等城市气候的变化，也成为热岛现象的原因之一。

11-3　城市模拟系统的开发

在科技振兴事业团战略性基础研究推进事业的资助下，自 1996 年起开始实施"自立型城市代谢系统的开发"项目（项目负责人：东京农工大学柏木孝夫教授）的五年计划。该项目的目的是开发"城市模拟系统"[2]，通过城市的能量、物质、水等的投入量的最小化，探寻可持续发展的城市模型。研究内容包括①关键技术的研究与开发；②通过组合系统对减轻环境负荷效果的评估；③城市中的能量、水、废弃物、交通等代谢系统的模型化；④将所有因子有机结合，最终开发出能够以现实城市为对象，验证各种政策的导入对减轻环境负荷产生的效果的模型。城市模拟系统的定位是支持低环境负荷型城市计划的信息系统和工具。

城市模拟系统中，有必要使某个子模型输出的模拟试验结果依次传递到其他的子模型，从多个子模型的角度综合评价环境负荷的减轻效果和环境改善效果（图 2）。城市模拟系统子模型以共通的建筑用地或土地利用数据为基础数据。

环境低负荷型城市的首都功能转移问题也受到广泛关注。本章以八王子市为模型讨论人口规模数据库及交通数据库的可用性。

八王子市位于东京西部，周围被山地和丘陵围绕，为盆地地区，多摩川水系的河流基本都发源于该市西部。作为位于东京市中心以西约 40km 的卫星城，其多摩丘陵地区住宅用地开发持续推进，该市人口超 51 万人，周长 95.5km，面积 186.31km^2 是多摩地区最大的城市。八王子市东西较长，西侧的高尾山和阵场山山峦绵延，北侧的加住丘陵和南侧的多摩丘陵分别向东西延伸，东侧经过比较平坦的日野高地与关东平原相连[3]。

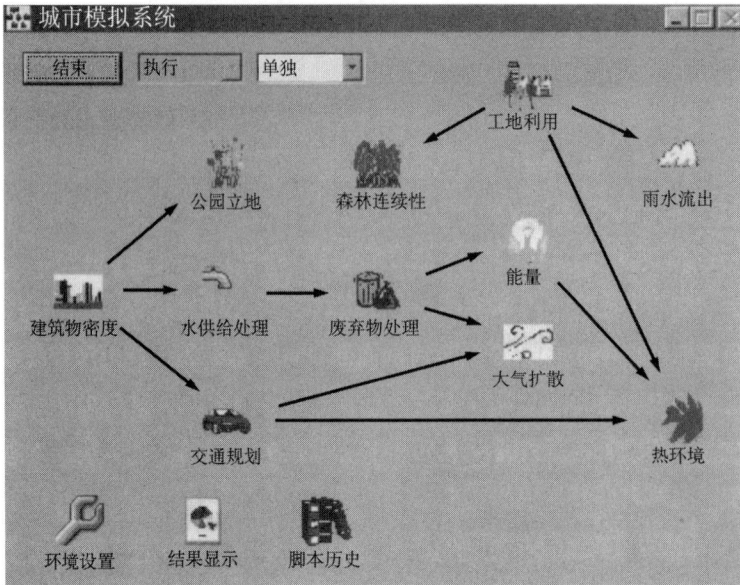

图2　城市模拟系统的启动画面

将精度为1/2500的建筑用地及土地利用数据的详细地图信息按图页分割，这样建模对象八王子市由70个图页构成。对整个市区范围进行模拟实验时，若每次模拟实验的前期都需对这些数据进行读取或统计，会因内部操作过多造成效率低下。因此，事先将建筑用地、土地利用数据分割成网格再用于模拟实验，以利于数据的压缩。网格尺寸越细越能保持原数据的精密度，但同时也会导致处理负荷增大，因此根据读取数据时间最终采用100m的网格精度。

如图3所示，为了简化城市模拟系统各子程序间的手续，同种类的子模型不直接接口计算机通过GIS（地理信息系统）主程序管理所有的子模型程序，包括控制启动、数据输入与输出结构等[4]。

内置于城市模拟系统中的水循环相关模型由供水子模型和雨水流出子模型（以下称为雨水流出模型）构成。前者具有估算上水供给、污水处理所带来的环境负荷的功能，并可针对各种可能削减环境负荷的代替方案的导入对输出量（环境负荷）所产生的影响进行评价，图4为对评价代替方案和输出的示例。

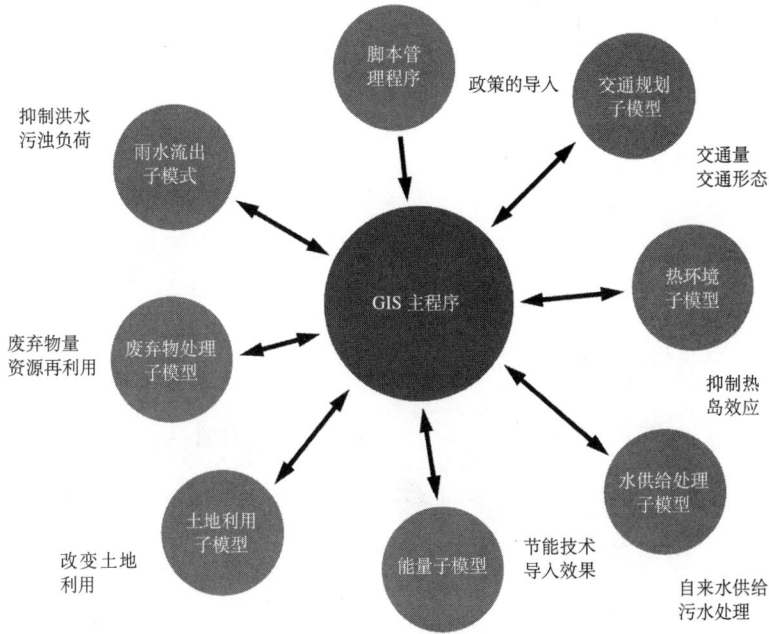

图 3　主程序和子模型的关系

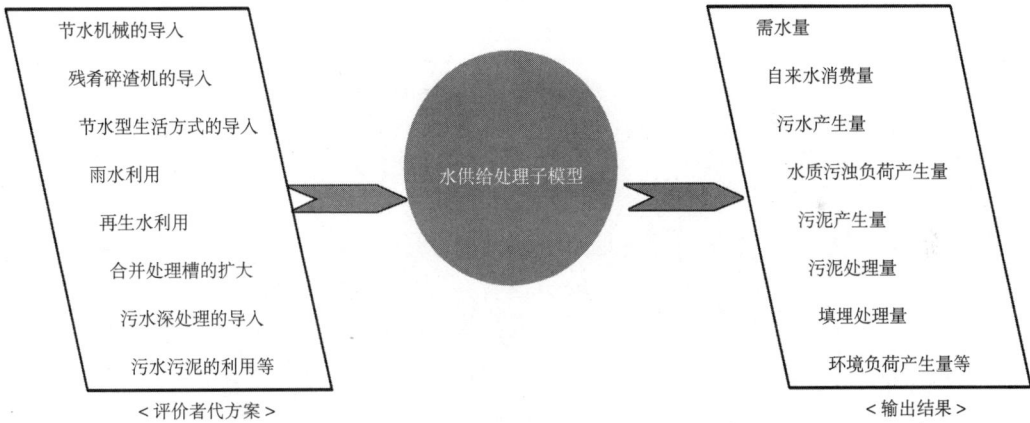

图 4　水供给处理子模型中代替方案菜单与输出结果 [4]

　　雨水流出模型可对降雨条件下河水的响应、洪水的抑制及河水质进行监测。如图 5 所示，由于雨水流出模型在层级关系中处于供水子模型的下游，所以具有连接供水子模型输出的功能，可以估算环境负荷因素对河流的影响。在雨水流出模型中，可根据受降水影响的土地利用计算面源污浊负荷的流出，再结合水供给子模型的计算得到点源污浊负荷来反映河水质的变化。

雨水流出模型从主程序中取得的以下数据：

- · 50m 高程的网格数据（国土精密数值信息）
- · 土地利用数据
- · 河流位置数据
- · 计算地点数据
- · 渗透设施数据
- · 100m 网格数据
- · 污水处理厂位置及污水产生量数据

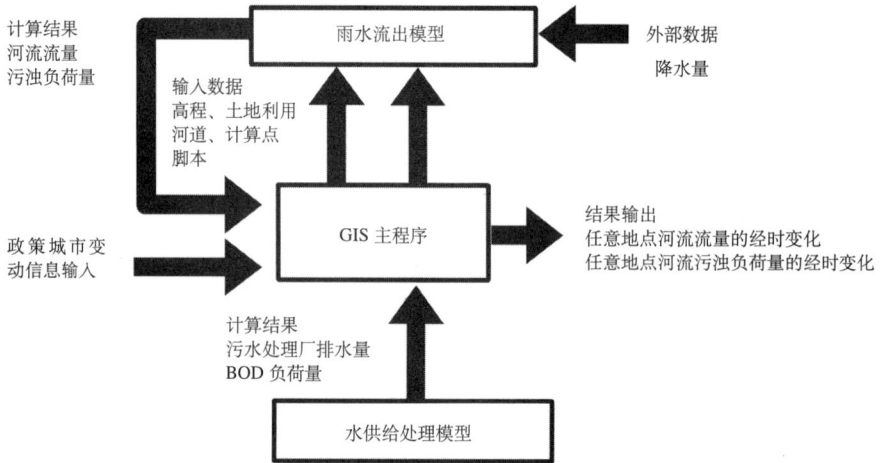

图5　GIS 主程序与雨水流出模型及水供给处理模型的关系 [4]

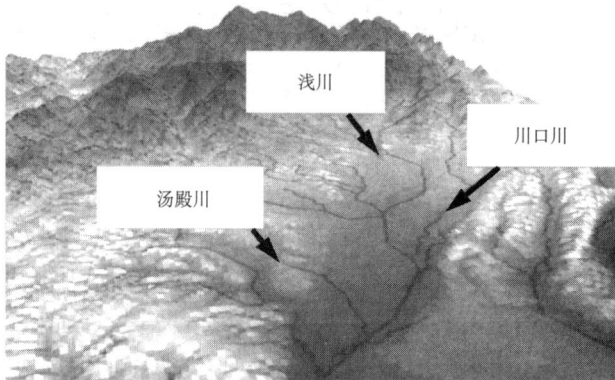

图6　八王子市三维鸟瞰图

此次模拟实验的对象河流为浅川、汤殿川及川口川。

八王子市 50m 高程鸟瞰图网格数据如图 6 所示，图中的 100m 网格土地利用数据根据 32 种土地利用类型分别统计相应的面积。河流中心线数据是基于东京都自然环境数据库的水路中心线中可使用的数据，根据城市模拟程序的要求的格式编辑而成。

11-4　基于 GIS 数据的流域确定方法

利用日本国土地理院的精密数值信息，可根据高程数据决定每个网格的倾斜度和流向。为使降雨和河水位的关系更接近现实，使其能够表示每隔 10 分钟的河流流量，设定了每次土地利用的流出系数及粗糙度系数，将市内分割成 100m 的四方网格，使雨水的流向清晰可见。

以八王子市区为例进行计算，利用 GIS 主程序中高程、河流位置、土地利用等数据，将市区分割成 100m 的四方网格（如图 7 所示），取毗邻的 8 个方位网格的高程差，确定最陡坡面的方向，以沿该坡面方向最终到达河流的地区作为流域。下文以高尾山等山脉作为水源，针对自西向东流经市内的浅川及其支流进行计算（图 8）。

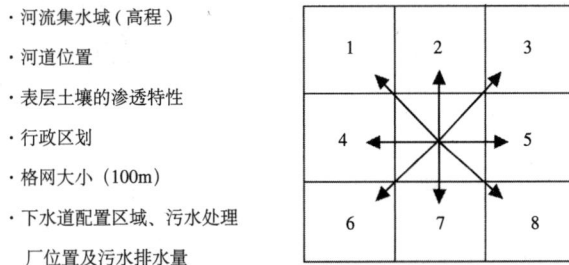

- 河流集水域（高程）
- 河道位置
- 表层土壤的渗透特性
- 行政区划
- 格网大小（100m）
- 下水道配置区域、污水处理厂位置及污水排水量

图 7　流经方向的判断

根据高程差计算从中心格网到 8 个方位的网格的最大坡度。

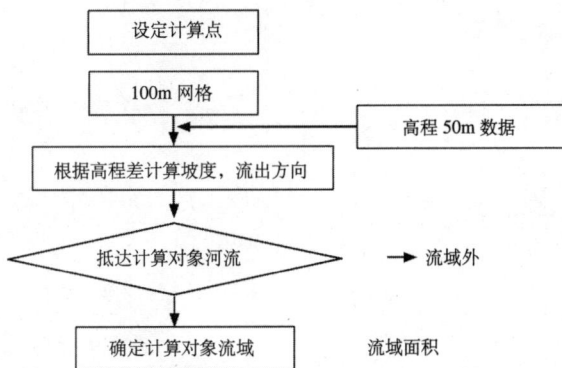

图 8　流域的确定流程

图 9 用颜色的深浅表示 BOD 负荷产生量的大小。浅灰色表示排水系统配置齐备的区域。从图中可以看出，JR 中央干线、京王线及国道 20 号沿线和八王子站周边等繁华街道、南大泽地区等新兴住宅社区的排水系统已经配置齐备，但此外的地区，特别是西部地区排水系统基本尚未配套。这些地域利用净化槽等设施对生活污水进行处理后，直接流出到河流中。

图 9　BOD 负荷产生量的网格数据

图中的粗线表示河流,细线表示街道社区行政区划的界线。细线环绕的区域为八王子市区,
浅灰色表示的部分是排水系统区域，白色部分表示净化槽处理区域，图中 100m 网格的颜
色越深，BOD 产生负荷量越大。

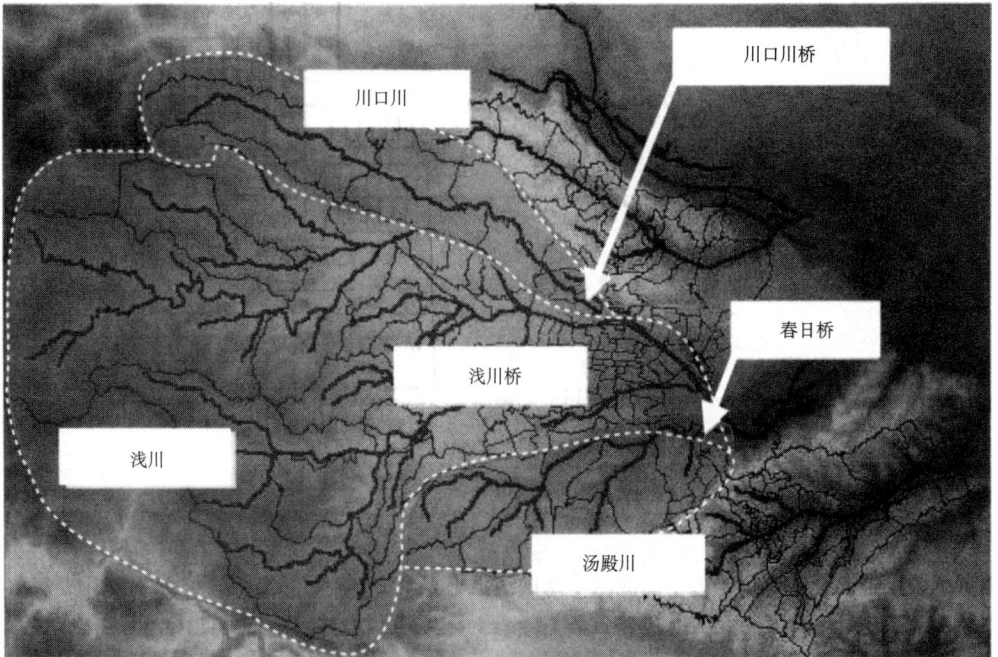

(a)

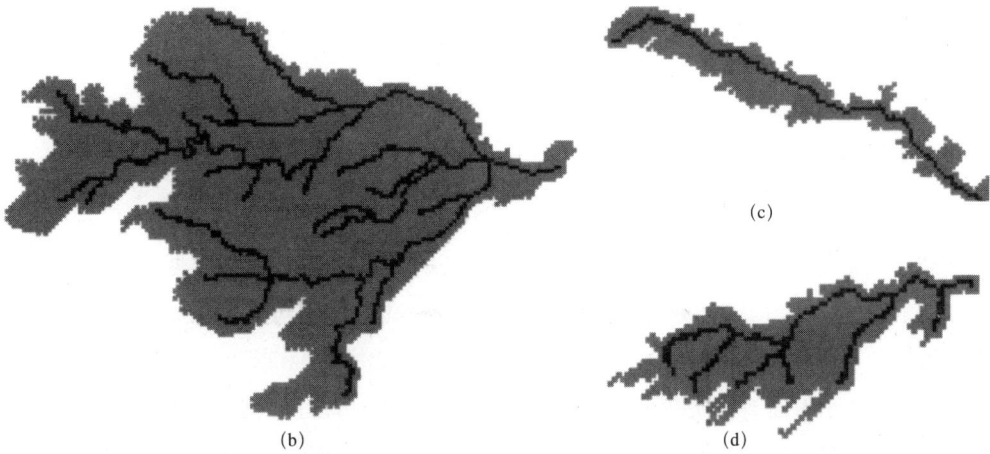

图 10　（a）浅川、汤殿川及川口川的流域图，（b）计算确定的浅川流域，
（c）计算确定的川口川流域，（d）计算确定的汤殿川流域

　　根据雨水流出模型对浅川、汤殿川及川口川各流域进行划分如图 10 所示，还可进一步由这些结果自动计算出各流域的面积。面积计算得出的结果与实际的流域面积的比较如表 1 所示[3]。城山川也可通过流域确定程序来求出流域面积。如上所述，因为各流域的形状和流域面积大体一致，可以认为流域确定程序能够十分精确地判断任何流域。

表 1　八王子市内河流流域面积的比较

	文献值[3]	模型求出的计算值
汤殿川	14.5	14.5
浅川	68.5	61.9
川口川	17.6	16.4
城山川	9.5	9.6

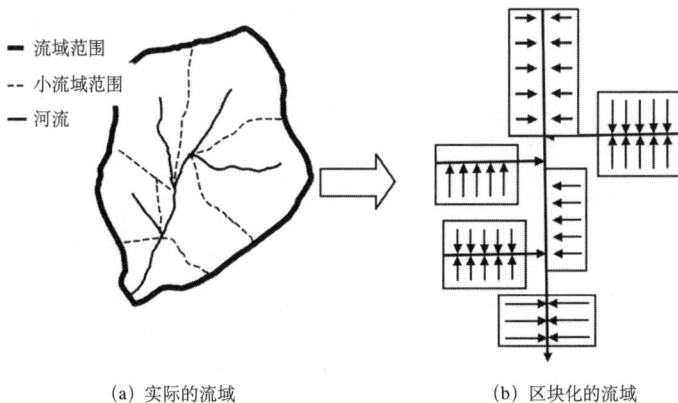

图 11　斜面流与河道流

（a）实际的流域　　（b）区块化的流域

11-5　雨水流出模型

（1）运动波模式

流域内的降雨最终表现为河流流量，这是雨水运动的基本特征，其物理过程可以用数学模式来表示和计算，其代表例为运动波模型。

运动波模型基于自然界的物理现象，对斜面流和河道流构建水力学模型。虽然实际流域地形复杂，但在考虑支流分布、地形或土地利用等因素的基础上可将其分割成若干区块。测量分割后各区块的斜面面积和河道长度，如图 11 所示，可构建由河道和长方形斜面构成的流域模型。这里的斜面长度由斜面面积除以河道长度来计算。本模型中将区块分割成 100m 的四方网格，以某时间段为单位时间（如 10min）对输入的降雨量连续进行计算，制成任意点上的流量水文图。

实际计算按照佐藤[5] 提出的方法进行。斜面流的运动方程用曼宁公式表达，与连续流的公式联立求解可计算出斜面流的流量。在河道流中，河流形状（河流下宽、河流上宽、河流梯度、河流粗糙度）明确的条件下，可以利用曼宁公式从坡度和截面面积来计算，河流形状不明的部分作为单纯的长方形，建立运动方程式，然后与连续流的公式联立计算河道流量。

（2）箱式模型

向地下的渗透、河流潜水径流及基底流出一般用箱式模型表示[6]。如图 12 所示，本章通过 3 层箱式模型进行计算（假定最上层的容器及第二层的流出口为两处），各自的模型参数如表 2 及表 3 所示。模型中各箱的面积即为对象的流域面积。

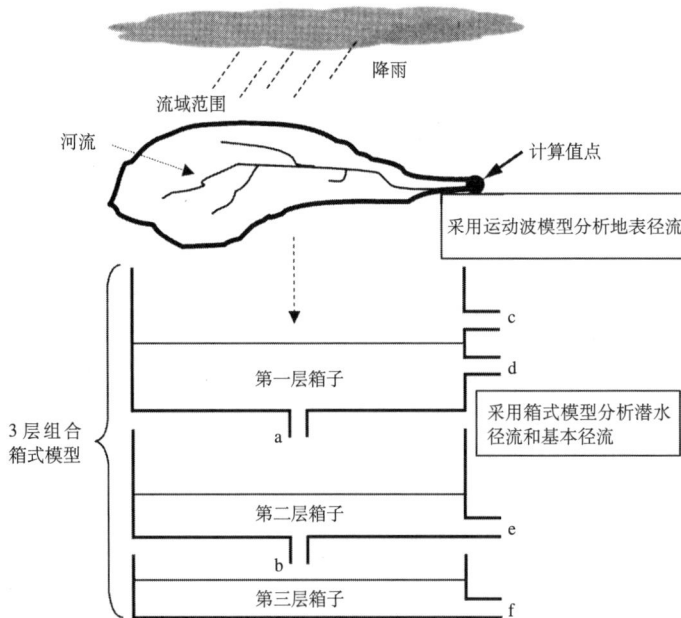

图 12 采用运动波模型的地表径流与采用箱式模型的潜水径流及基本径流

a,b：渗透孔；c：潜水径流流出孔；d,e：地下水流孔；f：基本径流流出孔

表 2　各箱及其距离各流出孔的高度

层数	箱高	潜水径流流出孔	地下水流出孔	渗透孔	基本径流流出孔
1	1.0×10^7	(c) 50	(d) 25	(a) 0	—
2	1.0×10^{13}	—	(e) 0	(b) 0	—
3	1.0×10^7	—	—	—	(f) 0

单位：mm

表 3　各流出孔的系数

层数	潜水径流流出孔	地下水流出孔	渗透孔	基本径流流出孔
1	(c) 1.4×10^{-2}	(d) 5.0×10^{-3}	(a) 7.0×10^{-5}	—
2	—	(e) 5.5×10^{-5}	(b) 7.0×10^{-3}	—
3	—	—	—	(f) 1.5×10^{-7}

（3）流出系数

流出系数是指降水量中成为地表径流的雨量比率，它随土地利用类型及地面状态变化而变化。森林和田地等土地利用中，因为雨水容易渗透到地下，成为地表径流的比率相对较小。但在地面被柏油或混凝土等覆盖的城市区域，雨水不易渗透到地下，成为地表径流的比率就很大。除土地利用之外，天气原因也对流出系数影响较大。持续晴天地面干燥时雨水容易渗透到地下，集中降雨或长时间降雨后雨水就很难渗透到地下，这种情况下必须考虑蒸散的作用。因此，要基于各网格内的 GIS 土地利用数据设定洼地的潜在蒸散，在充分考虑地面状态的基础上，根据第一层箱的水位来确定流出系数。随着第一层箱的水位上升，流出系数会逐渐增大，可按照饱和型响应确定流出系数。由此重新设定流出系数与箱的水位的关系式 [式（1）]。流出系数的确定方法如下所示。

假定第一层箱的水位 h 为 0 时流出系数是 rko，即干燥状态下的流出系数。第 n 小时的流出系数 rk_n 可根据第一层箱的水位 k_{n-1} 由以下的公式求出。为了使常数 a、b 尽量接近实际测量值，按经验将其设为 $a=0.5$，$b=60$。

$$rk_n = \frac{a \times h_{n-1}}{h_{n-1}+b} + rko \qquad\qquad 式 1$$

（4）蒸散

虽然在水循环理论中蒸散是非常重要的现象，但因其验证困难，这里采用了简略的模型——Hamon 公式[7]。

$$E_p = 1.40D_o^2 \times P_t$$

其中：

E_p：日平均可蒸散量（mm/day）

D_o：可照时间（以 12h 为 1 个单位）

P_t：气温对应的饱和绝对湿度（g/m^3）

首先将土地利用分为不渗透区和渗透区。渗透区是指按精密数值信息分类的水田、旱田、果树园、森林、荒地、山地，其他土地利用（道路、住宅等）为不渗透区，假定其地下渗透为零。因此，在不渗透区中，降水量减去根据 hamon 公式求出的蒸散量即为地表径流流出量。

如图 13 所示，在渗透区中，将第一层箱看作表层土壤，第二层及第三层箱看作潜水径流及基本径流。

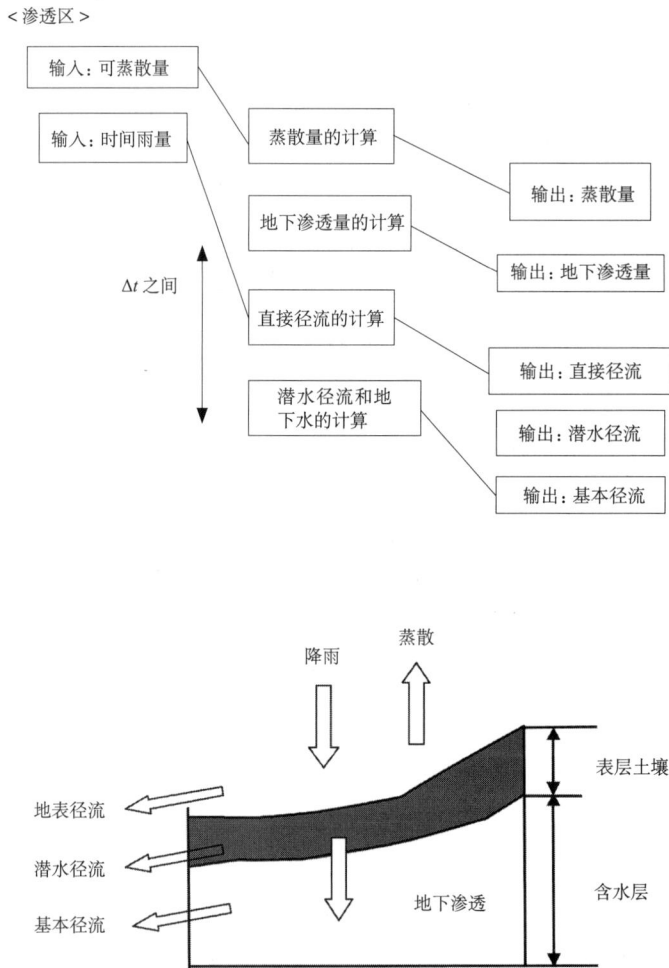

图 13 渗透区的模型化

11-6 基于雨水流出模型的流量计算 [8]

（1）实测值与计算值的比较

将 2001 年 6 月 14 日至 15 日汤殿川（照片 1，春日桥）的观测流量结果与雨水流出模型的计算结果进行比较，如图 14 所示。图中的雨量使用了八王子市气象局的自动气象探测系统（AMeDAS）的数据。虽然流量峰值的实测值略高于计算值，但整体模式大体是一致的。

2001 年 10 月 22 日至 23 日在汤殿川、浅川（照片 2，浅川桥）及川口川（照片 3，川口川桥）的观测点的观测流量与雨水流出模型的计算结果如图 15 所示。汤殿川及川口川的观测结果与计算

照片 1 汤殿川的测量地点（春日桥）

值非常一致，而浅川的计算值略低于实测值。箱式模型的参数如表 2 及表 3 所示，所有河流均使用了同一参数（但箱的面积是不同的，与流域面积成正比例）。值得注意的是浅川流域占据了八王子西部山区的很大面积，该山地的降雨量可能是造成计算值与八王子市内气象数据自动采集系统（AMeDAS）的数据不同的重要原因。换言之，根据单点的观测数据来计算广域的降水量数据很容易产生误差，因此，如果能得到山地的降雨数据有可能会实现更高精度的流量预测。

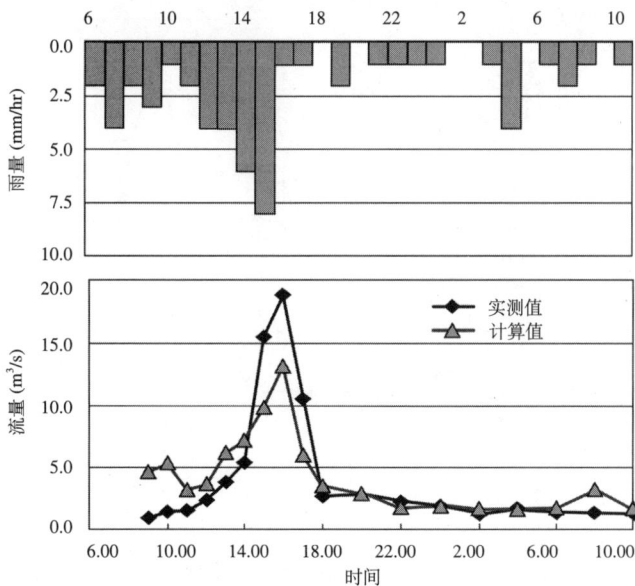

图 14 汤殿川的流量计算结果（6/14 ~ 15）

照片 2 浅川的测量地点（浅川桥）

照片 3 川口川的测量地点（川口川桥）

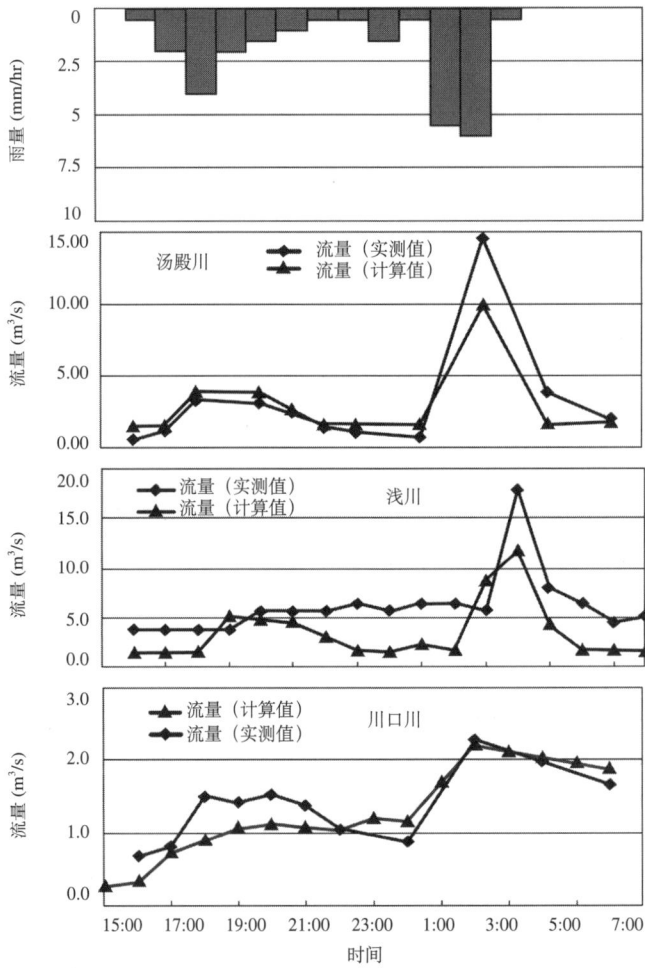

图15 3条河流同时观测得到的河流流量的实测值与计算值的比较

（2001 年 10/22 ～ 23）

（2）基于流域特性的考察

如上述图 10 和表 1（浅川、汤殿川、川口川的数据）所示，由于浅川的流域面积比其余两个河流大，而且山地很多，因此本章着重考察流域面积大致相同的汤殿川和川口川的流域特性差异。

汤殿川为浅川的支流，流域面积 14.5km²，流长 9.1km，流经市区后在长沼桥附近与浅川汇合。汇合点附近河岸为混凝土制护岸，上游到中游的住宅区的排水系统尚不完善。

川口川以今熊神社山地为水源地，在中野上町与浅川汇合，流长 15.0km，流域面积 17.6km²，为一级河流。上游地区城市化还没有发展到很高的程度。

从图 15 可以看出，对于存在两个峰值的降雨的来说，汤殿川的实测值与计算值的变化均很灵敏，也相应出现了流量的尖锐峰，与此相反，川口川虽然也出现了两个峰值，但流量的增加缓慢，降雨结束后的流量减小也很缓慢。汤殿川的最大流量是 10 ~ 15m³/s，而川口川的最大流量非常小只有 2.2 ~ 2.3m³/s。

汤殿川及川口川流域各种类型土地利用的面积所占的比率（土地占有率）如图 16 所示。两条河流流域内明显不同的是山地、荒地等及道路用地。川口川流域山地、荒地、水田、旱田等的面积比率约为 60%，而汤殿川流域为 32%；川口川流域住宅用地和道路的面积比率为 23%，而汤殿川流域为 41%。川口川流域山地等渗透区较多。而汤殿川流域道路用地等不渗透区较多。正是由于土地利用形态的不同，在同样的降雨条件下，汤殿川属于地表径流型河流，而川口川属于向地下渗透的同时形成潜水径流和基本径流的河流类型。

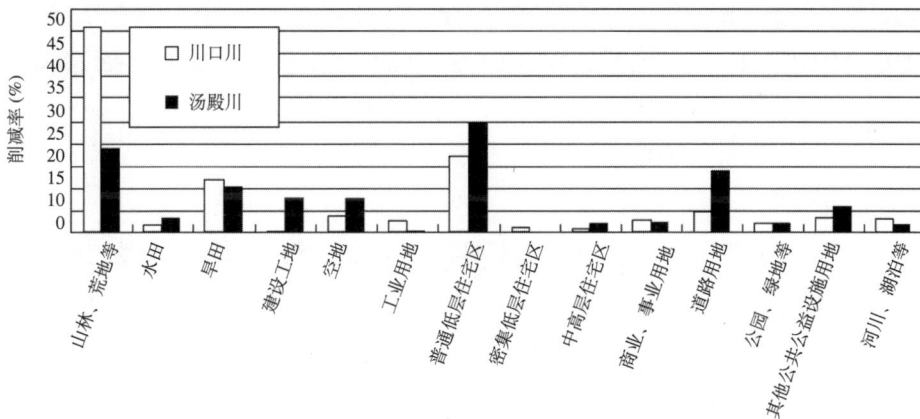

图 16　川口川及汤殿川流域内土地占有率的比较

（3）雨水渗透的效果

降雨暂时被树干或树叶储藏，再进一步渗透到树木的基土后被储藏起来。因此，在树木较多的山林地区，伴随降雨地表的流出量的增加速度变缓，从而使河流流量的峰值被抑制，降雨峰值与河流流量峰值之间产生时间差。此外，如果初期降雨量很少，雨水被树木或土壤贮藏起来，或是渗透到地下，基本不会出现地表径流。

雨水渗透设施就的目的就是产生这样类似山林地区的雨水流出抑制效果及雨水贮留效果。代表性的雨水渗透设施为雨水渗透池、渗透沟和渗透（透水）路面。另外，从雨水的储藏功能和雨水利用的观点来看，还有利用导水管将屋顶雨水引到地下储存的容器。雨水储存容器内的水可以作为冲厕用水等利用。

雨水渗透池在将屋顶的降雨引到池中暂时储藏，同时还具有让水渗透到地下的功能。超流量的部分可以通过连接到雨水渗透沟或下水管流出。有孔的渗透池周围填满碎石或小石子，雨水可从渗透池侧面或底面渗透到地下。位于上述野川流域的小金井市就以住宅中雨水渗透池设置的高比率而闻名。

另外，雨水渗透沟使用有孔的排水管来代替普通的排水管，与渗透池相同，雨水渗透沟在有孔的排水管周围填满碎石或小石子。通常情况下，雨水渗透沟被作为连接雨水渗透池的设施或作为雨水的排水设施。

渗透（透水）路面利用透水砖或透水混凝土块来铺设路面，或使停车场等场所的混凝土预制板接缝处具有渗透性，从而使雨水渗透到地下。这些设施可能会因为细小的土壤颗粒的蓄积导致堵塞，而造成渗透功能降低。

作为土地利用改变的案例，利用雨水流出模型，在设置雨水渗透设施时，对河流流量的影响进行了评价。但在对整个八王子市区域进行计算时发现，由于还留有很多的山地和绿地面积，所以虽然城区设置了雨水渗透设施，没有产生明显的雨水流出抑制效果。

于是，以小城镇为中心的流域汤殿川作为计算对象在汤殿川流域的居民住宅及政府机关等公共设施均设置了渗透池或渗透沟，并在道路上铺设了透水路面来计算。推算渗透沟、渗透池及透水路面的单位设计浸透能力和单位设施的空隙储藏量。流出系数和第一层箱的孔径设置如下：

a 渗透孔　　　　　　　0.0011

c 潜水径流流出孔　　　0.0025

d 地下水流出孔　　　　0.0004

图 17 表示输入连续一个多月实际降雨时汤殿川的流量变化。因为是以土地利用现状为前提得出的计算结果，所以仅作为现状模拟，用 ---- 线表示。针对现状，将雨水渗透设施引入设置到汤殿川流域的模拟结果由于雨水渗透设施的导入用粗线表示，二者的差的百分率即为削减率（细线）。在雨水渗透设置模拟中正的削减率表示河流流量得到控制，而且达到流量高峰期削减率变大。相反，由于渗透设施的设置，负的削减率表示河流流量增大。特别是强降雨之后出现了负的削减率。

从现状及设置雨水渗透设施后的模拟流量峰值可知，河流流量削减率一般在 15% ~ 40% 的范围内，平均削减 20% 有余。持续降雨后的峰值削减率会下降，但是与持续晴天后的降雨相比，削减率有变高的趋势。另外，降雨后的河流流量衰减期间，由于雨水渗透设施的设置，正如负的削减率显示的那样，河流流量也缓慢减少。

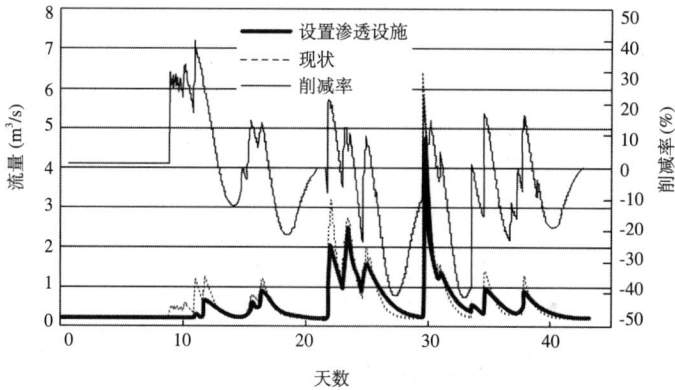

图 17　导入雨水渗透设施时河流流量的削减率（占现有流量的比率）

由于本次模拟结果是梅雨季节得出的，可以预想在夏秋台风季节和降水量稀少的冬季等，雨水流出趋势会有所不同，因此有必要探讨降雨类型等的影响。若从全年的情况来看，还需要探讨雨水渗透设施的设置对河流低水位维持流量的影响。考虑雨水渗透设施的普及时必须将以上影响综合考虑以确定最后的目标。

（4）污浊负荷模型

虽然下水道及合并处理净化槽等污水处理设施不断完善，但湖泊等封闭性水域和流向河流的污浊负荷并没有减少。这是因为降雨中的污浊物质、农田中肥料养分的流出、屋顶和道路等沉积的污浊物质等呈面状分散的污浊源负荷很高，这种非特定的、呈面状扩散的污染源即面源污浊负荷。

污浊负荷模型的构建分为面源模型和点源模型。我们采用和田[9]提出的双层流出模型作为面源污浊负荷的推算方法。城市区域雨天的污浊负荷一般大部分流到道路的侧沟，然后通过雨水管到达河流。因此和田将地表雨水的污浊物分为管渠流量的直接负荷量 Q 和排水区残存负荷量 S，综合两成分的线形得到运动方程式。和田将①地域特性（排水区面积、不透水面积率、屋顶面积率、地表坡度、人口、人口密度），②降雨特性（降雨量、前期降雨量、前期晴天天数、降雨持续时间）作为独立变量，通过多变量解析，总结出了系数计算公式。本章应用了这些公式进行计算。但和田模型原本是用于雨水干线污浊负荷的计算，因此本章将网格间的雨水交换看做雨水管进行处理采用此方法。

对于可确定的点源负荷—污水处理厂，城市模拟系统子模型中的水供给子模型中，假定可从 GIS 主程序中输出的污水处理厂的位置、产生的污水量、水质（BOD、总氮、总磷）数据作为雨水流出模型的输入数据，同时假定从排出源到河流的路径与流量计算时沿坡度方向到达河流的路径相同。计算时，根据文献来确定各土地利用类型的流经率。考虑流经时间和流经距离如图 18 所示，假设污水处理厂负荷为 0，只考虑面源负荷，对 BOD 与 SS 处的计算值与实测值可进行比较。 实测值为 2001 年 10 月 22 日至 23 日在浅川桥测量得出的数据。该数据显示 BOD 与 SS 的实测值与计算值大体一致，但总氮和总磷等的实测值与计算值相差甚远，因此，参数的检查今后还需进一步探讨。

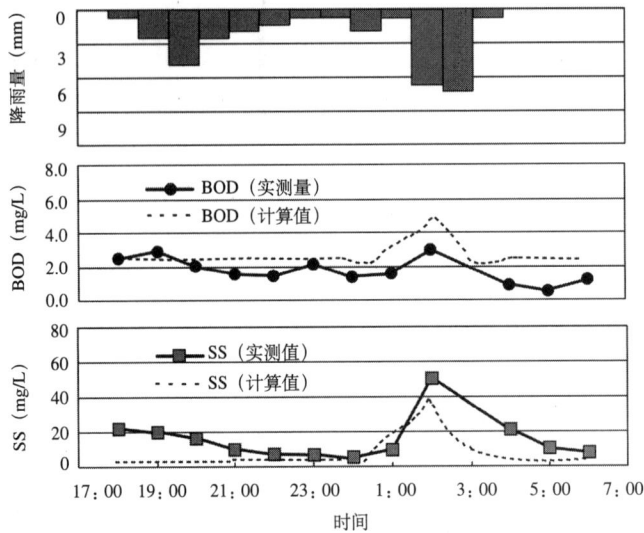

图 18　浅川中 BOD 及 SS 浓度的实测值与计算值的比较

本章开发了在河流任意点流域降雨时河流的流出过程的评价模型，探讨了雨水渗透设施的效果及流域的土地利用情况与流出过程之间的关系。该雨水流出模型以八王子市河流为对象进行计算时大体上再现了河流流量的变化，但还需进一步确认其通用性。当前，笔者正在探讨在多摩川的支流野川的模型的适用性。然而，与八王子市内作为分流式下水道的河流相比，野川流域内合流式下水道的区域很多，无法充分再现河流流量的经时变化。即，该模型是基于国土数值信息的 GIS 模型，是能对流域进行判断的雨水流出模型。但该模型不能直接应用到类似合流式下水道那样雨水会流到流域外的情况，所以需要对该模型进行改良。另外，再现 BOD 和 SS、氮、磷等污浊物质的流出过程的模型开发也迫在眉睫，那么雨水渗透到地下成为地下水的过程和其潜流过程中水质变化机理的阐明也成为我们必须解决迫在眉睫的课题。

——引用文献——

1）小倉紀雄（2002）：野川をめぐる研究と流域の市民のうごき，第 5 回日本水環境学会シンポジウム講演集（平成14 年度），67p.，（社）日本水環境学会.
2）細見正明・赤池一馬（1998）：環境負荷の少ない自立循環型都市シミュレータの将来像，日本機械学会誌，**101**(953)，241-244.
3）かんきょう八王子'99 環境保全レポート，p.62，八王子市環境部環境保全課.
4）関口義弘・細見正明（2001）：地理情報システム（GIS）を用いた水循環モデル，用水と廃水，**43** (1)，43-47.
5）佐藤勝夫（1982）：洪水流出計算法，p.234-249，山海堂.
6）菅原正巳（1972）：流出解析法，共立出版.
7）日野幹夫・太田猛彦・砂田憲吾・渡辺邦夫（1989）：洪水の数値予報，p.36-40，森北出版.
8）細見正明・関口義弘・星野岳史（未発表データ）
9）和田安彦（1990）：ノンポイント汚染源のモデル解析，p.214，技法堂出版.

Ⅲ. 应用篇：基于生态 技术的水质净化技术

1. 植物净化法的设施规划与技术

（佐藤和明）

1-1　植物净化法的特性

植物净化法是指将污水或被污染的河水导入栽种了植物的净化设施，通过净化设施内的沉淀、土壤的吸附、植物的吸收与分解功能来去除污浊物质的方法，其特征是在去除 BOD 的同时，可以去除氮、磷等营养盐。植物净化法除施工与维护管理可以十分节能外，净化设施本身还为生物提供了生存与繁殖的场所，因此日本将植物净化法的实施地定位为环境教育场所，近年来实施植物净化法的事例逐步增加。

（财团法人）河流环境管理财团不仅开展植物净化设施的全国性调查，还在流入霞浦湖的山王川与国土交通省霞浦湖河流事务所联合进行长达几年的植物净化试验，同时调查了清明川河口地区已施工的植物净化设施。这些试验调查结果的总结见"植物净化设施规划技术资料"[1]。本章则以在技术资料中所总结的以知识点为中心的介绍为基础，探究日本植物净化法的应用课题。

（1）植物净化法的分类

植物净化法在美国大致分为湿地法和浮水植物法，湿地又分为自然湿地法（Natural wetland）和人工湿地法（Constructed wetland）。而人工湿地法又分为进水流经湿地表面的地表径流方式（Free Water Surface: FWS）和以土壤·砂石构成的过滤层作为植物基土的潜水径流方式（Subsurface Flow: SF）[2]。

日本的植物净化方法多种多样，按其设施的特征分类如图 1 所示。

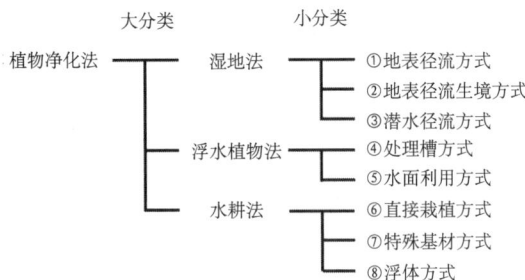

图 1　植物净化法的分类

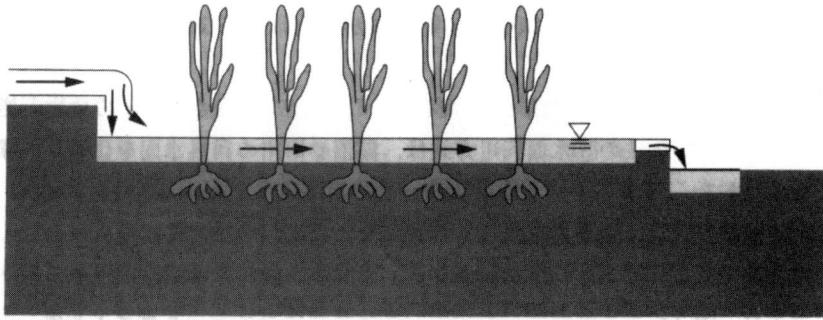

图 2　湿地法：地表径流方式概略图

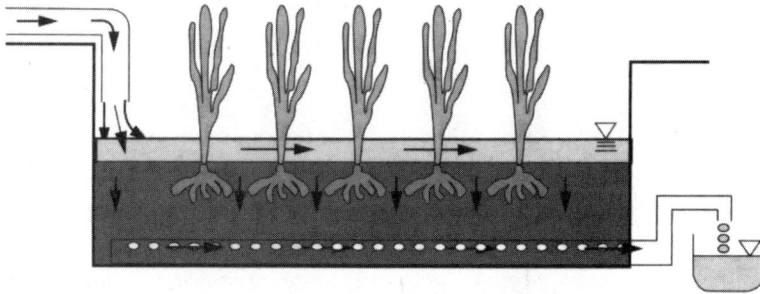

图 3　湿地法：潜水径流方式概略图

图 4　浮水植物法：处理槽方式概略图

图 5　水耕法：特殊基材方式概略图

湿地法中①地表径流方式的设施概略如图 2 所示。利用自然或人工湿地，植物扎根于底质并露出水面以上。因为水的流动主要在地表以上的部分进行，所以为了提高净化效果，使植物槽中的水深相同而成为均一流。②地表径流生境方式是相对于地表径流方式来说的，这种方式在改善水质的同时，尝试对多种生物和植物进行配置，是水深和形状多样的生境方式。③潜水径流方式如图 3 所示，是指进水渗透土壤和砂石中潜水径流出的方式，土壤中的植物根圈在水质净化中发挥了重要的作用。

浮水植物法中的④处理槽方式的概略如图 4 所示，处理槽中配置了凤眼莲等浮水植物。浮水植物法中⑤水面利用方式是指将在湖泊和河流的自然水面隔开一片区域并在其中配置浮水植物的方式。

水耕法中⑥直接栽植方式是指在设置的处理槽中栽植西洋菜等广义上的挺水植物和花卉等的方式，基材或为土壤形态，或为在铺有混凝土和薄膜层的水中根茎密生的形态。图 5 所示为水耕法中的⑦特殊基材方式，该方式使用沸石等材料作为特殊基材，栽植带根的风车草和花卉等植物。另外，基材为浮体的方式被称为浮体方式。

（2）植物净化法中应用的植物

日本植物净化设施中实际使用的植物如表 1 所示。该表根据 1999 年日本全国问卷调查及文献调查整理而成的。从表 1 可以看出，使用芦苇、茭白等挺水植物，西洋菜等广义挺水植物，凤眼莲等浮水植物的案例逐渐增多。另外，虽然有很多案例采用了外来物种的植物，但现阶段的原则仍是使用当地物种。

表 1　植物净化法中应用的植物[1]

分类	①挺水植物							②广义上的挺水植物			③浮水植物		④浮叶植物		⑤沉水植物					⑥其他				合计
植物名	芦苇类	茭白	香蒲类	黄菖蒲	菖蒲	莲类	其他	西洋菜	粉绿狐尾藻	水芹	凤眼莲	浮萍类	菱类	荇菜	人厌槐叶萍	水蕴草	穗花狐尾藻	水盾草	其他	风车草	大麻槿	蔬菜水稻豆类等	花卉类	合计
文献　实际设施	2	2						1			2													7
文献　净化试验	20	5	1	6	3		4	9	2	2	22	2	1		2	2			7	2	1	6	13	110
文献　净化相关调查	15	3	3		2						1	1	1		1				1					28
案例　实际设施	23	2	7	5	4		4	6	3	4	7				1		1						2	2	71
案例　净化试验	10	2	1	1		1	3	6			3	1								1	3	3	3	39
山王川净化试验	1	1									1						1	1						6

续表

分类	①挺水植物							②广义上的挺水植物			③浮水植物		④浮叶植物	⑤沉水植物						⑥其他				合计
实际设施（合计）	25	4	7	5	4		4	7	3	4	9			1		1						2	2	78
净化试验（合计）	31	8	2	7	3	1	7	15	3	5	24	2	1		2	2	1	1	8	5	4	7	16	155
净化相关调查（合计）	15	3	3			2					1	1	1		1				1					28
合计	71	15	12	12	7	3	11	22	6	9	34	3	2	1	3	3	1	1	9	5	4	9	18	261

▨ 为外来物种

选择植物净化中所使用的植物时，需考虑到当地的气候条件和植物的生长特性等。另外，以去除 N、P 为目的时，还需参考各种植物单位面积的 N、P 吸收速度的数据及单位生物量中的 N、P 含量的数据。这些数据整理汇总如表 2 所示。

表 2　植物净化中应用的主要植物的生长特性

分类	植物名	单位干重生物量中的含量（%）		吸收速度 [g/(m²·d)]				
				文献值		山王川（实验值）		
		N	P	N	P	N	P	收割·间苗时期
①挺水植物	芦苇[3,4]	0.8 ~ 3.5	0.1 ~ 0.4	0.269	0.027	0.034 ~ 0.157	0.001 ~ 0.010	每年秋季收割1次（n=10）
	茭白[4]	0.8 ~ 2.8	0.1 ~ 0.5	0.490	0.104	0.141	0.013	每年夏季收割1次（n=1）
						0.056	0.006	夏季收割后秋季收割（n=10）
						0.062 ~ 0.096	0.004 ~ 0.010	每年秋季收割1次（n=4）
	香蒲[3]	0.9 ~ 2.4	0.1 ~ 0.3					
	宽叶香蒲[3,4]	1.0 ~ 2.0	0.1 ~ 0.3	0.610	0.107			
	莲[3,4]	3.0 ~ 5.0	0.3 ~ 0.4	0.450	0.100			
	水葱[4,5]	2.0 ~ 3.0	0.3 ~ 0.5	0.416	0.016			
②广义上的挺水植物	西洋菜[3~5]	2.5 ~ 5.1	0.3 ~ 0.8	0.669	0.420			

续表

分类	植物名	单位干重生物量中的含量（%）		吸收速度 [g/（m²·d）]				
				文献值		山王川（实验值）		
		N	P	N	P	N	P	收割·间苗时期
②广义上的挺水植物	粉绿狐尾藻[6]	1.5 ~ 3.7	0.1 ~ 0.9			0.478	0.081	3 ~ 6 月低密度中的生长（n = 1）
						0.365	0.063	7 ~ 8 月低密度中的生长（n = 1）
						0.200	0.034	9 ~ 10 月低密度中的生长（n = 1）
						0.039	0.016	11 ~ 来年 3 月高密度越冬时的生长（n = 1）
③浮水植物	凤眼莲[3, 4]	2.1 ~ 4.0	0.4 ~ 0.9	1.104	0.205	0.787	0.079	6 月低密度中的生长（n = 1）
						0.425	0.056	7 ~ 8 月低密度中的生长（n = 1）
						0.562	0.125	9 ~ 10 月低密度中的生长（n = 1）
	浮萍[4]	2.8 ~ 4.6	0.3 ~ 0.5	0.240	0.059			
④浮叶植物	菱[3, 4]	1.2 ~ 4.0	0.1 ~ 0.7	0.363	0.100			
	莕菜[3 ~ 5]	3.0 ~ 3.9	0.3 ~ 0.4	0.500	0.100			
⑤沉水植物	水蕴草[4, 7]	2.0 ~ 4.1	0.3 ~ 0.8	0.342	0.182			
	穗花狐尾藻[5]	2.5 ~ 2.9	0.3 ~ 0.4					
	水盾草[7]	2.4 ~ 3.3	0.3 ~ 0.7					
⑥其他	风车草[8]	1.0	0.6	0.108	0.024			
	香豌豆[9]	4.8	0.6					
	大麻槿[10]			1.2	0.18			
	南非菊[10]			1.7	0.5			
	雏菊[9]	3.9	0.4					

注：1 单位干重生物量中氮磷的含量采用由若干文献和山王川的试验数据中取最大值和最小值。

2 只包括挺水植物和风车草中可以进行收割的地上部分的值。

3 其他植物的数据是来自于水耕栽培的数据。

4 吸收速度的文献值是从整理了若干文献后形成的文献 4) 中引用的数据，另外，山王川（试验值）是在山王川的试验条件下得出的数据。

在浮水植物法和水耕法中，研究收割（去除）植物净化 N、P 时，还需考虑收割（去除）的时期和频度。如果不以考虑植物收割的作用为主，而是希望达到整年的净化效果，植物越冬形态就很重要。湿地法中，枯死后的组织仍然很坚硬且不易腐烂的芦苇等能够原样越冬的植物，在水耕法中是十分有利的。举例来说，广义上的挺水植物粉绿狐尾藻和西洋菜，在日本关东地区以南可以保持常绿状态越冬。

（3）植物净化法的净化原理

植物净化的净化机制可分为：①沉淀（包括过滤）作用，②土壤的作用（脱氮、吸附、分解等），③植物的效果。另外，还存在一些负效果，如来自于土壤和植物的营养成分重新回归到系统中。上述净化机制的概略如图 6 所示。

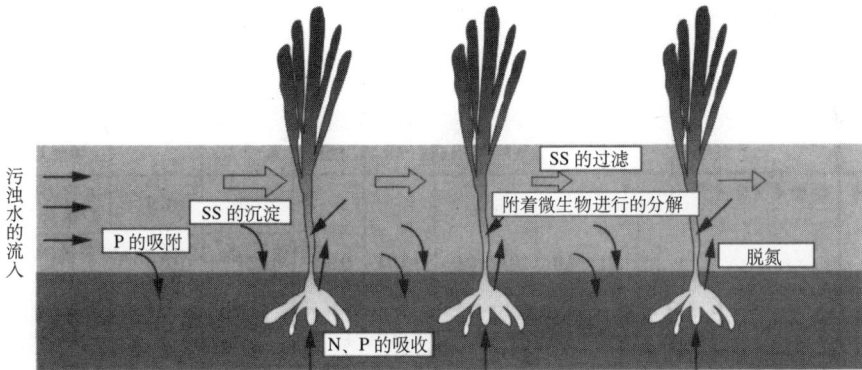

图6　净化机制的概略图

当原水悬浊成分很高时，沉淀是主要的净化机制。另外，除了 N、P 吸附之外，土壤中还存在脱氮现象。而植物的效果不仅包括植物体对营养盐的吸收，还包括植物的接触沉淀效果、过滤效果及附着微生物的生物反应产生的效果。在植物净化设施中，厌氧底泥、腐烂的植物和浮游植物等可能由于内部生产物的流出等会导致污浊物重新回到系统中，因此整体的净化效果是在减去了这些负效果之后达到的最终效果。

将上述净化机制的相对大小进行比较，并用试验设施中营养盐的物质平衡来表示，如图 7 所示。流入原水为污浊的河水，设施停留时间约 4h，采用芦苇、茭白、粉绿狐尾藻为对象，求得了长达一年的试验中的营养盐物质收支。从结果来看，整体的去除率并不是很高，只有 20% ~ 30%，氮去除以脱氮及底泥蓄积为主，磷去除主要以底泥·土壤蓄积为主。通过植物体吸收营养盐去除的 N 和 P，芦苇、茭白只有 1% ~ 3%，但粉绿狐尾藻却达到了 11%。原因可能是粉绿狐尾藻生长速度相对较快，而在试验期间只在粉绿狐尾藻槽进行过收割所致。

151

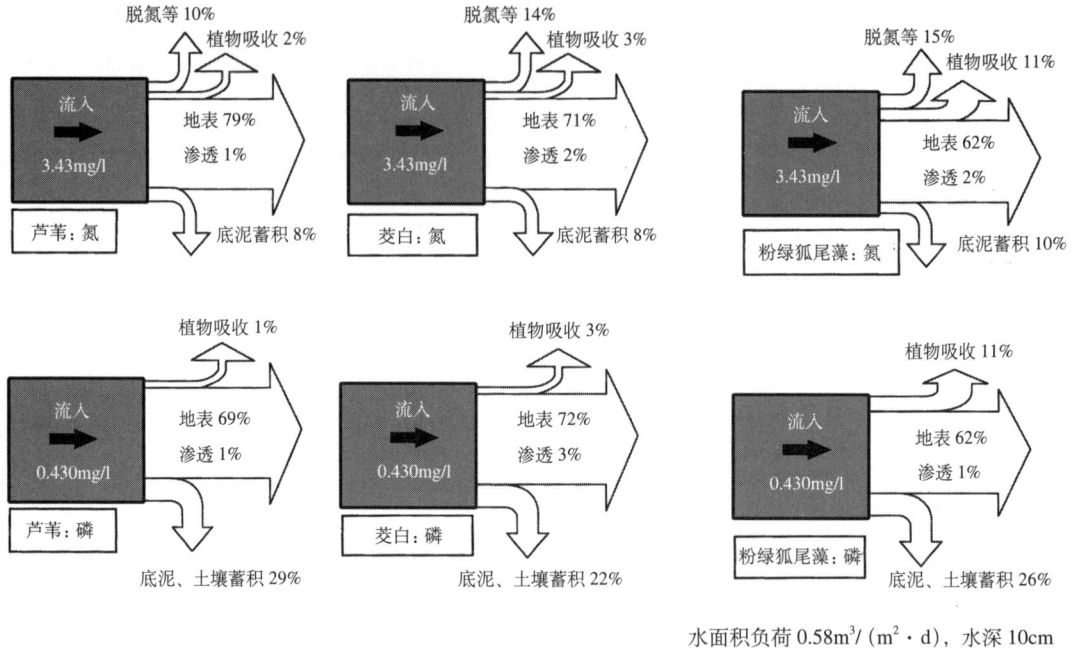

水面积负荷 0.58m³/（m²·d），水深 10cm

图 7　山王川试验中芦苇、茭白、粉绿狐尾藻的营养盐负荷量收支

1-2　植物净化法的设施规划

（1）日本植物净化法的特点

图 8 为日本植物净化设施的水面积与欧美的比较，图 9 为日本植物净化设施的水面积负荷与欧美的比较，表 3 表示日本各主要植物净化设施与欧美的比较。日本的数据来源于 1999 年的问卷调查中 16 座地表径流方式湿地处理设施[3] 及文献中 2 座处理设施的信息 [4, 5]，欧美的数据来源于 Brix[6] 整理的地表径流方式湿地的数据。

欧美的湿地净化设施的水面积规格各异，平均为 30hm²。日本除一座以外其余均在 4hm² 以下，平均 1.9hm²，除去最大的设施后平均 0.9hm²。欧洲的湿地净化设施的水面积负荷多为 0.05 [m³/（m²·d）] 以下，平均 0.029 [m³/（m²·d）]；日本除 3 座以外其余均都在 0.3 [m³/（m²·d）] 以上，平均为 1.05 [m³/（m²·d）]。另外，欧美的湿地净化设施的水力停留时间（HRT）平均为 10.3d；日本除 4 座设施外均在 0.25d（6h）以下，平均为 0.72d。一般来说，日本的设施倾向于利用小规模设施在短时间内处理大量污浊水，这些数据大部分为 1982 ～ 1986 年在山王川利用芦苇进行的净化试验 [7] 中的结果。

将日本的上述设施的进出水的主要水质指标与欧美进行比较，结果如表 4 所示。但由于比较的对象仅限于已经得到水质数据的设施，所以从项目来看，欧美的数据值为 40 左右，而日本的数据值为 9 ～ 13。

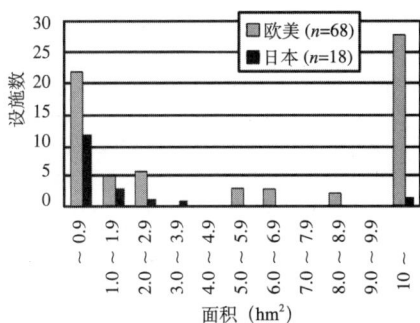

图8 设施的水面积的比较

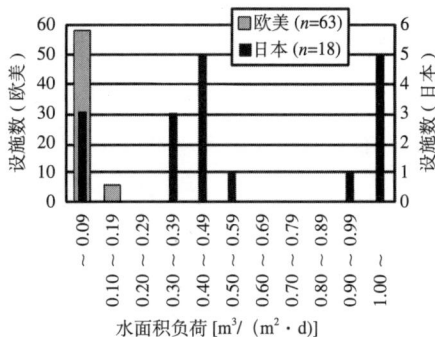

图9 设施的水面积负荷的比较

表3 日本与欧美主要湿地净化
设施的比较（平均）

项目	欧美	日本
水面积（hm²）	30	1.9（0.9）a)
水面积负荷 [m³/（m²·d）]	0.029	1.05
水力停留时间（d）	10.3b)	0.72

a）除去最大的一处设施后的值
b）假设平均水深为0.3m

表4 日本与欧美主要水质指标比较（平均）

项目		欧美	日本
进水水质	BOD	41	12
	SS	49	18
	T-N	11.9	3.6
	T-P	4.1	0.3
出水水质	BOD	11	3
	SS	17	12
	T-N	4.5	2.7
	T-P	1.9	0.2

（单位：mg/L）

欧美的植物净化设施一般多用于污水处理或污水处理水的最终处理，进水为有机成分和营养盐含量高的水，因其水力停留时间长、水面积负荷小，去除率平均在50%以上。而日本的植物净化设施多以去除河水和湖泊水中的营养盐为目的，进水浓度约为欧美的几分之一（9处中有6处BOD的浓度在3mg/L以下），出水的浓度一般也低于欧美。

（2）植物净化设施的设计思路

日本常用的地表径流方式湿地资料中使用的植物一般为芦苇和茭白，以下介绍以日本的数据为基础的设计值的概况和设计思路。下图所示为日本全国的地表径流方式湿地中的24组N、P的年平均去除率。（BOD的去除率有15组数据）对象净化设施运转年数多在5年以内。

$$停留时间：停留时间 (d) = \frac{槽容量 (m^3)}{进水水量 (m^3/d)} = \frac{水面积 (m^2) \times 平均水深 (m)}{进水水量 (m^3/d)}$$

$$水面积负荷：水面积负荷 [m^3/(m^2 \cdot d)] = \frac{进水水量 (m^3/d)}{水面积 (m^2)} = \frac{平均水深 (m)}{停留时间 (d)}$$

此处所指的停留时间为由设施的水面积和平均水深求得槽容量，再用进水水量除以槽容量计算得出的结果。众所周知，由于短路流的存在等原因，实际的停留时间会相对变短。

图 10 为设施停留时间与各水质指标的去除率对比的结果。如图所示，停留时间在 10h 以内时，停留时间越短去除率越低。

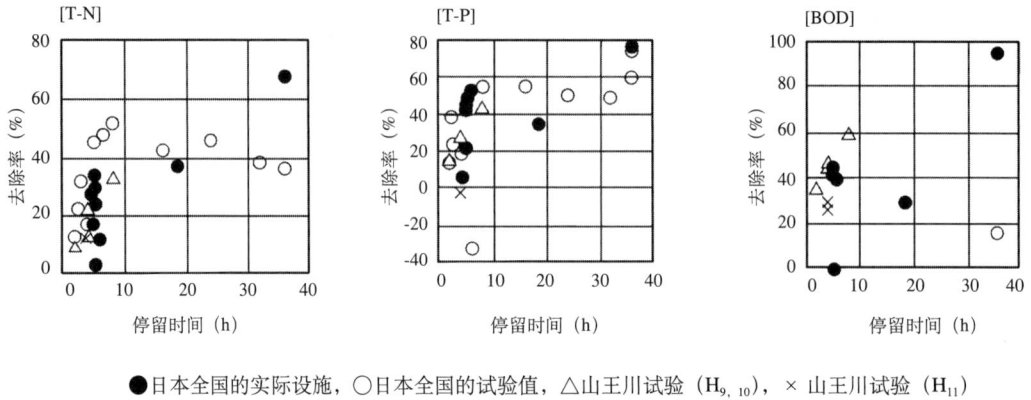

●日本全国的实际设施，○日本全国的试验值，△山王川试验（$H_{9,10}$），× 山王川试验（H_{11}）

图 10　停留时间与去除率的关系

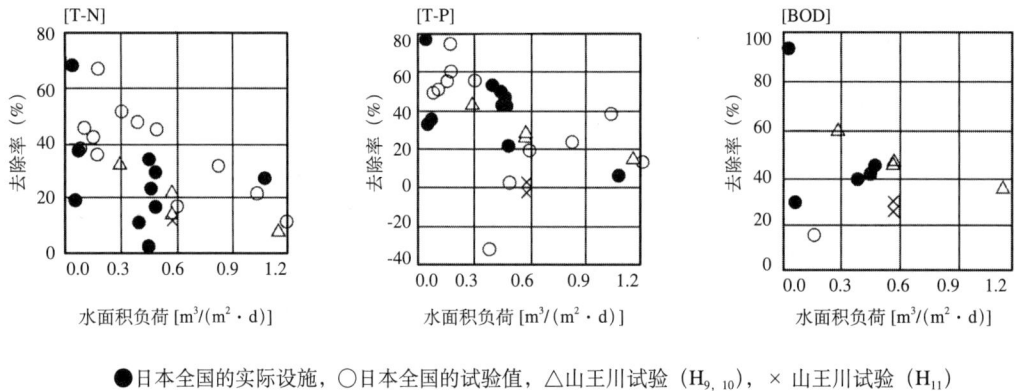

●日本全国的实际设施，○日本全国的试验值，△山王川试验（$H_{9,10}$），× 山王川试验（H_{11}）

图 11　水面积负荷与去除率的关系

同样的，水面积负荷与去除率的关系如图 11 所示。去除率与水面积负荷大致呈现反比关系，但是数据与滞留时间一样十分分散，这可能是由于 2 个指标的大范围进水水质浓度混用所致。而同一试验设施的数据（山王川实验 1997、1998 年：凡例△）整体上呈现明确的直线关系。

负荷速度：负荷速度 $[g/(m^2 \cdot d)]$ = 水面积负荷 $[m^3/(m^2 \cdot d)]$ × 进水水质 (g/m^3)

$$= \frac{进水水质\,(g/m^3) \times 进水水量\,(m^3/d)}{水面积\,(m^2)} = \frac{进水负荷量\,(g/d)}{水面积\,(m^2)}$$

净化速度：净化速度 [g/(m² · d)] = 水面积负荷 [g/(m² · d)] × (进水水质 (g/m³) − 流出水质 (g/m³)

$$= \frac{净化水质 (g/m³) × 进水水量 (m³/d)}{水面积 (m²)} = \frac{净化负荷量 (g/d)}{水面积 (m²)}$$

负荷速度表示单位面积的平均进水负荷。由于进水浓度不同，因此将其作为地表径流方式植物净化设施的基本设计参数是适合的。净化速度表示单位面积的平均水质去除速度，即地表径流方式植物净化设施的水质去除速度的数值指标。净化速度与负荷速度的比值即为净化效率（去除率）。当净化速度与负荷速度相同时，去除率为100%。

用负荷速度和净化速度的关系展示迄今为止的数据，如图12所示。图中停留时间与水面积负荷之间的关系更加明确。用 $Y = a\ln X + b$ 来表示回归方程坐标图，计算回归方程时不包括以下数据：合并净化槽的处理水数据，排入生活污水非常多的河流的数据，山王川试验中第三年以后净化效果下降后的数据（凡例 ×）。

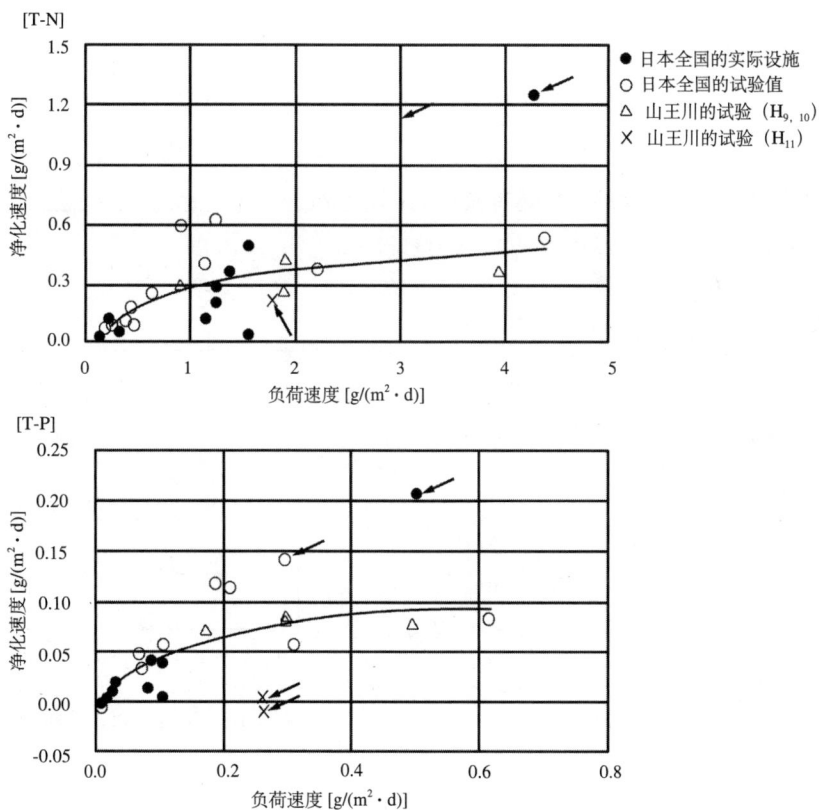

155

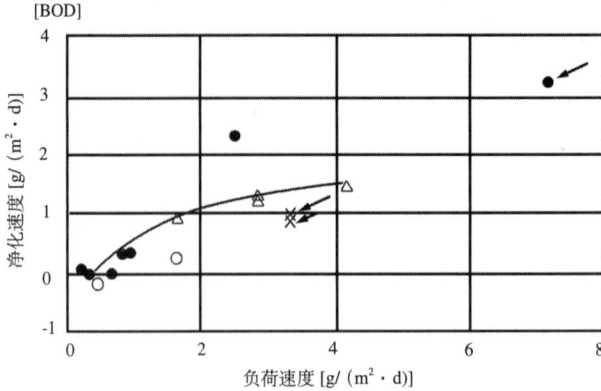

注：←所指的点为从回归方程中排除的数据

图 12　负荷速度与净化速度的关系

根据日本植物净化的试验结果得到植物净化设施的设计面积负荷（负荷速度）的合理值的报告[16]，合理负荷速度为 T-N：$0.5 \sim 1g/ (m^2 \cdot d)$，T-P：$0.05 \sim 0.15g/ (m^2 \cdot d)$。虽然此次整理的数据也存在大于该负荷速度的情况，但负荷速度很大的区域，其净化速度是有限的，数据显示其去除率会变小。

通过本章所示负荷速度与净化速度的回归方程关系，是能够设定已知的植物净化设施的各水质指标的去除率，或者确定满足已知去除率的负荷速度的。也就是说植物净化设施的基本设计参数是可以计算的。本章所示的数据大部分为设施运转 5 年以内的数值，所以必须注意本章提到的负荷速度与净化速度的关系是有条件的，为了维持本章所示的负荷速度与净化速度的关系，必须进行适当的维护管理和净化效果的持续准备工作。

（3）设计的注意事项

下面以芦苇地表径流方式植物净化设施为例，阐述栽植密度和水深的设计注意事项。

①栽植密度与生物量

山王川试验设施的案例中，栽植密度为 $120 \sim 150$ 株 $/m^2$ 时的芦苇生物量的季节变化如图 13 所示。图中单位面积的芦苇干重从 4 月到 7 月末为止呈直线增加，之后慢慢地枯萎、生物量降低。7 月末达到最大时的生物量为：茎部 $2.6kg/m^2$，根部 $1.8kg/m^2$，合计 $4.4kg/m^2$。

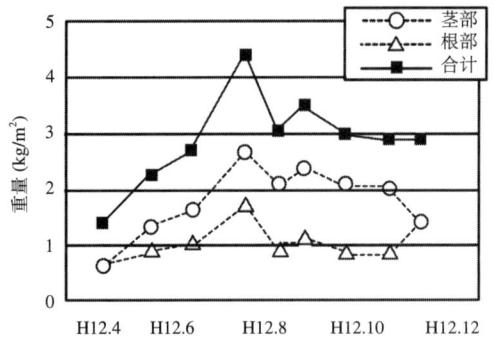

图 13　芦苇的单位面积平均干重

其他的案例中芦苇的生物量（单位面积干重）的结果如下所示，其中每一个案例只包括地上部分（茎部）。鸟取县的休耕田[17]（$100 \sim 150$ 株 $/m^2$）在 6 月末得到最大值：2.7 kg/m^2，霞浦湖的水草带[18]（23 株 /m²）在 7 月末得到最大值：0.8 kg/m²，琵琶湖的芦苇[19]（25 ~ 100 株 /m²）在 7 月末 ~ 8 月得到最大值：0.73 kg/m²。

②设施的设计水深

地表径流方式植物净化设施的单位面积的负荷速度为基本的设计参数，而与水量的相关的设计参数中，水面积负荷就成了基本参数。因此，水深不是主要参数，日本的案例中多为10cm，而从 5 ~ 30cm 的案例都有。地表径流方式植物净化设施中，在相对宽阔的面积内确保同样的水深成为一个难题。与此相关，因为进水悬浊成分不断在设施内沉积，进水 SS 浓度较高时有必要设置沉淀池，或在设计之初就设法使导水结构易于去除污泥。

1-3　植物净化法的维护管理

因为植物净化法是一种利用自然净化能力的技术，所以有人认为在维护管理上，原则上基本不需花费人力和时间。然而，从净化效果的持续性角度来看，植物的收割和间苗及栽植土壤的露晒都可能一定程度的提高设施净化效果的持续性。本节将介绍相关研究结果，探讨植物净化持续性的解决之道。

（1）植物的维护管理与净化效果

山王川的地表径流方式试验设施中芦苇试验槽历时 5 年的净化效果如图 14 所示。上半部分表示每年 11 月收割一次的试验槽的结果，下半部分表示未进行收割的试验槽的结果。其中水面积负荷为 0.58m³/（m²·d），水深为 10cm，滞留时间为 4h，平均进水水质为：BOD4.7mg/L，COD 7.9mg/L，SS 12.7mg/L，T-N 3.3mg/L，T-P 0.4mg/L。图中将芦苇一年的生长期划分为最佳生长期（4 ~ 8 月）、低生长期（9 ~ 10 月）和枯萎或停滞期（11 ~ 3 月）3 个阶段，分别计算各阶段各水质指标的去除率。

虽然第 1 年到第 3 年未进行收割的试验槽与一年收割一次的试验槽达到了相同的效果，但在第 4 年以后可以看到，未进行收割的试验槽中，特别是 T-P 和 COD 的净化效率降低了。从试验槽的观察结果来看，沉积的植物体并没有腐烂，对水质产生的影响更多是由沉积的污泥造成的。事实上，因为第 4 年对一年收割一次的试验槽的底泥进行露晒（图中箭头所示），所以无法就收割是否对水质改善产生了影响的问题进行严密的比较。

关于植物收割的效果，根据植物的特性，如茭白等组织柔软的植物枯萎倒伏并被水淹没后，茎叶部分会腐烂，所以在通常充满水的地表径流方式中，有必要在每年植物枯萎倒伏的冬季前收割一次。

关于挺水植物的收割时间的注意事项，有文献[19]指出夏季收割对营养盐去除方面是有利的，但夏季收割同时会造成地下茎的养分减少，进而影响到第二年的生长，所以冬季收割是很普遍的。另外，低于水面的收割因为水侵入中空茎，会引起植物地下部分的坏死。

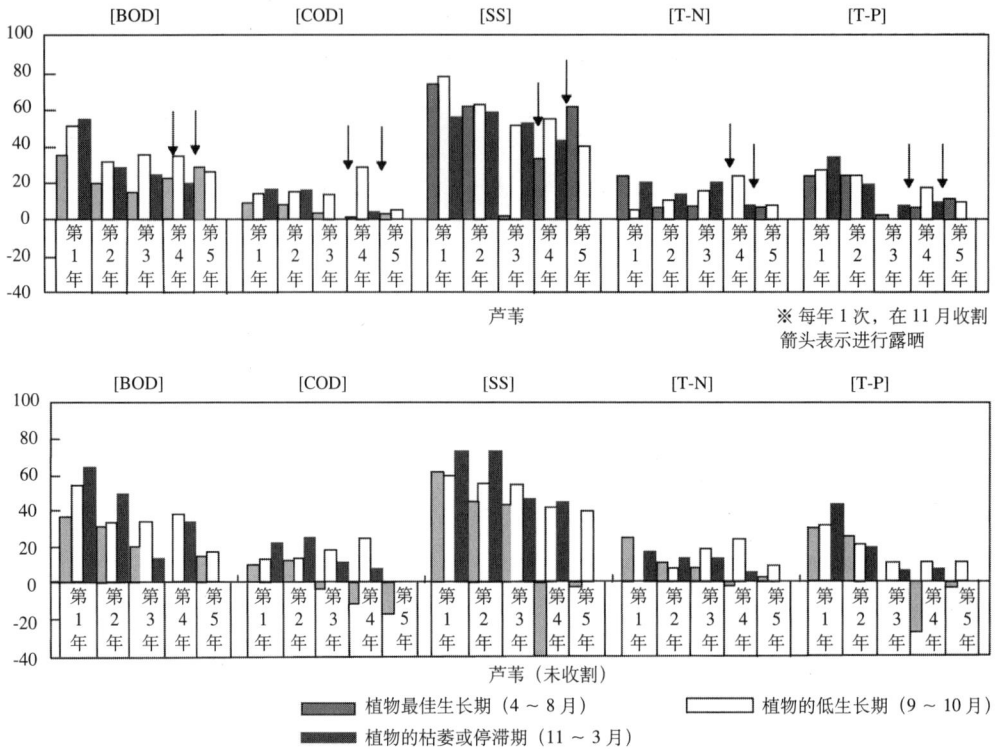

※ 每年 1 次，在 11 月收割
箭头表示进行露晒

芦苇

芦苇（未收割）

■ 植物最佳生长期（4～8 月）　　　□ 植物的低生长期（9～10 月）
■ 植物的枯萎或停滞期（11～3 月）

图 14　芦苇有无收割的情况下去除率的长期比较

山王川的试验还对水耕法中粉绿狐尾藻的收割及间苗的效果进行了探讨[20]，负荷条件与上述的芦苇试验槽相同。为了使粉绿狐尾藻槽的植被密度维持在 $2～10kg/m^2$，对其进行了每年 1～2 次的间苗，然后将其与原则上不间苗的试验槽进行了 4 年试验比较。结果显示，未进行间苗的槽中出现夏季净化效果逐年降低的情况，特别是 T-P 的去除率从第 3 年开始逆转成为负值。进行间苗的槽中 4 年实验期间的一直保持稳定的去除率。因此，对植物净化方式有必要关注对某些植物种类进行收割和间苗可能会取得显著效果。粉绿狐尾藻和西洋菜在日本关东以南生长时，冬季虽然不会全部枯萎，但水面上的部分可能会因霜或降雪的影响而枯萎。在这种情况下，建议对枯萎的植物体进行更换。

用于浮水植物法的凤眼莲在 15℃左右开始生长，夏季营养盐的吸收能力很高，可以通过频繁的间苗保持植被密度（每月间苗 1～2 次，使其生长密度保持在约 $10kg/m^2$），维持净化效果。然而，由于凤眼莲在日本基本上无法越冬，而是在冬季会枯萎腐烂，所以日本在冬季前有必要将其全部收割。

（2）收割（去除）后的植物的利用与处理

植物净化设施的植物收割（去除）后被有效利用的案例如表 5 所示。文献 21）中水生植物的利用包括:观赏、食用、天然化学物质源（包括化学药品、中药）、能源（酒精、固体燃料）、饲料化、肥料化（堆肥化）、纸、工艺品等。但从表5中利用现状来看，有效利用的案例很少，而且利用量也只是收割的一部分而已。

表5　植物有效利用的案例

设施名称	利用的植物	利用方法
相野谷川生活污水净化设施	西洋菜	肥料
土浦水生植物公园	西洋菜、水芹、薄荷	食用、肥料
渡良濑蓄水池 芦苇滩净化设施	芦苇	苇帘
河北潟生态系统活用水质净化设施	芦苇	芦苇造纸
	菖蒲	用于菖蒲温泉疗养

在植物净化设施中进行了基本植物生产，而后既存在直接以植物体的形式被收割的情况，也存在利用含有枯萎植物体的腐叶土作为肥料的情况。怎样有效利用植物的生物量成为植物净化技术的重要课题，如何在生产与流通环节采取积极措施深受期待。如"河北潟"案例中，将收割的部分植物发给居民，用于造纸或菖蒲温泉疗养，从而谋求与当地居民之间有效交流，这是使居民理解净化事业的大好机会。

（3）底泥的维护管理

在山王川的试验设施中还观察到了这样的情况，试验开始时水深为10cm，但由于污泥的沉积等，水深变为5cm左右。可见，植物净化设施中污泥或淤泥的沉积，会使净化设施内由于偏流导致净化效果降低。针对这个问题，除了采取上节设计注意事项中所示的进水悬浊物质对策之外，还可以在出水口设置堰板等来调节水深，因此需事先设置具有改变和调节余地的结构。

在有机污泥过量沉积而无法全部分解的情况下，土壤就会变成还原状态，从而导致磷和COD的溶出。山王川的试验中 BOD 的负荷速度为 $3g/(m^2 \cdot d)$，此时各槽均出现了这种情况，即在通水后 2 年，特别是夏季，磷的净化效果会降低，并从土壤中溶解出来。这种情况的一部分在前述的图14 中表示，磷去除率的逐

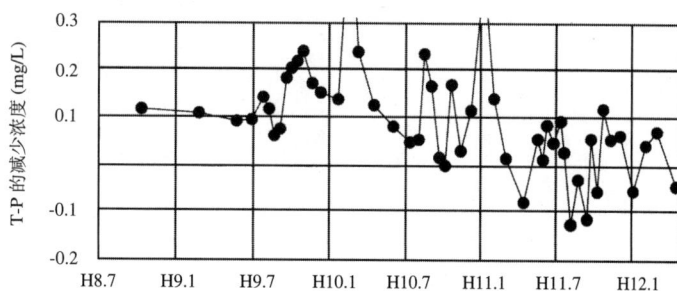

图 15　芦苇槽的 T-P 的减少浓度的经时变化

年降低的详情如图 15 所示。通水开始后第 2 年（1998 年 9 月左右），净化效果已经基本消失，然后在冬季恢复，而且 1999 年夏季净化效果进一步降低，出水比进水的浓度还要高。

为应对这种情况，将 2000 年约 1 个月、2001 年约 2 个月设为不进水期，同时，通过露晒使土壤变为氧化状态。

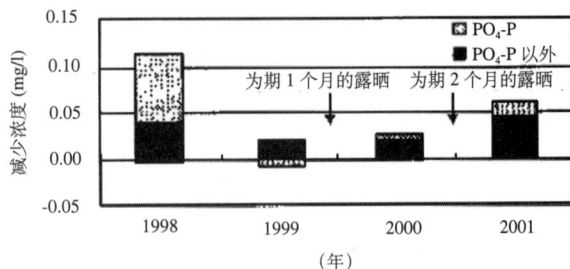

图 16　露晒对策实施前后不同含磷成分的减少浓度

露晒对策实施前后磷浓度减少的年平均值如图 16 所示。通过 2000 年的露晒，磷去除率降低的趋势得到了控制，2001 年磷去除能力就得到了恢复。

实施露晒对策的 2 个月期间，土壤中氧化还原电位（ORP）的变化如图 17 所示。实施露晒后 ORP 开始上升，2 个月后表层 15cm 以上变成了氧化状态。再次通水后 ORP 降低，3 个月后几乎回到了实施露晒前的数值。土壤吸附被认为是磷净化的主要原因，而净化效果可以通过上述方法得到维持的。

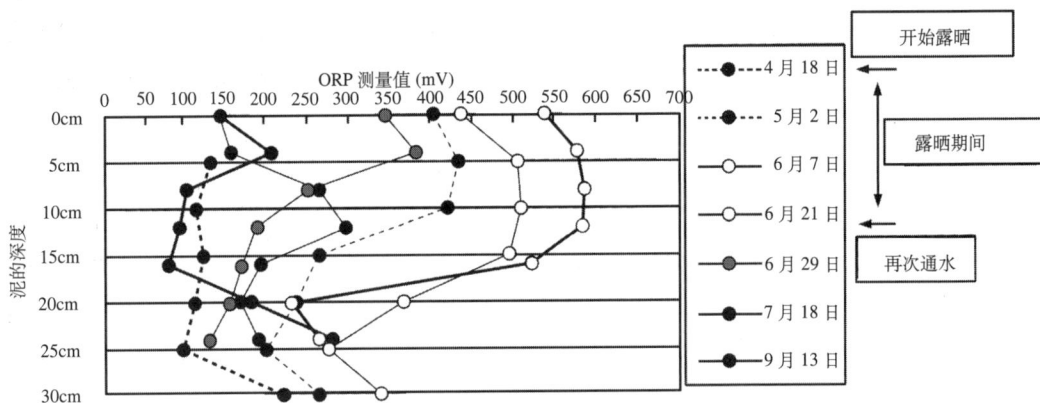

图 17　芦苇槽实施露晒前后土壤中的 ORP

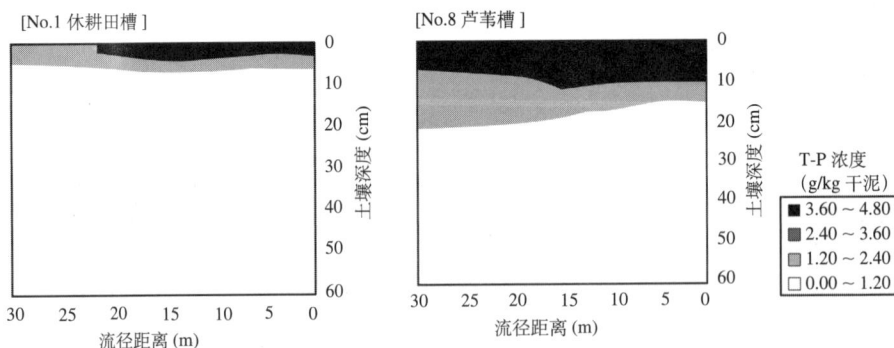

图 18　土壤的流径距离及垂直方向上 T-P 蓄积的坐标图

为期 5 年试验结束时对于栽植土壤的磷的蓄积情况如图 18 所示，其中休耕田槽是在未栽植任何植物的槽中进水进行试验。由图可知，磷在土壤内蓄积的深度范围，在休耕田槽中约为 10cm，在芦苇植被槽中约为 20cm。这是由于在芦苇栽植槽中，根深扎入土壤，从而使进水的渗透范围也相应变深。

在潜水径流方式人工湿地试验事例[22] 中，也可以通过间歇性注水来保持好氧状态，露晒也具有恢复槽容量和将浮泥稳定化的效果，其恢复 BOD 和 SS 的净化效果的作用也得到确认。由此可见，露晒作为植物净化维护管理的方法是非常重要的，关于露晒的频率、期间及实施时期还需要积累更多的经验。

——引用文献——

1) (財)河川環境管理財団(2002)：植生浄化施設計画の技術資料，河川環境総合研究所資料第 5 号，平成 14 年 12 月．
2) 石崎勝義・楠田哲也監訳，Reed, S. C. ほか著 (2001)：自然システムを利用した水質浄化，技法堂出版．
3) 鈴木興道(1991)：河川生態系と水質浄化 (その 1)，Hedoro，50，31-39．
4) 大槻 忠(1993)：水生生物を用いた環境改善・創造 - I，水生植物，Hedoro，58，25-29．
5) 桜井善雄(1988)：水辺の緑化による水質浄化，公害と対策，24(9)，899-909．
6) 村越 勇・松本 誠・副田行夫・齋藤和季・立本英機 (1987)：水生植物オオフサモによる水質浄化に関する研究 第 2 報印旛沼および手賀沼におけるオオフサモの成長，13，39-42．
7) 沖 陽子(1990)：水生雑草雑話，水，32(15)，26-34．
8) 桑野直迪(1995)：河川，湖沼の水質改善と美化に効果的な水上栽培技術の確立に関する研究 (古賀ゴルフ・クラブにおける実規模水上栽培)，平成 7 年度河川整備基金助成事業調査・試験・研究報告書，p.8-14．
9) 津野 洋・宗宮 功・深尾忠司・神村正樹 (1990)：花卉植物の水耕栽培による下水二次処理水からのりん及び窒素の除去に関する研究，下水道協会誌，27(36)，53-60．
10) 大阪大学 藤田研究室ホームページ「水質浄化に利用可能な植物データベース」(http://5host02.env.eng.osaka-u.ac.jp/NewHome/indexdb.html)
11) 河川環境管理財団(2000)：植生浄化施設の現況と事例，河川環境総合研究所資料 3 号 (2001 年 7 月の調査結果を追加)
12) 細見正明(1992)：ヨシ湿地による水質浄化，水，34(12)，61-68．
13) 田畑真佐子・加藤聡子・川村 晶・鈴木潤三・鈴木静夫 (1996)：ヨシ植栽水路における河川水中の窒素・リンの除去効果，水環境学会誌，19(4)，83-90．
14) Brix, H. (1994)：Use of constructed wetlands in water pollution control：Historical development, present status, and future perspectives, Wat. Sci. Tech., 30(8), 209-223．
15) 中村栄一・森田弘昭 (1987)：低湿地浄化に関する調査，土木研究所資料，第 2480 号．
16) 尾畑保夫・阿部 薫(1993)：植物を活用した資源循環型水質浄化技術の課題と展望，用水と廃水，35(9)，5-17．
17) 細井由彦・城戸由能・三木理弘・角田政毅 (1998)：刈り取りによる栄養塩除去を目的としたヨシの成長過程に関する現地観測，土木学会論文集，No.594，VII-7，p.45-55．
18) 野原精一・土谷岳令・岩熊敏夫・高村典子・相崎守弘・大槻 晃(1988)：霞ヶ浦江戸崎入水草帯における栄養塩類の挙動，国立公害研究所研究報告，No.117，p.125-139．
19) 吉良竜夫 (1991)：ヨシの生態おぼえがき，滋賀県琵琶湖研究所報，No.9，p.29-37．
20) 佐藤和明・岸田弘之・千葉知由・田仲成男 (2002)：山王川における植生浄化の長期実験結果，河川環境総合研究所報告第 8 号，p.13-33．
21) 中村栄一 (1986)：水質改善に関する水生植物の利用可能性調査，土木研究所資料，No.2403，p.1-90．
22) 北詰昌義・野口俊太郎 (1997)：人工ヨシ湿地による生活排水の高度処理，用水と排水，39(11)，41-45．

2. 紧凑型人工湿地

——城市型湿地净化法的建议

（中村圭吾）

利用芦苇（Phragmites australis）等水生植物的湿地净化法（constructed wetland）除具有水质净化功能外，还具有形成丰富的自然景观和生物栖息地的功能。然而，与传统的水质净化方法相比，湿地净化法效率不够高，而且占地面积大，这就意味着像日本这样国土狭窄而人口密集的国家，应用起来是十分困难的。实际上，与欧美的湿地净化案例相比，日本湿地净化实施案例极其稀少。若考虑在日本普及湿地净化法，强化湿地净化法的长处，节省占地面积就显得尤为重要。笔者将节省占地面积型的湿地净化法命名为紧凑型人工湿地（compact wetland）。本章将介绍紧凑型人工湿地的设计思路、实施案例及处理效果。案例成果来源于建设省土木研究所、（财团法人）土木研究中心和 11 家民营企业实施的共同研究项目"利用丝状生物载体的河流·湖泊净化技术的开发研究"。

2-1 紧凑型人工湿地的设计思路

紧凑型人工湿地是指在市区也可以适用的节省面积型湿地净化法，并不特指一定的施工方法。紧凑型人工湿地与传统的机械的水质净化法及一般的湿地净化法的特点比较如表 1 所示。紧凑型人工湿地的最终效果是，既可作为城市的公园，又是水质净化的场所，还能成为环境教育的场所（图 1）。紧凑型人工湿地具体实施的方法很多，作为紧凑型人工湿地的具体案例，本章将介绍湿地净化设施与预处理设施（利用带状催化剂进行的催化氧化法）结合的案例。该湿地净化设施未采用日本一直沿用的水流经湿地表面的地表径流方式湿地方式（FWS：Free Water Surface），而是采用了使水渗透到湿地中的潜水径流方式（SF：Subsurface Flow）。渗透层的过滤材料除欧洲常用的碎石（gravel）外还添加了高空隙率的人工填料（聚氯乙烯＋聚偏氯乙烯）。

表 1 紧凑型人工湿地与其他系统之间的比较

	传统的净化系统	传统的湿地净化法	紧凑型人工湿地
单位面积的去除量	◎	×	○
必要面积	◎	×	○
对生态系统的贡献	×	◎	○
对景观的改善	×	◎	◎

图 1　紧凑型人工湿地的效果图

2-2　紧凑型人工湿地试验设施

1997 年 8 月至 1999 年 1 月在位于茨城县古河市西北的渡良濑蓄水池进行紧凑型人工湿地现场试验。其试验设施的概要如图 2 所示，试验设施参数见表 2。该设施包括由沉砂池和填充了带状催化剂的催化氧化槽构成的预处理设施及湿地净化设施本身。湿地净化设施分为 3 个单元，分别为空隙率为 0.45 的碎石作为过滤材料的潜水径流方式单元（碎石），空隙率为 0.95 的人工介质作为过滤材料的潜水径流方式单元（人工填料）及湿地净化中应用最多的地表径流方式单元。也就是说，试验的目的是考察常用的地表径流与潜水径流两种方式的差异。试验中每个单元的大小为 12.5m×4m（50m²），地表径流方式的水深为 10cm，潜水径流方式的渗透层深度为 60cm，均为各种参数的常用值。试验中处理水量为每单元 60m³/d，水面积负荷（＝处理水量÷湿地面积）为 1.2m/d。在湿地净化的各参数中，水面积负荷十分重要。在日本海外的湿地净化案例中，由于常常处理污水处理厂出水等污浊度较高的水，水面积负荷在 0.1m/d 以下的案例也不少。但日本多为直接净化河水的案例，所以水面积负荷一般较大。日本地表径流湿地的案例[1] 中水面积负荷平均约为 0.4m/d，该试验因为进水的浓度低（BOD 平均 2.8mg/L），因此采用了更大的水面积负荷。试验各单元采用附近的渡良濑蓄水池内采集的芦苇，种植密度为 9 株 /m²。

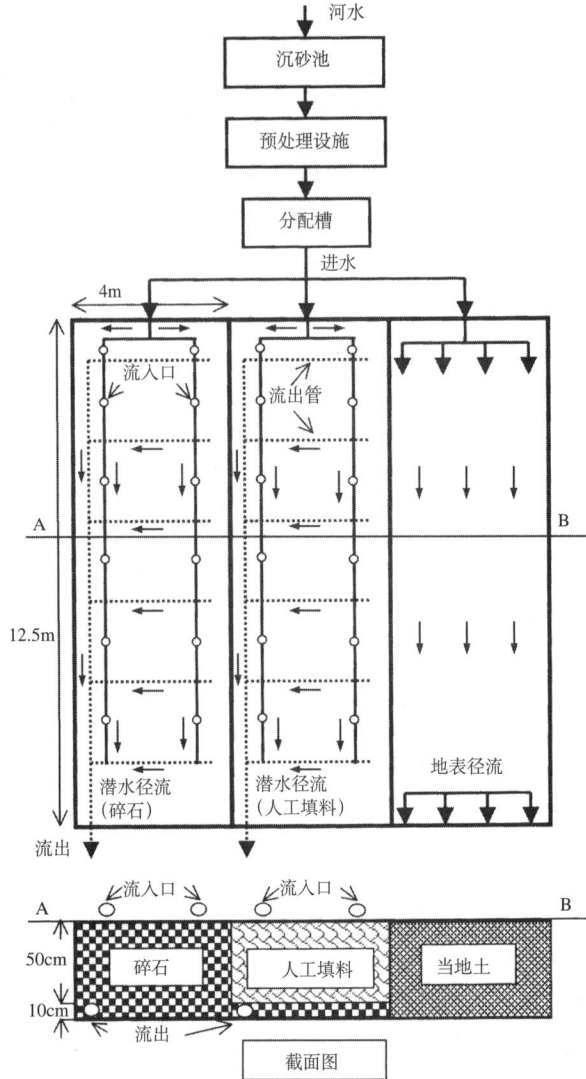

图2 试验设施概要图

表2 试验设施的参数

湿地类型	大小 （长 × 宽）	水深（m）	填充的过滤材料	空隙率	实测滞留时间（h）	水面积负荷（m/d）
潜水径流（碎石）	12.5×4	0.60	碎石 $\phi20 \sim 40mm$	0.45	4.8	1.2
潜水径流（人工填料）	12.5×4	0.60	聚氯乙烯＋ 聚偏氯乙烯	0.95	6.2	1.2
地表径流	12.5×4	0.10	当地土	—	1.6	1.2

地表径流单元的表土为当地回填土。地表径流湿地的处理水采用 4 点进水，以推流的方式从下游流出。

潜水径流（碎石）单元采用用直径约 20 ~ 40mm 的碎石铺满 60cm 的厚度，从 12 个流入口沿垂直方向进水。出水通过位于深 50cm 处的 6 根集水管，从湿地表面以下 5cm 处出水。

潜水径流（人工填料）单元如照片 1 所示，采用 10 层（50cm）的人工填料，填料尺寸为 500mm×2000mm× 厚 50mm。进水与出水的配管结构与潜水径流（碎石）相同，底部 10cm 采用与潜水径流（碎石）单元相同的碎石结构，总厚度为 60cm。

采用氯化锂同位素通过示踪剂试验计算滞留时间，潜水径流（碎石）单元为 4.8h，潜水径流（人

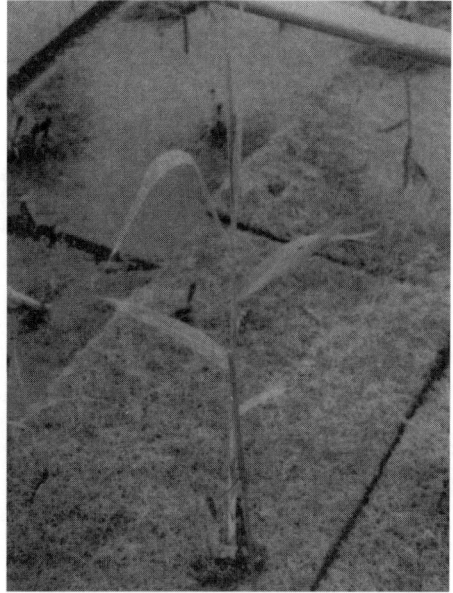

照片 1　人工填料

工填料）单元为 6.2h，地表径流单元为 1.6h。而用处理水量除容量计算得出的理论滞留时间值，潜水径流（碎石）单元为 5.4h，潜水径流（人工填料）单元为 10h，地表径流单元为 2.0h。地表径流单元由于芦苇茎的体积占总容量的 75%[2] 左右，其停留时间也是理论值的 75% 左右。潜水径流单元的实际停留时间减小明显，分析原因是水未能均匀地分散到整个潜水径流，这种倾向在空隙率高、透水性好的潜水径流（人工填料）中尤为突出。

2-3　紧凑型人工湿地的净化效果

（1）悬浮颗粒（SS）、BOD$_5$ 的去除

本节从 1998 年紧凑型湿地的水质监测结果，来分析紧凑型人工湿地的净化特征（图 3）。

结果表明人工湿地进水 SS 为 6.5 ~ 42mg/L，平均测定值为 23mg/L；1998 年湿地平均去除率为：潜水径流（碎石）单元 73%，潜水径流（人工填料）单元 76%，地表径流单元 57%，碎石与人工填料没有表现明显的差异。除 8 月 11 日外，5 月 7 日 ~ 9 月 8 日的潜水径流（碎石、人工填料）单元的去除率都在 90% 以上，地表径流单元的去除率在 80% 左右。但 9 月至 12 月期间，潜水径流、地表径流两种方式的进出水 SS 浓度都在上升，去除率也都在下降。受悬浊性有机物增加的影响，VSS 浓度自 8 月起开始上升。

从 BOD 的结果来看，进水浓度低，为 1.5 ~ 5.1mg/L，平均 2.8mg/L。湿地平均去除率为：潜水径流（碎石）单元为 56%，潜水径流（人工填料）单元为 62%，地表径流单元为 24%。潜水径流方式与地表径流方式存在明显的差异，但碎石与人工填料的差异基本不存在。

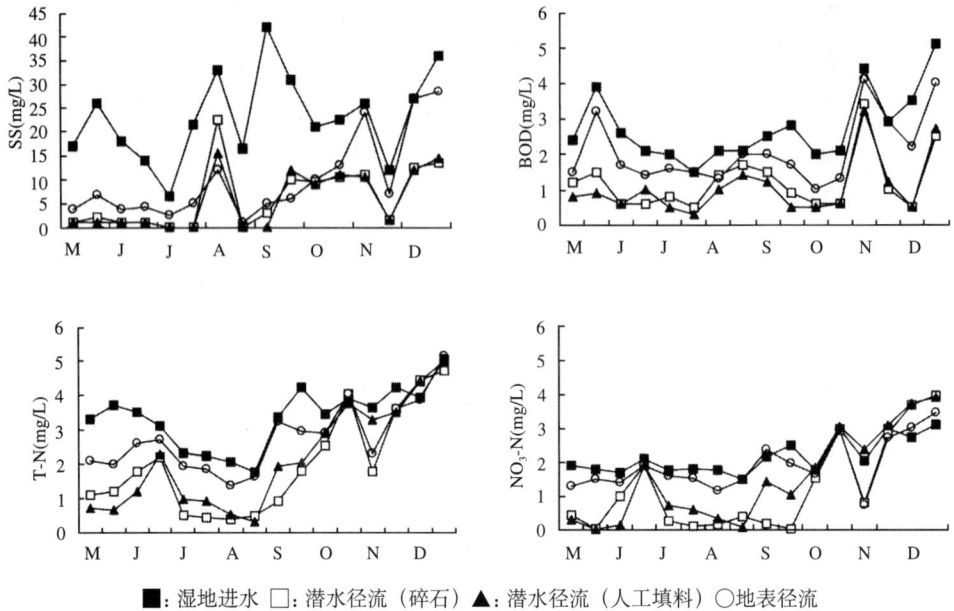

■：湿地进水　□：潜水径流（碎石）　▲：潜水径流（人工填料）○地表径流

图 3　水质监测结果

（2）氮与磷的去除

从 T-N 的结果来看，进水为 1.78 ～ 5.06mg/L，平均 3.36mg/L。湿地去除率为：潜水径流（碎石）单元为 41%，潜水径流（人工填料）单元为 36%，地表径流单元为 18%。另外，潜水径流（碎石、人工填料）中的进出水浓度去除率都出现了很大的季节性变化。5 ～ 9 月的进水中 T-N 的平均浓度为 2.96mg/L，平均去除率为：潜水径流（碎石）单元为 63%，潜水径流（人工填料）单元为 61%，地表径流单元为 24%。而 10 ～ 12 月 T-N 的进水平均浓度为 4.03mg/L，平均去除率为：潜水径流（碎石）单元为 13%，潜水径流（人工填料）单元为 6%，地表径流单元为 13%。与 5 ～ 9 月的去除率相比，10 月以后的去除率大幅度降低。

从硝酸态氮的结果来看，其进水浓度为 1.48 ～ 3.08mg/L，平均 2.15mg/L，湿地去除率为：潜水径流（碎石）单元为 49%，潜水径流（人工填料）单元为 37%，地表径流单元为 13%。与 T-N 一样,硝酸盐单的处理效果也出现了很大的季节性变化。5 ～ 9 月的 T-N 进水平均浓度为 1.90mg/L，平均去除率为：潜水径流（碎石）单元为 77%，潜水径流（人工填料）单元为 66%，地表径流单元为 15%；而 10 ～ 12 月 T-N 的进水平均浓度为 2.58mg/L，平均去除率为：潜水径流（碎石）单元为 –1%，潜水径流（人工填料）单元为 –16%，地表径流单元为 7%。

从氨氮的结果来看，其进水浓度为 0 ～ 1.10 mg/L，平均 0.29mg/L。通过 3 种湿地后的氨氮均在 0.14 ～ 0.17mg/L 范围内，没有明显差异，因此可以认为湿地对 T-N 的去除主要是硝酸态氮的去除来完成的。另有部分是通过过滤去除悬浊态氮来实现的。因为过滤作用的季节变化很小，可以认为 T-N 和硝酸态氮去除率的季节性变化主要与硝酸态氮去除率的变动相关。

从 T-P 的结果来看，其进水浓度为 0.03 ～ 0.39mg/L，平均 0.16mg/L。平均去除率为：潜水径流（碎石）单元为 68%，潜水径流（人工填料）单元为 64%，地表径流单元为 48%。T-P 的去除率季节变化很小，加上磷多以悬浊态存在，因此可以认为 T-P 的去除主要是通过过滤实现的。

（3）硝酸态氮去除率的季节性变化主因

潜水径流（碎石）单元、潜水径流（人工填料）单元的硝酸态氮去除率 9 ~ 10 月以后开始降低，呈现明显的季节性变化。从水温、氧化还原电位、溶解氧的季节性变化（图 4）可以看出，水温降低、溶解氧上升及氧化还原电位上升是导致硝酸态氮去除率降低的主要原因。这里假定硝酸态氮去除速度的常数为 K_t (/d)，从同位素示踪试验得到停留时间为 t (d)，而进水浓度 C_o 与出水浓度 C_e 之间的关系为 $C_e = C_o\exp(-K_t \cdot t)$ [2]。从速度常数 K_t 与水温、溶解氧、氧化还原电位的关系（图 5）可以看出，当水温 15℃ 以上、溶解氧 3mg/L 以下、氧化还原电位为 100mV 以下时，硝酸态氮的去除速率很高。由于硝酸态氮主要在接近厌氧的环境中被去除，同时氨氮没有增加，可以推测硝酸态氮主要是通过脱氮被去除的。

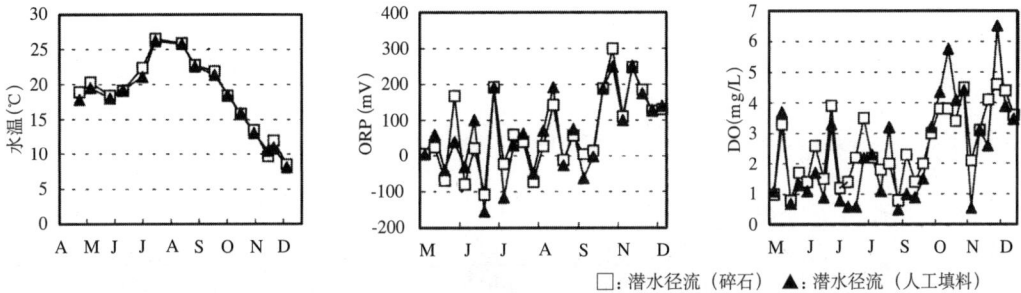

□：潜水径流（碎石）　▲：潜水径流（人工填料）

图 4　水温、氧化还原电位・溶解氧的季节性变化

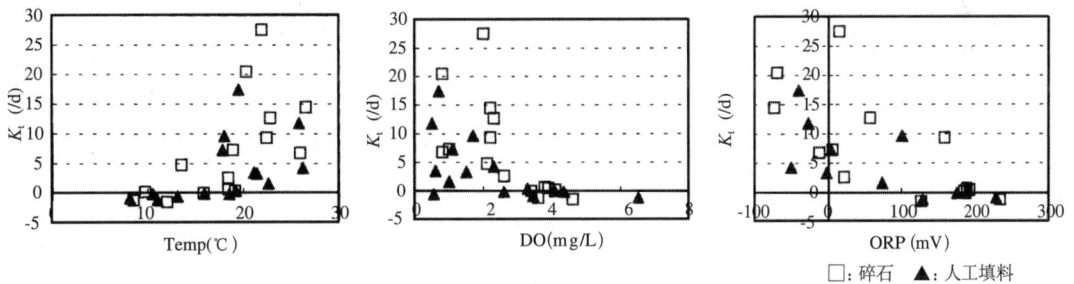

□：碎石　▲：人工填料

图 5　速度常数 K_t 与水温、溶解氧及氧化还原电位的关系

反硝化菌对高水温具有很强的依赖性，有文献指出，水温降低一般会导致脱氮速度下降 [3,4]，本调查结果也显示了同样的倾向。木村、细见等 [5] 的研究表明，试验中气温 18℃ 以上时脱氮在氮的总去除率中约占 60%（27% ~ 84%），这与本次试验的结果是一致的。另外，木村、细见等的研究表明，即使在冬季，如果将温度维持在 25℃，脱氮能力也能得到维持，这也验证

了水温对脱氮的影响很大。在去除速度方面，潜水径流（碎石）单元略大，这是由于潜水径流（碎石）单元的芦苇的生长量比较大。已有的研究 [7] 结果显示，芦苇地下茎表面附着的生物膜的氮去除潜能更优于过滤材料表面这一点说明了氮的去除量与根茎的生物量成正比 [6]。

（4）与其他案例的比较

本节对试验设施单位面积的去除能力进行了验算，并与现有文献 [4, 5, 8~11] 中其他案例的去除能力数据进行了比较（表 3）。由于本次试验负荷较小，结果水面积负荷达 1.2m/d，远远高于其他案例。

表 3　与其他设施的比较

事例		类型	调查时间	水面积负荷 (m/d)	单位设施面积的去除能力（g·m⁻²·day⁻²）				
					BOD	SS	COD	T-N	T-P
本试验	潜水径流（碎石）	潜水径流	全年	1.2	1.9	20	2.2	1.5	0.13
	潜水径流（人工填料）	潜水径流	全年	1.2	2.0	21	2.6	1.5	0.12
	地表径流	地表径流	全年	1.2	0.8	16	0.89	0.72	0.09
	潜水径流（碎石）	潜水径流	5~9月	1.2	1.6	22		2.2	
	潜水径流（人工填料）	潜水径流	5~9月	1.2	1.9	23		2.2	
	地表径流	地表径流	5~9月	1.2	0.73	20		0.86	
	潜水径流（碎石）	潜水径流	10~12月	1.2	2.3	18		0.62	
	潜水径流（人工填料）	潜水径流	10~12月	1.2	2.3	18		0.27	
	地表径流	地表径流	10~12月	1.2	0.9	10		0.47	
其他案例	山王川 [8]	地表径流	全年	0.03	2.3	1	0.85	0.13	0.02
		地表径流	1~3月	0.03	2.2		0.81	1.10	0.02
	佐渡 [9]	地表径流	全年	0.1	2.0*			1.19	0.15
	渡良濑蓄水池 [10]	地表径流	全年	0.8					0.06
	水元公园 [11]	地表径流	4~12月	0.052	0.083		0.079	0.068	0.01
	湿地潜水径流平均 [4]	潜水径流						1.56	
	芦苇过滤器（室内试验） [5]	潜水径流	0.02~0.10					2.2	

*根据 TOC 推测

各设施的除氮能力分别为：潜水径流（碎石）单元为 1.5 g/（m²·d），潜水径流（人工填料）单元为 1.5 g/（m²·d），地表径流单元为 0.72 g/（m²·d）。地表径流单元的除氮能力比其他案例的稍高一些，潜水径流单元的除氮能力与北美案例的平均值 [8] 大致相同。潜水径流（碎石·人工填料）单元夏季（5 月 7 日~9 月 8 日）的数据与细见 [5] 等的芦苇过滤器试验中得到的数值相同，为 2.2 g/（m²·d）。虽然细见等进行的试验中，最大的水面积负荷为 0.10m/d，是本试验的约 1/10，但氮浓度约为 20~40mg/L，约为本试验的 10 倍，单位面积的氮负荷量达到 2~4 gN/（m²·d）。本试验夏季（5 月 7 日~9 月 8 日）的平均氮浓度为 2.96mg/L，单位面积的氮负荷量为 3.6 gN/（m²·d），与细见等的结果大致相同。Hammer 和 Knight [4] 的研究结果表明，单位面积的氮负荷量在 3gN/（m²·d）以下时，氮去除能力是一定的，与面积负荷无关，这次的结果也支持这个观点。

2-4　紧凑型人工湿地的问题

紧凑型人工湿地是相对新兴的技术。今后还需要针对各种各样的水质的应用进行考察。而紧凑型湿地因使用聚氯乙烯等过滤材料，可能导致环境荷尔蒙等问题，因此今后有必要改用天然椰子纤维等环保的过滤材料。另外，湿地处理中将污水均匀分散到渗透层对于有效的净化来说十分重要，本次试验由于时间很短，没有产生特别的问题，但关于渗透层的堵塞问题，需要根据长期的试验来进行进一步的探讨。

————引用文献————

1） 中村圭吾・細見正明・酒井義尚・宮下明雄・涌井　仁（2000）：日本における表面流方式の植生浄化事例の整理，土木学会第55回年次学術講演会講演概要集　第7部，p.196-197.
2） Crites, R. W.(1994): Design Criteria and Practice for Constructed Wetlands, *Wat. Sci. Tech.*, **29** (4), 1-6.
3） 須藤隆一(1977): 廃水処理の生物学, p.608-619, 産業用水調査会.
4） Hammer, D. A. and R. L. Knight (1994): Designing Constructed Wetlands for Nitrogen Removal, *Wat. Sci. Tech.*, **29** (4), 15-27.
5） 木村　基・細見正明（1999）：ヨシフィルターによる窒素除去に関する研究，第33回日本水環境学会年会講演集，p.259.
6） Zhu, T.and F. J. Sikora (1995): Ammonium and Nitrate Removal in Vegetated and Unvegetated Gravel Bed Microcosm Wetlands, *Wat. Sci. Tech.*, **32** (3), 219-228.
7） Williams, J. B. E., May, M. G. Ford and J. E. Butler (1994): Nitrogen Transformation in Gravel Bed Hydroponic Beds Used as a Tertiary Treatment Stage for Sewage Effluents, *Wat. Sci. Tech.*, **29** (4), 29-36.
8） 細見正明・須藤隆一（1991）：湿地による生活排水の浄化，水環境学会誌，**14**(10)，674-681.
9） 北詰昌義・野口俊太郎・島田義彦・倉谷勝敏（1998）：人工湿地による水質浄化, 用水と排水，**40**(10)，899-905.
10） 上坂恒雄・新名秀章・堀部正文（1995）：渡瀬貯水池の水質保全対策，第6回世界湖沼会議　霞ヶ浦'95, 論文集，1, p.418-421.
11） 田畑真佐子・加藤聡子・川村　晶・鈴木潤三・鈴木静夫（1996）：ヨシ植栽水路における河川水中の窒素・リンの除去効果，水環境学会誌，**19**(4)，331-338.
12） 中村圭吾（1999）：効率的な植生浄化法「コンパクトウエットランド」による水質浄化，土木技術資料，**41**(3)，8-9.
13） 三木　理・中村圭吾・田島正八・沢野寛治・白石祐彰・加藤　洋・浜田良幸・稲田　郷・石田　光（1998）：コンパクトウエットランドによる河川水質浄化（その1），土木学会年次学術講演会講演概要集　第1部，53，共通セッション, p.194-195.
14） 三木　理・中村圭吾・大室政英・田中俊樹・稲田　郷・大沢一実（1999）：コンパクトウエットランドによる河川水からの窒素・リンの除去，第33回日本水環境学会年会講演集, p.320.
15） 中村圭吾・三木　理・島谷幸宏（2001）：実大規模の浸透流方式湿地浄化法の開発とその評価，土木学会論文集，No.678／Ⅶ-19，p.81-92.

3. 土壤净化

（稻森悠平、稻森隆平、孔海南）

3-1　土壤净化的机制

　　土壤净化是将工程学的作用导入自然生态系统的生态工程技术，与以净化槽生物处理为代表的生物工程技术相比，土壤净化具有低成本、低能耗，有机物及营养盐，特别是磷的去除能力极高，且维护管理非常容易的特点。通常情况下，只要能够维持土壤的净化能力，经过土壤渗透均可获得清澈的渗透水，出水 BOD 可达 1mg/L 以下、磷可达 0.01mg/L 以下。然而，因为土壤粒子表面带有负电荷，NO_2-N、NO_3-N 等阴离子不易被吸附，土壤净化的除氮能力较低，可能成为地下水氮污染负荷的来源（如图 1 所示），被硝酸污染的地下水水源，可能对婴幼儿造成影响。婴幼儿由于胃内 pH 值不够低，其具有氧运载功能的正常的血红蛋白可能转变成没有氧运载能力的高铁血红蛋白，从而引发高铁血红蛋白血症。而亚硝酸盐会在人体的胃中生成致癌性的 N- 亚硝化合物，一直受到人们的普遍关注。普通的土壤团粒结构对促进有机氮→氨氮→硝酸态氮的转化反应是有效的，但必须采用间歇性注水并添加脱氮菌的有机碳源等方法才能保证有效的脱氮。土壤净化具有代表性的土壤渗滤沟的概要图如图 2 所示。

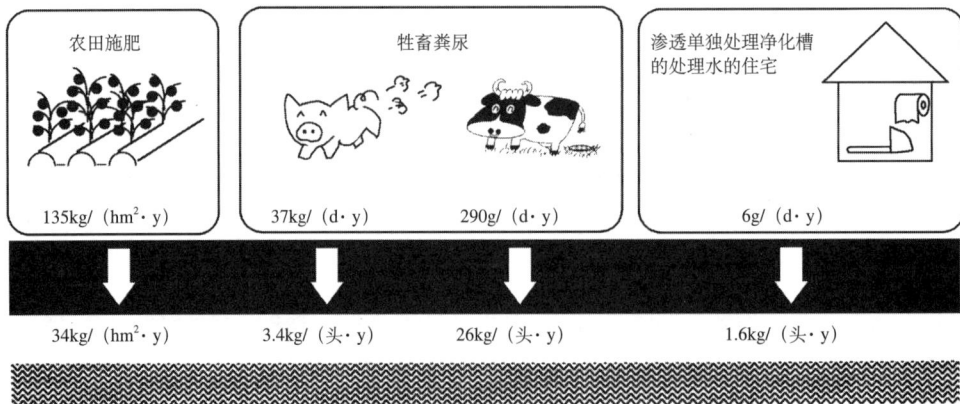

图 1　地下水的主要氮负荷源及其负荷量

农田的氮施肥量为日本农田的平均氮施肥量。
猪、牛粪尿的氮负荷量参照日本中央畜产会的数据。[1]
农田施肥和牲畜粪尿产生的地下水氮负荷量按 25% 的溶解率计算。
牲畜粪尿产生的地下水氮负荷量按粪尿未经任何处理计算。
粪尿的氮原单位参照须藤的报告。[2]
单独处理净化槽出水对地下水造成的氮负荷量根据土壤蒸渗仪内设置的渗滤沟内负荷 50L/（m²·d）的单独处理净化槽出水时的水质调查结果计算。[3]

通常情况下，为了实现无堵塞的长期稳定运行的水质，多将土壤渗滤沟的滴滤负荷设为每1m 100/d，也有同时建设两条渗透沟，采用 6 个月交替使用的方式。此外，土壤渗滤沟的进水中的有机物，大部分在土壤渗滤沟与土壤的交界面即被增殖的微生物摄取去除，剩下的在通过约 1m 的土壤层时基本已被去除。这种在土壤间隙中增殖的微生物薄膜易被寡毛类等后生动物捕食，如果寡毛类生物等能够生长繁衍，稳定的净化就能够得到维持（图3）[4]。此外，污水通过土壤层时会不断发生硝化反应，磷也会被吸附去除，与土壤渗滤沟的净化相关的生物群和环境因素之间的关系如图 4 所示。

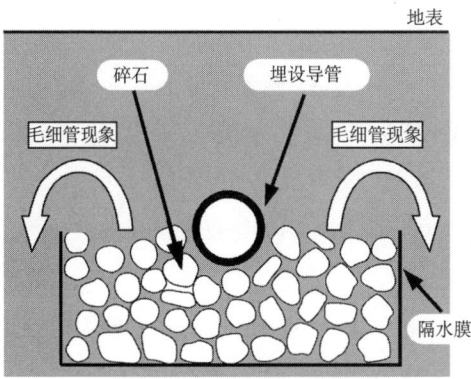

图 2　土壤渗滤沟概要图

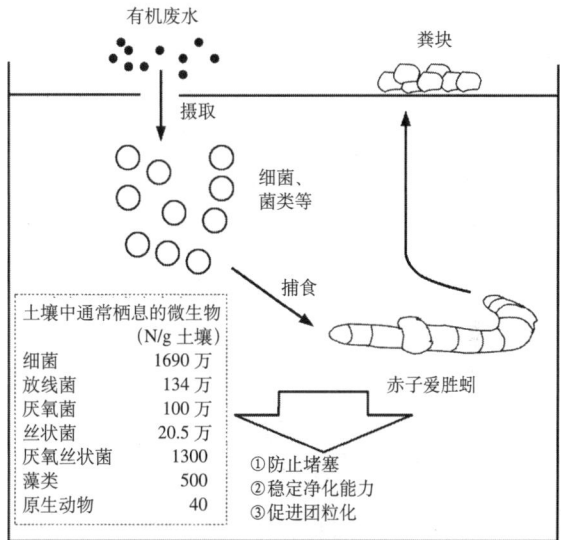

图 3　土壤应用净化法中寡毛类 *Eisenia foetida*
（赤子爱胜蚓）的作用

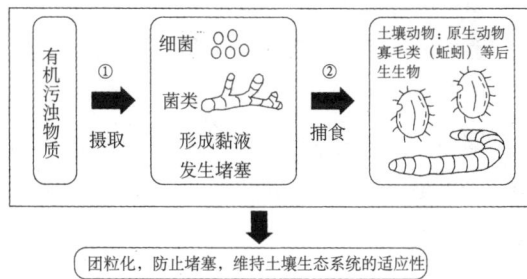

○适宜环境条件下按照 →所示顺序进行反应
○有机物负荷高的条件下：① ≫ ②细菌、菌类的增殖能力提高，黏液增多，发生堵塞
○温度高的条件下：① ≫ ②（土壤动物 的捕食降低，发生堵塞）
○有害化学物质存在的条件下：①、②的反应受阻（净化能力减弱）
○温度低的条件下：①、②的反应降低（净化能力减弱）

图 4　与土壤渗滤沟的净化相关的生物群及环境因素之间的关系

将生活污水 [原单位 200L/（人·d）] 用普通的生物膜处理法处理后流入土壤渗滤沟，土壤除磷可持续时间根据①～⑥式进行计算。

① 土壤的磷吸收系数：2000mg/100g 土壤

② 土壤的容重：1.0g/cm³

③ 有效土壤容量：人均渗透沟长 2m、深 1m、宽 2m，5 人需 20 m³

④ 磷吸收效率：0.11，根据相关研究结果得出[5]，研究表明磷酸溶液在土壤中流过的穿透试验中磷酸吸收系数 11% 是有效的

⑤ 进水磷浓度：进水采用净化槽出水，磷浓度为 4.2mg/L

⑥ 滴滤负荷：100L/（m²·d）

换言之，土壤的磷、可吸附量为① × ② × ③ × ④ = 44000g，磷流入量为⑤ × ⑥ ×2m/人 ×5 人 ×365d = 1533g/y，除磷的可持续年数为每槽约 30 年，采用两槽交替使用时约 60 年。由此可以看出，如果普通渗透沟使用条件适合，磷的去除能力可以持续相当长的时间。

综上所述，基于上述要点将土壤净化法灵活使用，可以根据地区的特点对该技术进行普及配置，从而实现低成本、低能耗的环境保护与改善效应。

3-2　土壤净化和地下水污染

土壤渗滤沟净化法用于生活污水处理时一般不会受到限制，但是在处理粪尿时，需要满足一定的设置标准。事实上，土壤渗滤沟的设置方法与日本建设省第 1292 号公告中粪尿净化槽的结构基准第 5 条规定的内容是相同的[6]。该公告中的地下渗透方式净化槽，即化粪池处理出水后通过土壤渗滤沟进行处理的方法。但是，公告规定，可以设置这种地下渗透方式净化槽的区域必须是特定政府机关指定的，利用本方式处理污水不会产生卫生问题的地区，一般是指市区以外以及被具有较强渗透能力的土壤覆盖、并在用本方式处理后对区域内的地下水、水源地、河流及其他水质保护重地不会产生卫生问题的区域。根据对日本全国调查的结果，除去小部分自治体中的山林和原野绿地，基本没有特定的政府机关认可该方式的设置。再者，虽然以往有针对单独处理净化槽的地下渗透处理的结构指南，但由于指南会导致地下水的硝酸污染，新标准修订时将相关条目删除也理所当然。目前，东京地区的地下渗透地域仅允许设置进水浓度在 BOD10mg/L、T-N10mg/L、SS10mg/L 以下的小规模深处理合并净化槽。除膜分离方式以外，同时并用土壤渗滤沟方式一直是重要的原则。可见地下水硝酸污染的预防是十分重要的。T-N10mg/L 以下的标准正是因为环境健康标准中规定硝酸态氮及亚硝酸态氮必须在 10mg/L 以下；1989 年修订的《水质污染预防法》规定，有害物质若不达标不允许向地下渗透，而地下水饮用水质指南中规定硝酸态与亚硝酸态氮的标准为 10mg/L 以下。基于以上的各项基准，规定T-N 必须在 10mg/L 以下，这样的规定在全国范围内的普及是必不可少的。

综上所述，由于防止地下渗透造成硝酸污染的法律依据正在逐步完善，今后对已普及的无

法除氮的单独处理净化槽和合并处理净化槽与土壤渗滤沟的组合系统的改良、除氮型小规模合并处理净化槽与土壤渗滤沟进行组合的处理方式的推广，以及引入了土壤渗滤沟的植物净化系统等新技术的开发将占有越来越重要的位置。

3-3 充分运用土壤净化处理的过程

土壤渗滤沟净化法中涉及有机物、磷、氮的去除，其中具有代表性的是将生物工程和生态工程高度结合的处理系统，例如：①在土壤渗滤沟前段进行脱氮，氮浓度降低后的出水流到土壤渗滤沟通过吸附去除磷，即厌氧好氧循环生物膜法、厌氧好氧活性污泥法与土壤渗滤沟结合的方法。②将厌氧滤床与用于除磷与硝化的集水型土壤渗滤沟相结合，土壤渗滤沟出水循环到厌氧滤床，同时实现脱氮与脱磷。后者被称为 AS 循环处理法（Anaerobic biofilter-soil trench circulation treatment system，厌氧滤床·土壤渗滤沟循环系统），该系统有机物、氮和磷的去除效率很高（图5）。AS 循环处理法的流程如图6（1）所示。AS 循环处理法处理生活污水的参数如表1所示。在非循环系统中氮去除率约为50%，而在循环系统中氮去除率达到约80%，可见循环回流使氮的去除能力明显提高了。根据新的结构标准公告第13条的规定，AS 循环处理法即使采用现在的结构与方法，也相当于新技术净化槽。氮去除型小规模合并处理净化槽与土壤渗滤沟结合 [图6 (2) (3) (4)] 的处理方式，因能同时高效去除有机物、氮和磷，其普及极为重要。对于没有去除氮和磷功能的单独处理净化槽，可将出水引入硝化用集水型土壤渗滤沟进行处理，再将其出水与作为脱氮用的有机碳源的生活污水同时导入厌氧滤床，进行脱氮后利用土壤渗滤沟除磷，这种非标的合并净化槽处理方式 [图6 (5)] 也是有效的。这种方法不仅可以去除有机物和磷，还可除氮，且处理效率均接近90%。综上所述，通过处理工艺的适当组合，就可在土壤渗滤沟引入生活污水的处理流程中，同时实现有机物、氮和磷的高效去除。一般的情况下，土壤渗滤沟出水的大肠杆菌超过100个/mL 的情况很少，大多情况下为未检出，或低于10个/mL 的结果。这是由于土壤渗滤沟可将大肠杆菌吸附到土壤得以去除，同时在土壤微小动物的捕食分解方面也具有很好的效果。也就是说，被吸附的大肠杆菌以指数级数衰减。

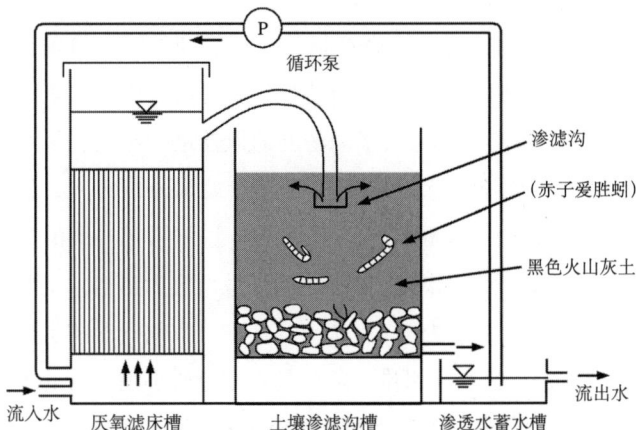

图5 除氮厌氧过滤及土壤渗滤沟循环法的处理系统

表1 厌氧滤床·土壤渗滤沟循环法中生活污水的净化特性

项目	进水	流出水	
		非环境	环境*
BOD	150	1	1
T-N	13	7	1.5
T-P	2.5	0.01	0.01

* 环境比2：对于进水量1的土壤渗滤沟处理水循环水量的倍数（单位：mg/L）

(1) AS 循环处理法

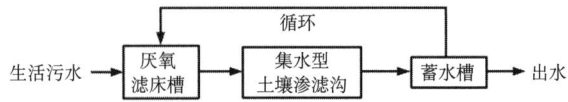

生活污水 → [厌氧滤床槽] → [集水型土壤渗滤沟] → [蓄水槽] → 出水
（循环）

(2) 脱氮滤床、曝气催化、土壤渗滤沟方式

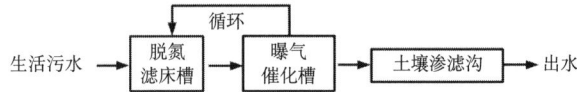

生活污水 → [脱氮滤床槽] → [曝气催化槽] → [土壤渗滤沟] → 出水
（循环）

(3) 流量调节循环厌氧滤床·曝气催化槽·土壤渗滤沟方式

生活污水 → [流量调节厌氧滤床槽] → [曝气催化槽] → [土壤渗滤沟] → 出水
（循环）

(4) 流量调节循环厌氧滤床·生物过滤·土壤渗滤沟方式

生活污水 → [流量调节厌氧滤床槽] → [生物过滤槽] → [土壤渗滤沟] → 出水
（循环）

(5) 非标合并处理方式

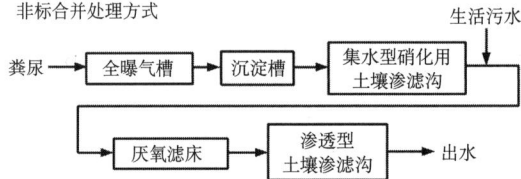

粪尿 → [全曝气槽] → [沉淀槽] → [集水型硝化用土壤渗滤沟] ← 生活污水
→ [厌氧滤床] → [渗透型土壤渗滤沟] → 出水

图6 结合土壤渗滤沟的生活污水深处理方式

3-4 无动力式土壤高效净化系统

国立环境研究所（独立法人）将传统的土壤渗滤沟组合系统进行了改良和发展，目前正在进行无动力两级式厌氧滤床·土壤渗滤沟系统的开发。该系统分为两级，每级分别由厌氧滤床 + 集水式土壤渗滤沟（图7、图8）构成。土壤渗滤沟导入了简易的通风器进行通气。污水通过分水箱分为 60% 和 40% 两部分，60% 进水从前一级厌氧滤床·土壤渗滤沟入口流入，处理后流入后一级厌氧滤床由厌氧滤床和土壤渗滤沟处理后流出。另外 40% 进水与前一级的处理水合流，然后流入后一级的厌氧滤床，使其经厌氧滤床和土壤渗滤沟处理后成为出水。土壤渗滤沟为标准的毛细管渗透浸润沟方式，使用的土壤为黑色火山灰土。本方式在前一级的土壤渗滤沟进行硝化，在后一级的厌氧滤床进行脱氮。进水采用排入茨城县谷和原村小绢污水处理厂的生活污水。假定无动力两级厌氧滤床·土壤渗滤沟的进水量为 1400L/d（进水水质：BOD

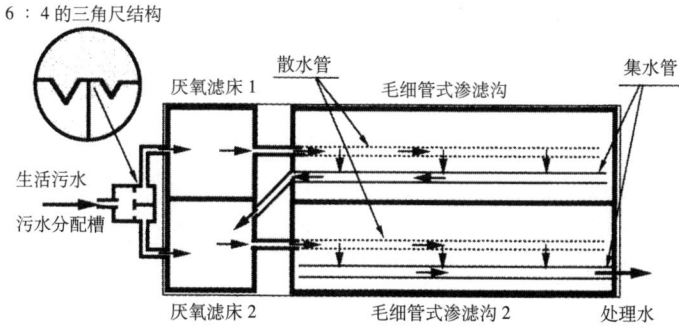

图7 无动力两段式厌氧滤床·土壤渗滤沟的平面结构

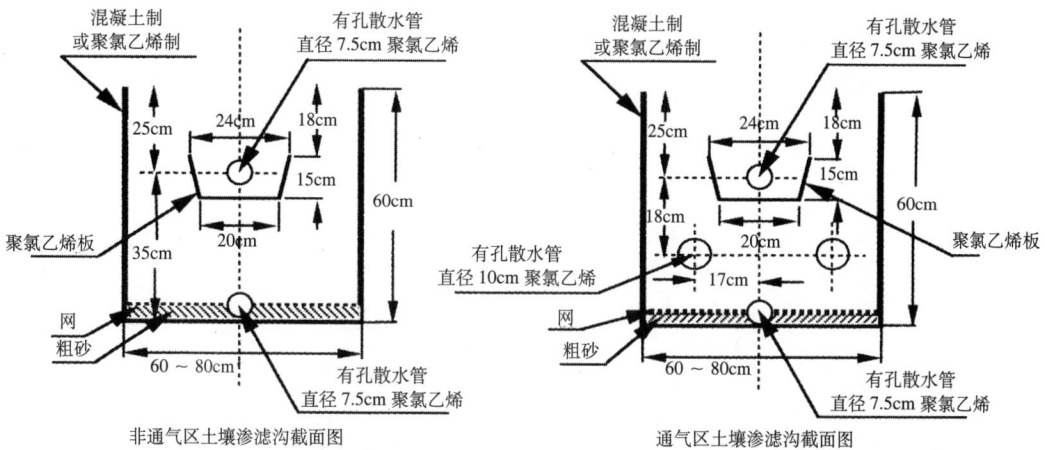

非通气区土壤渗滤沟截面图

通气区土壤渗滤沟截面图

图8 无动力两级式厌氧滤床、土壤渗滤沟结合系统的土壤渗滤沟结构

211mg/L、T-N 44mg/L、T-P 4.6mg/L），厌氧滤床 HRT 为 36h 以上，土壤渗滤沟的水负荷量为 100L/d，其净化运行特征如表 2 所示。也就是说，BOD 去除率达 98%、T-N 去除率达 84%、T-P 去除率达 96%，处理性能稳定，运用本方式出水水质可达 BOD10mg/L、T-N 10mg/L、T-P 0.5mg/L 以下。根据处理需要还可以设为三级式，整个过程不需要循环系统，完全自流，系统通风依靠风力，具有不需耗电的优点。

由日本科技振兴事业团举办的茨城县地域集中型共同研究事业在开发上述无动力土壤净化系统并取得专利的同时，还开发了将土壤净化与花卉栽培相结合的花卉水路处理系统。该系统通过控制土壤的保水性处理生活污水，发挥了极高的氮、磷去除能力，其氮去除率为 97%、磷去除率为 99%[8]。

表2 无动力两级厌氧滤床·土壤渗滤沟的
生活污水的净化特征

项目	进水	出水
BOD	211	3.1
T-N	44	7.1
T-P	4.6	0.16

（单位：mg/L）

3-5　多级土壤层净化系统

多级土壤层净化系统的构造如图 9 所示。为了处理水排水，在底部设置有外径为 10cm 的聚氯乙烯出水管，出水管周围用直径为 4cm 的碎石填充 10cm 厚，然后在碎石上设置沸石层和混合层，混合层由木屑（10%）、腐叶土（15%）、土壤及铁颗粒（10%）组成，两层之间相互错开 35cm 形成叠层，在沸石层中设置通气管。

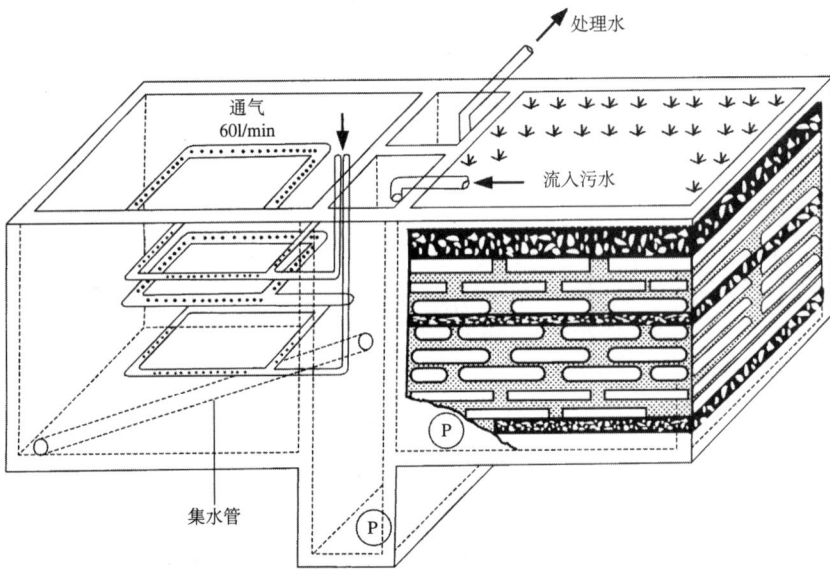

图 9　多级土壤层方式净化系统的概要图

本系统中 BOD 等有机污染物的分解及硝化过程均在进水管周边的碎石层、沸石层或沸石层与土壤层交界部分等相对好氧的部位发生。由于土壤层中添加了木屑块和金属铁颗粒，其氧化作用使其周边变得相对厌氧。加上污水和通气所提供的氧比沸石层少，因此相对沸石层更加厌氧。硝酸盐氮的脱氮反应主要在这里完成。因为土壤层相对厌氧，所以铁颗粒虽然被氧化，但是没有被氧化为 3 价铁离子，而是以高溶解性 2 价铁离子形式存在，首先转移到土壤与沸石的交界处并进一步转移到沸石层，再被氧化成氢氧化铁沉淀。因为沸石的碱基交换容量大，且带有负电，所以易将阳性胶体状的氢氧化铁吸附到表面。磷酸被氢氧化铁吸附通过沸石将氢氧化铁吸附到表面和磷酸被吸附到氢氧化铁表面两种作用交替进行，添加的铁颗粒与磷酸进行反应的比例非常高。

过度的通气会将土壤层内部完全变成好氧状态，使铁的溶解和硝酸态氮的脱氮受到抑制。而适度的通气可促进好氧的沸石层与厌氧的土壤层的分化，从而提高氮、磷的净化能力。

此外，在多级土壤层净化法中，氮、磷的去除机制如图 10 所示。

　　土壤净化装置将来会变得越来越重要，这是因为净化能力达到使用年限的土壤从农业园艺用途的角度来看是肥沃土。因此，净化装置因此也成为肥沃土的生产装置。如果以交替使用为前提，就要 10 年进行 1 次填充土壤的交换，不仅对于水环境的修复是有益的，对土壤与人类之间的循环系统的恢复也是十分重要的。

　　目前已经使用的多级土壤层净化系统的污水水质、对多级土壤净化装置的负荷量及净化性能如表 3 所示。进水 BOD 浓度从 10mg/L 的污浊河水到超过 2000mg/L 的畜牧养殖污水的污水，浓度范围广的都得到很好的净化，并取得了很高的去除性能。

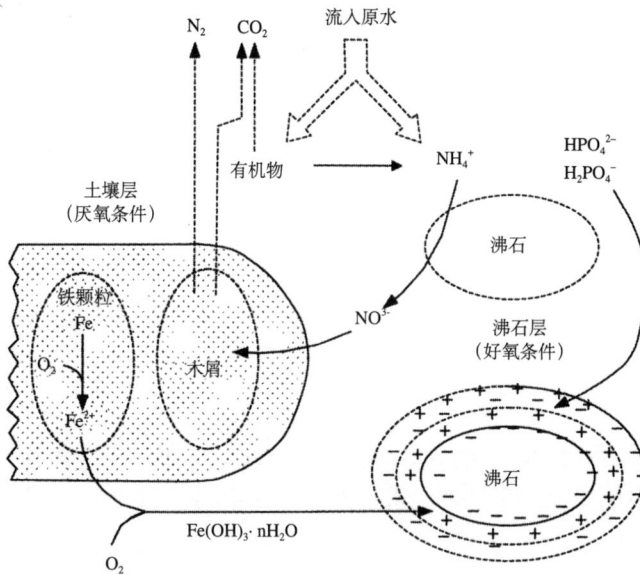

图 10　多级土壤层净化法中氮、磷的去除机制

表 3　多级土壤层净化法中作为传统处理对象的进水水质以及对于装置的负荷量与净化能力

污水类型与负荷速度		BOD	SS	T-N	NH₄-N	NO₃-N	T-P
污浊河流·湖泊污水深处理 [220 ~ 4700L/ (m³·d)]	原水中浓度 (mg/L)	25.9 (7.4 ~ 53.2)	25.1 (13 ~ 50)	11.8 (3.4 ~ 64.8)	0.99 (0.39 ~ 1.19)	2.11 (0.85 ~ 2.53)	2.68 (0.53 ~ 7.8)
	绝对负荷量 [g/ (m³·d)]	65.7 (6.5 ~ 106)	63.5 (11 ~ 112)	8.5 (5.0 ~ 25.4)	1.87 (0.09 ~ 5.6)	3.98 (0.19 ~ 11.9)	6.78 (0.62 ~ 12.7)
	处理水中浓度 (mg/L)	5.1 (1.9 ~ 11.9)	4.9 (0.4 ~ 13.5)	3.9 (0.5 ~ 12.6)	0.07 (0.02 ~ 0.1)	1.75 (0.12 ~ 2.55)	1.65 (0.15 ~ 3.47)
	平均去除率（%）	77.0 (59 ~ 93)	78.0 (36 ~ 97)	52.0 (17 ~ 95)	93.0 (92 ~ 95)		44.0 (15 ~ 90)

污水类型与负荷速度		BOD	SS	T-N	NH₄-N	NO₃-N	T-P
家庭、厕所排水 [190～1820L/(m³·d)]	原水中浓度 (mg/L)	192.0 (33～514)	89.2 (28～198)	58.3 (6.0～326)	18.4 (3.4～42.2)	4.44 (0.2～16.5)	6.47 (0.64～34.9)
	绝对负荷量 [g/(m³·d)]	76.0 (15～141)	45.3 (12.7～124)	21.3 (2.8～112)	13.0 (0.63～76.7)	3.13 (0.04～29.9)	2.37 (0.29～12.0)
	处理水中浓度 (mg/L)	16.0 (0.8～107)	6.5 (0.7～36.2)	29.8 (2.4～165)	2.98 (0.03～22.6)	20.4 (1.6～79.3)	1.65 (0.10～15.9)
	平均去除率（%）	91.0 (59～99)	90.0 (62～97)	48.0 (0～75)	92.0 (46～99)		75.0 (47～97)
畜牧养殖污水等高污浊污水 [30～290L/(m³·d)]	原水中浓度 (mg/L)	1434 (605～2160)	515 (342～1017)	237 (158～336)	259 (115～604)	12.3 (0～38)	40.5 (20～59)
	绝对负荷量 [g/(m³·d)]	329 (46～594)	130 (9.4～299)	65.6 (41.4～92.4)	60.7 (3.2～178)	2.9 (0～11.2)	11.2 (5.24～16.2)
	处理水中浓度 (mg/L)	47.4 (5～225)	23.8 (5～74)	91.9 (6.8～331)	28.3 (0.4～174)	113.0 (0.9～454)	5.37 (0.20～19.4)
	平均去除率（%）	96.0 (84～100)	94.0 (84～99)	61.0 (0～97)	90.0 (34～100)		88.0 (61～99)

从表3可以看出，虽然进水的 T-N 浓度从污浊河水的 5mg/L 以下到畜牧养殖污水的 336mg/L 的范围均有，但无论是低浓度还是高浓度，大多数装置的氮去除率均处于 40%～70% 的范围内，平均去除率为 53.5%。同样，进水的 T-P 浓度从河水的 0.5mg/L 到畜牧养殖污水的 60mg/L，平均磷去除率为 78.4%。

土壤渗滤沟不仅适用于小规模处理，而且适用于 1000 人/d 的大规模的深度污水二级处理[9]，此时可将处理水作为冲水式厕所的冲洗水进行重复利用，通过封闭系统的再利用，对氮负荷的削减等具有很大的效果，开发与普及这样的资源循环型深处理方式是至关重要的。土壤净化系统对河流、湖泊富营养化的预防及地下水的硝酸污染对策技术的确立及导入效果如图 11 所示。

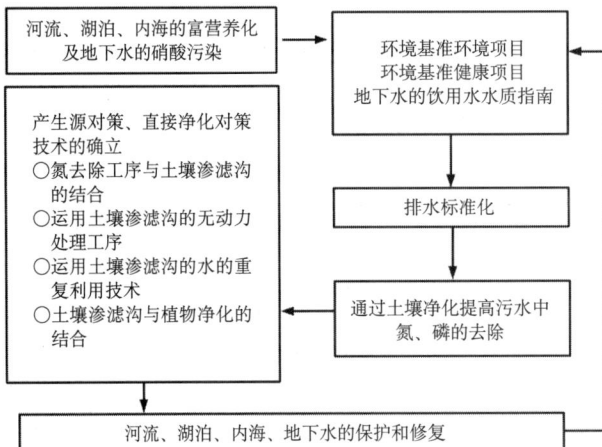

图 11 运用土壤净化的防止河流、湖泊、内海的富营养化及地下水硝酸污染对策技术的确立与系统导入的效果

3-6 土壤净化系统的课题与展望

面向 21 世纪的水环境改善系统必须具有低环境负荷、资源循环和低能耗的特征。在 COP3(联合国气候变化框架公约第 3 次缔约方会议,即防止地球温室化的京都会议,The 3rd Session of the Conference of the Parties) 中 CO_2 温室气体减排得到高度重视。与二氧化碳相比,地球温室化潜力分别为 CO_2 的 20 ～ 30 倍、200 ～ 300 倍的 CH_4 和 N_2O 的抑制也受到关注,开发抑制这些气体产生的技术十分必要。不仅是日本,对具有温室化高发潜力且水域富营养化技术明显滞后的中国、泰国、菲律宾等发展中国家来说,更有必要以引入先进的处理技术为基础,展开国际技术开发研究。因此,类似无动力型的土壤净化系统及多级土壤层净化系统等今后将会变得越来越重要,是需求度很高的处理技术。土壤渗滤沟具有很高的去除能力,但也存在堵塞及不经过特殊处理脱氮能力很弱易引起硝酸态氮对地下水的污染等问题。尽管如此,由于其有机物去除能力、磷去除能力、悬浊物质去除能力高,不需要动力,维护管理费用低,所以在日本被广泛使用。

尽管土壤渗滤沟在城市人口密集地区应用很困难,但在存在富营养化湖泊的自治体和人口不密集地区的农村,其应用范围还是很广的。特别是在日本湖泊法中规定的污染物总量限制水域和自来水水源流域等区域,自然公园法规定的水质污浊严重的封闭性水域等地区,这些系统对流域环境的改善产生的贡献极大。

为保证土壤净化系统在适当的条件下运转,必须先弄清土壤净化法存在的问题点及对策,充分考虑存在的问题并采取相应的对策非常重要。土壤净化法应解决的问题如下所示:

① 利用土壤净化法不仅要考虑导入适当的处理系统,还需考虑到是否为人口密集区域、是否为自来水水源流域、是否为自然公园法限制的地域,然后再根据地域特性讨论是采用渗透方式还是集水放流方式,同时有必要对设置密度进行讨论。

② 土壤净化法分为设置防渗膜的集水放流和直接向地下渗透两种类型,不论哪一种类型都必须满足除氮要求,这对系统的普及及完善十分必要。

③ 土壤净化不仅是无动力型,还须成为资源循环型,有必要开发在系统中导入栽培可食用植物的技术。

④ 以土壤渗滤沟法为代表的土壤净化系统中,还需明确除 BOD、氮、磷以外的成分,如病原微生物、有机卤化物等在土壤中的活动规律,明确土壤净化法的机制,这一点十分重要。

⑤ 合并处理净化槽与土壤净化法组合可以得到很高的水质,基于这一点,强化处理水可作为冲厕水重复利用是理所当然的,作为浇洒用水重复利用的技术的开发也是十分必要的。

⑥ 为了减少土壤净化系统中温室气体 CH_4、N_2O 的产生,土壤中氧化还原电位 (ORP) 的控制十分重要,必须对通气条件等最佳操作因素进行清晰地分析、评价。

⑦ 土壤净化法对大肠杆菌等病原性微生物的去除具有很好的效果,因此还需要针对其去

除机制进行基础研究。因为很多研究者认为起主要作用的是土壤微生物和土壤动物，对土壤生物的功能、固定及分布进行全面的调查、分析和评价也是十分重要的。

⑧ 以美国为代表的国家担心，土壤渗滤沟的普及会加速地下水的硝酸污染，因此对没有导入除氮结构的土壤净化系统，必须以全体引入脱氮系统作为普及和推广的前提，依据东京的法律法规体系特征，通过地方条例、指导纲要等对土壤净化系统的设置标准进行严格规范是必不可少的。

⑨ 土壤净化法的基础是运用填充性能好的填充土壤，为使填充土壤具有更好的通用性，有必要对磷吸收系数高且渗透性高的土壤的应用方法的最优性进行分析和评价。

⑩ 虽然土壤净化法在磷去除方面的效果很明显，但因为不同种类土壤的磷吸附能力不同，选择磷吸收系数高的土壤就变得很重要。虽然在设置土壤渗滤沟时如果土壤的磷吸收系数非常低，可采用磷吸收系数高的土壤进行交换，但重要的是设置最佳土壤基准。在没有合适的土壤时，在土壤中混合麦秆、麸子、飞灰等非常有效。另外，因为土壤渗滤沟除磷时占地面积很大，除应用磷酸吸收系数高的土壤外，将其与磷吸收能力强的植物的栽培结合起来也是十分重要的。

⑪ 由于土壤颗粒表面带有负电，因此 $N_2O\text{-}N$、$NO_3\text{-}N$ 等阴离子不易被土壤吸附，如果没有进行脱氮反应，这些离子就会随着渗透水移动到地下，可能会引起地下水污染。因此，对土壤净化系统，特别是在渗透型土壤渗滤沟，使其与具有脱氮能力的处理系统进行组合非常重要。地下水中的硝酸盐浓度的增加是诱发高铁血红蛋白血症的重要原因，其浓度的增加已经成为重大的国际问题。由于在某些地区饮用水标准中允许地下水中 $NO_{2+3}\text{-}N$ 浓度值超过 10mg/L，所以需要在设置费用及管理费用尽可能便宜的情况下，导入土壤渗滤沟法开发硝化脱氮系统。具有代表性的新技术即无动力型厌氧滤床·土壤渗滤沟法。

⑫ 土壤净化法以水质净化为目标时，为了在发生堵塞时也能够采取适当的净化对策，可根据需要设置 2 条渗滤沟并使这两条沟可以交替使用。另外，在土壤渗滤沟中引入的赤子爱胜蚓等环节动物寡毛类能够生存繁衍的话，这些土壤动物会摄取造成堵塞的微生物薄膜，从而能够维持稳定的净化能力，因此有必要设置有利于土壤动物生存繁衍的适宜环境条件。

⑬ 无论是处理屎尿，还是处理工业废水及生活污水，设置的土壤渗滤沟大部分都是渗透型，基本没有集水型的，因此对长期运转中磷吸附的饱和特性等进行充分的评价也是十分重要的。

⑭ 在设置土壤净化法设施时，对集水型渗透沟能够掌握其净化特性，但渗透型渗透沟由于无法用肉眼观察内部，对净化特性的掌握就变得十分困难，因此必须设置能够收集一部分渗透水的检测口，进行定期的抽样调查和水质测定，将其定为一项日常义务工作来实施是非常重要的。

⑮ 土壤净化法包括：与植物结合的栽植·在土壤净化法中占据重要位置的 SF（潜水径流）方式、FWS（地表径流）方式、花卉水路方式净化法等，除此之外，还有正在开发的多级土壤层净化法，将这些新技术组合系统作为通用化方法并确立下来十分重要。

⑯ 土壤净化法还有将被污染的地下水抽出，然后在其中添加具有分解污染物能力的微生物及营养源，再使其反复渗透到土壤中的方法。这种将氮、磷等微生物增殖所需的能量源添加到被污染的环境中，通过当地生存繁衍的微生物的增殖来提高净化性能的方法被称为生物刺激。而如果污染当地没有净化微生物生存繁衍时，通过导入人工培养的微生物来进行净化的方法，即生物强化，这两种方法的技术优化非常重要。

⑰ 土壤净化法不仅可以应用于生活污水，还可扩大应用到工业废水的处理系统，有必要研究进水有机物、氮磷浓度在土壤内的反应机制与去除机理之间的关系，进行技术通用化的研究开发。

⑱ 土壤净化法中与净化有关的生物涉及细菌、菌类、微小动物等很多种类，有必要通过导入 PCR、FISH 法等分子生物法的手法，对这些混合生物群中发挥重要分解作用的细菌类进行分析和评价。

⑲ 与处理生活污水相同，利用土壤渗滤沟法净化工业废水时，对 BOD、COD、营养盐类的去除同样是基于土壤具有的微生物分解能力和物理化学吸附能力，有必要不断开发与能够去除有害物质的预处理法相结合的组合系统。

⑳ 因土壤净化法还必须与预处理装置组合在一起，所以还需在继续简化整体系统的维护管理措施的基础上，不断强化研究相关技术的改进。

㉑ 土壤净化法与植物结合在今后会变得越来越重要，还需要对栽植植物的种类、栽植顺序等相关土壤净化生态工程技术进行开发。

——引用文献——

1) 中央畜産会（1989）：家畜尿汚水の処理利用技術と事例.
2) 須藤隆一（1982）：生活雑排水からの負荷とその処理対策，用水と廃水，**24**，397-407.
3) 環境庁水質保全局水質管理課監修（1993）：硝酸性窒素による地下水汚染対策ハンドブック，244p.，公害研究対策センター.
4) 稲森悠平・山本泰弘・畠中寿一・須藤隆一（1986）：土壌トレンチにおけるシマミミズの浄化特性に及ぼす影響，第20回水質汚濁学会講演集.
5) 長谷川清（1984）：汚水の土壌浸透による浄化法，地下水と井戸とポンプ，**26**(8)，9-19.
6) （財）日本建築センター（1982）：し尿浄化槽の構造基準・同解説.
7) 孔海南・稲森悠平・水落元之（1999）：生活排水の無循環二段式嫌気ろ床・土壌トレンチプロセスの処理特性，日本水処理生物学会第36回大会講演集.
8) 五十嵐宏・五十嵐正司・木持　謙・水落元之・稲森悠平（1999）：土壌を利用した「花水路」の浄化処理の特性，日本水処理生物学会第36回大会講演集.
9) 森　一夫（1992）：土壌浄化の特徴と中国での技術指導，月刊浄化槽，**196**，44-54.
10) 若月利之・小村修一・安部裕治・泉　一成（1989）：気温，流出浄化水の流出速度，pH，鉄およびマンガン濃度の経時変化と浄化能力との関係，日本土壌肥料学雑誌，**60**，345–351.
11) 若月利之・小村修一（1991）：非湛水条件下における脱窒，日本土壌肥料学雑誌，**62**，165-170.
12) 若月利之・江角比出郎・小村修一（1991）：多段土壌層法による脱窒脱リン合併排水処理装置，水質汚濁研究，**14**(10)，709-719.
13) 稲森悠平・清水康利・稲森隆平・水落元之（2002）：水と物質の循環からみた土壌浸透浄化法の意義と展望，環境技術，**31**(12)，26-33.
14) 増永二之・佐藤邦明・若月利之（2002）：多段土壌層法による汚水の浄化特性，環境技術，**31**(12)，39-46.

4．利用木炭的水质净化系统

（安部贤策）

近年来，湖泊、河流和池塘等的水质恶化对环境的影响正成为重大的社会问题，各地均在推进解决的对策，而利用微生物进行水质净化因其净化能力高并且环境友好而受到关注。本章介绍的利用木炭的水质净化法也是通过在木炭表面形成微生物膜，让其接触原水，通过净化的生物膜法进行净化。由于木炭是天然材料，且表面易于吸附大量微生物因而具有很高的净化能力，故其不仅可以应用于湖泊、池塘等封闭水域，还逐渐被应用到河流等流动水域。

木炭净化法始于很久以前，但大多仅将木炭置于水中，长时间运行后木炭滤层的堵塞往往会导致净化功能降低。本方法具备空压机的反冲洗功能，可将木炭滤孔的堵塞清除，进而提升净化性能。木炭水质净化法的研发已经在试错过程经过了十年，本章将在介绍各地设置的具体事例的同时对本方法的系统进行解说。

4-1　木炭水质净化系统

（1）木炭水质净化的主角：微生物群落

木炭水质净化的主角为栖息在土壤和水圈的三种生物界（原核生物界的细菌，原生生物界的藻类、原生动物、变形菌类和水生寄生生物，真菌界的真菌、霉菌和地衣植物）及动物界的微小生物。这些微生物从木炭或水中摄取生存所需的微量元素，以流入的丰富的营养盐为养分进行增殖。木炭中含有的微量金属类除了硅之外都带有正电荷，会吸附污浊水中带有负电荷的有机物和微生物群。木炭中矿物质的含量如表 1 所示，微生物的物理化学增殖条件如表 2 所示。

假定每 1g 木炭上生存着 10^5 个微生物个体，那么 2t（$6.28m^3$）木炭表面约 $465hm^2$（相当于 4 个高尔夫球场的面积）的面积内，就有 4.6×10^{15} 个微生物在共同生活。虽然不可能正确测量原生动物和菌类，但可以估算出每 1g 木炭中的生存数量为 $10^3 \sim 10^4$。实际上这个数量会随着溶解氧量的增减和水质的污浊程度出现大幅度的上下波动。

表 1　木炭中的主要矿物质含量

元素名	元素符号	灰分中的含量（%）	木炭中的含量（mg/kg）
纳	Na	0.16	4.0
镁	Mg	8.4	210.0
铝	Al	3.6	90.0
硅	Si	11.0	275.0
磷	P	5.7	142.5
硫	S	3.9	97.5
钾	K	17.0	425.0
钙	Ca	47.0	1175.0
锰	Mn	0.6	15.0
铁	Fe	1.5	37.5
锌	Zn	0.1	2.5

分析：大阪市立工业研究中心

表2　微生物的物理化学增殖条件

	项目	内容
1	水分	水是代谢中的反应物质，生物化学反应的溶剂
2	碳源	碳源（有机物、无机物）是微生物的生态成分、是能量来源物质的必要构成元素
3	氮源	为微生物提供无机氮源（铵盐、硝酸盐、亚硝酸盐等）和有机氮源（氨基酸等）
4	无机盐类	金属离子中需求较多的有：Na^+、K^+、Mg^{2+}、Ca^{2+}、Fe^{3+}，微量的有：Co^{2+}、Cu^{2+}、Mn^{2+}、Zn^{2+} 等
5	发育因子	维生素（叶酸、维生素 K、B_{12}、生物素烟酸等），虽然只有微量，但却是微生物增殖所必需的
6	pH	普通的细菌在中性偏弱碱（pH7.0 ~ 7.8）的环境中最适合增殖
7	温度	水中细菌的增殖温度（最适增殖温度） ①低温菌 10 ~ 20℃，②中温菌 30 ~ 40℃，③高温菌 55 ~ 60℃

　　由于在木炭层内观察到无数微小水生动物，可以认为，木炭层内存在丰富的细菌—原生动物—菌类—微型动物间的食物链。

　　木炭水质净化主要是通过附着在木炭表面的微生物进行净化，而不是通过吸附功能进行净化。在后面的叙述中会提到，用于水质净化的木炭的炭化温度为 700 ~ 800℃。在这个炭化温度下，树木中的挥发性成分被去除，可以制成 pH 为 7.5，碳含量在 80% ~ 85% 以上，含有 3% ~ 7% 金属性矿物质和营养元素的木炭（照片1）。

　　木炭可以看作一个生物反应器（bioreacter）。溶解性有机物等被木炭外表面及细孔内表面上吸附的生物膜或微生物群分解为水和二氧化碳，氮在好氧硝化菌和厌氧反硝化菌的作用下被去除，磷与木炭中的铁或其他微量金属反应生成金属氢氧化物或作为营养源被微生物吸收。

照片1　用于水质净化的木炭

　　木炭水质净化法中不使用某特定筛选的微生物。虽然木炭上附着的微生物群具有单独的栖息空间，但因微生物的共生力非常强，可能在几周内就会被驱逐即便是投入特定筛选的微生物，这样反而有损原有的生态平衡，最好使生活在原水域的微生物群自然混生。但如果目标水域被污染，有用微生物群很少的情况下，也可将当地土壤与水混合（不能用自来水），再将其洒在净化装置的木炭上(每2t的木炭散布约0.2kg土壤。利用接近当地地表土壤中的 10^7 ~ 10^8 的细菌、10^2 的原生动物及其他大量放线菌和霉类）。

　　日本冲绳县的金武水库设置了太阳能发电浮体式木炭净化设施（详见后文），采集的湖水样本中存在的活菌数如表3所示。除细菌外，在水中还发现大量浮游的藻类等、原生生物和菌类等。附着在木炭上的微生物有：四环藻属、

表3　金武水库（冲绳）中浮游细菌数

抽样湖水	细菌数（个 /mL）
湖水（原水）	1.6×10^5
木炭装置处理水	6.2×10^2
上述装置的反冲洗水	2.6×10^5

采集·分析：东邦大学医学部生物学研究室

纤维藻属、斜生栅藻属、平裂藻属、囊裸藻属、裸藻属、多芒藻属、鳞孔藻属、螺肋藻属、扁裸藻属、色球藻科微囊藻属、裸甲藻属、钟虫属、硅藻类（舟形藻科、菱形藻科）小球藻属、鼓藻科新月藻属、水网藻科盘星藻属、变形虫类、绿藻类等。附着在木炭表面的各种微生物群的状态如照片 2 所示。另外，流入装置的湖水中检测出的细菌数为 10^5 个 /mL，而木炭净化装置的处理水中微生物数量只有 10^2，可以看出，木炭层中细菌之间存在激烈的淘汰现象。

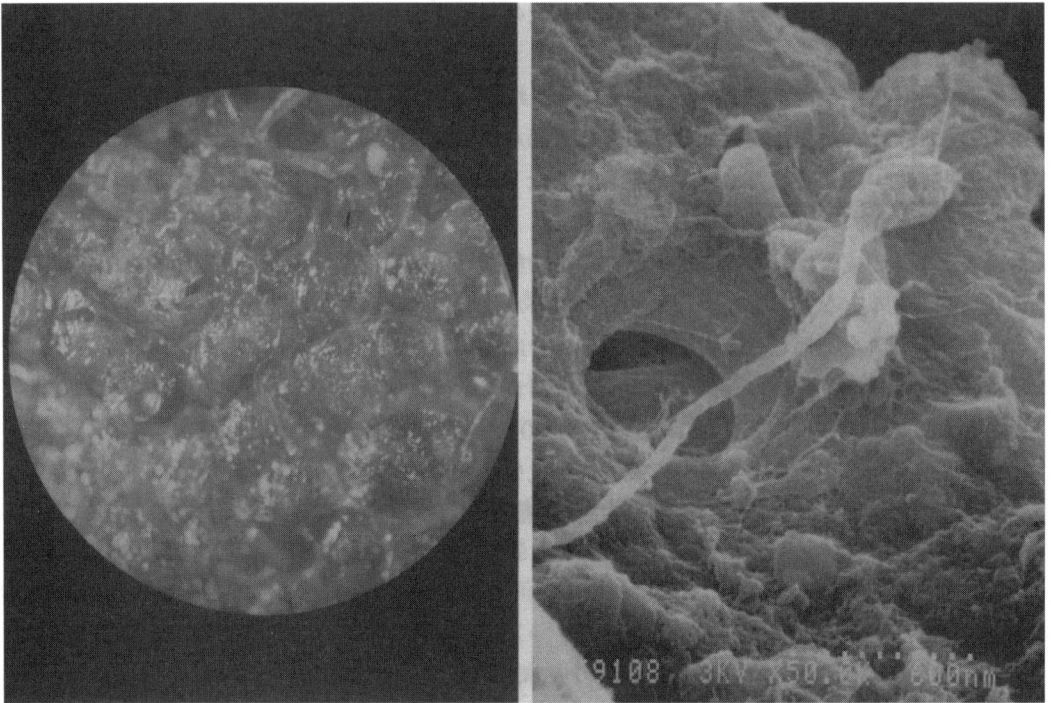

照片 2　木炭表面的微生物群

左：实体显微镜照片；右：SEM 电子显微镜照片

由于以太阳能发电作为电源，木炭净化装置晴天、阴天及夜间的处理水量变化很大，原水在木炭层中的停留时间很不规则，处于 15min 到十几个小时（从日落到日出之间停止发电）之间，在木炭层中，白天主要是厌氧菌在活动，在进水停止的夜间，由于缺氧主要是厌氧菌在活动。

（2）适合水质净化的木炭

作为适合水质净化的木炭，树种中的宽叶树系、针叶树中的松树系为佳。如果是在中高温（700 ~ 800℃）的炭化温度下得到的木炭，即使是混合树种，也可以用于水质净化（照片 3）。在这个炭化温度下挥发性成分完全分解，含碳量可超过 85%。木炭 pH 值固定为弱碱性。木炭会膨胀到 500m²/g 左右，成为亲水性木炭。因为松树系木炭的磷含量很低，所以适合富营养湖泊和河流等的水质净化。木炭水质净化是将各种炭混合使用，因为这种方法能够聚集更多种类的微生物。这种情况下，最好不要将硬质炭和软质炭混合在一起，因为在反冲洗过程中，软质炭会因为与硬质炭接触而提早被磨损。此外，木炭净化过程中需要进行炭的补充，但不需对碳进行更换，而是要使用到最后。

木炭炭化后一般要放置1年左右，待灰分的活性力和反应力收敛，便可在水质净化中发挥稳定的效果。如果将干燥状态下的木炭直接放入污水，水中的悬浊物，特别是淤泥会堵塞木炭的细孔，导致净化效果大幅度降低。所以事先在木炭上洒清水，使清水渗透到细孔中是至关重要的。

照片3　中高温制炭法生产的水质净化用木炭

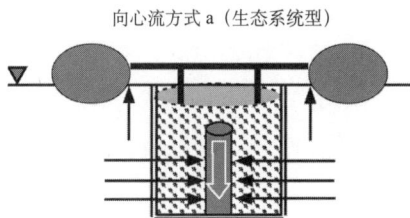

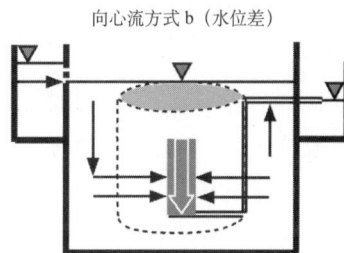

木炭水质净化成功与否，关键在于能否给木炭上附着的微生物创造好氧的环境及能否尽快去除妨碍微生物活动的堵塞（主要是淤泥等）。为了解决这两个问题：①掌握原水中的溶解氧量，在缺氧时进行增加曝气量、减少木炭层的厚度，或者加快通过流速。②为了防止堵塞，必须在装置中设置自动反冲洗装置。反冲洗装置中的空气量大致为 $150 \sim 200L/（m^2 \cdot min）$。此外，由于木炭的磨损度会随着反冲洗频率的不同而改变，还要为装置补充木炭。特别是污浊水流入的向心流方式和向上流方式的净化装置，每 2～3 年就要进行一次木炭的补充。下降流方式中，因为反冲洗频率低基本不需补充木炭。

（3）原水的输水方法

原水的输水方法有：向心流、下降流、向上流、水平流等（图1）。在向上流和水平流中，若从河流和湖泊等取水时，可能会导致鱼类和底生动物等误入处理设施，并逃至滤材的入口，造成入口堵塞而大量死亡，所以需要让鱼类即便误入也可以再次返回到外部系统。由于在向心流和下降流中不需将原水 100% 通过滤材，所以不会产生问题。

向心流方式 a（生态系统型）　　　　　　向心流方式 b（水位差）

向上流方式（生态系统型浮体式）

下降流方式（生态系统型）

水平流方式 a（生态系统型）

水平流方式 b

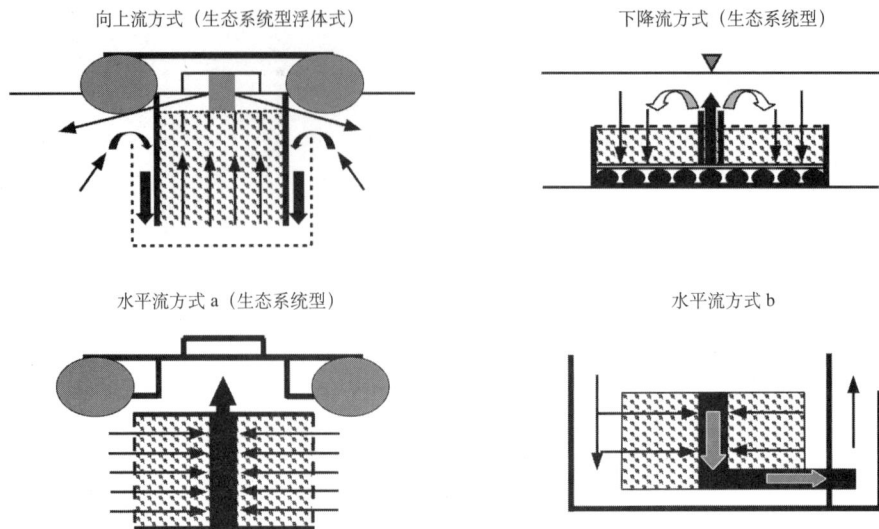

图 1　各种输水方式

①下降流（下降流木炭净化系统）（照片 4）

顺着重力的下降流方式类自古以来在各地的山村就较为常见，这种净化装置从容器底部开始用鹅卵石→碎石→砂→木炭→碎石→砂→碎石→小石子堆积起来的。这种装置目前已成为联合国教科文组织亚洲中心推荐的木炭净水器。下降流木炭净化系统的原理与此相同，一般直接设置于水深相对较浅（水深 2m 左右）的景观池和蓄水池等的底部，输水速度缓慢，接触滞停留时间保持在平均 20min。如果原水中存在足够的溶解氧量就可以发挥很好的净化效果。为了使原水与木炭进行均匀的接触氧化，在木炭层的底部使用了集水管。集水管将收集到的处理水利用潜水泵或气举泵返回到周边水体。通过与木炭层的反复接触，水域的水质逐渐得到改善（该装置也可以利用太阳能发电）。

所有的装置中都设置了反冲洗装置。如果反冲洗频率很高，应该事先设置自动反冲洗装置。为了避免降雨时 SS 的影响，可以在木炭的上层铺一薄层（厚 80mm 左右）砂砾（砂粒直径约10mm）。这样可以防止淤泥等侵入木炭层。另外，还可以在反冲洗时较容易地去除 SS。在下降流净化方式中，1.2m³ 木炭的净化能力为 0.001m³/s（标准样本滞留时间 20min），在 1000m³ 的蓄水池中，保证所有污水每天循环 1 次所需的木炭量约为 14m³（4.7t）。根据水质的不同，可以选择每天循环 1 次，或者每 3d 循环 1 次。通常，在已经发生水华的区域中，选择每 3 ～ 10d 循环 1 次来进行净化。

池底设置型木炭净化装置在水域内设置后，可能会发生很快木炭粉流进水体，造成短时间内绿藻类和海草类（微咸水·感潮水域的情况）大量发生，并浮到水面上的情况。如果绿藻等成为该水域的优势种，水华等可能被微生物或原生动物驱逐而不会发生。而一旦将产生的藻类从水域中回收，相当量的氮及磷就会从水域中被去除，所以之后的水域就可以维持非常稳定的水质。反过来这种方法也可以用来回收富营养化水域中的氮和磷。

照片 4　池底部设置型木炭净化装置
(名港富滨调节池) 施工中与施工后

②向心流（向心流木炭净化系统）（照片 5）

这种方式的通用性很强，适合各种水体的净化。将圆筒型装置周围的原水吸引到中心部的集水体，然后利用气举泵将处理水排放到装置外部。由于这种向心流系统的反冲洗效率很高，所以可以对污浊水体的净化发挥很好的效果。这种装置有 3 种设置方法：浮在污浊水体进行净化、固定在水中进行净化和设置在地上设施中进行净化。装置的标准规格为：直径 2m、高 2m（容积 6.28m³），使用的木炭约为 2t。

照片 5　太阳能发电浮体式木炭净化装置（冲绳，金武水库）

一台该规模的装置的处理水量约为 1000 ～ 2000m³/d（商用电源 24h 运行的情况下）。有一个蓄水量为 100000m³ 的水池，如果水深为 5m 的话，蓄水池的面积即为 20000m³。将 20000m² 的表水层（2m）的水量（= 水池面积 ×2m）每 3d 进行一次循环净化。换言之，如果 24h 净化 13000m³，水质就会逐渐得到改善，还可以防止水华的发生。需要的向心流浮体式木炭循环净化装置（1 个单元的处理能力：1500m³/d 木炭量 6.28m³）为 8 ～ 9 个单元。

③向上流（向上流木炭净化系统）（照片 6）

在向上流方式中，由于滤材被周围的壁面所封闭，反冲洗中产生的污泥的排出被限制在上下方向，所以反冲洗非常困难。而一旦流入槽与处理槽的容积比率发生偏离，极容易发生短路流，而导致处理能力降低。考虑到原水的水质，为了避免木炭层内缺氧，通常将木炭层的厚度控制在 1.5cm 以下，接触停留时间控制在 20min 以内。

照片 6　太阳能发电木炭净化装置（东京墨田区，北十间川）

④水平流

木炭净化的水平流方式是，将木炭装置设为箱型，在中央设置集水体，以水平流方式进行接触氧化。在碎石接触氧化方式中，产生的污泥逐渐从滤材的入口处开始堆积，使设施变得很庞大。为防止木炭净化中由于缺氧造成的处理能力的降低，将木炭接触距离设为 1.5m 以下。

⑤接触停留时间

主要通过好氧微生物进行的水质净化，如果停留时间过长，就会发生厌氧化，进而导致净化效率大幅度降低，所以要尽可能缩短停留时间。在湖泊等的循环净化中，因为在好氧环境下进行净化，需提高循环率。各种输水方式的接触停留时间范围如表4所示。

表4　滞留时间的大致范围

流水方式	滞留时间（min）	
	河流	湖泊
向心流	7~10	7~10
下降流	15~25	20~30
向上流	10~15	10~20
水平流	10~20	15~20

根据水质污浊程度设定停留时间
停留时间的计算公式：$t = V/Q$
t = 时间
V = 木炭的外容积（m³）
Q = 流体的流速（m³/min）

4-2　在河流及湖泊净化中的应用

现代城市河流被修砌成箱型，河道形状也从蛇形改成了直线形；另外，河流的宽度也被压缩，两岸被混凝土等护岸所包围。由于河流的自然净化功能与河流入海前的停留时间及两岸的河滩和水潭息息相关，这种情况下无法指望城市河流的自净作用。难道不能人为地使城市河流重新拥有原来所具有的自净作用吗？设置在河流中的木炭净化系统正是基于这种想法。自净作用主要通过附着在木炭上面的有用微生物进行分解。可以添加营养盐和生长要素，让一定量、一定质的有用微生物群附着到木炭上，来净化城市河流的污浊水质。另一方面，由于湖泊往往处于河流→湖泊→河流的位置，来自于不同河流的各种污染物不断流入，湖泊原有的自净作用可能无法净化全部污水。此时可利用湖泊广阔的水面空间，通过木炭来增加有用微生物的种类和数量强化净化。净化方法如图2~图4所示。

公用水域中净化设施的作用主要是作为中小工厂的废水、农业废水和生活污水等的净化设施完善前的衔接作用。从这个观点来看，浮体式木炭净化装置不会妨碍生态系统，而是以生态系统的复原为目标，还具有在改善和稳定水域的水质之后，可方便地移设到其他被污染水域的优点。

（1）河流净化

①河流直接净化设施

在河流的河滩设置半地下式的混凝土单元，然后在其上设置能够分解高浓度进水的串接串联式木炭循环净化装置。专门设置取水设施，将河水输送到净化设施内。在净化设施中将所需台数的圆筒型木炭净化装置（向心流）在下流方向串接排列。混凝土单元与木炭净化装置之间存在的空隙，可作为流入生物返回下游河流的构造。所需的电气设备和送风设施设置在堤内，而木炭装置的前段构造用于将沉淀的砂和碎石等从设施中送回河流。木炭净化设施的反冲洗装置内产生的剥离生物膜，会在下游的木炭净化装置中被反复净化，最终与处理水一样被放流到河流中。根据进水中污浊度的不同，反冲洗的时间间隔为 1 次 /2 周 ~ 1 次 /4 周，清洗时间为 10 ~ 20 分钟。自动反冲洗装置为电子控制。

净化方法 1，池底型

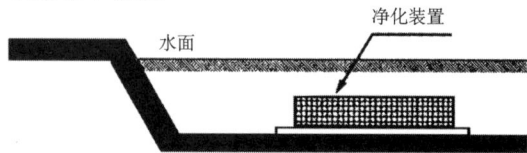

设置在水体的底部，使用气举泵或潜水泵，电源采用商用电源或太阳能电池驱动，地上部分设置控制盘及反冲洗装置的压缩机。
最大水深：5m 最低必要水深：1m。

图 2　池底式木炭净化设施（下降流）

净化方法 2，浮体式

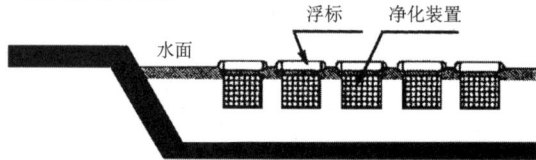

水深在 3m 以上的湖泊可以在水面上自由设置，净化污染水域的表水层，采用抽水泵或气举泵，配置自动反冲洗装置，电源采用商用电源或太阳能电池，也可以两者并用。
维护管理原则上为 1 次 /3 年。

图 3　浮体式木炭净化设施（向心流、水平流）

净化方法 3，地上设施型

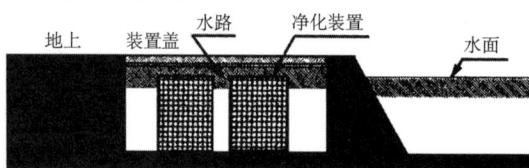

可用于水域整体，通用性强，适用于湖泊、河流自来水原水的净化、污水的最终处理及农业用水的净化等，可同时并用太阳能电池和商用电源，可处理 1 ~ 50m³/s 的大容量净化，采用串联循环净化法及多级式净化法。

图 4　地上设施（向心流的下降流）

②河堤内外的设置

在河流的两岸设置宽为 2m、高 2 ~ 3m、对应处理水量的长度为 20 ~ 120m 的净化设施区域。在区域内设置所需台数的串联式木炭循环净化装置。

在河流中设置能够应付洪水的可动式堤坝,提高水位,依次进行取水→木炭循环净化→(水培植物架)→放流。为了消化木炭循环净化的出水中含有的硝酸盐,还可在下游设置水生植物架或水耕栽培架(图5)。

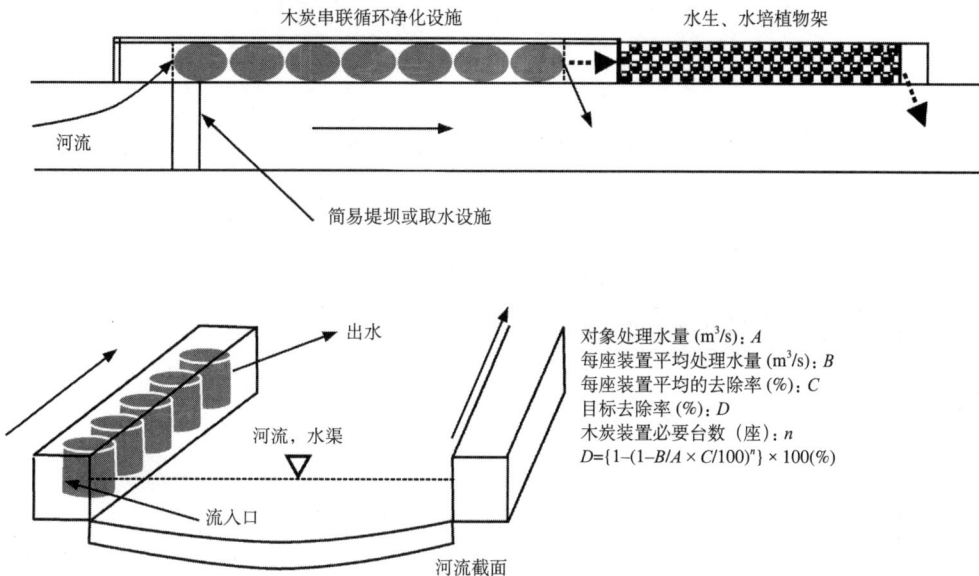

对象处理水量 (m^3/s):A
每座装置平均处理水量 (m^3/s):B
每座装置平均的去除率 (%):C
目标去除率 (%):D
木炭装置必要台数 (座):n
$D=\{1-(1-B/A \times C/100)^n\} \times 100(\%)$

图5 河流中设置示例

(2) 湖泊净化(图6)

湖泊中因可利用水面空间,故能够廉价设置太阳能发电的浮体式净化设施。浮体式净化装置的电源可与商用电源并用,在白天使用太阳能电池的电源,夜间使用商用电源(深夜也可用电)。试验结果表明,附着在浮体式木炭净化装置的木炭上的微生物群,会在数秒内将有害藻类捕食破坏(津久井湖净化试验)。

①湖泊等的直接净化

在发生水华的水域中,净化对象并不是水域的总蓄水量,而是集中从水华等聚集的表水层开始净化。浮体式圆筒型木炭净化设施是先去除表水层的污染,再通过水域的对流实现整体净化的系统。净化设施的规模是根据将水域表水层的体积每 3 ~ 10d 循环一次所需的装置数算出来的。在宽广水域中测量停滞水域的表水层的体积,再设置必要数量的装置。

②地上设施的大容量净化方式

新开发的水位差式木炭净化设施在地上设置混凝土水槽,水槽中设置箱型的木炭净化装置(装置标准规模:长 6m、宽 3m、高 2m,一个单元 $36m^3$,处理能力:$0.03m^3/s$,接触停留时间 20min)。将水域的原水送入水槽,流经木炭装置中沉入水中的木炭层后,出水经由排水管从装置内的集水体中输送到放流槽内。每秒净化 $10m^3$ 的湖水所需的设施面积约为 $20000m^2$。

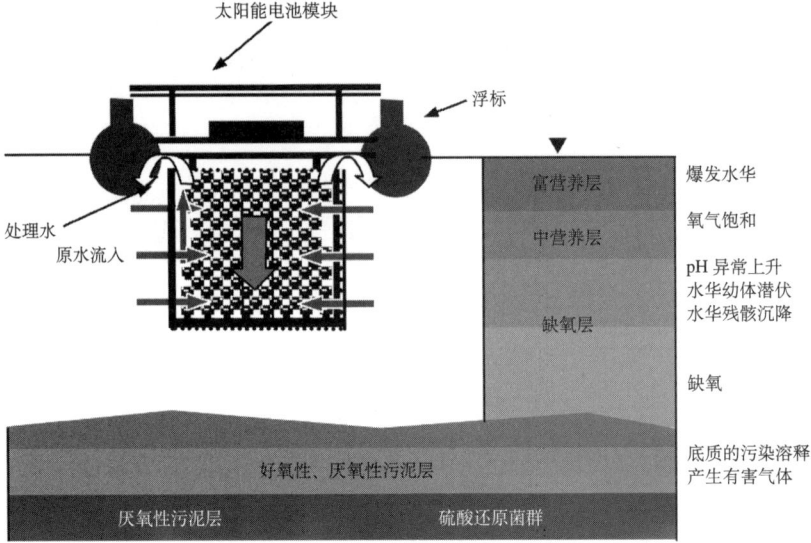

图6　湖泊中设置示例

这种系统对于以湖泊净化为代表的下水道三级处理、自来水原水一级处理、工业用水一级处理等是非常有用的，还可以使用本工艺的多级式装置来进行高浓度污水的净化。

③大型水域的木炭净化的设施

有一种大型水域净化系统，可防止大型水域中浮游植物和浮游动物的异常增殖。该方法利用预制装配式混凝土制或钢铁制的巨型浮动结构搭载圆筒型木炭净化设施的方法，电源为太阳能电池和燃料电池并用的系统。该设施为可移动式，以水面到水深5m的表水层为主体进行循环净化，现在正在进行规划和开发。巨型浮动结构作为浮体式消波平台，而钢铁制的浮动结构还可作为轻型飞机等的起降基地，可在紧急时刻确保物资运输，所以受到了广泛关注。

4-3　水质净化效果的测量值和各种方式有效使用方法

前述的金武水库中木炭净化系统进行的水质净化效果的测量值如图7所示。为了有效地利用各种木炭净化系统，需要注意以下要点。

（1）浮体式木炭循环净化装置

该装置的处理水的采水方式是，通过在气举泵的排水口插入聚氯乙烯管的插口和弯管，尽量在水面之上而不与原水混合。装置的接触滞留时间很短，只有 3 ～ 10min（太阳能发电时为10min 以上），所以净化效果很差，但可以通过增加处理水量（2000m³/d）和净化次数来弥补。在氧气不足的水域中，可以缩短接触时间来防止极度缺氧。在水面遍布水华的水域中，表水层的溶解氧量很多，氮·磷的净化效果变大。这种情况下，可调整气举泵的排水量，并将接触时间设为 10min 左右，净化效果会提高。

（2）池底部设置型

在接触时间很长的下降流方式中，与木炭接触氧化的出水通过螺杆泵被排到装置外。在污浊的水域中，出水中含有的溶解氧很少，出水处于缺氧状态，需要在排水口安装曝气装置。当水体中流入农药导致水质短时间恶化时，一般约一周后水质就会恢复原状。但如果将大量的自来水注入池中，水质会因受到氯的影响而降低 2 ~ 3d 左右。虽然不论哪种情况都会给微生物带来不好的影响，但都会自然地恢复。本装置具有近似于免维护的持久性，设置 8 年后的 BOD 值仍然在 3 以下，叶绿素 a 的数值也维持在 $10\mu g/mL$ 以下。

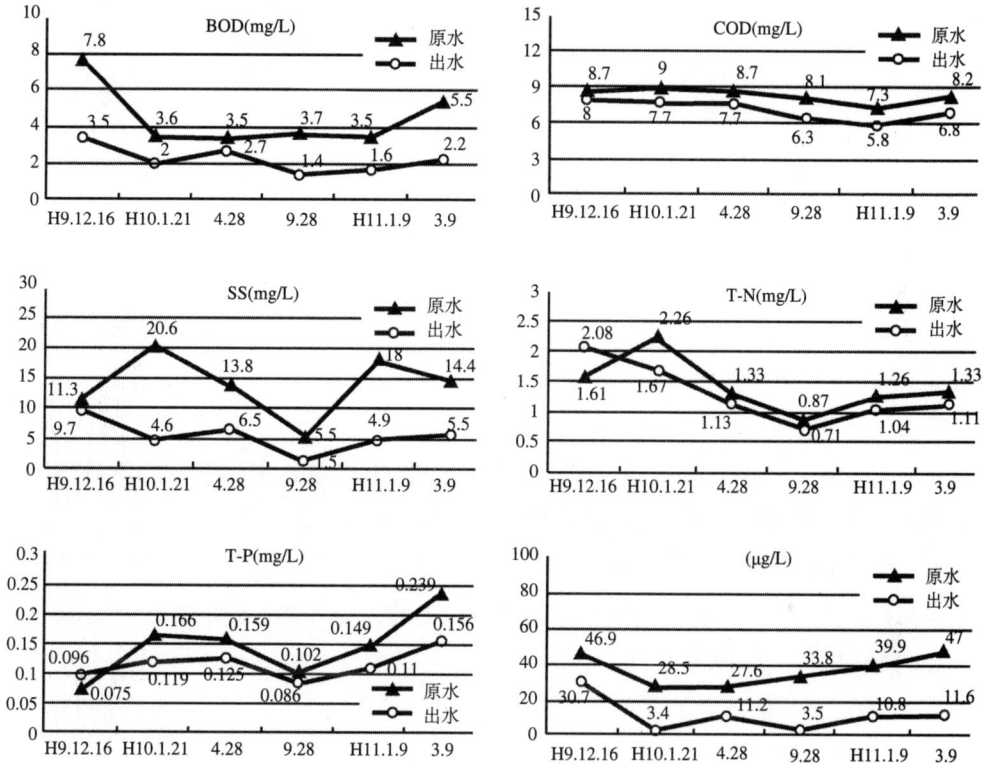

图 7　金武水库（冲绳）的木炭净化中水质分析的测量值

经过一次木炭净化后的数据

（3）串联循环净化设施

多级式推流型装置可用于下水道三级处理、自来水原水、污浊水的一级处理、工厂废水、有机氯化合物等的处理，特别是在去除 VOC 和 MX 等有机氯化合物，以及对 BOD 值在 1 以下的污水处理厂出水水质的进一步净化、饮用水水源的一级处理中叶绿素 a 的去除中发挥了巨大的威力。在设置于混凝土槽内的圆筒型木炭净化中，可在槽内设置曝气设施，以提高水中的溶解氧量，进一步提高净化效果。在多个圆筒型净化装置中，可将最后一列的若干处理单元设为厌氧状态，实践结果表明对硝酸态氮有去除效果。（图 8，照片 7）

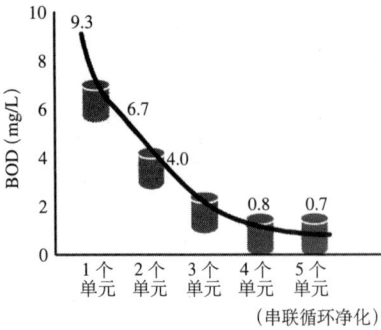

图 8　串联循环净化装置的净化效果

BOD 流入浓度 9.3mg/L
木炭层内停留时间 4min（1 个单元）
1 个单元的净化次数为 6 次
BOD 处理浓度 0.7mg/L

照片 7　串联循环净化设施

（群马县奥利根宜居公园，污水三级处理设施）

4-4　太阳能电池的利用

太阳能电池没有机械传动部件，所以稳定性高、寿命长，在木炭净化系统的电源中得到积极利用。木炭净化装置中的动力为气举泵或潜水泵。国内外首次开发出利用太阳能电池的驱动线路，使空气压缩机高效运转（图 9）。

压缩机为隔膜式，通过固定的电磁铁和安装在薄膜上的永磁铁来运转。通过改变电磁铁内电流的方向，可以使固定在薄膜上的永久磁铁发生往复运动，将空气压缩后排出。因为只是简单的动作，所以提供给压缩机的电压不一定必须为正弦波，也可用矩形波换流器进行运转。传统的系统都被设置为稳压，所以一般使用电池，但该系统可以根据光照量来驱动，所以不使用电池。如图 10 所示，运转级别从日出持续到日落，所以适合水域的净化。

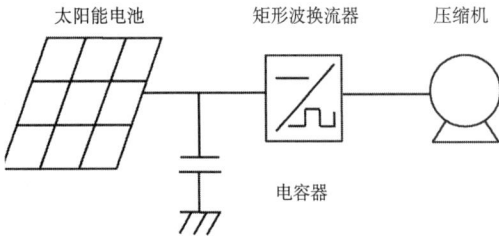

图 9　太阳能电池驱动的压缩机电源系统图

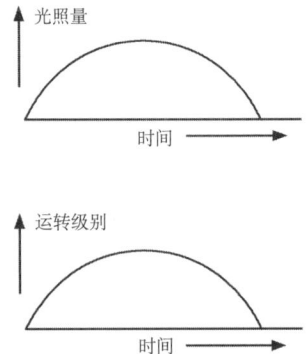

图 10　压缩机运转状况

4-5 维护管理

木炭净化中不需要更换木炭。只要对因使用至磨损而减少的部分进行补充就可以了。在反冲洗频率较高的污浊水净化中需对木炭进行补充，所以在装置上设置了补充口。

（1）池底设置型净化装置

在实际的经验中，8年未进行木炭的补充，但基本没有损耗。维护管理的重点是每年1次的控制盘检修和2～3年1次的水泵检修与零件交换。池底设置型净化装置中，除设置了8年的高尔夫球场净化设施在水泵使用寿命到期进行了更换之外，在完全无维护的状态下，一直持续净化。

（2）太阳能发电浮体式木炭净化装置

由于这种装置内置了自动反冲洗装置，其维护管理主要是进行压缩机的零件更换及装置外部的清扫。每2～5年进行一次木炭补充。补充量为木炭的1～2成左右。

（3）太阳能发电向上流木炭净化设施

每4个月进行一次木炭层的反冲洗、沉淀槽的清扫、机械的检修。每年1次对太阳能系统中的电气系统进行检修，太阳能潜水泵的检修与清扫等。

（4）串联循环净化设施

每年一次进行压缩机、控制盘的检修，其中木炭箱的清扫是重点。每3年一次进行压缩机的零件更换，木炭箱的木炭补充，控制盘的零件更换，导气管等耗材的更换等。

近年来，日本以国家和各级地方政府为中心，推动制定了基于长期规划的河流、湖泊等水域的环境改善计划，其目的也不仅是改善水质，还增加了恢复到自然的河流、湖泊的内容，因此，水质净化设施也必须是融入自然的、对自然友好的设施。基于上述的原因，"太阳能发电驱动木炭水质净化系统"是使用绿色能源太阳能发电和天然原材料木炭的系统，是不多见的对自然环境友好的系统，今后也将被广泛应用到从公园水池到大型湖泊和河流，对水域的环境改善发挥作用。

——引用文献——

1）樋口清之（1993）：木炭，（财）法政大学出版局.
2）（财）河川環境管理財団（1993）：解説河川環境，山海堂.
3）関　正和（1994）：大地の川，草思社.
4）岸本定吉（1998）：炭，創森社.
5）内村悦三監修／谷田貝光克・細川健次（1999）：竹炭・竹酸酢の利用事典，創森社.
6）岸本定吉監修（1999）：炭・木酢液の利用事典，創森社.

7) 岸本定吉（1997）：特集／森の恵み木炭による扶養力，森文化研究，第18巻.

8) 森下郁子（1981）：環境を診断する，中央公論社.

9) 千葉徳爾（1991）：はげ山の研究，そしえて.

10) リン・マルグリス，カーリー・V・シュバルツ（1996）：五つの王国，訳/川島誠一郎・根平邦人，日経サイエンス社.

11) 生嶋 功（1991）：水の華の発生機構とその制御，東海大学出版会.

12) 神岡浪子（1995）：日本の公害史，世界書院.

13) 津田松苗（1996）：汚水生物学，北隆館.

14) (社)日本技術士会監修，鵜飼信義・依田 亮（1994）：自然浄化処理技術の実際，地人書館.

15) 須藤隆一監修，環境庁水環境研究会編（1996）：内湾・内海の水環境，ぎょうせい.

16) 井出哲夫（1994）：水処理工学，技報堂出版.

17) 日本バイオ技術教育学会監修/扇元敬司著（1999）：微生物学，講談社サイエンティフィク.

18) 食品産業クリーンエコシステム技術研究組合編集委員会編（1995）：食品産業のための微生物利用水処理技術，恒星社厚生閣.

19) 本橋敬之助（1992）：閉鎖性水域環境と浄化，公害対策技術同友会.

20) 森 俊介（1997）：地球環境と資源問題，岩波書店.

21) 柘植・荒木・安部ほか（1997）：木炭による湖沼浄化システムの開発，トキコ・レビュー114号.

22) 平田 彰（1995）：流動床式生物膜プロセスによる排水の高度浄化技術.

23) 建設省近畿地方建設局（1994）：上向流木炭浄化施設計画の手引き(案)，河川行政研究会.

24) 建設省技術評価書93305号（1994）：河川等の公共用水域における直接浄化システム 木炭浄化装置，東洋エコ・リサーチ.

5. 接触氧化法

（田中宏明、冈安祐司）

5-1 净化结构

接触氧化法是指在河流或人工水路内填充促进净化的接触材料（滤材）以去除水中污浊物的方法。接触材料是使水中的污浊物粒子通过接触而易于沉降并保持微生物生长的载体。日本建设省（现国土交通省）于昭和 58 年在多摩川的新二子桥上游首次以河流直接净化设施的形式建设了野川净化设施。由于使用的接触材料为碎石，而且设计思想源自人为地强化河流的自净作用，所以被称为碎石间隙接触氧化法。在自然河流中，污浊物除了因沉淀到河床中而从水中去除外，在流经河床碎石间隙的过程中，颗粒成分被过滤去除，然后通过微生物的进一步分解，最终实现河水的净化。除碎石以外，各种各样的接触材料原材料的开发也有了很大的进展。

接触氧化法对河水中污染物的去除主要是通过接触沉淀、吸附、生物分解三种过程实现的。

接触沉淀包括河水携带的颗粒在流经填料间隙时，比填料间隙大的颗粒被机械性地捕捉、比填料细小的颗粒因偶发性的接触被捕捉吸附、颗粒沉降到滤材上的沉淀、颗粒在惯性力作用下脱离流线接触到填料发生惯性碰撞等结构。

吸附除了与填料直接进行的化学吸附（结合和化学反应）、物理吸附（静电力、范德华力）之外，还包括颗粒被滤材表面的生物膜过滤，或一部分溶解性成分被吸附而从水中被去除的过程。

如图 1 所示，生物分解是指填料表面的生物膜对污浊物的生物分解过程，分为消耗水中溶解氧（DO）的好氧分解和在沉积的污泥等处发生的厌氧分解，净化过程与生物膜中的细菌类、原生动物和后生动物等多种多样的生物群落相关。溶解到水中的氧气和有机物扩散到生物膜中，生物膜中的微生物在好氧的条件下使用氧气分解有机物。在这个过程中，有机物中的有机态氮变为氨氮，而氨氮在 DO 充足时被硝化细菌氧化为亚硝酸或硝酸态氮。但当 DO 不足或水温偏低的情况下，则无法发生硝化作用。随着微生物增殖数量增加，部分氮磷会被微生物摄取而从水中去除。另一方面，生物膜的底层部分由于 DO 不足，成为厌氧环境，因此有机物转变为有机酸，生物膜的一部分变成可溶解状态。部分亚硝酸态氮和硝酸态氮通过脱氮被从水中去除。

以上三个过程是相互联系的。但根据河水中颗粒的数量和大小、生物分解速度、水温等进水条件不同，使用的填料的大小、形状、原材料等特征不同，填充填料的反应槽的形状、滞留时间、强制的 DO 供应能力等反应槽的特征，以及反应槽内的不断沉积的污泥的洗净和清理频率等维护管理条件的不同，以上三个过程所发挥的作用的大小是不一样的。至今为止，关于其功能分析的详细介绍还很少，填料与反应槽的组合所产生的去除性能，是通过在现场试验或在

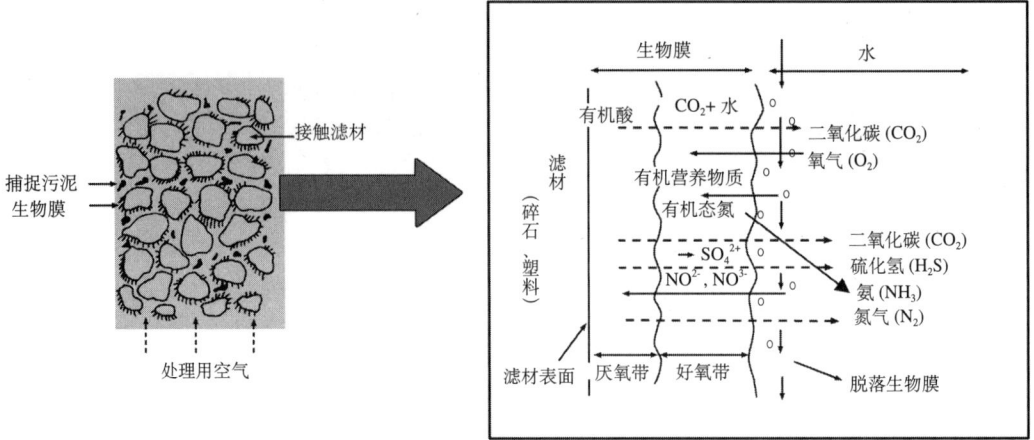

图 1　接触氧化法的净化结构（接触沉淀与生物分解）

设施中的实际测量等经验法求得的。

5-2　填料材料

如表 1 所示，作为填料来使用的材料有：碎石、塑料、化学纤维、无纺布、成形黑表土、废料、天然原材料等。这些填料被填充到净化设施的反应槽中。从生物分解和吸附的角度来看，填料挂膜的容易程度及其比表面积是其重要的影响因素。另外从能否有效地将堆积的污泥蓄积在反应槽内来看，大空隙率就变得很重要。再者，从提高接触沉淀的效率来看，单位面积的比表面积大、空隙率小且颗粒捕捉率高的填料比较有利。为了防止被捕捉的颗粒造成堵塞，还必须考虑到是否容易洗净。考虑到需频繁进行将污泥从设施中抽出等维护管理的情况，轻型填料是比较受欢迎的，而且考虑到洗净时填料之间会发生碰撞，还必须采用具有耐久性的原材料。如果

表 1　填料的分类 [8,10]

天然材料	砂、碎石、木炭、焦炭、浮石、贝壳、火山灰滤材等
合成材料	均一粒状
	塑料容器
	专用成形填料
	带状、管状
	网状、草坪状
	平板、波状、纤维板

考虑吸附去除正磷酸和氨氮，还必须选择适合吸附的材料。

综上所述，根据想要去除的污染物的类型、污染物去除功能、需要什么样的管理的不同，选择的填料也会相应地产生差异。

5-3　反应槽的输水方式和设置位置

（1）反应槽的输水方式

根据已放入填料的反应槽的河水输水方式，接触氧化法可分为水平流式、向下流式和向上流式。水平流式反应槽的容量根据其停留时间确定，而向下流和向上流式反应槽根据其过滤速度进行设计。

在水平流式反应槽中，河水沿水平方向流动，河水中含有的颗粒会在反应槽的入口附近由于下沉或吸附等被捕捉，从而导致污泥的产生量增加。污泥从滤材的间隙脱落，并不断在底部堆积。堆积的污泥逐渐向水流的下游移动，堆积范围不断扩大。

向下流式接触氧化法是指从填充的滤材上部向下输水的方法。若滤材的空隙率过小，被捕捉的颗粒易蓄积在滤材的表面，从而使水头损失变大。另外，若滤材的空隙过大，堆积的污泥会逐渐向下部滑落，直至污泥堆满滤材整体，而落下的污泥被带入净化出水中，导致净化效率降低。

向上流式接触氧化法是指从填充的滤材下部向上输水的方法。被滤材捕捉的颗粒会从滤材的下层开始蓄积，但由于一部分会落到沉淀槽中，滤材的堵塞方式会比向上流的小。

（2）净化设施的设置位置

从强化河流的净化结构来看，会让人产生将净化设施设置在河道内的设想，维持管理条件下的净化机能来看，则应将河水从河道中分流出来，在设置好的人工水渠或反应槽内进行净化。

如图 2 所示，接触型净化设施的设置位置和净化设施河水的流入方式分为两类。

①分离方式（边线方式）

仅从河流流量中取出一定流量的水，使其流入净化设施的类型，分为直接设置在堤内和设置在河滩的情况。在河滩上，为了防止洪水时的危害，和尽量不妨碍河滩的利用，比起地表面，设置于地下空间的情况更多。

②直接方式（线内方式）

设置于河道的河槽部分，或设置于河床以下位置的类型，可以直接净化河流水、节约空间。但同时也存在：洪水时阻碍泄洪、洪水时对设施的破坏、堆积的污泥管理困难、景观上也会产生问题等课题。

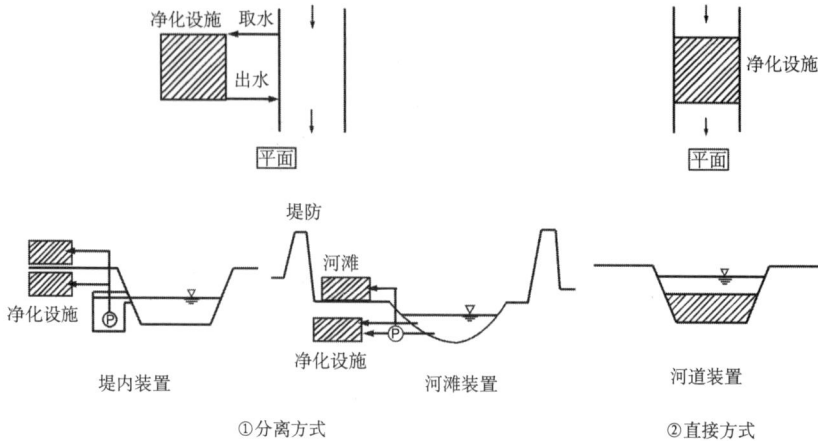

图2　分离方式与直接方式

5-4　净化设施的构成

在直接方式中，直接在河道内设置反应槽；与此相对，在分离方式中，除了反应槽之外，还需要取水设施、导水和分水设施、出水设施。

取水设施是指，高效从河流水中取水，使其流入反应槽，在发生洪水时等情况下用来保护反应槽的设施。取水方式包括：通过在河道内设置堤坝等利用水位差的自然流下方式和利用水泵抽水的水泵取水方式。为了防止反应槽的堵塞和保护水泵取水设施中设置了除尘设施，为了防止粗大浮游物的流入，使用了浮游物流入防止板甚至是筛除设施。另外，为了尽量不让粗砂等易于沉淀的砂砾进入反应槽，还存在设置用于去除沉砂的设施的情况。这些设施需定期去除夹杂物和砂石进行维护管理。

将抽取的河流水导入反应槽的导水设施和反应槽，通常由多个系统构成，所以还要设有将河流水平均分配到各系统的分配设施。在清理污泥和检修的情况下，也可以用来使该系统的河流水的供给暂时停止。

出水设施是指，用来将反应槽中已被净化的河流水排放到河流中的设施。反应槽中的净化可能会造成溶解氧浓度（DO）降低，所以存在通过流出一定的落差来使 DO 恢复的情况。但是，被净化的河流水中可能会残留表面活性剂等，所以还必须设法阻止冒泡等问题的产生。另外，如果取水设施与出水设施的距离较远时，还要考虑到河流水量减少区间的产生等问题。

此外，为了使净化设施正常运转，可能还需要包含电气设备（受电、测量装置）、机械设施（送气设施等）的管理设施，但必须将这些设施设置在即使发生洪水时也不会浸水的位置。

5-5 反应槽

(1) 反应槽的容量

反应槽的大小，根据进行水质净化的设施容量和蓄留堆积净化产生的污泥的设施容量来推算，大多根据水力学停留时间，BOD 容积负荷等各设计元素来决定。本节将以应用最多的水平流方式为中心进行叙述。

水力学停留时间，是用填充在反应槽中的填料的空隙容量除以净化水量，作为河流水流下的时间来求得。此时，在反应槽内会发生净化所去除的颗粒和生物膜形成的污泥堆积，所以净化容量，多是在事先估计出污泥的堆积量后再进行设计的。日本国土交通省京滨河流事务所为了在日本首次设置碎石间隙接触氧化设施，而进行的多摩川净化试验的结果如图 3 所示。这是利用试验设施，使水力学停留时间发生各种各样的变化，并观察反应槽中的 BOD 去除发生了怎样的变化，来进行反复试验的结果。结果显示，在那个时候的多摩川的河流水中，即使将水力学停留时间延长约 1.3h 左右，也没有发现 BOD 去除率的改善，因此，采用了将大多数的碎石间隙接触氧化设施的水力学停留时间定为约 1.5h 的设计。

水力学停留时间以外，在以流入反应槽每个单位容积的 BOD 负荷量为基础的设计理念和以主要利用过滤捕捉的情况下，还存在采取利用输水速度来进行设计的想法的情况。不管在哪种情况下，都是根据当地的试验来求得的经验性的功能设计理念，所以还要注意到能够适用的条件，在进行新的设置时，需要进行类似事例的适用和在当地进行试验来确认。

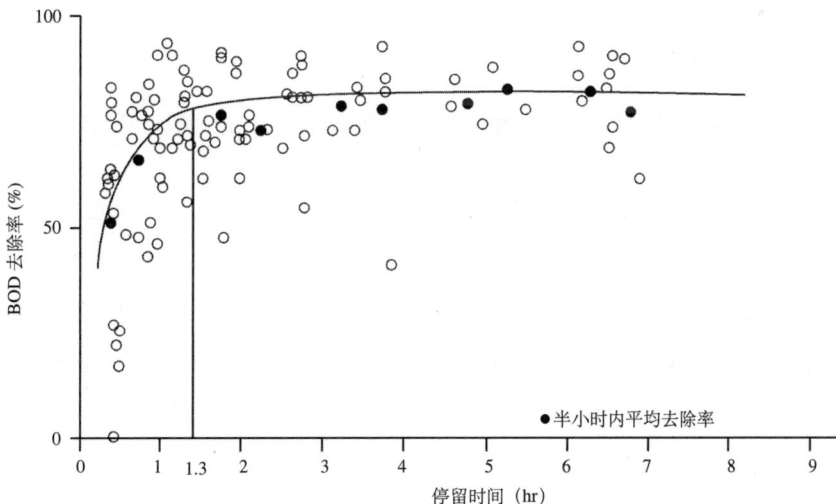

图 3　多摩川碎石间隙催化氧化法的停留时间与 BOD 去除的关系

（2）反应槽中产生的污泥

污泥与水质净化相伴而生，所以，为了不损害反应槽的功能，必须设定污泥的蓄积期间和清理频率。在通过充气作用等进行曝气排泥时，或使用空隙率大的填料时，反应槽中生成的污泥会逐渐沉降到反应槽的底部，并在那里堆积。因此，如图 4 所示，反应槽内底部的空隙最终会被污泥所侵占。为了排出堆积的污泥，还可以先去除填料，然后用真空清洁车来除泥。必须事先确保，在污泥清理之前，反应槽中有足够的空间来存放堆积的污泥。

还有一种情况，即进行定期反冲洗，强制填料上生成的污泥落到位于填料的填充部分下部的污泥堆，再利用水泵或真空清洁车将污泥抽出。此外，还存在将经过曝气排泥的清洗水存放在污泥存放设施中，暂时将污泥进行固液分离的情况。

污泥的产生量会因被去除的 SS、污浊物质量和污泥清理期间而不同。虽然关于产生污泥量的系统性的知识还很少，但要考虑被去除的无机性 SS 量和被去除的有机性 SS 量，还有在堆积期间被分解的污泥中的有机物的分解率，来预计每天产生的污泥量，还要考虑到将污泥清理前的堆积天数。

排出的污泥在排水时可能流到河流里去，但将其作为废弃物处理的情况和在下水道设施中进行共同处理的情况等也在逐渐增加。

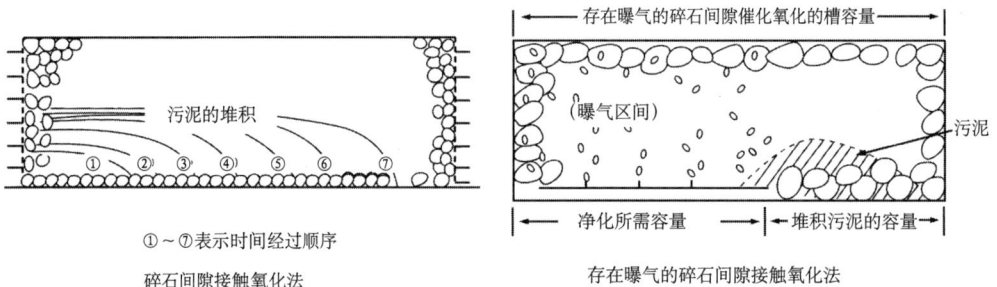

①～⑦表示时间经过顺序
碎石间隙接触氧化法

存在曝气的碎石间隙接触氧化法

图 4　曝气的有无造成的碎石间隙接触氧化法中污泥堆积状况的不同

5-6　接触氧化法的现状与课题

基于"关于水域直接净化事业的问卷调查"的结果，将实际应用于河流和水渠的方法总结后如表 2 所示。在净化方法中，接触氧化法占 9 成以上，使用最多的填料为砾石、碎石等小石子，达到了 42.4%，接下来是被称为蜂窝、圈旋盘等用于净化的特殊材料，占 39.6%，使用木炭、竹炭等炭的填料的方法占 10.8%。其他还有使用酸奶容器、贝壳等的废料、人工草坪等的情况。与蚕茧或填料组合的复合型虽少但也存在。此外，碎石的空隙率约为 40%，但与此相对，塑料的特殊材料的空隙率高达 90%～98%，其所需的面积仅为碎石间隙接触氧化法的 1/3～1/2，但单价却变高了。

进水中的污浊负荷大，溶解氧（DO）被氧化分解所利用，但在很难再次通过曝气供给 DO 的情况下，为了使 DO 恢复需要进行曝气。另外，还存在将其作为填料的反冲洗手法来利用的运用方法。29.9% 的设施中设置了用于曝气的机械设备，但 68.8% 没有设置。其他方法中，利用河流的自然落差进行曝气的设施为 1.3%。

曝气中所需要的供氧量，除了水中有机物的分解需要的氧气量之外，在使氨态氮进行硝化的情况下也要对所需的氧气量进行补充，还要考虑到反应槽中填充的填料上存在的生物膜

表2　直接净化法的设置状况 [2)]

事业主体 / 设置场所	建设省 堤内设置	建设省 河滩(包括旧河道)	建设省 河床等 河道地下	建设省 河床等 流水面	建设省 不明	都道府县 堤内设置	都道府县 河滩(包括旧河道)	都道府县 河床等 河道地下	都道府县 河床等 流水面	都道府县 不明	市町村 堤内设置	市町村 河滩(包括旧河道)	市町村 河床等 河道地下	市町村 河床等 流水面	市町村 不明	小计 堤内设置	小计 河滩(包括旧河道)	小计 河床等 河道地下	小计 河床等 流水面	小计 不明	合计
催化氧化 碎石间隙接触氧化 无曝气	1	7	3			1	5	6	14		4	2	4	11	3	6	14	16	25	3	64
催化氧化 碎石间隙接触氧化 有曝气	1		2			3	1					1	1	1		5	4	1			10
催化氧化 塑料接触氧化 无曝气							3	4	9		2	2	3	20	1	2	5	7	29	1	44
催化氧化 塑料接触氧化 有曝气						2	2				22	9	2	1		24	11	2	1		38
催化氧化 其他接触材料 无曝气						1	1	7	2	1	1	4	2	8	3	2	5	9	10	4	30
催化氧化 其他接触材料 有曝气	1	1	1	2							4	1				5	2	1	2		10
木材净化								1	1				4	10	1			5	11	1	17 (6.5%)
植物净化		2										2		1			4		1		5 (1.9%)
土壤净化		3				1					1					2	3				5 (1.9%)
复合型						1	1	2	2		11	8	4	3	1	12	9	6	5	1	33 (12.5%)
其他	1									2	2	1			1	3	1			3	7 (2.7%)
小计	3	14	3			10	14	21	32	1	48	30	23	54	10	61	58	47	86	11	
合计	20 (7.6)					78 (29.7%)					165 (62.7%)					263 (100.0%)					

催化氧化 合计：196 (74.5%)　无曝气 138 (52.5%)　有曝气 58 (22.1%)

的呼吸量的部分。从经验上来看，在碎石间隙接触氧化法的情况下，进水中的BOD含量低于8～10mg/L时，大多没有设置曝气装置。

从设置地点来看，接触氧化法中，设置在堤内的为44，河滩为41，直接设置在河床和河道地下部分的情况各为34，流水面为47。像一级河流那样堤外地相对宽广的情况下，可以使用河滩，但都道府县管理的河流和市町村管理的河流中，堤外地狭窄，所以多数情况下，要么在境内确保用地，要么不得不设置在河道内。

5-7　设施的维护管理

（1）产生的污泥的去除

如果让沉淀的污泥长时间滞留，就会发生腐烂，会导致有机物和营养盐溶释、污泥上浮、产生臭气等。因此，需要进行适当的清理管理。净化设施的维护管理实施现状的问卷调查结果显示，进行包含污泥处理的维护管理的设施仅止于53.9%，而且，关于维护管理频率的信息也并不清楚。

去除堆积污泥的方法有：①从污泥蓄积部分抽出方式，②曝气排泥方式，③挖出方式。①是指从污泥蓄积部分开始，定期地使用水泵将污泥抽出，然后将填充到反应槽中的填料上面附着的污泥通过曝气或水流来洗净。②是指使用事先设置在反应槽中的散气管，强制性地使填料震动或流动，定期对堆积在反应槽底部的污泥或附着在填料上的污泥进行排泥的方式。③是指将填料挖出，在将附着在填料上的污泥洗净的同时，抽出堆积的污泥。

（2）生物膜的管理

催化剂表面的生物膜（微生物），能够影响进水中有机物的吸附及氧化分解，所以，为了确保稳定的有机物去除性能，生物膜的管理很重要。生物膜对有机物的吸附平衡现象，由水中有机物的浓度、吸附在生物膜上的有机物浓度生物膜的表面积等来决定。

构成生物膜的微生物氧化有机物的速度受有机浓度、温度等支配。而微生物又将那些条件适当组合并以其为基质进行增殖，另一方面，增殖到一定程度以上的生物膜可能在一定条件下发生脱落，甚至会自身分解。这些增殖、脱落、自身分解等的结果是形成了一定量的生物膜。为了进行有机物（特别是溶解性有机物）的去除，生物膜的管理十分重要，但是由于关于这些结构的知识很贫乏，所以很难从进水水质和运转条件来推测处理水质，因此，知识的积累和结构的研究是十分必要的。

在前述的关于水质调查不同实施频率的比例的问卷调查结果[10]中，发现的问题点有：净化设施的水质调查次数最多也只限于一个月一次，水质测量结果并不是设施中具有代表性的水质，而且关于生物膜的定量评价方法也未确立等。

5-8　催化氧化法功能的示例

(1) BOD、SS、氮、磷

我们并没有完全掌握河流净化设施的相关水质现状，但是，将整理了调查数据日本国土交通省资料中的示例[1~7]中的例进行展示。图5中的横轴和纵轴分别表示关于BOD、SS的净化设施中的进水水质和净化水质。每个数据都是用经过了若干年水质调查得出的平均水质来表示的。由此可以看出，在碎石间隙接触氧化法中，无曝气的情况下BOD约为60%，有曝气的情况下约为65%。SS分别约为65%。另一方面，在使用塑料填料的情况下，没有统一规定各示例中采用的填料的材质、构造、反应槽的容量和形状，结果的波动特别大。得到的结果为：BOD的去除率在无曝气的情况下约为30%，有曝气的情况下为60%；SS的去除率在无曝气的情况下约为20%，有曝气的情况下为70%左右。此外，去除率还会根据河流水质的性状和维护管理状况而不同。

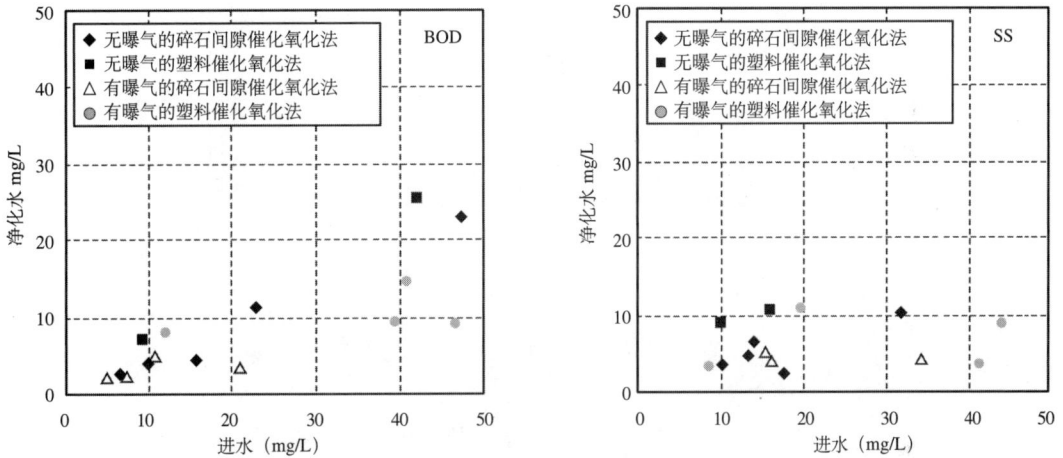

图5　采用催化氧化法的直接净化设施水质状况（BOD、SS）的示例

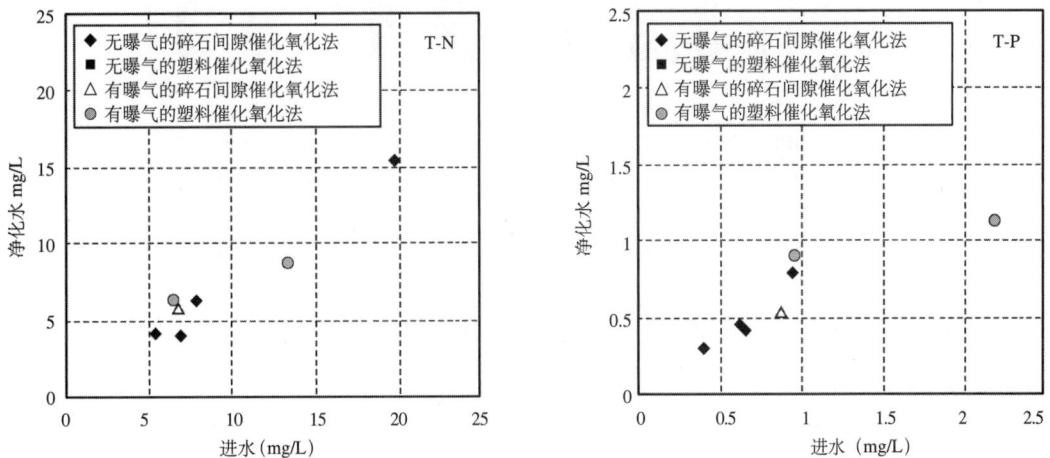

图6　采用催化氧化法的直接净化设施水质状况（T-N,T-P）的示例

　　另一方面，如图 6 所示，氮、磷不论在哪种接触氧化方式下，都只有 20% 左右被去除。正如前面提到的那样，水中含有的氮、磷的去除主要是，通过颗粒的捕捉和生物膜的脱离来实现的污泥中含有的氮、磷的去除。另外，氮的一部分也可能是被脱氮去除的。

（2）环境激素的去除 [11]

　　至今为止，与 BOD 和 SS 等水质污染相比低浓度微量污浊物质的水质管理一直受到高度重视。环境激素就是其中之一，日本国土交通省等的调查证实，在日本全国的大多数河流水中，存在 17ß 雌二醇（E2）和雌酮（E1）等雌性激素、壬基酚（NP）和 4-t- 辛基酚（OP）、双酚 A 等雌激素类的物质。可以设想，在这些雌激素类的物质浓度高的河流中，今后根据需要，要采取污染源对策和净化对策，但目前几乎没有任何与河流中这些物质的净化技术相关的知识。

　　因此，我们对目前正在运转的有曝气的碎石间隙接触氧化法的 A 净化设施、B 净化设施

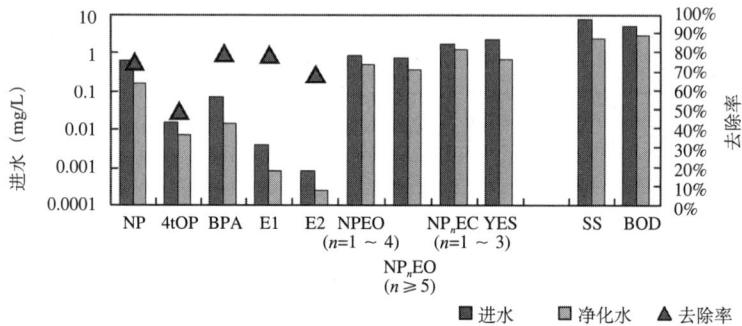

图 7　A 净化设施中的进水，净化水质和去除率

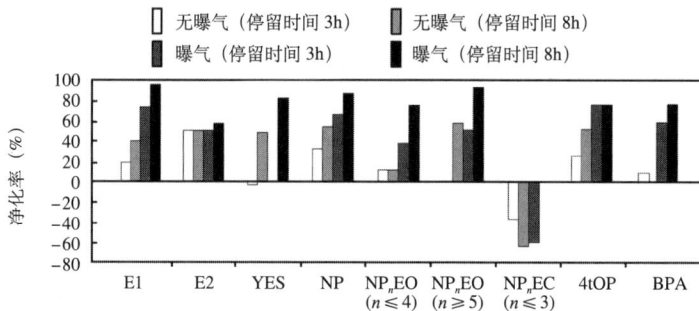

图 8　B 净化设施中雌激素类物质的去除率

　　这两处设施中，针对关于河流净化设施中雌激素类物质的去除特性进行了调查。在 A 设施中，从 10 月到次年 3 月每月进行一次抽样调查，在 B 设施中，在冬季的某一天里，将改变了运转条件（曝气的有无、停留时间的长短）的 4 个系统并列地运转，分别对去除特性进行了探讨。

　　在 A 净化设施中的进水与净化水中，对象物质的平均浓度和去除率如图 7 所示。这里

在测量值无法测出的情况下，假定其浓度为测出下限值的 1/2。E1、NP、BPA 的去除率为70%～80%，比 BOD 和 SS 的去除率还要高。还采用这些雌激素类物质的整体性测量法，即对雌激素类物质的活性（YES）进行了测量，反应槽中雌激素类物质活性的去除率也高达 60%。然而，生成壬基酚（NP）的原因物质壬基酚聚氧乙烯醚（NP$_n$EO）和乙酸壬基苯酚（NP$_n$EC）可能是因为稍微易溶于水，所以与易被疏水性强的有机性成分的污泥等吸附的 NP、BPA 等相比，只能得到很低的去除率。

在 B 净化设施中，对曝气的有无和停留时间的长短的运转条件进行设置，①无曝气、停留时间 3h，②无曝气、停留时间 8h，③有曝气、停留时间 3h，④有曝气、停留时间 8h，然后针对 4 个系统的去除特性进行探讨。在将停留时间设定得较长时，各个系统中雌激素类物质的去除率较高，此外，还呈现出进行曝气时去除率较高的趋势（图 8）。

试验证明，在主要以有机物的去除为目的而被运用的河流净化设施中，不仅是有机物，调查的雌激素类物质也得到了比较高的去除率。

——引用文献——

1) 国土交通省河川局河川環境課 (2002)：河川直接浄化の手引き，国土交通省.
2) 建設省京浜工事事務所 (1984～1996)：昭和58年度～平成7年度野川浄化施設水質調査報告書，建設省京浜工事事務所.
3) 建設省関東技術事務所 (1998,1999)：平成9，10年度河川浄化施設評価業務報告書，建設省関東技術事務所.
4) 建設省京浜工事事務所 (1988～1996)：昭和62年度～平成7年度平瀬川浄化施設水質調査報告書，建設省京浜工事事務所.
5) 建設省京浜工事事務所 (1994, 1995, 1997, 1998)：平成5，6，8，9年度谷地川浄化施設水質調査報告書.
6) 河川環境管理財団河川環境総合研究所 (1998)：河川水質浄化への取り組みと浄化技術の現状，河川環境管理財団.
7) 建設省江戸川工事事務所 (1990～1998)：平成元年～9年度古ヶ崎浄化水質調査業務報告書，建設省江戸川工事事務所.
8) 国土開発技術研究センター (1997)：河川直接浄化の手引き，国土開発研究センター.
9) 建設省土木研究所 (1987)：生活雑排水浄化施設の機能調査報告書，土木研究所資料第2478号，建設省土木研究所.
10) 建設省土木研究所 (1998)：河川，湖沼，ダム貯水池等の浄化手法についての総合的検討，土木研究所彙報第66号，建設省土木研究所.
11) 宮本宣博・林　健二・堀内俊一・小森行也・田中宏明 (2002)：河川浄化施設におけるエストロゲン関連物質の除去，環境ホルモン学会第5回研究発表会要旨集，p.129，日本内分泌攪乱化学物質学会.
12) 建設省技術協議会技術管理部会水質連絡会 (1995)：河川及び水路における直接浄化事業の現状，建設省水質連.

6. 湖滨带的修复技术

（中村圭吾）

一直以来，湖泊环境问题主要以富营养化等水质问题为中心，近年来，"随着建设多自然型河流"的进展与从"保护生物多样性"等视角出发，湖滨带修复正成为越来越重要的课题。琵琶湖、霞浦湖、宍道湖和诹访湖等地正在实施湖滨带修复，而计划在琵琶湖实施的内湖修复从广义来讲也属于湖滨带修复。虽然目前湖滨带修复技术的积累及其效果的评价还不充分，但可以通过实际的修复工作发现重要的观点和技术要点。本文将以茨城县的霞浦湖为例，在湖滨带修复的基础上探讨重要观点和技术知识，并同时对实际修复的成果进行介绍。

6-1 了解湖滨带的概况

为保证修复不出现方向性偏差，了解湖滨带的概况十分重要，下面针对掌握湖滨带概况所必需的项目进行说明。

（1）了解地形分类及发展历史

在考虑修复的基础上，充分理解需要修复的地区十分重要，为此不但需要了解该地区现在的地形，还需要对其历史（发展史）进行了解。需要收集的基本的资料包括：该地区现在的地形图（1/25000，1/50000，湖泊图）、过去的地形图（明治时代的速测图等）、地形分类图及各时期的航拍照片。此外，听取以该湖泊为研究对象的地形、地质、地理专家的意见也很重要，因为不仅可以得到相关专家的重要知识和见解，还可以得知难以查到的贵重资料的存放场所，例如，有关浅型湖泊的地形和地理研究资料就参考了平井（专修大学）的研究资料[1]。

实际观察霞浦湖的湖滨带，在霞浦湖周围存在呈带状分布的低地。这片低地是由霞浦湖周围20m高的高地（更新世阶地）受到侵蚀而形成的湖岸低地和阶地。在大约6000年前的绳文海进时期，霞浦湖的水深达20～30m，此时由于强烈的波浪的作用造成高地大量被侵蚀而形成了现在的湖岸阶地、湖岸浅滩等沿岸带的基础[2]（图1）。需要注意的是霞浦湖的湖滨带并不是由来自于河流的泥沙形成的。相反，从河流流入的泥沙是形成岛根县宍道湖湖滨带的重要因素，除处于斐伊川河口的宍道湖西岸，其北岸、南岸都只有河口处形成了湖滨，并生长着开卡芦等挺水植物群落。在这些区域，从河流流入的泥沙在保持沿岸带的动态平衡上起着重要作用。

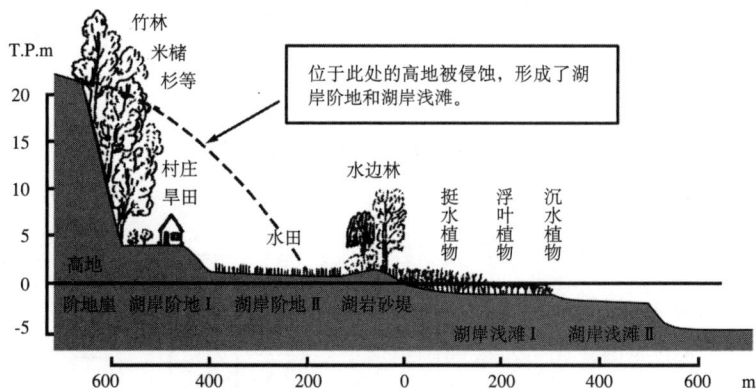

图 1　霞浦湖岸堤建设前的常规湖泊景观 (引自平井 [1]，有改动)

（2）把握景观的变化历程

这里所说的景观变化历程是指与人类活动有关的景观的历史。某些情况下，通过了解景观的变化历程可以决定修复场所的优先度。例如，在霞浦湖岸修复中，针对围湖造田形成的湖岸线与天然湖岸线，修复价值较高的天然湖岸线具有更高的优先度。围湖造田地区可以通过与过去的地图比较而发现。湖滨带在过去是被怎样利用的，这对于湖滨带修复的考量是非常重要的信息。为此，收集反映滨水地区过去的情况的照片，同当地百姓，特别是渔民谈话，了解历史故事是极其重要的。反映滨水地区的历史和过去的照片大多存放在市町村的教育委员会。

（3）了解风、波浪和泥沙的情况

比起河流工程学，海岸工程学的知识对理解湖滨带环境起着更大的作用、但既具有海岸工程学的专业知识又在进行湖泊研究的研究人员少之又少，其中宇多是以从海岸工程学的角度研究湖滨带保护的研究者的领头人物，研读宇多等人的文献（例如 3 ~ 6）有利于理解湖滨带的工程学环境。

下面简要说明分析风、波浪和泥沙的步骤。首先分析需研究的湖滨带所受的风力和风向。通常我们使用湖心的观测数据，但需要注意风受地形强烈制约的情况。然后风力作用下向对岸行进的距离（风区距离）推算出湖滨带波浪大小（SMB 法，布莱德 - 施奈德法等）。通过这些计算便可以得知沙的动向（漂沙的移动方向）。沙的移动方向也可通过实地考察而得知，所以首先深入实地仔细考察也很重要。

宇多等学者通过由浪高、地形坡度和湖滨材料平均粒径计算的 C 值（掘川等学者 [7]）提出）从某种程度上解释了水生植物（挺水植物）的繁茂，结果表明，琵琶湖中 C 值超过 4 的地点植物很难生长繁盛 [5]。C 值原本是评估海滨稳定性的指标，但因 C 值也可以评价湖滨植物带的修复潜力而成为筛选修复场所的有效指标。C 值的计算如式 1 所示。

$$C=H\cdot L^{-1}\cdot (\tan B)^{0.27}\cdot (d50/L)^{-0.67}$$ 　　　式 1

H(m)：冲浪浪高，L(m)：冲浪浪长，$\tan B$：湖滨坡度（通常是水深 1 ～ 3m 的等深线的平均坡度），$d50$(m)：湖滨材料的平均粒径

6-2　湖滨植物带的减少原因

湖滨带的修复对象可以是沙滩，但大多数情况是湖岸的植物带。成功完成湖滨植物带的修复需要了解湖滨植物带减少的原因。图 2 是霞浦湖植物带面积的变化[8]。被称为水藻或苫蓿的菹草、竹叶藻等沉水植物现在已基本不存在，芦苇等挺水植物也比 30 年前少了一半。现在也仍以每年 2hm² 的速度继续减少。那么，霞浦湖的水生植物群落为什么会减少？其原因主要有以下 4 点。

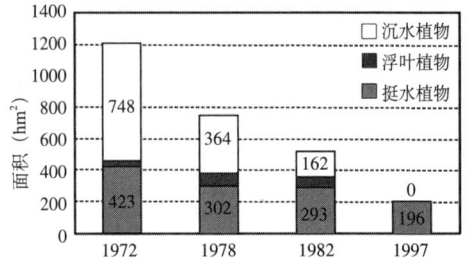

图 2　霞浦（西浦）的植物带面积的变化
（引自 Sakurai[8] 的数据，有改动）

（1）湖岸堤建设引起的直接破坏

霞浦的湖岸堤大多建设在以芦苇原来为主的植物带上。这种建设使霞浦（西浦）的植物带由 437hm² 减少到 267hm²（参照 1968 年数据[9]）。

（2）湖岸堤建设引起的间接破坏

霞浦（西浦）的植物带在湖岸堤建设后仍以每年约 2hm² 的速度减少。减少的主要原因是湖岸堤对波浪的强大[10]反射率（反射浪高 / 入射浪高）。若把直立的护岸想象成由岩石组成的悬崖地形，霞浦沿岸发生的侵蚀现象就不难理解了。原本沙滩和植物带的反射率为 0.1 左右[11]，而霞浦湖湖岸堤的反射率约为 0.7[10]。由此，沿岸处入射波浪和反射波浪重合，波浪能量处于比湖心高 10% ～ 20% 的状态[10]。西浦的左岸平均有效浪高为 0.6m 左右，受到波浪拍打的护岸其前方遭到约水深 1 米的侵蚀并保持该稳定状态（图 3）。湖岸堤的高反射率具有提高湖流速度的效果[12]，这又对植物带的侧面造成了侵蚀。

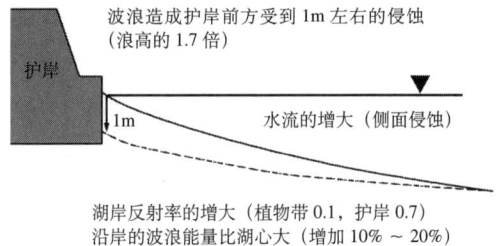

图 3　湖岸堤建设导致的间接破坏的概况

（3）水位的变化

湖滨带的水生植物适应着水位变动而进化。因此，人为造成的水位变动即使很小，也会因方法不当对植物造成巨大影响。霞浦湖湖滨带坡度平缓（1/100 左右），这种状况下水位变动的

影响更大。30cm 的变化会影响到 30m 的湖滨带。霞浦湖以疏通和治水为目的在下游建设了常陆川水闸。水闸建成后，水位在比过去略高的状态下稳定下来，水位变动方式也由过去的"夏高冬低"变为相反的"夏低冬高"。由此，很多适应了原来水位变化的水生植物减少，面临灭绝危机。有关水位变动方式的变化和水位变动对植物造成的影响，西广 [13, 14] 已有明确阐述。霞浦湖水位原本为冬春低，夏秋高，二者之差平均约 50cm。有关此现象，宇多提出"这种变化方式和日本近海的海面变化方式几乎相同"这一重要观点。据说日本的近海水位一般为夏秋高，冬春低。最高与最低差值为 0.3 ~ 0.6m[15]。也就是说，霞浦的水位与海面几乎以同一规律变化，沿岸的水生植物是适应着海面水位变化而进化的。这个事实令人产生浓厚兴趣。

(4) 水质的恶化

霞浦湖的水质恶化程度对芦苇等挺水植物来说只会有增无减。但对生长在霞浦湖深处的菹草、竹叶藻等沉水植物来说，水质恶化引起的水体透明度下降则成为它们减少的直接原因。霞浦湖的透明度追溯明治时代也只是 1.5m 左右 [16]，而现在的透明度还不足 30cm。COD 虽然稳定，但透明度至今仍在继续下降。沉水植物的修复需要通过提高流域的排水系统普及率，针对耕地和森林中产生的污浊物质制定相应对策（面源负荷对策），大幅改善湖水的透明度。事实上，近年来由于污水处理的进展，诹访湖的湖水透明度正得到恢复，沉水植物等水草也有所增加 [17]。

6-3　修复施工方法的思路

下面以 2002 年竣工的霞浦湖滨带修复工程为例，具体说明修复施工方法的思路。图 4 为修复施工中具有代表性的截面概况图。这次修复计划的实施以不拆除湖岸堤为前提。

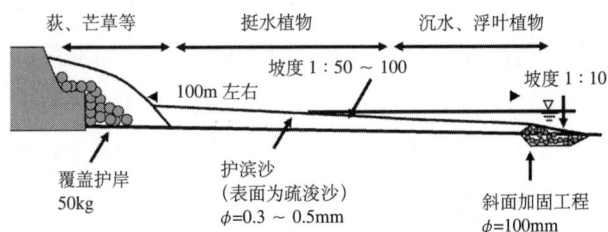

图 4　修复施工方法的代表性截面概况图

在不拆除湖岸堤的前提下，首先恢复的是反射率。为使护岸的反射率由 0.7 变为 0.1 左右，需要对护岸进行覆盖。也就是从反射率的指标上消除护岸的存在。在此以德国博登湖的修复施工法为参考，把以下几点注意事项考虑在内，设计了施工方法。

① 模仿自然

· 为使护滨沙与原有沙的直径（0.3 ~ 0.5mm 左右）相符，尽量使用从霞浦湖挖出的沙。由于遗传具有多样性，不把外来沙带入湖内。尤其绝不可带入流域以外的沙。

· 护滨坡度与原来霞浦的坡度一样，为 1/100 ~ 1/50。

· 参照过去的地图等，决定平面地形和护滨的规模。

② 避免强度差异很大的材料相接触

· 在护岸周围配置不会随波移动的大石块，设法防止护岸前的护滨沙被侵蚀。

③ 消除护岸引起的隔离

· 用土覆盖护岸，创造荻和芒草可以生长的环境，尽量防止护岸对生物造成隔离。

④ 运用土壤的种子库

· 在护滨沙表面铺设疏浚霞浦内航线时产生的沙，设法使混在沙中的种子（称为种子库）用于植物带修复。

⑤ 参考博登湖，设置斜面加固工程

· 在原湖底上至 50cm，下至 50cm 范围内铺设拳头大小的碎石。斜面加固工程前方的坡度设置成可使碎石稳固的 1：10。（参考图 5）

以该截面为标准，在尤其需要植物保护的地点设置了很多防波工程。但当防波工程使水滞留，并导致湖滨带水质明显恶化时可将其拆除。这种根据实际情况而进行管理的方法被称为适应性管理。这是环境修复的必要管理方法。

6-4 修复事例

（1）霞浦

霞浦基于上述理念对 5 处地区实施了湖滨植物带修复工程。竣工期为 2002 年 3 ~ 7 月，据高川等[17)] 的调查，施工结束后的 1 ~ 2 周内，撒出的种子开始发芽，到了夏季，湖滨植物带已经恢复，其中沉水植物、浮叶植物和众多湿生植物遍地生长。如照片 1、照片 2 所示，永山地区在 3 月竣工后，到了 8 月，在 7500m^2 范围内已发现 63 种植物。其中除了布氏轮藻、菹草、长叶眼子菜，竹叶眼子菜，篦齿眼子菜，密刺苦草等沉水植物，还发现了 2 级濒危植物荇菜和野菱等。

（2）宍道湖

宍道湖西岸的平田地区拆除了已有护岸，并使堤坝靠近陆地，建设了平缓的缓斜坡（照片 3）。该工程于 1996 年竣工。据事后调查，复原地区中鸟类个体数和种类数都有所增加。

照片 1 霞浦 永山地区（2002 年 1 月，施工期间）

照片 2 霞浦 永山地区（2002 年 7 月，竣工 4 个月后）
利用种子库的植物带恢复效果显著。

照片 3 宍道湖，平田地区，拆除已有护岸、回撤堤防的事例
前方的防坡堤也作为植物带发挥功能，与景观融为一体。

213

angle of slope 斜面坡度	substrate/grain size 材质 / 粒径
	walls
1 : 1 ～ 1 : 2	boulders(30 ～ 100cm)
1 : 2 ～ 1 : 4	boulders(200 ～ 300mm)
1 : 4 ～ 1 : 12	Pepple stone (20 ～ 200mm)
1 : 12 ～ 1 : 20	gravel (6.3 ～ 63mm)
1 : 20 ～ 1 : 30	gravel (2 ～ 20mm)
1 : 30 ～ 1 : 50	sand (0.2 ～ 2mm)
1 : 50 ～ 1 : 75	fine sand (0.02 ～ 0.2mm)
1 : 75 ～ 1 : 100	silt(0.01 ～ 0.063mm)
＜ 1 : 100	clay(＜ 0.01mm)

图 5 博登湖中坡度与粒径的关系（参照文献 [19]）

（3）博登湖

位于德国朗根阿根的湖泊研究所探讨了博登湖的湖岸修复问题。博登湖与霞浦湖一样，主要问题在于垂直护岸引起的芦苇滩等的减少。博登湖基于湖岸整体的总体规划着实推进长期修复工作。修复目标大体分为"湖畔林修复地区"、"芦苇滩修复地区"和"亲水湖岸地区"。如图 5 所示，湖泊研究所的 Siessegger 博士等人查明了湖岸材料和湖岸坡度之间的关系，并以这些关系为基础，运用工程学知识完成了修复设计。当然，制定出的计划也综合考虑了湖岸历史、地形和风速、波浪条件、岸边土地（腹地）的条件等其他因素。照片 4、照片 5 是"亲水湖岸地区"，从照片可看出其亲水性之高。博登湖是德国重要的观光胜地，所以湖岸需要具备亲水性。日本的诹访湖等也基于同样思路而设计，可作为参考。

照片 4 博登湖（施工前）（照片提供：Siessegger 博士）
混凝土护岸前方的波浪很大。

照片 5　博登湖（施工后）（照片提供：Siessegger 博士）
亲水性增加，湖泊的价值提高。

——引用文献——

1）平井幸弘（1995）：湖の環境学，古今書院（この文献に様々な参考文献が載っている）
2）池田　宏（2001）：地形を見る目，p.136，古今書院.
3）宇多高明（1997）：第4章　湖沼における風波による侵食，日本の海岸侵食，山海堂.
4）宇多高明ほか（1997）：風浪の作用下での湖岸への植生の繁茂条件について，海岸工学論文集，第44巻，p.1116-1120.
5）宇多高明・西島照毅（1998）：水辺環境の保全と地形学，第5章 風波の作用下における湖岸植生の繁茂限界と湖内の漂砂，古今書院，p.112-147.
6）西蔦照毅・宇多高明・中辻崇宏（1997）：湖岸植物の繁茂限界波高の算定－琵琶湖東岸を例として－，海岸工学論文集，第44巻，p.1111-1115.
7）堀川ほか（1974）：波による二次元海浜変形に関する実験的研究，第21回海岸工学講演会論文集，p.193-199.
8）Sakurai, Y. (1990)： Decrease in Vegetation Area, Standing Biomass and Species Diversity of Aquatic Macrophytes in Lake Kasumigaura (Nishiura) in Recent Years, *Jpn. J. Limol.*, **51**, 45-48.
9）建設省霞ケ浦工事事務所資料（1992）：霞ケ浦現存植生図.
10）中村圭吾ほか（1998）：消波浮島による湖岸植生帯の復元に関する研究, 環境システム研究-全文審査部門論文-, Vol. 27, p.305-314.
11）林建二郎ほか（1998）：水辺植生の水理特性について，海岸工学論文集，45，p.1121-1125.
12）中村圭吾ほか（2001）：霞ヶ浦における湖岸植生帯の侵食過程に関するモデル的検討，応用生態工学研究会,第5回研究発表会講演集，p.49-52.
13）西廣　淳ほか（2001）：霞ヶ浦におけるアサザ個体群の衰退と種子による繁殖の現状，応用生態工学，**4**(1)，39-48.
14）西廣　淳（2002）：湖水位のダイナミズムの喪失と植物への影響，岩波科学，**72**(1)，84-85.
15）例えば岩垣雄一・椹木　享（1979）：海岸工学，p.155，共立出版.
16）茨城県内水面試験所（1912）：茨城縣霞ケ浦北浦漁業基本調査報告第壹巻.
17）花里孝幸（2002）：湖を浄化することの意味－湖の浄化と生態系－，ヘドロ No.83, p.19-22.
18）高川晋一・西廣　淳・鷲谷いづみ（2002）：霞ヶ浦の自然再生事業によるアサザ群落および湖岸植生帯の再生，応用生態工学研究会，第6回研究発表会講演集，p.97-100.
19）Berthold Siessegger (2001): Lake Constance－The Restoration and conservation of a disturbed, degraded and polluted littoral zone, 第9回世界湖沼会議　第4分科会発表文集，4B-P20, p.268-271.

7. 贮水池的净化效果

（大久保卓也）

把贮水池用作水质净化装置的事例在日本国内很少见。但是在欧美，为了减少面源负荷，建设了很多处理城市和农田降雨积水的滞留池（detention pond）和湿地。而且欧美地区运用水池（pond）和湿地进行污水处理的历史悠久，积累了很多与该技术相关的知识。这里将总结欧美的雨水滞留池和湿地的调查事例。此外，也将对日本国内农用贮水池和内湖中为数不多的净化效果调查事例并稍加点评。

7-1 贮水池和湿地中的物质运动

贮水池和湿地中磷的运动状况如图1所示。在水深较浅的湿地中，③悬浮物质的沉降和④池底淤泥上卷的物质移动量较大[1]。另外，在水生植物繁茂的湿地中，⑩⑪的附着藻类和水生植物对磷的摄取量也很大[1]。另一方面，在水面比较宽阔的水池中，比起⑩⑪，⑥中浮游植物对磷的摄取量较大。在用于污水处理的氧化池中，③沉淀、⑤从池底淤泥的溶出、⑥浮游植物的摄取，成为较大量的磷移动途径[2]。氮的物质收支中还存在由脱氮引起的向大气移动的途径，在一定条件下量也会很大。

在图1所示的物质移动途径中，在把磷从水中去除这一环节上，对水质净化较为重要的途径是③沉淀、⑨附着藻类·水生植物对悬浮物质的捕捉、⑩附着藻类·水生植物对营养盐的摄取。⑥中浮游植物对磷的摄取只是将溶解态的磷转换成悬浮态的磷，却不能把磷从水中除去，而磷真正开始被消除，是浮游植物在③沉淀中被除去时。

这种可实现水质净化的物质移动并非优先发生在贮水池和湿地，相反的物质移动（池底淤泥上卷，溶释等）也同样会发生。若要提高水质净化的效果，需要使可实现水质净化的物质移动优先发生。因此更好地设计和控制水深、停留时间、流速等环境因素是非常重要的。

下面介绍一下以净化城市和农田降雨污水为目的的滞留池、湿地，以及以净化农业废水和生活污水为目的的农用贮水池和内湖的水质净化调查事例。此外，将总结影响水质净化因素的相关知识，探求强化水质净化功能需要如何设计和维护管理。

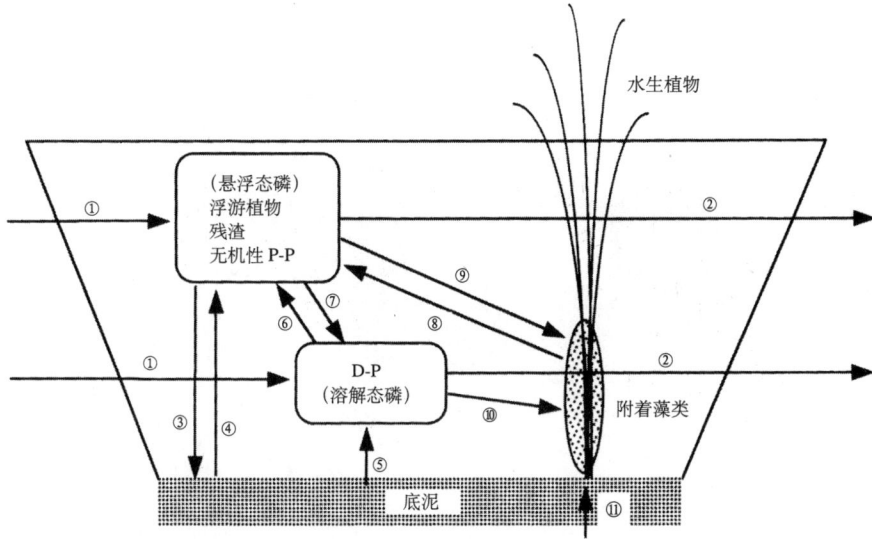

水生植物

(悬浮态磷)
浮游植物
残渣
无机性 P-P

D-P
(溶解态磷)

附着藻类

底泥

图1　贮水池和温地中磷的移动

①河水、地下水、降水的流入
②地表径流、地下水的流出
③悬浮物质的沉淀
④底泥上卷
⑤磷从底泥中溶解
⑥通过浮游植物的摄取与 Fe、Al、Ca 等凝聚
⑦回归到水体
⑧水生植物、附着藻类产生残渣
⑨水生植物、附着藻类捕捉悬浮物质
⑩附着藻类的摄取
⑪水生植物根部的摄取

7-2　降雨时涨水滞留池（潮湿型）

雨水滞留池分为两种[3]，一种是平时蓄留一定量水的"潮湿型"滞留池，另一种是无降雨时把水池排空的"干燥型"滞留池。首先介绍一下目前建设事例和调查事例中较多的潮湿型滞留池的相关知识。潮湿型雨水滞留池可以看作是拥有较深水深的"湿地"，探讨如何提高其处理性能需要参考后述的湿地调查事例。

（1）形状

以城市中降雨流出水为对象的潮湿型滞留池的设计示例如图2所示[3]。平时贮水的水池水深为 1 ~ 2m，水边为缓斜面，并设计成水生植物可以繁茂成长的环境。此外为了方便维护管理，需要设置可以进入池内的通道和用来巡视池周边的缓斜面带（道）。降雨时雨水可以蓄留至流出口的开口处，多余的雨水则通过开口处溢出。降雨强度大时进水量超过从流出口流出的水量，水位甚至会比流出口高，当到达某水位以上时，为了安全起见，尽量让水从开口较大的出口溢出。为沉淀所储雨水中的悬浮物质，需将其放置一段时间，之后打开放水阀，把水放至正常水位。

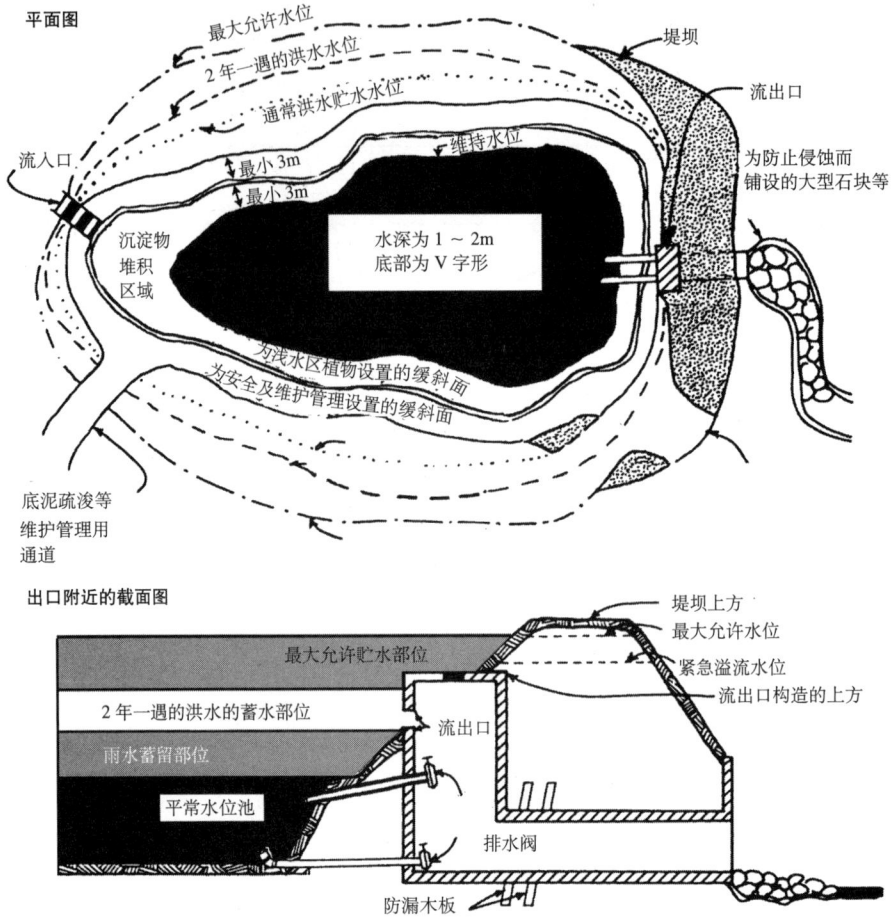

平面图

最大允许水位

2 年一遇的洪水水位

通常洪水贮水水位

堤坝

流出口

流入口

维持水位

最小 3m

最小 3m

沉淀物
堆积
区域

水深为 1 ~ 2m
底部为 V 字形

为防止侵蚀而
铺设的大型石块等

为浅水区植物设置的缓斜面

为安全及维护管理设置的缓斜面

底泥疏浚等
维护管理用
通道

出口附近的截面图

堤坝上方

最大允许贮水部位

最大允许水位

紧急溢流水位

2 年一遇的洪水的蓄水部位

流出口构造的上方

雨水蓄留部位

流出口

平常水位池

排水阀

防漏木板

图 2　城市雨水滞留池（潮湿型）的设计示例 [3)]

以处理农田降雨流出水为目的的湿地 - 贮水池系统的设计示例如图 3 所示 [4)]。示例显示从农田流出的雨水最初在水深 1m 左右的带状沉淀池处分水，接着通过设置在斜面上的呈带状草地 - 湿地，之后流入滞留池。滞留池水深 2m，多余的水从垂直的阀门出口处溢流排出。

（2）调查事例

潮湿型的调查事例如表 1 所示 [3)]。水力平均停留时间（HRT：hydraulic Retention Time）从一周以下到 100d 波动很大。当停留时间为 1 周以下时，平均 T-P 去除率为 0 ~ 30%，随着停留时间延长，去除率也有增加的倾向。D-P 的结果和 T-P 大致相同。

另外，据接纳美国购物中心降雨流出水的滞留池（0.52hm²）的调查结果 [5)] 显示，营养盐类和 SS 显示出晴天为负去除率，降雨时为正去除率的倾向（表 2）。晴天为负去除率的原因在于降雨时流入的高浓度水在晴天时流出，以及浮游植物的增值。然而，金属类的去除率不论在晴天还是降雨时都为正值。

218

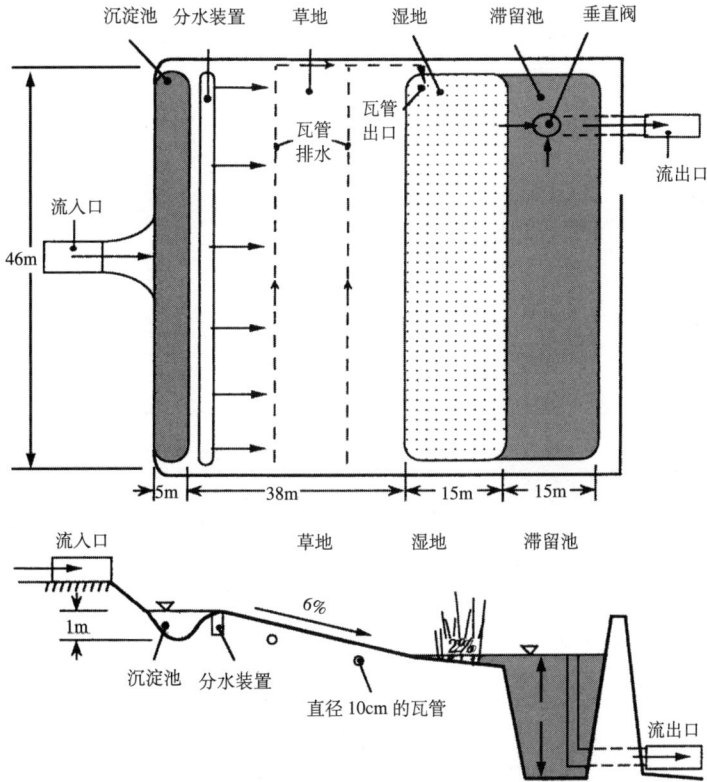

图 3 农村雨水滞留池（潮湿型）的设计示例 [4]

表 1 雨水滞留池（潮湿型）的调查结果例 [3]

地区	地点	平均停留时间（d）	平均 T-P 去除率（%）	平均 D-P 去除率（%）	D-P/T-P（%）
兰辛，密歇根州	Grace N.	<7	0	0	0
兰辛，密歇根州	Grace S.	<7	12	23	25
安娜堡，密歇根州	Pitt	<7	18	0	0
安娜堡，密歇根州	Swift Run	<7	3	29	65
安娜堡，密歇根州	Traver	<7	34	56	62
长岛，纽约	Ungua	35	45		
华盛顿特区	Burke	35	48	53	86
华盛顿特区	Westleigh	49	54	71	73
格伦艾利恩，伊利诺州	Lake Ellyn	42	34		
兰辛，密歇根州	Waverly Hills	98	79	70	19
奥兰多，佛罗里达州	Highway Pond	7～14	29	54	63
双城，明尼苏达州	Fish	35	44	32	47
罗斯维尔，明尼苏达州	Josephine	42	62	69	75

219

表2　潮湿型滞留池的去除率（美国金士顿暴雨积水池）[5]

水质项目	去除率（%）		
	降雨涨水时	晴天时	调查期间整体
TSS	42	-55	17
TDS	6	4	5
COD	38	10	15
CI	12	3	5
T-P	21	−33	−2
D-P	5	−42	−18
NH4-N	23	−64	−23
NO3-N	44	11	34
TKN	33	−58	−8
Oil&-Grease	24	25	25
Phenols	12	16	14
Cu	34	26	26
Pb	28	18	26
Zn	45	22	34

（3）设计方针

表3是美国弗吉尼亚州中潮湿型滞留池的设计方针概要[3]。该设计方针分为两种情况：$10hm^2$ 以下小规模集水区中的处理情况（小范围处理）和数十到 $100hm^2$ 左右广区域的处理情况（大范围处理），但两种情况的处理思路基本相同。

表3　雨水滞留池（潮湿型）的设计方针（美国弗吉尼亚州）[3]

设计参数	小范围处理	大范围处理
1. 储水量 （平常滞水池）	停留时间 ≥ 14d VB/VR ≥ 4	同左
2. 水深 （平常滞水池）	1 ~ 3m 最大 4 ~ 6m	同左
3. 面积	≥ 0.1 公顷	≥ 1.2 ~ 2 公顷
4. 集水区面积	8 ~ 10 公顷	40 ~ 120 公顷 （考虑到不渗透区域面积）
5. 水边坡度	水平距离 / 垂直距离 =5 ~ 10	同左
6. 水池长与宽之比	长 / 宽 ≥ 2 把流入口到流出口的距离设计成最大	同左

（注）VB：储水量（m^3），VR：平均每次降雨的流出量（m^3）

①停留时间和池的大小

平时滞水池的停留时间为 14d 以上，储水量（VB）和平均每次降雨流出量（VR）的比为 4 以上。制定出这种方针所依据的数据如图4所示[3]。图4对沉降模型和富营养化模型进行了比较。在相同停留时间内，沉降模型的 T-P 去除率比富营养化模型要高。原因在于富营养化模型中池内浮游植物的增殖。另外，水池面积和集水区中不渗透区域面积的比率也是重要的参数，如图 5 所示，百分之几到 5% 为最适比例[6]。 表 3 中没有提到的是，降雨时贮留的雨水最好经过 5d 以上慢慢排出[3]。

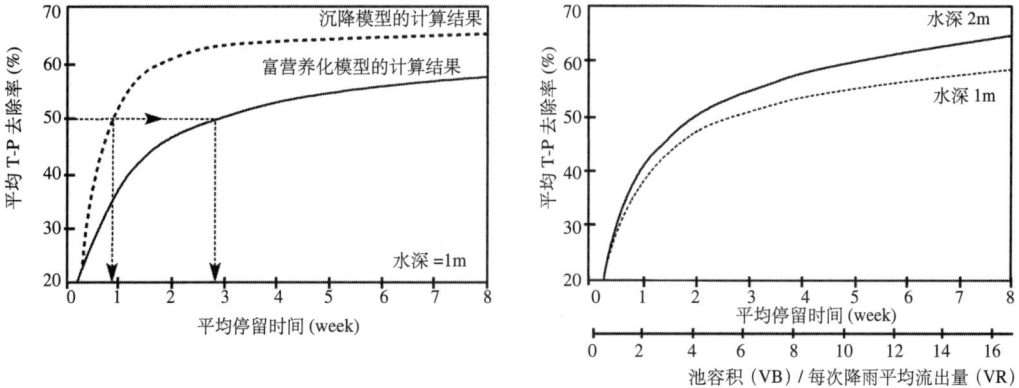

图 4　停留时间与 T-P 去除率的关系[3]（各模型的模拟试验计算结果）

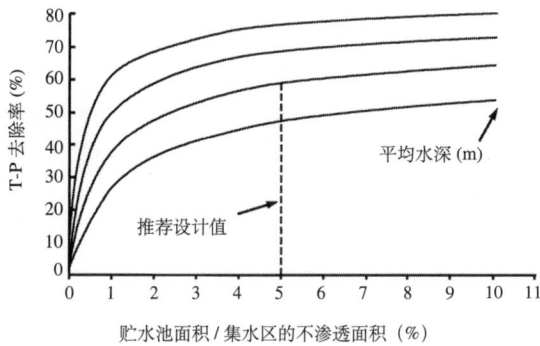

图 5　池面积与集水区面积的比率与 T-P 去除率的关系[6]（各模型的模拟试验计算结果）

②水深

滞留池的水深需要具有一定浅度，防止形成热分层使底层缺氧；但也需要一定深度，以免藻类增殖过度，也可防止降雨时池底淤泥上卷[3]。为防止热分层而降低水深也可以防止短路水流。综合考虑以上因素，水深为 1 ~ 3m 最合适，但设定时也需要考虑不同地区的不同环境条件。另外，最大水深最好为 4 ~ 6m 以下。

③防止短路水流

为了提高池内污浊物质的去除率，需要防止短路水流。为此需要做以下几点工作[7]。

a 设置具有类似挡板功能的装置。也可考虑利用水生植物带（参考图 6[5]）

b 防止入口和出口靠得太近

c 设置多处流入口

d 斟酌设计池底形状

e 在池内设置小岛

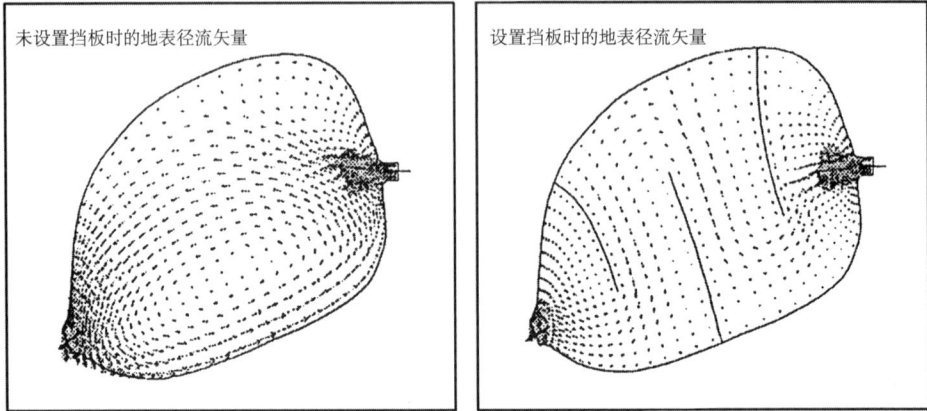

图 6　挡板设置对滞留地内水流影响的预测计算结果 [5]

④在流入部分设置垃圾打捞场所

滞留池的景观会因大型垃圾和草木枝叶的流入而恶化，另外，为避免池底残留过多的堆积物，最好在滞留池入口附近设置打捞和回收大型固体的场所。另外设计时需要考虑装置的位置和形状，使其易于除去堆积垃圾和草木枝叶。

⑤流出部分的构造

流出部分设计成溢流形式，为了去除流出水中的 SS，最好让水流通过具有过滤效果的场所（装置）。此外，装置的设计也需满足限制流量和调整水位的要求。

⑥水边的斜面构造

池周围的水边构造要考虑到防止危险、水生植物的生长和除草等维护管理方面，所以设计成缓斜面最合适。坡度设定为 $1:5 \sim 1:10$，最好在水池设计水位 $+60 \sim -30cm$ 的水边栽培些水生植物，这样一来，水生植物带不仅可以形成景观，还有可能抑制浮游植物的增殖 [3]。

⑦来自生态学方面的考虑

以下为设计降雨流出水滞留池时在生物方面应该考虑的事项 [7]。

a. 水生植物

在水深高于 1.5m，水边斜面较陡的条件下，生根的沉水植物和挺水植物会很难生存。而相反，这种环境更有利于浮叶植物和浮游植物等浮游性植物的增殖。这些浮游性植物容易流到下游，可能引发下游水域的景观恶化、恶臭、溶解氧浓度降低等问题。而根扎在土中的植物则不易流到下游，所以也很少引发这种问题。

为了增加在湖底扎根的水生植物，需要设置水深 1m 以下的水域。主要以池的上游为主，水深 1m 以下的区域最好设置成占水池总面积的 10% ~ 30%。另外为了增加在湖底扎根的水生植物，从其他水域移植植株或人工调节水深也是有效的。增加水生植物不能用圆木和石块固定池岸，而需要保持自然状态下的柔软的土壤状态。

b. 植物的增殖和管控

富营养化的水池中通常会大量繁殖水华等浮游植物，它们会引发景观恶化、恶臭、溶解氧浓度下降等问题，并会对动物产生毒性。抑制这种浮游植物大量增殖的方法之一是利用水生植物。经验上来讲，水生植物繁茂的水域中浮游植物的增殖会受到抑制。但这种关系还没有得到科学上的证实。

c. 水边林

水边林具有以下功能：打捞洪水时流入的草和水藻；隐藏人工构造物，使其不显眼；为鸟类提供栖息场所；遮住日光，抑制水生植物和浮游植物的增殖。配置水边林需要适应各种地区条件来进行。

d. 鱼类的管理

水池生态系统中鱼的作用在于：控制浮游动物的种群结构和个体数量；控制昆虫的种群结构和个体数量（比如抑制蚊子的产生）；通过啄食搅乱池底淤泥。池底淤泥积累过多会导致溶解氧浓度下降，对鱼类产生不好的影响，所以从确保健康的鱼类栖息环境这一观点来看，管理池底淤泥也是十分必要的。

e. 控制蚊子等有害昆虫

湿地可能会成为传染病传播者——蚊子的产生源头。抑制蚊子产生的对策是使用灭杀其幼虫的药品或引入捕食其幼虫的生物种类。此外，流速迟缓的淤塞水域最利于蚊子幼虫的生长，比起阳光普照的地方，蚊子更喜欢部分阴凉的场所。所以蚊子经常出没的水池需要结合蚊子的习性来进行设计。

⑧其他维护管理上的注意点 [7]

为防止水池入口和出口被漂浮物或垃圾堵塞，需要定期进行巡视。水生植物过分茂盛的部分需要修剪，相反不太繁茂的部分需要进行移栽等维护管理。此外，要根据时期不同而调节水位和控制水生植物的生长。不需要为了去除水生植物吸收的营养盐而每年对其进行修剪，但定期（1 年或 2 年一次）修剪（主要在秋天）有时会更有利于水生植物的生长。

在堆积物积累，水质净化功能和生物的栖息环境恶化的情况下，就需要对池底淤泥进行疏浚。设计水池时应事先把疏浚的情况考虑在内，把水池设计成易于疏浚的形状，也要事先设计好水深。疏浚的频率大概为几十年一次，但由于受到堆积速度、水池和集水区的大小以及集水区环境的左右，这个频率不是一成不变的。由于对水池的整体疏浚会导致水池生态系统的混乱，这样一来，生态系统恢复到原来面貌需要花费很长的时间。如果对疏浚区域进行分割，按每年一个区域的顺序疏浚，这样对生态系统的影响就会减轻。处理城市降雨流出水的水池的底部淤泥中可能存在有害化学物质，所以疏浚时化学物质的处理场所将成为问题。

7-3　降雨时洪水滞留池（干燥型）

(1) 形状

干燥型滞留池的设计示例如图 7 所示。该池在池底铺满沙子，采用了用沙砾层过滤并净化雨水的方法[3]。

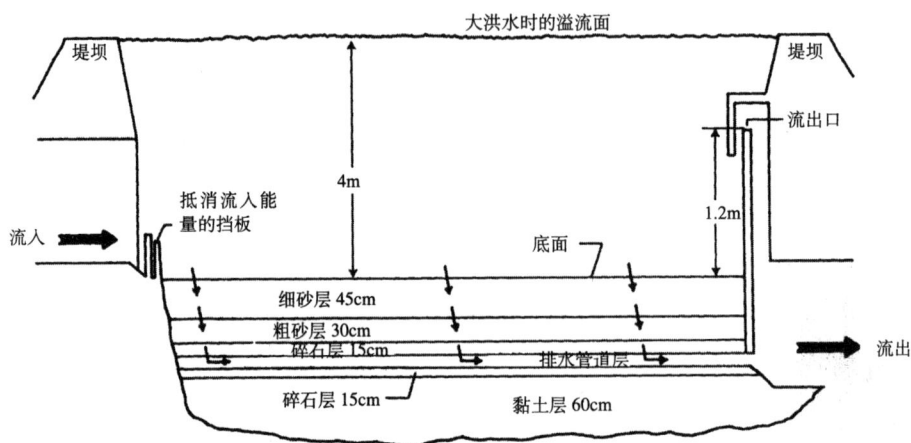

图 7　雨水滞留池（干燥型）的设计示例[3]

(2) 调查事例

表 4 为干燥型池的调查事例。停留时间为几小时至 3d 左右，比潮湿型滞留池短 1 ~ 2 个级别。干燥型滞留池的主要目的是除去易于沉淀和打捞的大型悬浮物质。美国 7 处地点研究调查结果表明，TSS 的去除率为 3% ~ 87%，波动很大，很难进行条件设定。T-P 去除率为 13% ~ 40%，PO_4-P 的去除率在 -12% ~ 26% 的范围内，与潮湿型不同的是，几乎不存在溶解态磷通过浮游植物的增殖而变成悬浮态的现象。

表 4　雨水滞留池（干燥型）的调查结果示例[8]

调查地区	Lakebridge 北弗吉尼亚	伦敦 北弗吉尼亚	Stedwick 蒙特哥马利 马里兰州	Maple Run 奥斯汀 得克萨斯	Oakhampton 巴尔的摩 马里兰州	劳伦斯 堪萨斯州	格林威尔 南卡罗来纳州
集水区面积（hm^2）	35.6	4.5	13.8	11.3	6.9	4.9	80.9
不渗透区面积比率（%）						49	
水满后停留时间（h）	1 ~ 2	<10	6 ~ 12	<9		6 ~ 16	75
降雨时调查次数	28	27	25	17		19	8

调查地区	Lakebridge 北弗吉尼亚	伦敦 北弗吉尼亚	Stedwick 蒙特哥马利 马里兰州	Maple Run 奥斯汀 得克萨斯	Oakhampton 巴尔的摩 马里兰州	劳伦斯 堪萨斯州	格林威尔 南卡罗来纳州
去除率（%）							
TSS	14	29	70	30	87	3	71
T-P	20	40	13	18	26	19	14
PO₄-P	−6				−12	0	26
T-N	10	25	24	35			26
NO₃-N	9			52	−10	20	−2
NH₄-N				55	54	69	9
TOC							10
POC				30		−3	45
DOC							−6
Cu				31			26
Pb		39	62	29		66	55
Zn	−10	24	57	−38		65	26

7-4　湿　地

湿地是比水池（pond）浅，且水生植物繁茂比例大的水域。在欧美报告了很多利用湿地进行污水处理的事例。污水处理的对象主要是生活污水，也有的以工厂废水和矿山废水为对象。此外，报告中还表明，以城市降雨流出水为处理对象的湿地数目还很少。关于这种湿地的处理性能和影响其性能的因素，可以参考利用贮水池进行处理的方法。在此，以至今为止的报告中湿地处理的相关数据为基础对其影响因素进行分析。

（1）探讨影响处理性能的因素

①停留时间的影响

地表径流湿地系统的停留时间与 SS、BOD、T-N、T-P 去除率的关系如图 8 所示（据文献 4 中数据制成）。由于原文献中没有提到停留时间，在此以进水量和湿地面积的值为基础，在假设水深为 0.5m 的条件下求出。求出的停留时间分布在几天到 250d 之间的较大范围内。SS 和 T-P 随着停留时间的延长表现出较高的去除率。关于 T-N，停留时间为若干天时去除率为 30%～40%，而随着停留时间延长，去除率大概保持在 50% 以上，停留时间和去除率的相关性较低。当停留时间在 0～70d 时，BOD 的去除率与时间呈正相关，然而 70d 以后二者几乎没有明显关系。

如上所述，除去悬浮物质沉淀的主要机制——SS 和 T-P 在停留时间长的情况下去除率较高，而 BOD 由于受到浮游植物和附着藻类等湿地内有机物生产的影响，停留时间和去除率的关系并不是很明确。

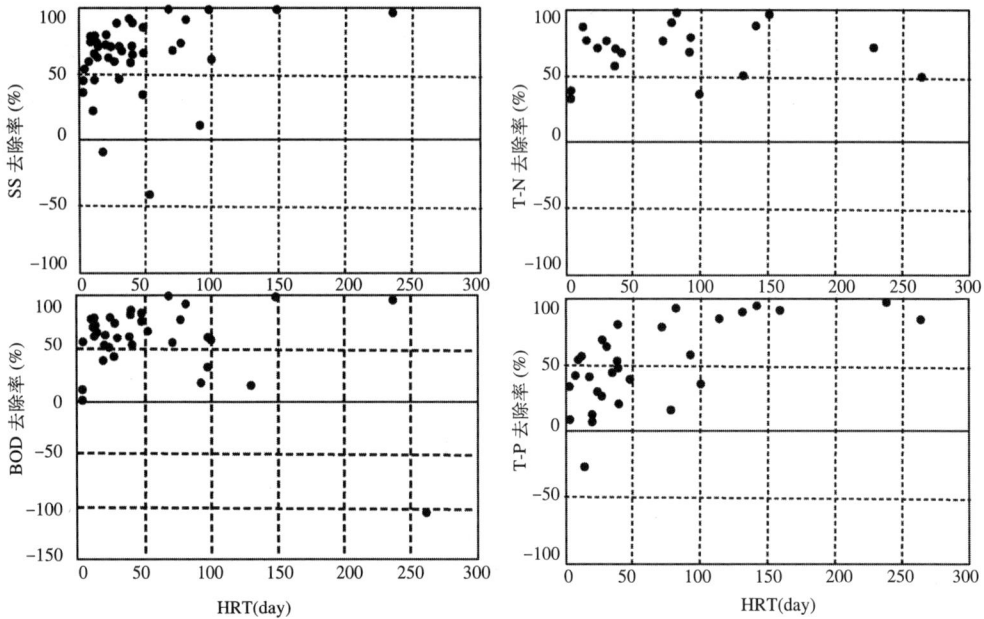

图 8　地表径流式湿地处理中停留时间与去除率的关系

②流入浓度的影响

图 9 显示出各物质的流入浓度与去除率的关系（据文献 4 中数据制成）。在浓度高的情况下 SS 和 BOD 的去除率也有提高的倾向。这反映出，流入浓度高时悬浮态的成分比率也变高，而被去除的沉淀也随之增加。流入浓度变低时去除率也降低，这在任何水质项目中都是共通的。关于 BOD，当流入浓度在 10mg/L 以下时，其去除率与流入浓度和流出浓度都不相关，流出浓度在 1 ～ 6mg/L 的范围内波动[9]。流入浓度低的事例大多以城市流出水为对象，可见，以低浓度的降雨流出水为对象的湿地处理很难获得较高的去除率。另外还可以发现，SS 去除率和 BOD、T-N、T-P 去除率之间呈正相关关系（图略），悬浮物质的沉淀过程对 BOD、T-N 和 T-P 的去除起着重要的作用。

通过印幡沼和手贺沼的调查可以得知，在流入浓度为低浓度时，氮和磷在内部生产中的利用率变高[10]。也就是说，当营养盐浓度变低时，浮游植物会尽可能有效地利用这些有限的营养盐。在这一层面上可以推定，当流入浓度变低时，氮和磷会很难被去除。

③池底淤泥堆积的影响

如上述分析所示，湿地的水质净化作用，是以悬浮物质的沉淀和堆积作用为主体的。因此，当湿地水质净化长期运作的情况下，池底淤泥中堆积的有机物、氮和磷的溶释（回归）便成了问题。美国霍顿湖湿地处理设施的调查事例表明[9]，湿地从开始运作的 5 年内磷的去除速度下降，5 年以后，去除速度降至运作开始时的 1/10 左右。但自第 5 年后会达到稳定状态，去除速度基本保持不变。另外，佛罗里达州的湿地调查事例 [9] 表明，磷的去除速度在最初的 10 年间会随着湿地中植物密度的增加而增加，但当植物密度达到极限后，去除速度会降到峰值时的 1/2 ~ 1/3。

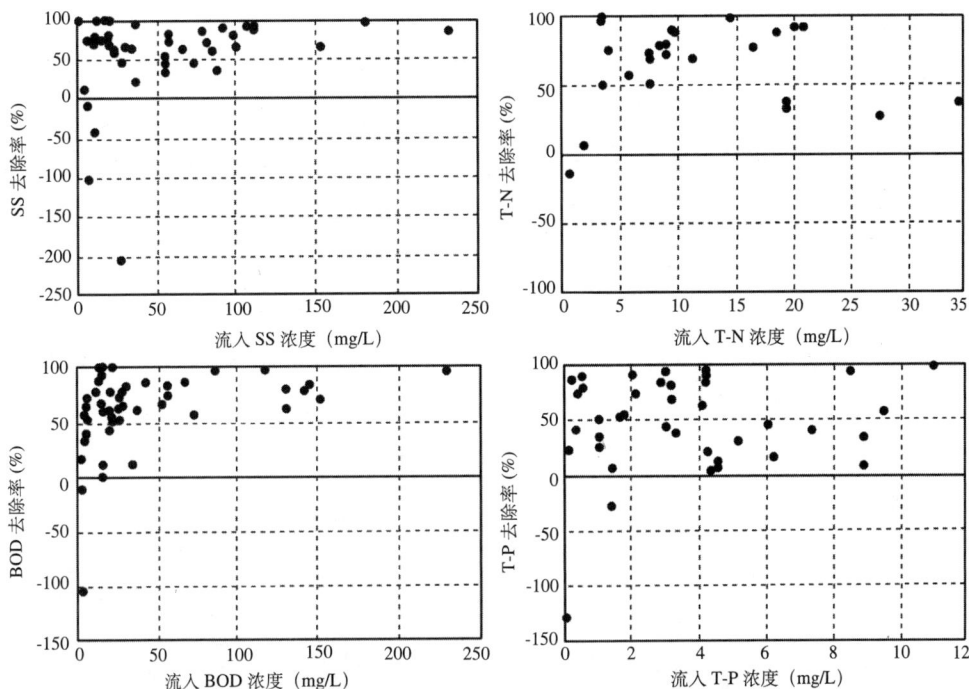

图 9　地表径流式湿地处理中流入浓度与去除率的关系

这样，若大量有机物、氮和磷堆积在较浅湿地的池底淤泥中，其溶释和回归量会增加，很可能导致处理性能下降。因此，从长远的眼光来看，需要考虑除去池底堆积淤泥等维护管理的对策。

④开阔水面中浮游植物增殖的影响

当湿地池底淤泥中营养盐积聚，并通过溶释浓度慢慢变高时，就会促进开阔水面中浮游植物的增殖。图 10 是佛罗里达州的湿地调查事例 [9]，该湿地在水流通过植物带后的场所设置了贮水池。在植物带的出口处 SS 的浓度常年没有太大变化，一直保持着较低水平，而在贮水池的出口处 SS 浓度逐渐变高，到 1992 年以后，出口处的 SS 浓

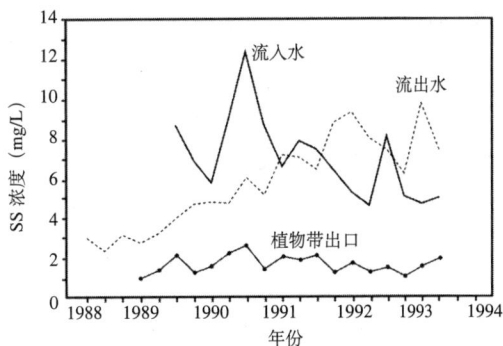

图 10　湿地中长期处理性能变化 [9]

227

度比进水的 SS 浓度还高。这个结果表明，尽量不要在湿地的流出区域设置开阔水面。

当池底淤泥堆积量增加时，池底淤泥中磷的溶释量也随之增加，与此相伴，浮游植物也开始增殖，结果导致流出水的 SS 浓度增加。这些在以生活污水为处理对象的氧化池的水质模拟实验中也得到了预测。所以，有必要在开阔水面多的湿地中进行池底堆积淤泥等疏浚维护管理。

（2）设计方针

表 5[12] 为美国三个州的湿地设计方针，这些湿地以城市降雨流出水为处理对象。停留时间与潮湿型滞留池（表 3）相同，都是 14d 以上。水深比雨水滞留池要浅，主要以数十厘米的水域为主。湿地的表面积最好是集水区的百分之几左右。由于流入口附近堆积着容易沉淀的固形物，所以需要设置出相当于沉淀槽功能的水域。为使疏浚等维护管理更加顺利，事先设计好也很重要。

为了防止短路水流，作为对策，湿地最好设计成长方形，长和宽的比最好为 3 以上。此外，有条件的可以在途中设置挡板或半岛状的突堤和岛等，防止产生短路水流。另外还要考虑的设计有：如图 11 所示的流入口和流出口的位置和数量调整，垄状物和间隔的设置，以及如图 12 所示流出口多点化和流出区域前方深水区的设置等[9]。

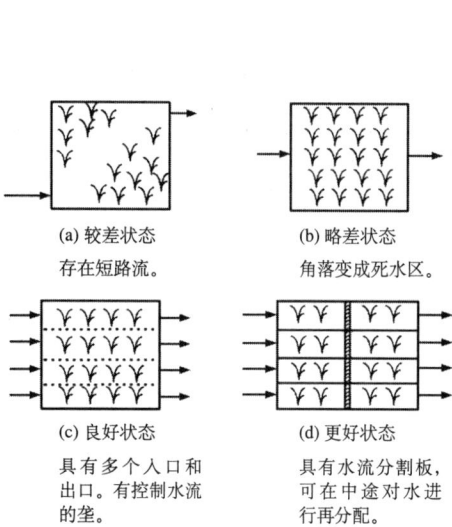

(a) 较差状态
存在短路流。

(b) 略差状态
角落变成死水区。

(c) 良好状态
具有多个入口和出口。有控制水流的垄。

(d) 更好状态
具有水流分割板，可在中途对水进行再分配。

图 11　湿地处理中的短路流防止对策（1）[9]

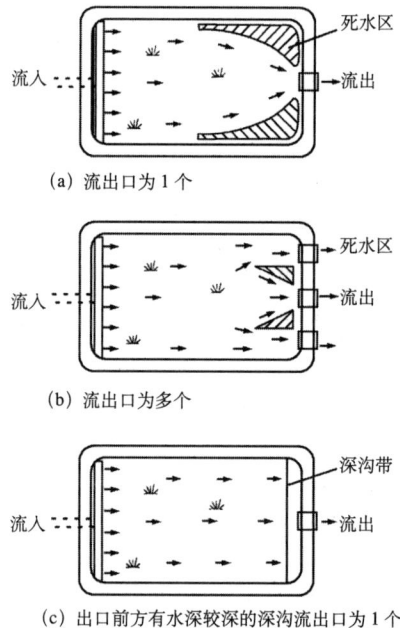

(a) 流出口为 1 个

(b) 流出口为多个

(c) 出口前方有水深较深的深沟流出口为 1 个

图 12　湿地处理中的短路流防止对策（2）[9]

表5　美国各州处理降雨时流出水的人工湿地的设计方针 [12)]

	佛罗里达州	马里兰州	华盛顿州
流出水储留量	25mm 的降雨流出	年降水量中一天的量	半年降水量中一天的量
停留时间	> 14d；全部放出 > 120h；放出 1/2 > 60h	--	--
水深	浅沼：15 ~ 60cm 深池：< 180 ~ 240cm	< 15cm（50%） 15 ~ 30cm（25%） 约90cm（25%）	15cm（50%） 15 ~ 30cm（15%） 60 ~ 90cm（15%） > 90cm（20%）
表面积	开阔水面为不到 70%	集水区面积的 3% 以上	集水区面积的 1.5% 以上
水边坡度	< 6：1	--	< 3：1
短路水流防止	长：宽 =3：1 以上	长：宽 =2：1 以上；有条件的设置挡板（baffle）；流入口和流出口相距较近的情况下设置岛或半岛	长：宽 =3：1 以上；5：1 最好；尽量远离流入口和流出口；设置挡板，岛和半岛
土壤	土壤层达到 15cm 以上	土壤层达到 10cm 以上，有条件的采用湿润土壤（hydric soils）	采用适合所栽植物生长的土壤
植物	采用当地种和野生种（提供品种清单）	采用繁殖力强的 2 种植物和其他的 3 种（提供清单）	提交栽植计划；采用适应水深和水位变动的品种（提供品种清单）
流入口	重视景观作用；运用涡轮促进沉淀效果；分散进水的动能	分散进水的动能。在流入口附近设置沉淀和打捞粒径较大漂浮物的场所（前池，水深 1m 以上，容积约占全容积的 10%）	设置前池（深 1m 以上，约占水池全体面积的 25%）；在前池前方设置分离油分的装置
一般考虑事项	使所有水都能完全排出；在通常水边的陆地侧铺设草坪	为保持水位，必要时铺设垫层；在通常离水边 3 ~ 6m 处设计洪水区；为抑制蚊子和藻类繁衍，尽量不留死水区	为保持水位，必要时铺设垫层；有条件的设置鸟可以筑巢的小岛；为防止流入口和流出口附近被侵蚀而密植植物
流出口	为防止出口处流出油脂而单独或多段设置油和分液器；为防止大洪水时流出部装置被破坏，设置紧急时的余水排出设施	为防止短路水流设置水深较深的区域；防止流出部导管破损	
运作，维护管理	把提交运作和维护管理计划当作一种义务；记录残留下来的植物；除去不需要的品种；除去堆积物和垃圾；对流入、流出部分进行逐一检查和栽种；变动水位抑制水边植物，防止侵蚀；管控堆积物	除去流入部前池和流出口附近的堆积物	清扫前处理装置；5 年 1 次，或当堆积物达到 15cm 时疏浚前池；每年 1 次去除漂浮物；防止水边侵蚀

7-5　农业用贮水池，内湖

类似于欧美的雨水滞留池和湿地的处理事例在日本还很少，但日本有农用贮水池和琵琶湖周边湖（内湖）的物质收支的调查事例。

（1）农用贮水池的调查事例

香川县高松池[13]（蓄水量：约 5000 ~ 7000m³，水深：约 1m，停留时间：降雨期时为几天到 1 周左右，无雨期为 1 个月以上）中的水被水泵灌溉到水田中循环利用。在该池中，对 SS，BOD 的去除有一定效果，而 COD 的流出量超出了流入量，这被认为是池中内部生产和浮泥上卷的影响。关于 T-N 和 T-P，它们多参与净化作用，水田对它们的净化效果较大，而水池自身的净化效果却不太明显。爱媛县松山市的贮水池（面积约 1.9hm²，最大蓄水量约 70000m³，停留时间约 10d）通常流入生活污水，其中有莲花簇生。据对其的调查结果[14]显示，灌溉期的平均去除率为：T-N81%，T-P71%，I-N82%，I-P74%。但是这个水池拥有特殊的条件，即只在灌溉期蓄水，在非灌溉期放水，采摘池内的莲藕以作食用。为了方便比较，我们调查了在相同环境条件下但没有水生植物生长的贮水池，结果是：没有植物生长的水池中氮和磷的去除率明显减小（I-N26%，I-P19%），因此可以推断，睡莲对营养盐类的去除效果是很大的。茨城县大清水池（面积 1.3hm²，平均水深 1.1m，停留时间 25 ~ 60d）对和氮有关物质收支进行了详细的调查[15]。其结果是：来自于集水区（25hm²）的流入量为 2538kgN/a，流出量为 1261kgN/a，两者相减，池内消失了 1277kgN/a（去除率为 50%），其中 40% 是由于脱氮而消失的。脱氮速度估计为 20 ~ 170kgN/（m² · d）。然而，该池进水的硝酸态氮浓度提高了 1.4 ~ 12.7mg/L，这一点需要考虑在内。名古屋市正处于富营养化的新海池（池面积 85000m²，平均水深 1.8m，停留时间 50 ~ 300d），据其物质收支调查结果显示，COD 的流出量超过了流入量，这是内部生产的影响。此外，T-N 去除率为 37%，T-P 去除率为 62%。[16]

（2）内湖的调查事例

内湖是琵琶湖周边水深较浅的湖泊，原本属于琵琶湖水域，后来由于被沙洲环绕，在地形上形成了从琵琶湖独立出来的水域。过去琵琶湖周围的内湖超过 30 座[17]，但在昭和 10 年到 40 年间，围湖造田和填湖造地一度兴起，使内湖的面积和数量急剧减少[17]。滋贺县目前正在整修现存内湖和拥有内湖功能的新贮水池，并探讨农业废水的净化措施[18]。

彦根市曾根沼（面积 20hm²，平均水深 1.4m，停留时间约 15d）4 ~ 10 月的调查结果显示[19]，COD 的去除率为 2%，T-N 的去除率为 57%，T-P 的去除率为 53%。据滋贺县约每月一次实施的内湖水质调查结果表明，昔沼（2.5hm²）在 5 年间平均的 SS 去除率为 57%，COD 去除率为 33%，T-N 去除率为 1.2%，T-P 去除率为 14%，贯川内湖（8.2hm²）3 年间平均的 SS 去除率为 52%，COD 去除率为 3%，T-N 去除率为 14%，T-P 去除率为 18%，湖北町野田沼（7.6hm²）2 年间平均的 SS 去除率为 13%，COD 去除率为 23%，T-N 去除率为 19%，T-P 去除率为 30%。彦根市野田沼内湖（面积 6.6hm²，平均水深 1.6m，停留时间约 1 ~ 2d）1 年中的调查[21]的结果显示，SS 去除率年平均较小约 2%。但因降雨影响进水中 SS 浓度较高的情况下，其去除率有提高的倾向。此外，COD 的去除率为 21%，T-N 的去除率为 12%，T-P 的去除率为 17%，PO₄-P 的去除率为 57%。安云川町十坪沼（面积 1.3hm²，水深 1 ~ 2m，停留时间 0.5 ~ 3d）

的调查结果 [22] 显示，雨天时 SS 具有一定的去除效果，但晴天时由于藻类增殖，SS 反而增加了。晴天时 TOC，T-N，T-P 的去除率都是负的，这是池底淤泥氮和磷的溶释和浮游植物增殖的影响。

由此，据以往内湖的调查结果判断，在内湖中，虽然降雨时悬浮物质有一定的去除效果，但晴天时随着浮游植物的增殖，SS，COD 都有增加的倾向。这种倾向同样会出现在农用贮水池中。另外，在强风天，池底淤泥上卷导致流出水浓度增加的现象也很常见。溶解态的磷在内湖中明显减少，这种减少大部分是由于其向悬浮态磷的转变。在以往的研究中有很多文献认为内湖有水质净化功能，这是由于以往的研究大多只测定了容易测定的溶解态氮和磷，并研究其净化效果的。在笔者的调查经验中，内湖中的溶解态氮和磷减少的情况确实比较多，但从整体的氮和磷量上看，多数情况下都不会减少。只是在流入浓度高的降雨时，或在人类活动影响下氮磷浓度高时按整体的氮和磷的量来去除的情况比较多。

（3）影响净化效果的因素

下面总结了已知影响农用贮水池和内湖水质净化的因素。

①停留时间

爱知县贮水池的调查结果 [16] 显示，在容量小、停留时间短的水池中，藻类最大生物量通常出现在冬季的缺水期。这是冬季停留时间变长的原因。另外，河口堰虽然不属于贮水池，但在冬季，有时也会因河水流量减少和停留时间变长而导致叶绿素 a 浓度提高 [23]。从这个结果来看，在开阔水面大的池沼中，随着停留时间变长浮游植物很可能会增殖，SS 和 COD 的去除率也会降低。

②水深

调查显示，水深越浅，叶绿素 a 浓度越高 [24]，但有关水深对较浅池沼影响的研究事例还很少见。在停留时间为 250d，水深 2m，进水浓度为：氮 10mg/L，磷 0.1mg/L 的标准条件下，分别做了 2 倍水深（面积为 1/2）和 1/2 水深（面积 2 倍）时的水质模拟试验，计算结果 [25]，显示，2 倍水深时的叶绿素 a 和 COD 浓度比 1/2 水深时低。此外，由于水深变浅时池底淤泥的溶释会受到抑制，因而 T-P 浓度会下降。

③进水浓度

彦根市野田沼内湖和安云川町东湖的调查结果表明，进水浓度变高时去除率也有变高的倾向 [22, 26]。但比较进水和流出水浓度时，需要考虑进水和池水的混合过程（刚流入～完全混合）。根据同一时间（日）内采集的进水和流出水的浓度而单纯计算出的去除率有时是不正确的。特别在降雨时由于要靠脉冲响应，为了更好地抓住池水中流入部分和流出部分的浓度高峰，需要斟酌采水频度和时间。在安云川町东湖的流入区域和流出区域处，笔者每 3～6h 采水和连续流量测定，计算了降雨期间的物质收支。结果 [27] 表明，SS，T-N，T-P 的去除率与降雨期间的平均流入浓度密切相关。另外也调查了停留时间，水深，水温等其他环境因素与去除率的相关度，结果发现相关度很低。从这个结果来看，影响贮水池中 SS，T-N，T-P 去除率的最重要的因素是流入浓度。

④池底淤泥上卷

根据对西边湖泊的 2 月份的调查可以发现，当平均风速超过 4m/s 时池底淤泥便会上卷，水中的 SS 也会急速增加。与此相对，在 10 ~ 11 月的调查中，在同等风速下 SS 的增加量却很小[28]。这种差异是水体热分层的影响，在没有形成水体热分层的冬季池底淤泥也很容易因风吹而上卷。

香川县龟池的调查[13]也报告了在对池底淤泥上卷影响最大的时期，池内的水质会恶化这一事实。

⑤池底淤泥的脱氮

手贺沼的调查结果显示，根据硝酸·亚硝酸态氮的实地平均浓度（1.1mg/L）计算出的平均脱氮速度为 24mgN/（m^2·d），相当于流入负荷量的 6.7%[29]。由于脱氮速度受硝酸态氮浓度和水温的影响很大，像茨城县大清水池[15]那种位于蔬菜田和茶田下游的硝酸态氮浓度的贮水池里，脱氮在氮收支中起着更大的作用。

⑥池底淤泥疏浚的效果

据千叶市的舟田池（面积约 1hm²，最大水深 1.3m）的报告，淤泥的疏浚导致 TOC，T-N，T-P 浓度均明显下降[30]。不过该池的池底在泥状沉积物疏浚完成后被铺满了砂石。另外该池的进水量少，停留时间长（1 个月到几个月左右），据推测从池底淤泥回归和溶释的营养盐对提高水质有很大帮助。与此相对，滋贺县的赤野井湾（140hm²）和静冈县的佐鸣湖（120hm²）几乎所有区域都被疏浚，但水质效果却没有太大的改善。名古屋市的贮水池中还没有只靠疏浚来提高水质的事例，但却有通过疏浚和削减流入负荷二者同时进行而提高水质的事例[31]。

⑦池底淤泥干燥的效果

在把贮水池用作农用水源的时代，人们采取非灌溉期时放掉池内水并让太阳晒干池底的管理方法。至于这种操作会对水质产生什么影响，虽然在科学上尚未明确，但名古屋市太久手池的调查表明[31]，由于水被晒干，池内 COD，BOD，T-P，叶绿素 a 的浓度都会下降。但同样是名古屋的贮水池，在污水流入量较大的过营养池（水主池）中，晒干池水和疏浚池底淤泥产生的效果却只是暂时的。所以，可见池底淤泥处理的水质改善效果是由流入负荷量和池底淤泥溶释量之间的大小关系决定的。

在水田土壤学领域中有个词语叫做"干土效果"，指的是把水田土壤风干处理会促进土壤中有机态氮的无机化，由此氮可以通过灌溉较容易地溶释[32]。实际上，根据香川县龟池利用干燥池底淤泥所做的溶释试验的结果[14]来看，COD，T-N，T-P 的溶释量会比不干燥时增加。另外，把琵琶湖的池底淤泥按一定时间（7 ~ 30d）风干后再进行溶释试验，并与不风干的情况相比，发现当风干时间为 7d 时池底淤泥表面形成了氧化膜，营养盐类的溶释也因此受到了限制，而当风干时间为 30d 时，有机物和氮的溶释量却增加了。相反，磷的溶释量却没有增加。因风干导致的溶释量增加的原因在于，营养盐类等通过毛细管现象在池底淤泥表面被浓缩了[33]。

另外，还有的报告[34]认为干燥并氧化池底淤泥会使淤泥的磷吸附能力下降。但池底淤泥的干燥会给池内水质带来怎样的效果，目前还尚未明确。

⑧割除水生植物的效果

手贺沼的研究发现，在把湖岸水生植物全部割除的情况下，计算 [38] 出的氮去除量为年流入负荷量的 2.6%，氮的去除效果很小。琵琶湖在水草割除后，经计算，1990～1993 年的年均营养盐产出量为：氮约 40t，磷 6t，分别约为这几年琵琶湖流入负荷量的 0.5% 和 1%。据推测通过割除芦苇而产出的营养盐的量要比以上数值小很多。由此可以得知，水生植物的割除效果与流入负荷量比起来要小。

⑨鱼的去除（生物操纵）

在上述的千叶市舟田池中，人们在疏浚池底淤泥的同时还进行了把鱼从水中去除的操作。结果大型浮游动物稳定了下来，导致透明度低下的浮游植物等悬浮物质也有所减少 [30, 37]。但此后大型浮游动物（水蚤）无法维持现存数量，透明度也似乎回到了原来状态。在海外，以欧洲为主，盛行对生物操纵的研究，并在各地实施了实证试验，但却没有听到持续长时间的成功案例，自然状态下的开放性贮水池中会发生生物的移动和生物相的迁移，还有气象条件的变动，所以要维持一定的生态系统结构是相当困难的。

〈总结〉

以上介绍了欧美的雨水滞留池（潮湿型，干燥型）、湿地，以及日本国内农用贮水池和内湖的水质净化调查事例，并整理和分析了影响水质净化效果的因素。以下是对重点内容的总结：

① 雨水滞留池，湿地，贮水池，内湖等储水场所最重要的净化机构是悬浮物质的沉淀。

② 在开阔水面由于浮游植物增殖，水中产生悬浮物质和有机物，这些会给净化带来阻碍。为了抑制浮游植物的增殖，需要扩大水生植物带的面积比例（扩大遮光水域），或增加水深，扩大限制光的空间。

③ 此外，防止短路水流和池底淤泥上卷也是防止水质净化效果下降的重要途径。为此需要设置挡板并精心设计水池的形状。

④ 池底淤泥堆积可能会使有机物、氮和磷从淤泥中溶释并上翻，导致水质恶化。为了防止这类事件的发生需要定期对池底淤泥进行疏浚和处理（把水晒干等）。

——引用文献——

1） Mitch ,W. J. (1994) : The nonpoint source pollution control function of natural and constructed riparian wetlands, *In* : Global Wetlands : Old and New, Mitch, W. J. ed., p. 351-361, Elsevier Science.

2） 宗宫 功・藤井滋穂 (1982)：酸化池による汚水の浄化，用水と廃水，**24**(1)，32-37.

3） Roesner, L. A., B. Urbonas and M. B. Sonnen eds. (1989) : Design of Urban Runoff Quality Controls, American Society of Civil Engineers.

4） Moshiri, G. A. (1993): Constructed Wetlands for Water Quality Improvement, Lewis Pub.

5） Van Buren, M. A. *et al.* (1996) : Enhancing the removal of pollutants by an on-stream pond, *Wat. Sci.Tech.*, **33**(4-5), 325-332.

6） Cooke, G. D., E. B. Welch, S. A. Peterson and P. R. Newroth (1993) : Restoration and Management of Lakes and Reservoirs, 2nd ed., Lewis Pub.

7） Cullen, P., D. Lambert and N. Sanders (1988) : Design and management considerations for water pollution control ponds, *In* : Hydrology and Water Resources Symposium 1988, p. 37-42.

8) Stanley, D. W. (1996): Pollutant removal by a stormwater dry detention pond, *Water Environment Research,* **68**(6), 1076-1083.

9) Kadlec, R. H. and R. L. Knight (1996) : Treatment Wetlands, Lewis Pub.

10) 小林節子・宇野健一・吉澤　正（1990）：印旛沼，手賀沼のCOD，窒素，リンの水質特性－内部生産CODと窒素，リンのCODへの変換率について－，公害と対策，**26**，1417-1426.

11) 川島博之・川西琢也・鈴木基之（1991）：小規模分散型処理装置としての酸化池，用水と廃水，**33**(6)，490-495

12) Kent, D.M. (ed.) (1994): Applied Wetlands Science and Technology, Lewis Pub.

13) 岡本芳郎・中村精文・小林浩幸（1997）：休耕水田を利用した水稲作付け圃場によるため池の直接浄化試験,農業土木学会論文集，187，p.151-160.

14) 福島忠雄・岩田雄三（1989）：生活雑排水が流入する溜池の植生（ハス）による水質改善効果について，農業土木学会論文集，142，p.99-105.

15) 戸田任重ほか（1994）：農業用ため池における硝酸窒素の消失，土肥誌，**65**，266-273.

16) 土山ふみ・成瀬洋児・安藤　良・榊原　靖（1983）：新海池における富栄養化について水質の季節変動と汚濁負荷量，名古屋市公害研究所報，**13**，69-82.

17) 倉田　亮（1994）：琵琶湖内湖における自然浄化のメカニズム，水環境学会誌，**17**(3)，154-157.

18) 滋賀県農政水産部（1997）：農村地域の水質および生態系保全対策「みずずまし構想」.

19) 里中　勝・菊池憲次（1983）：湖沼の自浄作用－曽根沼を例として－，用水と排水，**25**，1236-1241.

20) 滋賀県農林水産部（1995）：土地改良関連環境保全事業.

21) 金木亮一（1997）：循環灌漑による負荷削減の効率化に関する研究，琵琶湖研究所委託研究報告書.

22) 大久保卓也（1999）：滞留池の汚濁負荷削減効果－滋賀県エカイ沼での詳細調査－,第2回日本水環境学会シンポジウム講演集.

23) Murakami, T., C. Isaji, N. Kuroda, Y. Watanabe and Y. Saijo (1994): Devekopment of potamoplanktonic diatoms in down reaches of Japanese Rivers, *Japan J. Limnol.,* **55**, 13-21.

24) Sakamoto, M. (1966) : Primary production by phytoplankton community in some Japanese lakes and its dependence on lake depth, *Arch. Hydrobiol.,* **62**, 1-28.

25) 田中秀穂・望月京司（1986）：ため池富栄養化シミュレーション，大阪府公害監視センター所報，p. 103-138.

26) 大久保卓也ほか（1997）：水田からの汚濁負荷削減対策に関する基礎的研究，琵琶湖研究所所報，15，p. 40-45.

27) 大久保卓也（2003）：内湖における汚濁負荷削減効果と環境因子の関係，琵琶湖研究所報，20，p.42-47.

28) 森田　尚・鈴木隆夫（1997）：西の湖における窒素・リンの収支と浄化要素,滋賀県水産試験場水産談話会資料.

29) 上田真吾・小倉紀雄（1989）：手賀沼における底泥の脱窒活性と沼浄化に果たす役割，陸水雑，**50**，15-24.

30) 林　紀男・稲森悠平・須藤隆一（1995）：富栄養型池沼の浚渫・生物学的ろ過水循環による直接浄化，用水と排水，**37**(8)，36-40.

31) 土山ふみ・成瀬洋児・安藤　良・榊原　靖・伊藤英一・若山秀夫（1996）：名古屋市のため池の水質と浄化対策について，環境技術，**25**(8)，448-452.

32) 川口桂三郎編（1978）：水田土壌学，講談社.

33) 滋賀県（1996）：平成7年度版環境白書，p.364.

34) 李建華ほか（1999）：富栄養化した貯水池における底泥のリン吸着能に及ぼす酸化及び乾燥の影響に関する実験的検討，第33回日本水環境学会年会講演集.

35) 小林節子（1985）：印旛沼・手賀沼の汚染と植物，植物と自然，**19**，13-17.

36) 宗宮　功編著（2000）：琵琶湖－その環境と水質形成－，p.161，技報堂出版.

37) 占部城太郎・倉西良一・長谷川雅美・小林紀雄・小倉紀雄・谷城勝弘（1994）：舟田池における水質と動物相の変化－改修工事の影響とその評価－，千葉中央博自然誌研究報告，特別号1，p.333-343.

8. 水面无土栽培法的水质净化

（县和一）

8-1 水面无土栽培法的概要

水面无土栽培法（soil-less floating culture，以下称为水面栽培）是在自然水域（河流，湖泊）的水面上浮起筏子（float），利用筏子的浮力使植物的根扎在水中，地上部分长在筏子上（水面）的植物栽培法（图 1）[1~3]。它可以在被认为除了水生植物以外不可能生长植物的水面上栽培陆生植物，是一种新型的植物栽培技术[3]，由于植物生长所需的营养盐类全部要从水中摄取，这使水质净化得以通过自然的状态实现。这种栽培法属于致力于粮食生产的中国水稻研究所（杭州郊外）于 1991 年开发的水稻栽培技术的其中一种（照片 1）[1, 2]。移植栽培的对象主要是幼苗，以水稻为例，移植时在植株根部施少量缓效性肥料就会促进根长成，进而积极吸收水中稀薄的养分，使地上部分可以健全地生长。水面栽培法与传统的土耕法（旱田，水田），水耕法（营养液栽培）不同，它利用了植物的这种性质，具有避免涝灾，旱灾，肥料灼烧，元素缺乏，氧不足，pH 伤害，连续减收等现象和少虫害的特性[1~3]。在富营养化的水域中不必为促进作物初期生长而施肥，没有肥料作物也能顺利生长。因此，水面栽培的生长量和收获量并不比土壤栽培和营养液栽培逊色[1~3, 5, 8, 9]。

通常在封闭的湖泊中生长的藻类，伊乐藻，凤眼蓝，水浮莲和睡莲等水生植物会生产出有机物，但把这些有机物带到水域外部却很难，所以它们会不断重复着生产和分解的过程，因而发展成了自体中毒的水质恶化和富营养化现象。与此相对，水面栽培能够很容易把生产出的有机物作为收获物带到水域外部，所以可以有效地把从水中吸收的无机养分从湖泊水中除掉，使资源的有效利用和水质净化同时成为可能[6~9]。此外，水面栽培不分水深，在水域整体范围内都可以实施，只要选好要栽培的植物，就可起到水质净化的作用，除此之外还可以生产粮食、饲草、花卉、观叶植物和工业原料（纸浆、纤维、活性炭和建筑资材等）。其中花卉和观叶植物可以自由构筑湖泊的水面景观，也可以作为景观技术灵活设计花草，点缀水面[3, 4]。

水面栽培带来的水面绿化对净化周边大气和控制微气象很有效，还可以净化水质并增加水中根群，因而使水生动物多样化，引来以水生动物为食的野鸟，通过动植物的栖息实现真正的群落生境（图 1）[3]。更值得称赞的是，通过选择不同的植物，水面栽培可以整年实施，这样一来，水质净化，水面绿化，有机物生产和水域生态系统的活性化便可以同时连续进行下去。而且水面栽培对已存护岸，植被和生态系统不会造成影响，人人都可以随意接近亲水区域，是面向环境复苏的环保型技术，也是能够通过地区居民和中小学生的志愿活动对环境教育作出贡献的技术。

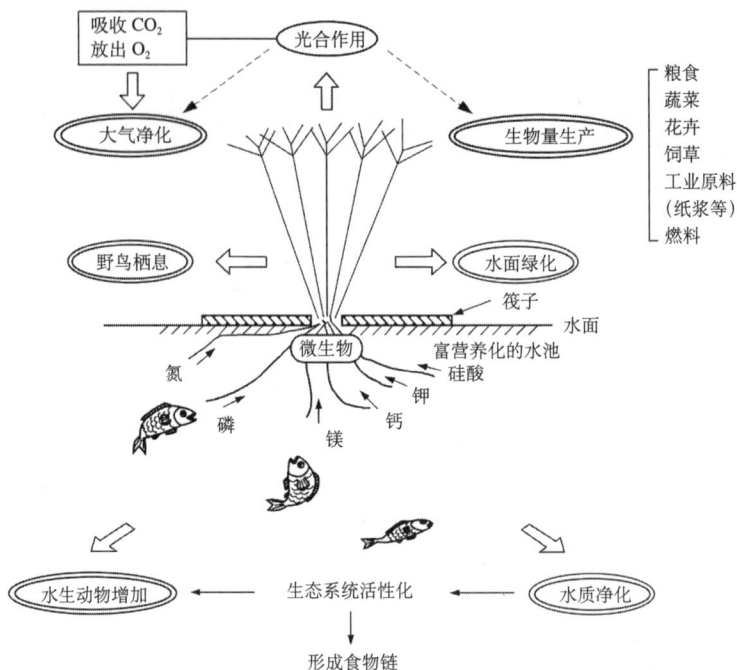

图1 水面栽培法的多方面功能和生态意义

照片1 中国水稻研究所的水面栽培全景

8-2 水面无土栽培法的特征和科学依据

（1）技术要点

水面栽培法是利用了未被利用的空置自然水域水面并以生产有用植物资源为目的而开发的栽培法。一直以来人们深信由于自然水域中营养盐类稀薄，除了水生植物以外，陆生植物不可能在那里生长。在土地中扎根并靠吸收土壤中的营养和水分维持生活，这才是陆生植物的根本特征。尽管对陆生植物来说最重要的生长支配因素是水，但还是有很多植物在潮湿土壤的条件下因无法生长而枯死[13, 14]。人们认为那里只有适应水湿条件进化而来的水生植物才可以生长。作为不使用土壤的栽培方法，1860年人工培养液的水耕法（water culture）被发明，并在第二次世界大战后作为蔬菜类的栽培技术在世界广泛普及[15]。实用的水耕法是对根系和植物体支持材料进行了改良，这一点与传统的砂耕、石砾耕、氨基甲酸酯耕和石棉耕不同，但在给根提供高浓度营养液这一点来看，二者是相同的。现在二者被统称为营养液栽培[15, 16]。营养液栽培是在塑料大棚中循环高浓度的营养液并自动控制氧浓度，pH和营养液浓度的大规模栽培系统。由于营养液栽培属于集约型管理，与土壤栽培相比其生产力很高。至今为止的农业（粮食）生产主力便是水田，旱田的土壤栽培和从水耕法发展而来的营养液栽培。以往在农学和植物学的相关研究人员中还没有人考虑到利用营养盐稀少的自然水域的水面进行植物生产这个想法。但自从中国水稻研究所开发了利用水面的水稻栽培技术以来，陆生植物的水面栽培法便开始在更多的植物上尝试。自1992年以来，笔者也对近200种植物进行了水面栽培实验，结果表明，测试植物的70%都可以适应水面栽培[3]。以上的实验条件是，以泡沫塑料板为筏子，把幼苗植株和缓效性肥料用海绵包住固定在移栽孔中。固定位置以不使水浸到生长点和肥料为原则，只把根放在水中任其漂浮。使用的是利用自来水防火的营养贫瘠的水池，但大多数植物都能在池内顺利生长。由此看来，可以以在那里的生长状态为指标而判定水面栽培的适应品种。此后，从在富营养化程度不同的水域进行的水面栽培试验中，可以发现，富营养化严重的地方幼苗移栽时不需要施肥。此外还发现，除了改良过的农作物和园艺作物之外，野生植物即使没有肥料也可以积极吸收稀薄无机成分顺利生长。

（2）水面栽培，土壤栽培，营养液栽培的比较[3]

由上述可知，即使是陆生植物，只要遵照不让水浸没移栽幼苗和生长点的原则就可以顺利进行水面栽培。在这里比较一下以往的土壤栽培，营养液栽培和水面栽培三种方法。在影响植物的物质生产基础的光合成、呼吸、蒸腾作用等地上部分环境条件中，阳光、气温、湿度、二氧化碳浓度等，三种栽培方法几乎没有差异，但在影响根的生长和功能的根圈区的环境条件，三种栽培方法有着显著的差异（表1）。

首先比较水面栽培和土壤栽培。第一点，水面栽培的根圈只有液相，而土壤栽培的根圈由液相，气相和固相三相组成，液相和气相的比率决定土壤状态是干燥还是潮湿。土壤处于潮湿状态时，根圈由于植物的根呼吸和微生物的氧消耗而处于极端的还原状态，植物的根因有害化学物质的生成而受到了直接伤害。这就是涝害[13,14]。只有液相的水面栽培之所以不会遭到涝害，是因为大量的水存在于根圈处，溶解氧的浓度不会达到限制植物根呼吸的程度，而且水面栽培会使陆生植物的根形成通气性组织，氧气会扩散到植物根尖[3]。因此，即使很容易受涝害干扰的小麦也可以通过水面栽培达到产量生产[3]。

表 1 植物栽培法的比较

		土壤栽培	营养液栽培	水面栽培
栽培特性	栽培场所	水田，旱田	塑料大棚	自然水域
	主要栽培植物	农作物	蔬菜·园艺植物	陆生动物资源
	施肥需要与否	需要	需要	不需要（农作物需要）
	灌溉需要与否	需要	必须	不需要
	病虫害防治	很需要	很需要	不太需要
	气象灾害	容易受灾	不易受灾	不易受灾
	环境负荷	中	大	小
根圈的物理性	媒介	土壤	培养液＋水耕资材	自然水
	三相比	固相>气相>液相	液相>气相>固相	只有液相
	氧化还原电位	不稳定	不稳定	稳定
根圈的化学性	pH	不稳定	不稳定	稳定
	无机养分	低浓度	高浓度	低浓度
	过剩·缺乏障碍	容易	容易	困难
根圈的生物相	微生物相	多样	少	多样
	动物相	中等	少	多样

再者，水面栽培中根的寿命长，数量多，同时必要的营养水分会供给到根的表皮组织。与此相对，土壤栽培中的根吸收营养水分后就会重复成长、枯死的过程，根的新陈代谢剧烈而不经济。其他的土壤栽培会经常受到肥料不足或过剩损害，以及 pH 变动，干燥，病虫害，杂草害和气象灾害等环境压力，而水面栽培中大量的水存在会缓和环境压力，因此很适合成为植物的生长环境[3]。

接下来比较水面栽培和营养液栽培。二者根圈以液相为主体是相同的，但营养液栽培由于循环利用了高浓度培养液，水量比例相对根的数量较小。因此，培养液的缓冲能力低，氧浓度，pH，氧化还原电位和成分构成很不稳定，容易发生变动。为使植物能够健康地生长，需要经常调节 pH 浓度和供氧。与此相对，水面栽培中自然水域的水量大，营养盐稀薄，但各种无机元素保持着平衡，所以 pH 较稳定，氧化还原电位和溶解氧浓度的变动也很小[3]。正因为如此，氧不足，浓度障碍和有害成分导致的生长障碍在水面栽培中几乎不存在。

从以上的比较看来，可以说与以往的土壤栽培和营养液栽培相比，水面栽培法的植物生长环境更加优越。特别在近几年，由于环境保护受到重视，水面栽培作为全新的植物生产场所在兼顾水环境复苏和活用富营养化水域上有着重要的意义。

（3）用作水质净化的植物特征[3]

水面栽培不仅可以栽培水生植物，也可以栽培大部分的陆生草本植物。遵照根在水中，不浸泡到包括生长点在内的地上部分的原则，将植物幼苗固定到筏子上，除了生长量会有一定的差异外，不论一年生还是多年生，大部分的陆生植物都可以栽培[3, 4]。大体说来，根长得多并在水中生长旺盛，比重较轻且根容易浮在水面的植物是比较适合水面栽培的品种。一般像禾本科和莎草科植物一类新芽旺盛并容易产生侧根的植物的根量会很多，地上部分的生长也旺盛。而相反由于具有直根，块根，球茎，块茎和地下茎等贮藏器官的植物很少会长出不定根，所以多数都不适合水面栽培[3, 4]。

从水质净化的观点来看，再生能力旺盛，生长量大，且经济利用价值高的多年生植物是最合适的品种。笔者在至今以来试验过的近 200 种植物中发现，旱伞草（Cyperus alternifolius L.）是最适合用作水质净化的植物[3]。该品种属于莎草科的多年生草本植物，收割后的再生能力很强，虽原产于热带但在日本关东以南地区冬季也可以生长。由于可全年生长，所以生长量大，水质净化能力也高。

与作为农作物代表的水稻相比，耐盐碱植物拥有既能吸收稀薄的无机养分又能吸收超富营养化中高浓度无机养分的能力[10, 11]，而且在微咸水域也可以生长[18]。另外这种植物在水稻难以生长的高 pH 环境下也可以生长，在藻类和浮游植物的光合作用下 pH 上升，因此营养盐浓度变稀的自然封闭水体中，也适合用这种植物进行水质净化[3]。以水稻，美人蕉，芦苇为对象植物，在改变根区 pH 的水面试验中可以发现，随着 pH 的上升，水稻和美人蕉对铁的吸收速度显著下降，芦苇对氮的吸收速度下降，因此这些植物即使在施肥区其生长也不旺盛，几乎没有水质净化效果。而相反，旱伞草在高 pH 下对营养盐类的吸收能力仍然很高，在 pH 约为 9 的条件下也几乎没有下降，在施肥区对铁吸收的速度也有所增加[3]。中村等人[22] 在污水氧化池设施中栽培了该植物，结果发现在 pH 为 9 的碱性污水中也可以旺盛地生长，并通过吸收碱类物质使 pH 值降到 7 左右。此外，据报道[23]，该植物对重金属类和表面活性剂的吸收能力也很高，其作为修复功能较高的植物而被人们所关注。

该植物的茎叶可以以 50% 的收获率制成日本纸和西洋纸[9, 10]，还因能够以 30% 的效率炭化（活性炭）而使资源再利用型的水质净化成为可能[3]。原有的挺水植物大多是（芦苇，香蒲，茭白等）夏季生长型，生长时间短，由于是贮藏养分依赖型植物，所以缺乏收割后的再生能力[3, 19, 20]。此外，浮水植物大多数（睡莲、菱、凤眼蓝和水浮莲等）的生长期间都很短，干物质生产能力低且生物量的回收也很困难[21]。大体来说，现有水生植物存在着经济利用价值比陆生植物低的问题[3]。在这一点上，改良后的农作物成了有用的植物资源，像牧草，草坪草等具有每年可收割几次到几十次，放牧也不会减少其生长，以及不随年份变化的特性[3]。由于陆生植物多种多样，又很少在水体中造成杂草化的威胁，所以在选择适应水质净化用水面栽培的植物品种时需要把视角放得更广阔。

（4）筏子的构造和材料[3, 4]

浮在水面上的筏子（栽培筏子）以有浮力的为优先。自身有浮力的筏子在强度上和美观上也要好些。由于水质净化用的筏子上需要栽植生长旺盛的高大的多年生植物，所以尺寸大些的筏子会更稳定，功能更好。把富营养化的程度也考虑在内，水面栽培的面积需要确保达到整个水面面积的 5% ~ 20%，所以把每个筏子连接起来形成筏组合的话对稳定性、强度、管理作业都有利。

筏子最好用浮力大，重量轻，结实耐用，安全无公害，不会向水中溶释有害物质，不容易被微生物分解，而且容易加工的材料制成。从环境保护的观点来看，以可回收和可以利用当地自然资源的材料为基础。此外，不会影响植物的栽植，在美观上能够与周围景色一致的材料也是符合要求的。虽然没有 100% 符合这些要求的材料，在早期，选择利用的是泡沫塑料板，最近也制出了多种样式的筏子：把无公害合成树脂的网和管相结合制成了增强浮力和强度的筏子，通过加工天然竹材和木材制成的筏子，用天然素材和聚氯乙烯管作为骨架确保浮力，在上面和下面铺上合成树脂网，并按一定的间隔设置了固定插穗的简易筏子等。

(5) 水面栽培法的科学基础 [3]

科学基础是在未利用的水面上提供光合作用的场所。因为通过这种方式可以使丰富的太阳能以化学能（光合作用产物）的形式经过根大量供给到水中。由于水面栽培植物的光合作用产物对水中的供给和水中浮游根系，对微生物，浮游生物，水生昆虫和鱼类一系列食物链做出了很大的贡献，所以水生动物增加了，也变得多样化了。由此引来了以水生植物为食的野鸟的到来和栖息，增强了水域全体的生态系统活性化。此外，水面栽培植物的光合作用和蒸腾作用对大气净化、温湿度调节等微气象的改善也有贡献。一直以来，把光合作用产物带到水中都是由池沼周边有限的水生植物来完成的，那里生存着相应数量的水生动物，保持着生态平衡。但今天的富营养化湖泊却发展到了只靠周边植物无法吸收和净化过剩营养盐类的程度，适应富营养化水质环境的喜氮性外来水生植物（伊乐藻、凤眼蓝、水浮莲等）也开始大量繁殖。这些植物在水域内繁殖并源源不断地重复着生产和分解的过程，使自体中毒的富营养化程度进一步加深了。为了切断这种恶性循环，除掉富营养化的元凶——氮和磷才是英明的水质净化手段。水面栽培则被称为实现这一手段的生态技术。

抑制湖泊的富营养化最首要的是控制污染源，另外净化富营养化环境并使其修复也格外重要。由于在水面栽培中，光合作用能力强，物质生产能力高的陆生植物能够在水面上生长，所以以光合作用作为原动力，它们能够积极吸收水中的氮和磷，把生产出的光合作用产物通过根高效地提供给水中的微生物和水生动物，由此水域全体的生态系统得以活性化。若把生产出的植物资源活用起来，又可以形成资源循环型的环境保护技术。由于最主要的是通过水面栽培在水面上创造高能率的光合作用场所，所以封闭水域中的物质循环和能量流动是很正常的。由此，完善的群落生境复苏了。

8-3　水面无土栽培植物的水质净化实施事例

表 2 总结了至今为止在笔者所属的九州大学，西日本绿色研究所中与试验和指导相关的水面栽培的主要实施事例。实施规模和筏子的材料等会有所不同，但它是可以证明水面栽培可以广泛运用的证据。下面我们将介绍水质净化中较有代表性的实施事例。

表2 主要水面栽培实施事例

实施场所	实施面积	栽植筏子的材料，特性	水域	实施年度
古贺高尔夫俱乐部	160m²	泡沫塑料板＋聚氯乙烯管	调节池	1994～1995
国营木曾三川公园	60m²	泡沫塑料板＋棕榈垫	调节池	1995～1996
佐用姬岩池	8m²	聚丙烯网＋导管	排水池(微咸水域)	1996～1997
滨玉町净化中心	12m²	聚丙烯网＋导管	景观池	1996～1998
	60m²	铁制固定栽植床	二级处理水渠	
JR内野乡村俱乐部	200m²	合成树脂网＋木材（方木材）	调节池、水渠	1998～
大江川（大垣市）	280m²	聚丙烯网＋导管	河流	1996～1998

（1）高尔夫球场调节池的水质净化和资源利用 [3, 9]

高尔夫球场的调整池具有防灾，水流调节，保护环境和确保灌溉水等多方面的功用，但由于对草地的肥培管理有易富营养化的趋势，故人们尝试了各种水质净化的方法。然而却找不到既能兼备水面绿化和水质净化功能，又可达到生产物有效利用的资源循环型环境保护技术。所以，为了确认水面栽培法对高尔夫球场调节池的水质净化是否有效，以及是否可以对生产物加以资源利用，实施了大规模的水面栽培试验。

①试验方法

1994年5月到1995年12月在古贺高尔夫俱乐部（福冈县古贺市）的第9球穴调节池实施试验。水面栽培面积为80m²，使用泡沫塑料板为筏子。被试植物为旱伞草，移栽密度为16株/m²。1995年3月31日，对第1年度的生长情况进行了调查，并设置了收割区和非收割区。第2年度的生长调查于同年12月3日在两区完成。第1年度生长调查以株为单位，平均每区拔5株，在进行了作物高度和茎数等的形态调查后，测量了叶面积和不同器官的干物质重量。在第2年度的调查中，两区分别割掉3m²，在现场测量鲜重并采取5kg作为测量调查用，剩下部分作为资源利用材料送回塑料大棚，并在阳光下干燥。调查用的5kg除了用于形态调查外，还供叶面积、干物质率，不同器官干物质重测量使用。干物质测量后的材料又提供给无机成分（氮，磷，钾，硅）的分析。在太阳下干燥的材料仅把茎部的10kg送往手抄和纸加工厂，并尝试使用碱化制纸法使日本纸商品化。

②试验结果

生长量：移栽后植株的生长很旺盛，到1994年12月已经长成高度超过200cm的簇生群落（照片22）。表3为第2年3月进行的第1年度生长调查的结果。该值是在移栽后287日内产出的现存量（4631g/m²），已换算以成"m²"为单位。第2年度的生长调查在290天后的12月实施，当时已长成高度超过250cm的群落。现存量为：收割区9220g/m²，非收割区14740g/m²。为把这些现存量与一般生产力相比较，求得了减去初期值的纯生产量，并把该值除以生长天数，得出的平均每天干物质生长速度（CGR）如表3所示。第1年度是从幼苗开始生长，与此相比由于第2年度幼苗利用贮藏养分再次生长，CGR的成长效率变高了。另外，收割区的CGR之所以大，是因为植株利用收割后贮藏养分的生长开始得早，而且再生茎的恢复使群落的光合作用变得活跃起来，因此提高了物质生产效率。

水质净化：为了明确水面栽培的旱伞草对调节池无机成分的吸收去除量，我们分析了第2年度生长调查时的样本，结果如表4所示。把这个值与表3中的现存量相乘，就会得到无机成分吸收量。收割区的结果如表5所示。其中钾的吸收量最多，其次是氮。下面来看导致富营养化的氮和磷的情况。所有植物的氮吸收量为 82.5g/m²，磷为 19.3g/m²。地上部分的可能收割量为：氮，磷吸收量都是总吸收量的 58%，可以发现，从池水中吸收氮，磷的可能收割量较大。把表5的值与表3相除，就会得到氮，磷的平均每日吸收速度。全体植物中氮的吸收速度为 311mg/ (m²·d)，磷为 73mg/ (m²·d)，氮和磷的基本收割量分别为 182mg/ (m²·d)，42mg/ (m²·d)。调节池水质净化所必需的水面栽培面积可以将池内氮，磷总量与吸收速度相除求得。由水池面积（1210m²）和水深（1m）算出总水量为 1210m³。氮和磷的平均浓度分别为 2mg/L 和 0.3mg/L，假定池水 3 个月换一次，为把氮浓度净化达到水质标准，以氮为基准所需水面栽培面积为 86 ～ 147m²，而以磷为基准则需要 55 ～ 96m²。在上述的调节池中，必要水面栽培面积会因水量和平均氮，磷的浓度，以及水的交换速度不同而变化，所以很难形成一个统一的标准，但只要按约占池面积 10% ～ 20% 这一可靠标准实施就会得到不产生水华且可以再利用的水质。

生产物纸浆化：Tanaka 和 Agata[12] 利用本试验的材料，开展了对水面栽培的旱伞草实施碱化法使其纸浆化的基础研究。试验结果证实，该植物在 15% 的氢氧化钠处理后，在常压，100°C 加热下很容易纸浆化，收获率为 60%，纸的强度相当于牛皮纸板级的优质纸。但这种植物也有缺点，即影响造纸效率的滤水性（断水）较低，这种缺点可以通过与木浆混合来改善。木浆混合比为 70% 时会达到商业上的造纸效率，我们以这个结果为基础委托手抄和纸制造商使纸商品化。结果，该植物的 10kg 干燥茎可以生产出 1400 张大开日本纸（2 尺 ×3 尺*）（照片 3）[3, 9]。这种优质日本纸可以用来作为包装纸，书法用纸和美术工艺品等材料。

照片 2　以水质净化为目的设置的大规模旱伞草水面栽培
(古贺高尔夫俱乐部)

---

*　1 尺 =33.33 厘米（cm）

表3 第1年度和第2年度收割区和非收割区中水面栽培旱伞草的现存量，纯生产量和平均每天干物质生产速度（CGR）

	现存量 (g/m²)	纯生产量 (g/m²)	生长天数 (d)	CGR (g/ (m²·d))
第1年度	4631	4563	287	15.9
第2年度收割区	9220	8001	290	27.6
第2年度非收割区	14740	13521	578	23.4

表4 水面栽培旱伞草中不同器官的无机成分含有量（%）

	叶	茎	根
氮（N）	2.02	0.91	0.82
磷（P）	0.26	0.24	0.13
钾（K）	2.38	4.27	0.78
硅（总二氧化硅）	2.40	1.60	1.48

表5 第2年度收割区中水面栽培旱伞草从水中吸收的无机成分量和速度

		N	P	K	总二氧化硅
吸收量 (g/m²)	植物整体	82.51	19.31	313.83	139.37
	可能吸收量 *	48.15	11.24	188.04	78.51
吸收速度 [mg/ (m²·d)]	植物整体	311	73	1184	526
	可能吸收量 *	182	42	709	296

* 具有吸收潜力的叶＋茎

照片3　利用旱伞草生产的日本纸（从前向后分别为鲜茎、干燥茎、各种日本纸）

照片4　水面栽培植物群落内的野鸭卵
（古贺高尔夫俱乐部）

生态系统的改善：在本试验的实施过程中，发现有野鸭在水面栽培的植物群落中栖息、筑巢并产卵（照片4）[9]。这表明水面栽培促进了调节池内生态系统的活性化。也就是说，成为饵料的水生动物种类数目增加，形成池内的食物链，同时对野鸟来说水面植物群落是一个安全的栖息场所。事实上，可以确认的是，该池的水生动物种类要比非水面栽培调节池多得多[3]。

以上证实，在高尔夫球场调节池中对旱伞草的水面栽培可以通过水面绿化达到水质净化和改善生态系统的效果，而将其有效利用于生产物制造的日本纸（纸浆）也可以实现资源循环型水质净化技术。

（2）日本国营木曾三川公园义吕池中的水质净化试验 [3, 7]

受当时日本建设省中部地方建设局木曾川下流工程事务所的委托并在其协助下，笔者于1995 年 3 月到 10 月实施了试验。水面栽培的测试植物除了多年生的旱伞草，美人蕉，黄菖蒲之外，还有 3 种一年生植物。筏子由棕榈垫包住泡沫塑料板 [坂田种子（股份有限公司）制造]制成。在配置了筏子的水面栽培区和非水面栽培区之间，用塑料薄膜将其隔离以限制水的流动。水质净化的评估以旱伞草为中心进行，其他的植物则作为景观评价的对象。黄菖蒲和美人蕉的花很大，开花期间长而且色彩鲜艳，因此在景观功能上得到了参观者的好评。在这里，水质净化的评价同时使用了根据植物生长量和无机成分分析值算出吸收成分的方法，和每月直接调查水面栽培区与非水面栽培区水体水质标准（pH，DO，COD，BOD，SS，总氮，总磷，叶绿素）的方法。从吸收成分量得出的水质评价与之前的事例 [1] 无太大差别，再次证明了旱伞草水质净化能力之高 [7]。来自吸收成分量的评价虽然是确切的数值，但要看实际的水质标准是否有所改善只能采取实地直接采水分析的方法。水面栽培区和非水面栽培区的水质标准比较结果如图 2 所示 [3, 7]。

试验证明，在水面栽培区，富营养化的根源——氮和磷确实减少了，而且衡量富营养化的标准——COD、BOD、SS 和叶绿素也有所减少，pH 值也趋向正常，这说明水面栽培植物对水质改善的效果是很大的。只是 DO 在水面栽培区较低，这和水质改善的目标相反，但这是水面栽培植物的根对氧的消耗的结果。水面栽培中植物的根在水中漂浮，而根对 DO 的消耗是不可避免的，只要 DO 的值不低于水质标准，就不会产生问题。前面已经提到，水面栽培植物可以在根部形成通气系组织，所以植物自身不但不会出现缺氧现象，甚至还有向水中提供氧分的可能 [3]。

（3）水面栽培植物对公共排水系统二级处理水的三级处理 [3, 8]

导致自然水域富营养化的原因虽然有很多，但公共排水系统的二级处理水对其影响是巨大的；加之今后，在人口 5 万人以下的市町村中排水系统设施趋于完备，二级处理水的排出量将进一步增加，自然水域富营养化逐年加剧的情况令人担心。目前的污水处理设施大多通过活性污泥水质净化法去除水中 95% 的有机物，如此一来水确实变透明了，但富营养化的根源——氮和磷等无机成分却被直接排放。因此，为了阻止富营养化，促进水的再利用，去除二级处理水中无机成分的三级处理成了亟待施行的重要社会课题。

下面介绍一组试验，即用水面栽培尝试二级处理水的三级处理可能性 [8]。水面栽培试验是在滨玉町净化中心（佐贺县东松浦部）将二级处理水氯化处理后，在玉岛川排放处前方设置的一段排水渠（60m²）实施的。

在排水渠设置以钢材为框架固定的栽植床，于 1996 年 8 月将旱伞草幼苗以 33 株 /m² 的密度移栽到床中，并于 1996 年 12 月和第二年 5 月做了生长量调查。利用与古贺高尔夫场调节池相同的方法，以两次生长量调查结果和植物体无机成分分析值为基础，算出了该植物的水质净

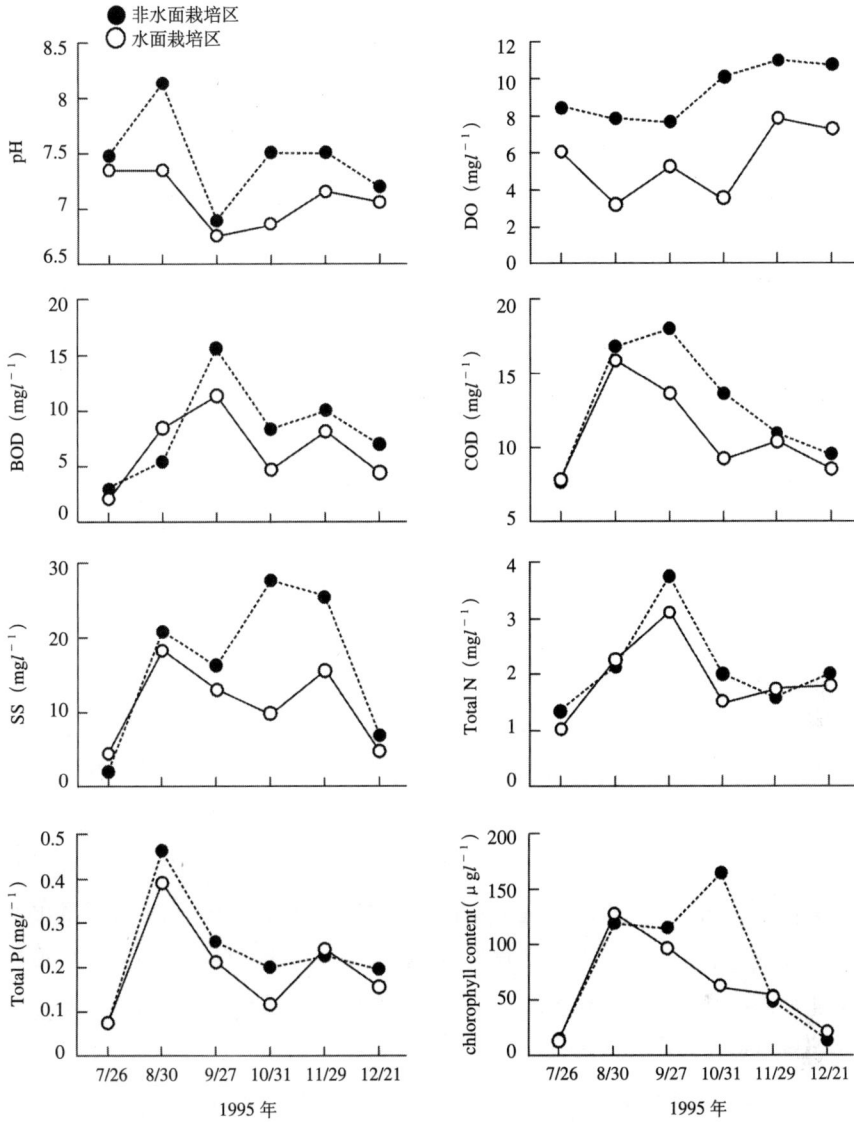

图 2　水面栽培区与非水面栽培区中 pH、DO（溶解氧浓度）、BOD（生化需氧量）、
COD（化学需氧量）、SS（悬浮物）、T-N（总氮量）、T-P（总磷量）及叶绿素含
量的经时变化（1995）

化能力。结果表明，旱伞草在二级处理水中生长旺盛，夏 - 秋平均每天干物质生产速度（CGR）高达 43.7g/（m² · d），在冬 - 春的低温季节也达到 9.2g/（m² · d），年平均 CGR 为 35.1g/（m² · d），这表明水面栽培旱伞草在二级处理水中的生产力是很高的。再来看氮和磷的吸收速度。氮为 586mg/（m² · d），磷为 156mg/（m² · d），说明该植物水质净化能力很强。以这些数据为基础，以滨玉町净化中心排出的二级处理水（400t/d，氮浓度 14mg/L，磷浓度 1.5mg/L）为水质标准，算出的净化必要水面栽培面积为：氮基准约 1hm²，磷基准约 0.6hm²。事实证明，只要能够保证具

有相应面积的水渠或池塘，就可以利用水面栽培进行三级处理，这种处理设施费用和设备运转成本较低，也无须担心对包括富营养化在内的公共水域的二次、三次污染，还可以对处理水进行再利用[3, 8]。关于生产物的资源利用问题，由于该植物除了可作为纸浆的原料，还可以作为炭化，堆肥化，灰化，蘑菇菌床材料，青贮饲料和工艺品材料等被有效利用，所以通过该植物的水面栽培可以构筑出资源循环型污水三级处理设施。另外，经过水面栽培旱伞草的三级处理，排水渠中引来了从玉岛川洄游的日本沼虾，日本绒螯蟹和珠星三块鱼等当地水生动物，并在那里栖息[3]。这种现象是原本没有预料到的，但这正告诉我们，植物的存在对动物的生存和生态系统的活性化来说是何等的重要。

8-4 水面无土栽培法将来的展望

21 世纪被称为环境的世纪，解决环境问题成了所有领域的优先课题。就像第三次世界水论坛所指出的那样，不能确保水安全的人口目前为总人口的 20%，最恶劣的情况下，到 21 世纪中叶人口将会达到 70 亿人口。可以明确的是，随着淡水越来越有限和水需求量的增加，水的再利用时代已经开始逼近了。为了实现再利用，水质净化是不可或缺的。传统的高速度，高效率，能源投入型的水质净化已经加速了水质恶化和二次、三次污染的危机。所以，人们期待着低（缓）速、低效率，但不增加生态系统负荷的环保型生态技术的水质净化。

在这一点上，水面栽培法便是与生态技术主旨一致的技术之一。适用水面栽培技术的场合很多。除了湖泊、河流、水坝、自来水取水池、贮水池、沟渠、微咸水域或高尔夫球场调节池、养鱼池等富营养化的公共水域，城市公园亲水域中的水池、小河等水流较缓的场所也很适用。另外，水面栽培也可应用到对污染源头——排水系统处理水的三级处理，以及农业废水和生活污水的水质净化中。最近，作为防止大城市热岛效应的一环，屋顶绿化被列入条例。作为屋顶绿化的一部分而设置的水面栽培池仅通过单纯的绿化除了具有防止温室效应和蓄热的功能外，还可以实现高效蒸发和植物的多样化，作为构筑完善的城市屋顶群落生境的技术，水面栽培正引来越来越多的关注。

——引用文献——

1) 宋祥甫・应火冬・朱　敏・吳偉明 (1991)：自然水域無土壤水稻的研究，中国農業科学，**4**(4)，8-13.
2) 宋祥甫・吳偉明 (2001)：水稻水面無土栽培，p. 1-157，山東科学技術出版社.
3) 縣　和一・宋祥甫 (2002)：水面利用の植物生産，水質浄化と水辺の修景－無土壌水面栽培法による新しい展開－，p. 1-139，ソフトサイエンス社.
4) 縣　和一 (1997)：水上栽培による水面緑化と水質浄化の新しい植物栽培法，グリーン情報，**28**，35-37.
5) 宋祥甫・縣　和一・吳偉明・応火冬・朱　敏・窪田文武 (1994)：水上栽培法による植物生産並びに水質浄化に関する研究　第 1 報. 水稲の生育，収量からみた水上栽培法の特徴，日作紀，**63**(別 2 号)，1-2.
6) 宋祥甫・縣　和一・金千瑜・吳偉明・応火冬・朱　敏・陸永良・窪田文武 (1994)：水上栽培法による植物生産並びに水質浄化に関する研究　第 2 報. 水稲の水上栽培による水質浄化，日作紀，**63**(別 2 号)，3-4.

7) 縣　和一・宮崎 彰・德田真二・藤芳素生・谷 晴二・木村秀治・内海栄一（1996）：水上栽培シュロガヤツリ（*Cyperus alternifolius* L.）の植物生産並びに水質浄化，日作紀，**65**（別2号），81-82.

8) 縣　和一・武内康博・青木則明・橋本静雄・中村 透・脇山浩吉（1997）：水上栽培シュロガヤツリによる下水処理水からの栄養塩の除去，環境科学1997年会議講演要旨集，p. 44-45.

9) 縣　和一・宮崎 彰・青木則明・宋祥甫・児島安信・日隈由安（1998）：ゴルフ場調整池における水面緑化と水質浄化並びに植物生産のための水上栽培に関する研究 第1報，古賀ゴルフ場調整池における実規模実験，西日本グリーン研究所研究報告，**1**，23-30.

10) 宮崎　彰・德田真二・縣　和一・窪田文武・宋祥甫（1997）：水上栽培したシュロガヤツリ（*Cyperus alternifolius* L.）の光合成生産と水質浄化能力について，日作紀，**66**(2)，325-326.

11) 宮崎　彰・窪田文武・縣　和一・宋祥甫（1997）：水上栽培したイネとシュロガヤツリの水質浄化効果の比較，日作紀，**68**(4)，570-575.

12) Tanaka H. and W. Agata (1997)：Pulp from the umbrella plant by an alkaline process, *Holzforschung*, **51**, 435-438.

13) 奥田東（1957）：土壌肥料綜説，p. 1-203，養賢堂.

14) Kramer, P. J.著（田崎忠良監訳）（1986）：水環境と植物，p. 1-338,養賢堂.

15) Howard M. Rush 著（並木隆和訳）（1990）：野菜の水耕栽培，p. 1-89，養賢堂.

16) 山崎肯哉（1987）：養液栽培の発展と展望，遺伝，**141**(10)，17-12.

17) 縣　和一・武内康博・青木則明・山路博之・河鍋征人・宮崎　彰（2000）：シュロガヤツリの植物学的特徴と栽培法，西日本グリーン研究所研究報告，**2**，27-36.

18) 縣　和一・武内康博・中村　透・脇山浩吉（2000）：汽水域におけるシュロガヤツリの水上栽培と水質浄化，西日本グリーン研究所研究報告，**2**，1-7.

19) 浜端悦治（1996）：水質浄化と植物，奥田重俊・佐々木寧編，河川環境と水辺植物－植生の保全と管理－，p.171-182，ソフトサイエンス社.

20) 木村　充（1976）：各種植物の物質生産様式，戸苅義次監修，作物の光合成と物質生産，p. 243-251，養賢堂.

21) 木村輝正（1988）：水田におけるホテイアオイ栽培上のいくつかの問題点について，雑草研究，**34**，261-265.

22) 中村融子・緒方　健・志水信弘・德永隆司（1999）：シュロガヤツリによる池の水質浄化と昆虫の定着，水環境学会誌，**22**(12)，1010-1015.

23) Muramoto S., F. Tezuka and W. Agata(2000)：Effects of an ionic surface active agents on the uptake of aluminium by *Cyperus alternifolius* L. exposed to water containing high levels of aluminum, *Bull. Environ. Contam. Toxicol.*, **64**, 122-129.

9.人工浮岛

（中村圭吾）

9-1 关于人工浮岛

浮岛原本存在于自然的湖和池中。被植物覆盖的泥炭层因下部产生的气体而上浮形成浮岛，或者是湖岸部分植物的切割也会形成浮岛漂在水面。自然的浮岛中，最有名的要数和歌山县新宫市的"浮岛森林"和山形县朝日町的"浮岛大沼"。与此相对，人工浮岛是一种在筏状人工浮体上种植水草的构造物。其主要的目的是为生物创造栖息空间，净化水质，改善景观和通过防波而保护湖岸。为了修复水边植物带，最理想的方法是使植物带尽量接近自然状态。但在水位变动剧烈的水坝和因治水和疏通水利而导致植物带无法轻易恢复的湖泊中，人工浮岛便是有效的构造物。而且由于人工浮岛远离陆地，也可以成为鸟类安全的栖息地。

在昭和20年，人工浮岛已经以水产增殖为目的在小野湖（山口县）施工[1]。大规模的人工浮岛于1982年由滋贺县在琵琶湖建成，当时作为产卵浮礁使用。作为鲤鱼，鲫鱼，暗色颔须鲍的产卵床，这片浮岛发挥了很大功效[2]。在欧美，人工浮岛多为鸟类筑巢而设置，在1990年初期，美国新罕布什尔州为利于红喉潜鸟筑巢而设置了人工浮岛[3]。欧美的人工浮岛大多规模较小[3]。

人工浮岛被广泛认知是在20世纪90年代中叶以后，契机为发表在1995年霞浦湖召开的"第六届世界湖泊会议"上有关人工浮岛的论文。当时，寺圆等人对混凝土制浮岛的生态调查结果作出发表，Song等人对水上栽培系统的水质净化效果以及中村等人对人工浮岛的有无对生态系统的影响分别作了发表。杂志，电视，报纸等媒介也以人工浮岛为题展开报道。后来，人工浮岛的施工数和企业参与数都大幅度增加了。根据土木研究所在1998年的调查结果可以算出，约15个企业建设了人工浮岛，设置数目约2000座，总施工面积约24000m²[2~7]。此后，霞浦湖和渡良濑蓄水池的谷中湖等也设置了大规模的人工浮岛，目前总面积已远超过上述数值。

有关人工浮岛，（财团法人）水库水源地环境整备中心于1999年和2000年举办了"人工浮岛研讨会"，介绍了多种研究事例和实施事例[8~10]。在国外也开始了人工浮岛的研究和设置。在韩国，人工浮岛的事例已达到20多例[11]；在美国，内政部恳务局的研究人员把人工浮岛作为水库水质净化或鱼类栖息的场所并开展了实验[12~14]。

9-2 人工浮岛的构造

百濑等[15]把浮岛的构造分为:A 型（干式），B 型（湿式框架结构），C 型（半湿式无框架），D 型（筏式：由圆木组合而成）。以这个分类为参考并把最近的事例也添加在内，人工浮岛的分类如图 1 所示。首先，从大分类上按照水和植物是否接触可分为干式和湿式。湿式的事例较多，干式的较少。湿式又可分为有框架和无框架两种。湿式框架式的事例最多，占 7 成以上，其次是干式，占不到 2 成，而湿式无框架只占约 1 成[16, 17]。最近，从水质净化的角度来看，湿式要比干式多。

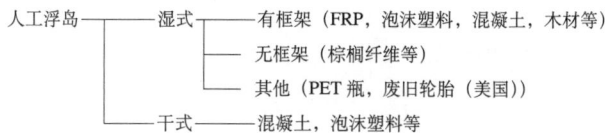

```
人工浮岛 ┬ 湿式 ┬ 有框架（FRP，泡沫塑料，混凝土，木材等）
         │      ├ 无框架（棕榈纤维等）
         │      └ 其他（PET 瓶，废旧轮胎（美国））
         └ 干式 ── 混凝土，泡沫塑料等
```

图 1　人工浮岛的分类

（1）干式（照片 1）

由于植物和水不接触，干式浮岛的水质净化效果并不明显,但可以栽植大型木本植物（混凝土型），也可以栽植陆生植物。与木本植物组合起来，干式浮岛在作为鸟类栖息场所和景观上发挥了很好的功效。在霞浦的高滨河入口处，有一座干式与湿式相结合的浮岛。干式浮岛的植物底座多使用土壤，也有的与泡沫塑料组合使用。

照片 1　人工浮岛（干式），混凝土型

（2）湿式

湿式是根据有无包围植物底座框架分类的。其中有框架的人工浮岛是最普遍的类型。

①湿式有框架型（照片 2）

框架的材料可以使用强化纤维塑料（FRP），不锈钢＋泡沫塑料，特殊泡沫塑料＋特殊聚氨基甲酸酯，聚氯乙烯，混凝土等各种材料。

照片 2　人工浮岛（湿式有框架），霞浦土浦港

②湿式无框架型（照片3）

这是巧妙运用棕榈纤维编织而成的无框架结构。这种类型由于没有框架，景观上给人一种柔和的印象。而且和波浪相互撞击时，受到的冲击也很少，因此具有耐久性。另外还有以合成纤维为植物的底座，并用合成树脂盖使其与植物一体化的类型。

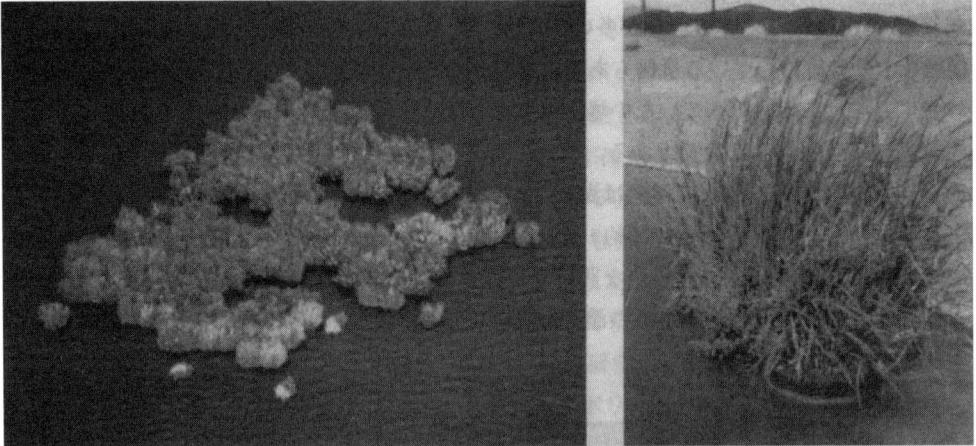

照片3　人工浮岛（湿式无框架），小诸调节池　　　照片4　轮胎浮岛，美国
　　　　　　　　　　　　　　　　　　　　　　　　　　　　（Mueller 提供）

（3）其他类型

其他类型中，有百濑等介绍的由圆木组合而成的浮岛，还有与笔者共同在美国做研究的 Mueller 等学者发明的以填充了聚氨基甲酸酯的旧轮胎为框架，以棕榈纤维为植物底座的浮岛（照片4）。可以说 Mueller 等人发明的浮岛属于框架型的一种。该类型的浮岛制作简单，成本低廉（约5000日元/m²），强度高。其中废旧轮胎可以被回收再利用，又不会产生危险物质。另外也介绍了使用 PET 瓶的回收再利用型浮岛。

（4）栽植底座

栽植底座多用棕榈纤维制成。其他还有把水耕栽培用的特殊聚氨基甲酸酯，渔网，泡沫塑料珠和土壤互相混合制成的地基。也有两成的浮岛直接引入土壤[16]，但这样不但会加重重量，还有可能使水质进一步恶化，所以不太普及。

（5）大小和形状

人工浮岛的大小为每单元每边约1～5m，但考虑到搬运性、施工性和耐久性，大多数浮岛每单元每边为2～3m。形状以方形居多，也有三角形，六角形或各种组合形状。在施工时，有的浮岛每个单元间不会留空隙，但在最近的事例中，施工时大多在两单元间保留一定的距离。这样可以避免相邻单元因波浪产生碰撞而损坏，也可以扩大水面覆盖面积，减少成本，而且单元间隙中浮叶植物，沉水植物，丝状藻类等茂盛生长，可以净化水质，也为鱼类提供了产卵地，并能成为生物的移动通道。

（6）对强度、系泊的探讨

有很多事例没有详细地探讨强度问题，但大型湖泊——琵琶湖的施工事例中对框架、系泊方法等应对波浪和风力的强度进行了计算。大多数情况下，框架的耐用年数为数年～15年。事实上，有很多框架从琵琶湖施工开始已经经历了15年以上，但仍保持着完好的功能。需要考虑的外力主要为风和波浪。很多未设计好应对波浪的框架在1年内就已破损。

人工浮岛的系泊设计也很重要。即使在过去对海洋防波浮堤的研究盛行时，系泊的安全性仍是一大问题。人工浮岛以湖泊为对象，而湖泊中琵琶湖，霞浦湖的规模最大。与海洋相比，其设计外力约为海洋的1/10。因此，只要参考海洋构造物和沿岸设施的设计[18,19]等并加以计算，就可以完成安全性高的设计。另外为了应对水面变动，多数浮岛都在主体和系泊之间设计了缓冲用的小浮标（图2）。

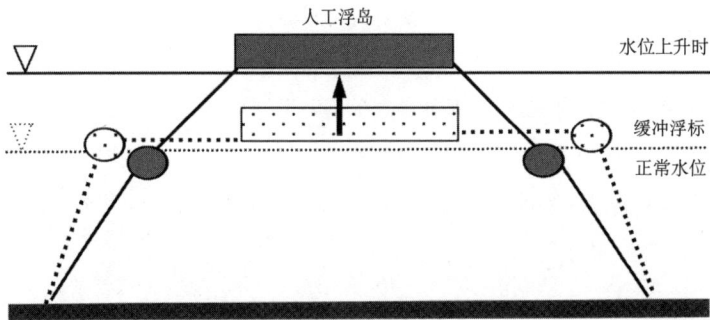

图2　通过缓冲浮标应对水位变动
正常水位时缓冲浮标拉紧系泊缆，防止人工浮岛发生剧烈移动。
水位上升时缓冲浮标沉入水面下。

9-3　人工浮岛生态系统的特征

在这里，以照片2中设置在霞浦湖土浦港约1000m² 的人工浮岛的调查结果为中心，对人工浮岛生态系统加以概述。

（1）植物

1993年4月，在刚设计好的土浦港人工浮岛上分区植栽的植物为菱白、宽叶香蒲、水毛花、黑三棱、黄菖蒲和芦苇，但据1996年的调查[20]芦苇占了大部分。其次，依次为菱白、黄菖蒲、戟叶蓼。侵入物种有爬苇，稗草，弯囊苔草，升马唐，羊蹄，棱子芹，地笋，糙叶蓼，酸模叶蓼，戟叶蓼，水芹，一枝黄花，大狼杷草，鳢肠，大叶碎米荠，赛繁缕，西洋菜，共计 17 种。

该人工浮岛的植物群落主要品种为芦苇，茭白，爬苇，黄菖蒲 4 种。浮岛上的芦苇群落现存量为 $8.72kg/m^2$（干重），是自然群落的数倍。这种高密度正是由于人工岛被设置在了营养盐丰富的霞浦湖。人工浮岛中多种植芦苇，但在营养状态不好的水库中，芦苇可能会生长不良。在这种情况下，有的地方选择栽种了在营养少的水中也能生长的爬苇。

（2）鱼类（甲壳类）

人工浮岛具有适度的阴影效果，涡流效果和饲料效果等类似于鱼礁的基本功效[2]。据发现，设施周边和人工浮岛下面聚集了很多鱼类。在 1994 年的调查事例中，人工浮岛中的鱼类有蓝鳃太阳鱼，高体鳑鲏，麦穗鱼，短棘缟鰕虎鱼，淡氏纵纹鱼鰕 A 型，乳色刺鰕虎鱼等。这些都是当年生鱼(出生未满一年)，这说明人工浮岛是小鱼们的聚居地。对这些鱼消化道的调查结果表明，它们多捕食水中的轮虫类，这说明人工浮岛也发挥着饵料场的功能。人工浮岛下也捕获到大量甲壳类斑节虾。在其他的研究事例中还发现了鰕虎鱼，日本裸身鰕虎鱼，泥鳅，鳗鱼，日本七鳃鳗，兰氏鲫，橙鰕虎鱼，横纹鰕虎鱼等种类。在美国，人们还期待着大口黑鲈和美洲条纹鲈等钓鱼用鱼种的增殖。滋贺县在琵琶湖设置的产卵礁用人工浮岛（产卵浮礁）中，出现了 8500 万粒鲤鱼，鲫鱼，暗色颌须鮈的鱼卵产在约 $1500m^2$ 范围内 60 座人工浮岛上的调查事例[2]。为了强化人工浮岛的产卵床功能，有的浮岛还在下部设置了绳状的产卵地基。这些绳状产卵地基在被鲤鱼和白鲫用来产卵的同时，也可以吸附污泥，具有水质净化和产卵礁两方面的功效[22]。

（3）鸟类

有很多与鸟类相关的人工浮岛研究事例[15, 23~27]。人们在霞浦土浦港的人工浮岛中发现了大苇莺和黑水鸡的巢，此外，在其他地点也发现了斑嘴鸭、小鹏鹉、骨顶鸡的巢[7]。百濑等[15]学者认为，鸟类筑巢的条件是陆生草本植物难以侵入，而挺水植物群落容易形成的地点。此外，在德国，为了像白额燕鸥等在沙砾带筑巢的鸟类，人们还特地在人工浮岛上设置了沙砾带。

（4）昆虫

真正有关人工浮岛中昆虫的调查只有 1996 年的调查结果[20]。该调查在土浦港的人工浮岛，邻近的樱川河口芦苇滩和人工浮岛附近的住宅区的空地上进行。调查方法采用了撒网法（通过网捕捉）、敲击法（敲打）和诱饵法（通过诱饵设陷阱），随机捕捉，有时会并用目测观察法。结果发现，住宅区内草地中的昆虫种类最多，其次是樱川河口，再次是浮岛。人工浮岛中的昆虫有 10 目 35 科 53 分类群，蜘蛛目有 8 科 18 分类群。人工浮岛中的昆虫现存量虽然比樱川河口的芦苇滩少，但种类构成却几乎相同，生态系统处于比较稳定的状态。人工浮岛上的昆虫现存量少是因为浮岛上没有土壤，而对昆虫来说土壤为必需的生活环境，所以人工浮岛的栖息条件并不适合昆虫。住宅区内高茎植物群落种类最多，成了人工浮岛昆虫生态系统的供给源。另外，在人工浮岛上存在较多飞翔能力强又喜水的蜻蜓类昆虫。

（5）生态系统的特征

人工浮岛的生态系统特征如图 3 所示 [6]。从图中可以看出，设置了人工浮岛的地方具有比没有人工浮岛的混凝土护岸前部更复杂的生态系统。尤其在人工浮岛或植物的根茎部分，那里附着了大量的藻类和浮游动物。此外，另一个特征是鱼类的比例较大。由于浮游植物占生物全体的比率变小了，可见，更多地设置人工浮岛可以抑制浮游植物的生长。

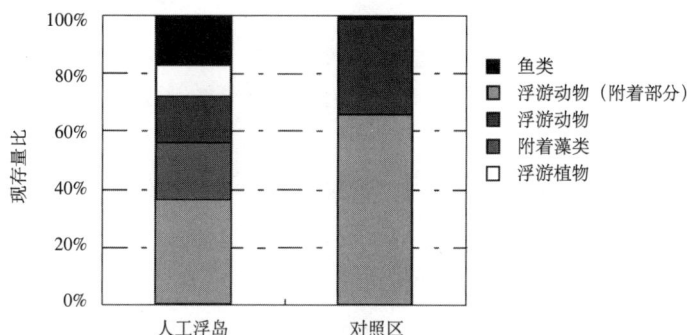

图 3 人工浮岛与对照区的现存量之比

9-4 人工浮岛的水质净化功能

人们认为人工浮岛有水质净化的效果，但对其的研究事例并不多。其中中村 [28]，大岛 [29] 等学者对人工浮岛的水质净化进行了研究。中村等在霞浦湖设置了 4m×4m×1.5m（水深）的隔离水域，在其中设置了 2m×2m 的人工浮岛，并调查其净化效果。结果显示，在有人工浮岛的水域中，夏季浮游植物减少到对照水域的 1/10（图 4）。但在冬季，人工浮岛的有无并未见太大差别。年平均来看，具有人工浮岛的系统中浮游植物生长受到抑制，致使 COD 和氮，磷，浊度等也有所下降。但这个调查并没有明确浮游植物的抑制到底是由于对浮游营养盐的吸收，还是遮光，或是其他别的原因。于是，大岛等人为了把遮光与其他原因产生的效果区别开来，实施了以下试验。

（1）试验装置

设置 3 处隔离水域 [24m²×2m（水深）]，其中一处为 8m² 的人工浮岛，另一处设置了相同面积的胶合板，剩下一处留作对照试验用。实际上，设置胶合板是为了只考察遮光带来的效果。该试验于 1998 年 9 ～ 12 月在渡良濑蓄水池的谷中湖实施。

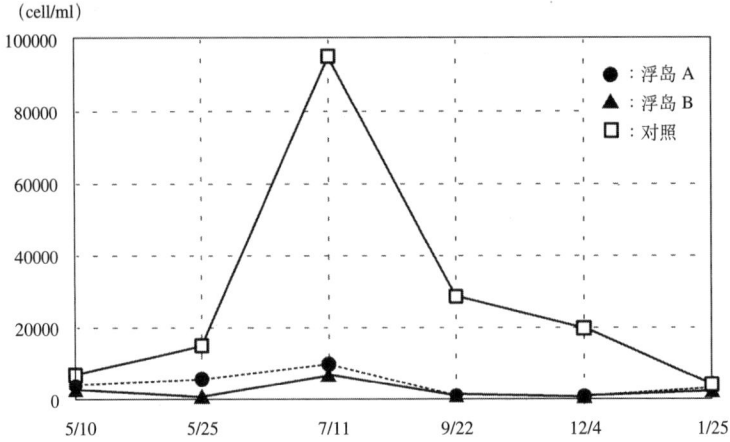

图 4 人工浮岛的净化效果

在设置了人工浮岛的 A、B 处，浮游植物的细胞数受到了抑制。

（2）结果：浮游生物因遮光而被抑制，营养盐只在人工浮岛上受抑制

叶绿素 a 在设置了人工浮岛的水域和设置了胶合板的水域都减少了，而对照水域中叶绿素 a 却增加了。诱发谷中湖中霉臭问题的 2-MIB 也显示了同样倾向。实验表明氮、磷的量超过了富营养化的极限，不论有无植物，抑制浮游植物增殖的原因在于人工浮岛的遮光作用。在氮方面，人工浮岛和胶合板具有一定差异。经确认，设置人工浮岛的水域中氮的量得到了抑制。从

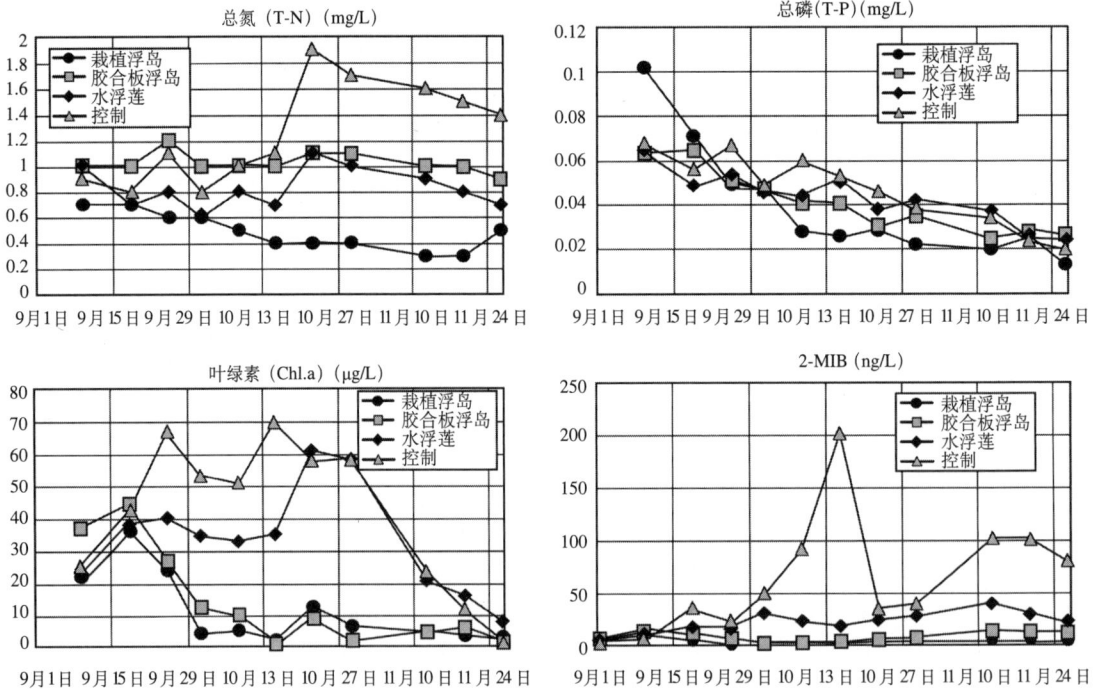

图 5 渡良濑蓄水池中隔离水域试验（大岛等制作）

以上事实可知，叶绿素 a 的削减是由于物理上的遮光效果，而营养盐的减少是由于人工浮岛的影响。

（3）遮蔽率和净化效果

利根川上流工程事务所其后也在渡良濑游水地实施了人工浮岛水质净化效果的试验[30]。据 1999 年的调查，该事务所设置了对水面遮蔽率为 1/12 的人工浮岛，并进行了试验。结果得出如图 6 所示的人工浮岛水面遮蔽率与浮游植物抑制效果的关系图。对大片水域来说这些水面遮蔽率是不够的，但在贮水池或城市公园的小水域中，还是可以以这些数值为参考，把人工浮岛作为抑制浮游植物的手法应用的。

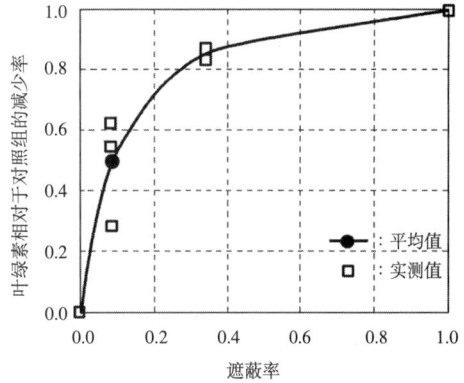

图 6　浮岛的遮蔽率与叶绿素 a 的减少率
（利根川上游工程事务所制作）

——引用文献——

1）中野政治・松尾三男・古田能久（1952）：ダムにより河川に出来た人工湖の生産増強方法の研究. 水産研究会報, 第4号, p.165-199.（廣瀬利男監修(1997)：応用生態工学序説, p.70, 信山社.に引用）

2）中山嘉文(1986)：浮産卵礁の開発について,（社）全国沿岸漁業振興開発協会, 中央講習会資料, p.185-192.

3）阿部　學（2000）：海外における人工浮島について, 人工浮島設置の手引き(案), 第2回人工浮島シンポジウム講演資料, 人工浮島研究会,（財）ダム水源地環境整備センター編, p.9-25.

4）寺園勝二・石居宏志・中村　透(1995)：霞ヶ浦緑の浮島実験について, 第6回世界湖沼会議　霞ヶ浦'95, 論文集 Vol. 1, S-1-6-2, p.133-136.

5）Song, X et al.(1995)：Bio-production and water cleaning by plant grown with floating culture system., 第6回世界湖沼会議　霞ヶ浦'95, 論文集 Vol. 1, p.426-427.

6）Nakamura, K. and Y. Shimatani et al.(1995)：The ecosystem of an artificial vegetated island, Ukishima, in Lake Kasumigaura, 第6回世界湖沼会議　霞ヶ浦'95, 論文集 Vol. 1, p.406-409.

7）中村圭吾・島谷幸宏（1999）：人工浮島の機能と技術の現状, 土木技術資料, 41(7), 26-31.

8）（財）ダム水源地環境整備センター（1999）：人工浮島シンポジウム講演集.

9）（財）ダム水源地環境整備センター（1999）：第2回人工浮島シンポジウム講演集.

10）人工浮島研究会,（財）ダム水源地環境整備センター（2000）：人工浮島設置の手引き(案), 第2回人工浮島シンポジウム講演資料.

11）（社）韓国環境復元緑化技術学会, 江原大学校生物多様性研究所（2001）：国際シンポジウム発表論文集：湖水沿岸復元と人工植物島.

12）Boutwell, J. E.(1995)：Preliminary field studies using vegetated floating platforms, National Biological Service (NBS).

13）Mueller, G., J. Sartoris, K. Nakamura and J. Boutwell (1996)：Ukishima, floating islands, or schwimmkampen ?, LAKELINE, November, p.18-19, p.26.

14）John E. Boutwell and John Hutchings(1999)：Nutrient Uptake Research Using Vegetated Floating Platforms Las Vegas Wash Delta Lake mead national Recreation Area Lake Mead, Nevada, Technical Service Center, Denver, Colorado, Technical memorandum No.8220-99-03, U.S. Department of Interior, Bereau of Reclamation.

15）百瀬　浩・舟久保敏・木部直美・中村圭吾・藤原宣夫・田中　隆(1998)：水鳥類による各種植栽浮島の利用状況, 環境システム研究, Vol. 26, p.45-53.

16）（財）ダム水源地環境整備センター（1997）：浮島研究会資料.

17）月刊グリーンビジネス（1999）：特集　浮島 No.443, p.8-17.

18) 水産庁監修 (1993): 沿岸漁場整備開発事業施設設計指針, 漁場整備開発事業施設設計指針編集委員会編.

19) 日本港湾協会 (1989): 港湾の施設の技術上の基準・同解説 (上・下).

20) Nakamura, K., M. Tsukidate and Y. Shimatani (1996): Characteristic of ecosystem of an artificial vegetated floating island, Ecosystems and Sustainable Development, p.171-181.

21) 中村圭吾・保持尚志・島谷幸宏 (1995): 人工浮島 (霞ヶ浦　土浦港) の効果とその生態系, 河道の水理と河川環境シンポジウム論文集, p.155-159.

22) 玉木和之・島谷幸宏ほか (1998): 糸状生物担体の生物生息空間としての効果, 土木学会年次学術講演会概要集, 共通セッション, Vol.53rd, p.200-201.

23) 阿部　學 (1996): 機能的ダムから環境創造ダムへ－水鳥のための人工浮島－, 電力土木, **264**, 3-10.

24) Girouz, J.-F.(1981): Use of artificial islands by nesting waterfowl in southeastern Alberta, *J. Wildl. Manage.*, **45**(3), 669-679.

25) Getz, V.K. and J. R. Smith (1989): Waterfowl production on artificial islands in mountain meadows reservoir, California, *Calif. Fish and Game,* **75**(3), 132-140.

26) Hiraoka, T.(1996): Utilization of artificial floating objects as nest platforms by little Grebes and Eurasian Coots in Lake Teganuma, Central Japan. J. Yamashina Inst. *Ornithol.* **28**, 108-112.

27) 寺園勝二・石居宏志・粟津一雄 (1996): 緑の人工浮島実験について, ダム技術, **120**, 35-42.

28) Nakamura, K. and Y. Shimatani (1997): Water Purification and Environmental Enhancement by The Floating Wetland, Proc. of 6th IAWQ Asia-Pacific Regional Conference in Korea, p.888-895.

29) 大島秀則・唐沢　潔・中村圭吾 (2001): 人工浮島による水質浄化実験, 日本水環境学会年会講演集, 日本水環境学会年会講演集, Vol.35th, p.146.

30) 利根川工事事務所 (2001): 浮島水質浄化効果検討業務 (渡良瀬) 報告書, p.287.

10. 淤泥利用的新进展

——霞浦湖底淤泥制成淤泥陶瓷的资源环境技术

（稻森悠平、杨瑜芳、小岛均）

10-1 霞浦湖底淤泥的疏浚及其特性

霞浦湖位于茨城县东南部，以日本第二大湖而闻名，拥有丰富的水源和多种多样的自然环境。其丰富的水资源作为自来水用水，工业用水和农业用水等被充分利用。但与此相对，1960年代前期产业活动开始发展，随着人们生活在物质上的富足，霞浦湖的水质也发生了变化。水质的变化不仅来自于外来有机物的入侵，还有氮，磷等营养盐的流入，由此引起富营养化，导致浮游植物大量繁殖。浮游植物的大量产生也就是蓝藻（水华）使水中产生臭气，恶化了景观，影响了动植物的生存，对自来水也带来了恶劣影响，情况着实令人担忧。

面对这样的问题，1970年代初期霞浦湖以"湖底淤泥疏浚"和"流域中排水系统普及"为中心，正式推行水质净化对策工程，并从1975年度对土浦湖，1982年度对高崎湖展开了疏浚。据堆积调查推测，霞浦湖的湖底淤泥总量为4000万 m^3，从湖底淤泥溶出的氮，磷量占到湖内负荷量的4成以上。另外据计算，从1992年开始大规模疏浚，并以2005年度为目标，若能疏浚霞浦淤泥总量的1/5，也就是800万 m^3 的淤泥，COD的值会降到0.9mg/L而得以改善。1999年度末的疏浚量约为480万 m^3。霞浦湖疏浚出的淤泥被用来铺设湖周边的住宅地或填补围垦地，地表比霞浦湖水面低的围垦地是主要填补地区。

类似于霞浦的浅湖在湖内采取了直接净化的对策，即通过实施对富含氮，磷的底泥疏浚达到对策富营养化的效果。然而，疏浚出的淤泥的妥善处理成了一大难题。为此，在霞浦工程事务所实施的疏浚工程中，樱川村认为从霞浦湖疏浚出的淤泥不是废弃物，而可以作为资源适当地加以循环利用，因此，由淤泥制成多孔质陶瓷的技术被开发了出来。

挖掘现场如照片1所示。挖掘出的淤泥在疏浚后经过一段时间会由泥状变为固体状，原料疏浚泥的含水量约为50%。淤泥是由约80%的硅酸及氧化铝形成的无机成分，以及约20%的有机物构成的。无机成分中主要有石英、长石类、黏土矿物和方石英。充分利用这些成分可以推进形成以减少天然矿物资源使用量和降低环境负荷为目标的循环型社会。

照片 1　从霞浦疏浚的淤泥填埋地中的挖掘情况

10-2　霞浦湖底淤泥制成淤泥陶器的意义和地区集中型共同研究工程

在以霞浦湖为代表的日本国内外湖泊中，水质污染和富营养化正在深化，而对由此造成的水环境恶化的改善却迟迟没有进行，环境标准的达成率也一直处于低迷的状态。霞浦湖的水质在过去约 30 年间的平均值如图 1 所示。1978 年和 1979 年湖内 COD 的浓度分别上升到 10.4mg/L 和 10.6mg/L，并出现浮游植物的异常生长。浮游植物的营养元素之一——磷的浓度在蓝藻等浮游植物大量繁殖的昭和 54 年达到了最大值 0.11mg/L。纵观这十年间的水质变化，可以发现水质仍没有达到环境标准。作为水环境的修复对策，减少环境负荷占了很大一部分比重。负荷主要分为两大类，一类是由生活，工厂和生产场所，畜牧业，水田、旱田和水产养殖等引起的外部负荷，另一类是由池底淤泥溶释，浮游生物增殖引起的内部负荷。浮游植物繁殖所必须的氮和磷主要来自于人类的生活污水。浮游植物大多是被称为水华的蓝藻类，其中也存在会产生微囊藻毒素和变性毒素等有毒物质的种类，这让人不得不担心水利用的安全性。因此，开发流入湖内的氮，磷的削减技术和抑制氮，磷从湖底淤泥溶释的技术，以及完善这些技术所需的恰当方法的开发是必要而不可或缺的。

以上不仅是霞浦湖的问题，更是全世界湖泊需要关注的问题。因此，为寻找解决方法，聚集世界的精英，也为探寻全新的湖泊环境保护与管理方法，1995 年 10 月，"第六届世界湖泊会议霞浦 '95'"得以召开了。为了把成果展示给世界，人们总结了"霞浦宣言"。实践"霞浦宣言"，恢复健全的霞浦湖成了茨城县的重要课题。

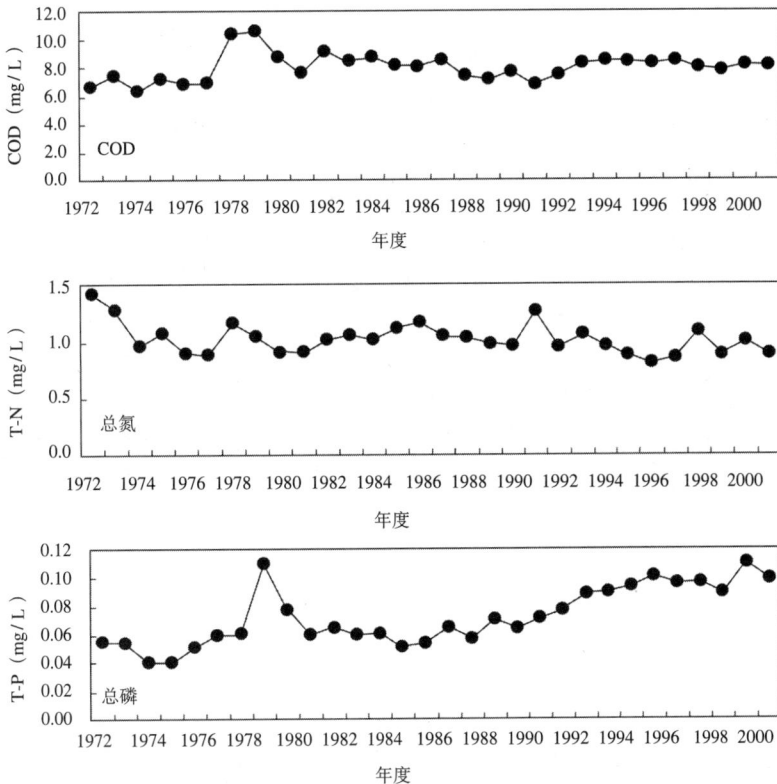

图 1　霞浦整体水域水质的历年水质变化

在此背景下，1997 年 11 月，被日本科学技术厅（现日本文部科学省）所批准的"茨城县地区集中型共同研究工程 霞浦水质净化工程"开始了。

茨城县地区集中型共同研究工作在产官学的各共同研究机关有机合作的基础上，致力于开发使湖泊水环境健康化的水环境修复技术，并以开发的核心技术为基础，通过打造新型企业推进活化县内产业这一目标的实现。霞浦水质净化工程以开发流域对策技术，开发湖内对策技术，开发以水质改善效果的综合解析评估为目的的监测技术，和确立流域管理方法为四大中心任务积极推进开发研究。研究小组的关系图如图 2 所示。各小组的主要研究成果如下：

① 流域对策技术
  · 开发利用净化用改良土的污水净化系统
  · 开发资源循环和群落共生型混合净化系统
  · 开发混合型高度河流和水渠净化系统
  · 开发现有净化槽中氮、磷深处理系统的附加技术
  · 开发利用吸附脱磷法的回收型高度合并处理净化系统
  · 开发高功能新型合并净化槽淤泥陶瓷填充生物过滤系统

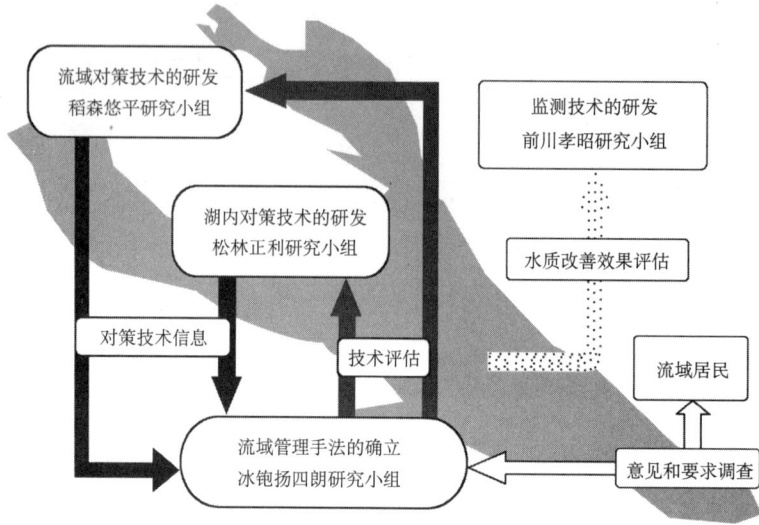

图 2 研究小组关系图

② 湖内对策技术

· 开发利用密度流扩散方式修复大规模污染湖泊水环境的技术

· 开发利用有用微生物分解去除蓝藻的技术

· 开发运用电化学处理来高速凝集分离蓝藻类、污泥等的程序

③ 监测技术

· 开发利用监测网分析手法来综合分析水质信息的方法

· 开发利用近红外分光法（NIR）简易、迅速分析湖泊水质的方法

④ 流域管理方法

· 运用流域管理方法的模拟实验确立湖泊流域管理系统

· 通过构筑综合分析评估方法创造"霞浦方式"

为了高效,顺利地推进本工程的实施,以（财团法人）茨城县科学技术振兴财团为中心机构,以茨城县副知事角田芳夫为工作总指挥,以东北工业大学客座教授须藤隆一为研究总负责人,以国立环境研究所（独立行政法人）首席研究员稻森悠平,筑波大学教授松村正利、前传孝昭和水刨扬四郎为小组领导,以（有）筑波创业试验室的两位董事——田井慎吾和上原健一为新技术经纪人的组织体制形成了。这个体制集结了大学,独立行政法人,县试验研究机关,研究开发型企业等 47 个机关的 130 名研究人员,他们有机地实现了产业,行政机关,学术的联合,共同推进 5 年的共同研究。

这项研究致力于可普遍应用的核心技术开发,并以构筑低成本,低维护管理,资源可循环的实用化系统为目标。为了控制来源于生活污水的 BOD,氮和磷的浓度,该研究以三种污染物浓度分别满足 10mg/L 以下,10mg/L 以下,0.5mg/L 以下为水质目标进行技术开发。另外为了向能有效利用资源，尽可能减小对环境的负荷的资源循环型社会转型，该机构将霞浦湖底淤泥和净水厂污泥作为资源充分使用也实施并强化了淤泥陶瓷制造这一资源循环型技术的开发。

具体来说，为了把改善湖底（疏浚等）产生的"淤泥"作为资源而不是废弃物充分利用，研究小组对以淤泥为原料，对可作为污水处理用微生物载体且生物附着性高的多孔质陶瓷——淤泥陶瓷的制造技术进行了开发。同时，为了开发利用淤泥陶瓷去除氮、磷的小规模高度合并处理净化槽，小组研究开发了铁电解脱磷法＋填充锆载体的高性能吸附脱磷法，吸收早晚生活污水量高峰的流量调节法，以及为大量去除 BOD 和氮而结合了厌氧滤床和填充淤泥陶瓷的生物过滤法的系统。也就是说，通过对疏浚这一湖内对策，制造淤泥陶瓷这种资源循环方式，以及去除氮、磷的淤泥陶瓷填充生物过滤法这种深处理系统的运用，形成了以创造健康的湖泊为目的的淤泥活用和循环技术。

10-3　霞浦湖底淤泥制成淤泥陶瓷的技术与传统陶瓷的物性比较

本研究面向用于水质净化系统的微生物载体，以开发低比重多孔质陶瓷制造技术为目的而实施。原料为在霞浦工程事务所实施的疏浚工程中樱川村从霞浦湖疏浚出的淤泥。如图 3 所示，将该淤泥原料在气流干燥机中经 140°C 干燥后，用立式粉碎机粉碎，并由混炼机混炼，再经压力造球机造粒，经碟型造粒机整粒后，再送往架式干燥机在 140°C、24h 条件下干燥并粒状化。颗粒的形状约为底面直径 6 ～ 8mm× 高 10 ～ 12mm 的圆柱状。干燥后的颗粒提供给回转窑的煅烧工序。回转窑的煅烧条件为，窑的倾斜角 2.5°，旋转次数 4 转 /min，窑内停留时间约 15 ～ 20min，原料投入部分温度 850 ～ 880°C，煅烧温度 1150°C，原料投入量 30kg/h。如照片 2 ～照片 5，图 4，图 5 所示，各工序使用了实际制造设备中正在试用的装置。

为了使用于微生物的保持载体获得最好的性能，探讨了成型法，辅材，煅烧条件等制造条件，并通过开发有关孔径、形状和比重的多孔性生成技术，制造出淤泥陶瓷载体（照片 6）。

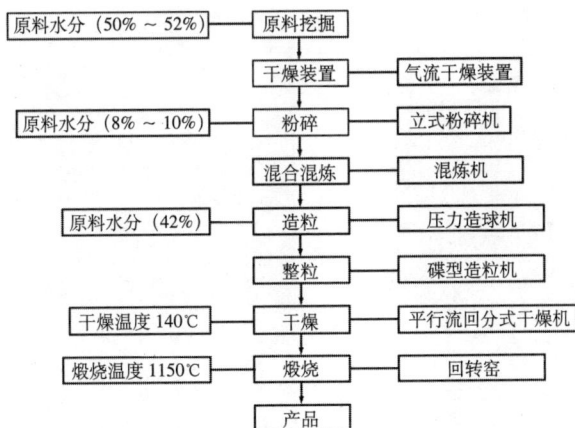

图 3　淤泥陶瓷制造流程

照片 2　干燥淤泥的气流干燥装置

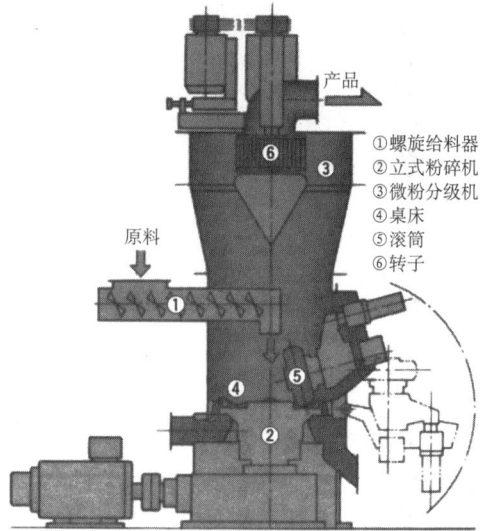

产品

①螺旋给料器
②立式粉碎机
③微粉分级机
④桌床
⑤滚筒
⑥转子

原料

图 4　粉碎用立式粉碎机装置

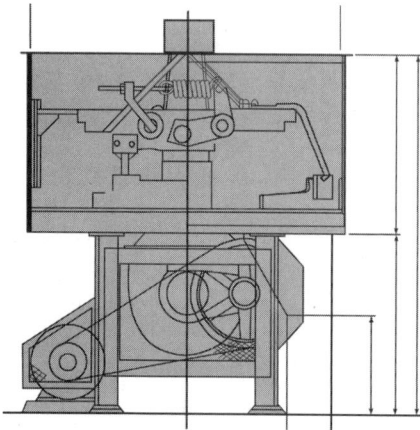

图 5　混合、混炼用混炼装置

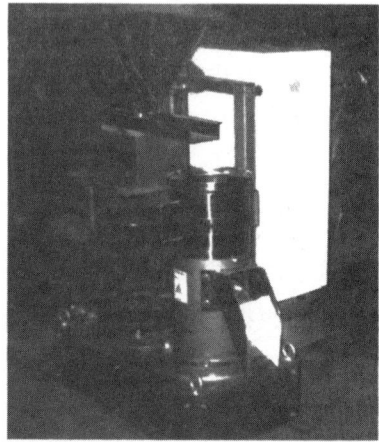

照片 3　淤泥陶瓷造粒用压力造球装置

照片 4　碟型造粒机整粒装置

照片 5　回转窑煅烧装置

用于排水处理的多孔质陶瓷载体以高微生物附着性且价格较低的载体为佳。从这个观点出发，我们比较分析了应用在深处理净化槽上的市场上销售页岩载体和由霞浦湖淤泥制造出的淤泥陶瓷载体。把这些填充载体用于生物过滤法时，调整最佳粒径和容积比重，再测定此时的吸水率，气孔率，表干比重和元素组成等物理化学物性值。在图 6 的元素组成中，淤泥陶瓷载体与市面上的陶瓷载体相比，其 Flux 成分略微偏低，但属于 Riley 的发泡组成范围内。

另外，表 1 中淤泥陶瓷的物性值为：表干比重约 1.4，吸水率（静水）9.4%，气孔率为 27.3%。把淤泥陶瓷的物性与市面上已用于填充到高度合并处理净化槽的页岩相比，作为生物过滤法载体的重要指标，二者在比重和表干比重等上的差别不是很大，这说明淤泥陶瓷有用作生物载体的可能性。另外，淤泥陶瓷载体表面及截面的电镜扫描像如照片 7 所示，与微生物附着性相关的表面孔径大多为 0.1 ~ 0.2mm，由此可判断，淤泥陶瓷具有良好的微生物附着性，因而可用于高度合并处理净化槽中。

另外，在试制成的颗粒的煅烧过程中，还对废气及煅烧品中二噁英类的测定用样品进行了采集。表 2 是二噁英类的测量结果。煅烧时的废气和煅烧品中并未检测到二噁英类的存在，因此淤泥陶瓷的安全性得到了保证。

照片 6　采用疏浚淤泥生产的淤泥陶瓷载体

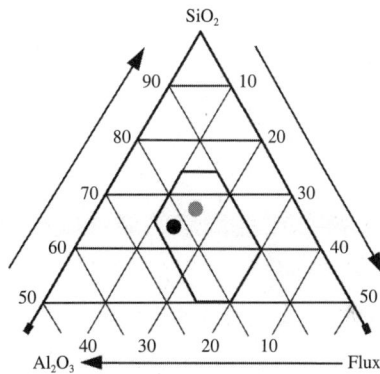

图 6　陶瓷载体的元素组成（Riley 法）

● 市面销售的载体的元素组成

● 淤泥陶瓷的元素组成

表 1　淤泥陶瓷载体和已存载体的性质比较

样本名	原材料	形状	颗粒径（mm）	细孔径（mm）	静水吸水率（%）	外表气孔率（%）	外表比重（g/cm³）	表皮比重（g/cm³）
市面销售的载体	页岩	球状	6 ~ 9	64 ~ 210	18.1	50.28	1.82	1.07
改造载体	页岩	不规则	6 ~ 9	13 ~ 150	15.4	50.79	1.89	1.08
对照	珍珠岩	球状	5 ~ 10	—	7.4	2.17	1.26	1.25
淤泥陶瓷	淤泥陶瓷	球状	8 ~ 10	100 ~ 200	9.4	27.29	1.73	1.40

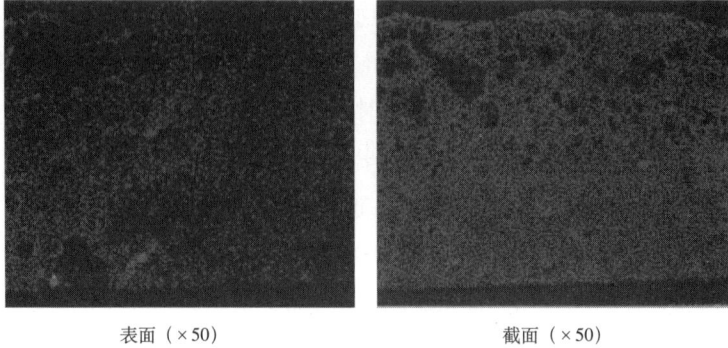

表面（×50）　　　　　　　　　　　截面（×50）

照片 7　淤泥陶瓷载体的表面及截面的 SEM 照片

表 2　制造淤泥陶瓷时的二噁英测定结果

煅烧时废气	二噁英类	浓度（皮克）	TEF	浓度(纳克 - 毒性相当量 / 立方米)
	PCDD 总和	未检测到	—	未检测到
	（PCDDS+PCDFS）总和	未检测到	—	未检测到
淤泥陶瓷	二噁英类	浓度（皮克）	TEF	浓度(纳克 - 毒性相当量 / 立方米)
	PCDD 总和	未检测到	—	未检测到
	（PCDDS+PCDFS）总和	未检测到	—	未检测到

10-4　霞浦湖底淤泥制成的淤泥陶瓷充当净化槽中生物过滤载体的应用技术开发

为把霞浦淤泥陶瓷导入到生物过滤法并评价其高度处理性能和生物附着性能，实施了将其与现有处理系统并行运营的比较实证试验。试验在小绢污水处理厂的试验场中设置了 4 座厌氧滤床槽和生物过滤法的试验装置，图 7 为填充了淤泥陶瓷的处理系统，其中厌氧滤床槽为 $1.9m^3$，生物过滤槽为 $0.3m^3$，处理水槽为 $0.3m^3$。厌氧滤床槽中的填充载体为聚乙烯制成的网状圆柱型滤材。生物过滤槽中的填充载体为具有表 1 所示的物性值的多孔质陶瓷载体，槽下部分以 $8.0m^3/(m^3 \cdot h)$ 的速度排气。另外，为防止从生物过滤槽中捕捉到的 SS 和增殖微生物堵塞网眼，以每天一次的频率对网进行了反冲洗。反冲洗条件是：反冲洗速度 8.0m/h，反冲洗污水被返送回厌氧滤床槽第一室。此外，还在厌氧滤床槽和生物过滤槽中设置了间歇定量水泵以控制污水，使其定量流入。本系统让硝化液从处理水槽流到厌氧滤床槽并进行循环，通过脱氮把氮元素去除。

比较试验的测试水为污水处理厂的流入原水，按通常进水量负荷为 $1.0m^3/d$（1Q）和 $1.5m^3/d$（1.5Q）进行试验。两种情况下 BOD 的容积负荷分别为 $0.72kg/（m^3 \cdot d）$ 和 $1.08kg/（m^3 \cdot d）$。

照片 8　小绢试验场

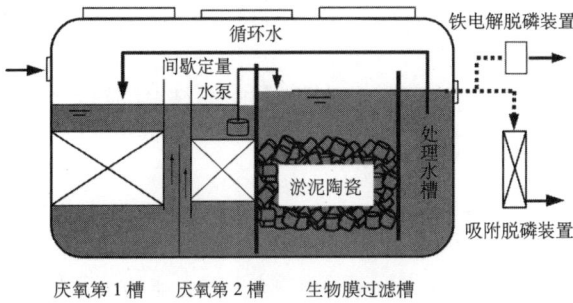

图 7　填充淤泥陶瓷的处理系统

表 3　不同载体的生物过滤法中有机物和氮的去除性能

处理项目 处理方法	BOD 去除率（%）	硝化率（%）	硝化速度[mg/（L·h）]
市面销售的载体	94.1	84.4	12.1
改造载体	93.0	77.9	12.2
对照载体	91.3	46.3	8.5
淤泥陶瓷	95.3	87.4	10.9

注：水量负荷为 1.0m³/d

表 3 为填充了淤泥陶瓷载体的生物过滤法中有机物和氮的去除性能的比较结果。在水量负荷为 1.0m³/d 的条件下，现有的陶瓷的 BOD 去除率为 94%，而淤泥陶瓷为 95%。在通常使用条件下现有的陶瓷的硝化率为 84%，而淤泥陶瓷为 87%，表现出比现有的净化槽更好的性能。在硝化速度上，淤泥陶瓷为 11mg/（L·h），现有的陶瓷为 12mg/（L·h），二者的速度几乎相同。另外，在水量负荷为 1.5m³/d 的条件下，现有的陶瓷的 BOD 去除率和硝化率都是 91.75%，淤泥陶瓷为 89.76%，二者的差异也并不明显。从以上结果可以看出，填充了淤泥陶瓷载体的生物过滤法可以通过循环处理达到 BOD 10mg/L 以下，T-N10mg/L 以下的高处理性能。

此外，若从水量负荷和硝化率的角度分析不同载体处理性能上的差异，结果见图 8。如图，无细孔的对照载体其硝化率大大降低。这种倾向随着水量负荷的增加而愈发显著，对 BOD 和氮的去除性能上也显示出相同趋

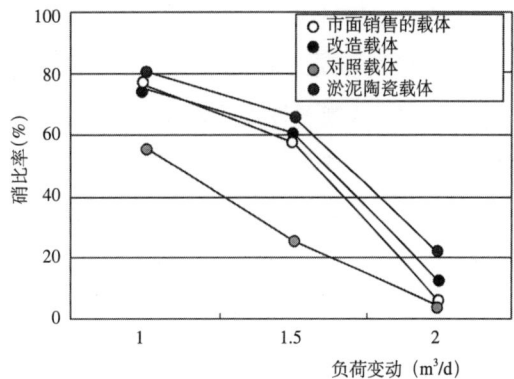

图 8　不同载体中硝化率和水量负荷变动的关系

势。从分析结果可以推测，为使有机物同化，载体需要能够保持足够微生物量和硝化菌量的大比例表面积（细孔径），可以说，对生物过滤法中细孔径的探讨是选择载体的重要因素。

另外，在所有试验系统中，随着水量负荷的增加，反冲洗排水中的生物量都会增加。在评价反冲洗排水中生物相时我们发现，对净化起重要作用的丝状菌和原生动物比其他种类要多很多。这说明，生物过滤法中的细孔有利于生物的附着，除了附着在载体上的生物之外，残留在填充载体间隙中的微生物也对净化起到了重要作用。接着，试验对体现生物附着特性的反冲洗排水和体现附着在载体上生物量的 MLSS 及 MLVSS[①]，以及碳素量，DAPI[②]和生物相进行了评价。结果，在该测量方法下，对照载体的生物量比其他载体要少，其他载体间的生物量则没有太大差别。这种倾向会随着水量负荷的增加而愈发显著。淤泥陶瓷载体在细孔径、容积比重等物性值上，与在氮、磷去除流量调节式生物过滤系统的开发中使用的载体是相当的。另外从生物量和生物相来看，在生物附着性上也与其具有同等的效果，适于实际应用。

10-5　淤泥陶瓷填充生物过滤法与吸附脱磷、铁电解脱磷法相结合的深处理净化槽

对霞浦湖的环境改善来说，即使在个别家庭设置的小规模合并处理净化槽中，去除氮·磷的根本对策也是必不可缺少的。为开发这种运用淤泥陶瓷并具有氮·磷去除性能的小规模高度合并处理净化槽，实施了将铁电解脱磷法，填充高性能锆载体吸附法和生物过滤法三种方法相结合的处理系统的开发，以及磷去除、回收系统的开发（图9）。铁电解脱磷法是在高度合并处理净化槽内，在来自于好氧槽的循环路径中浸渍两块铁电极，并把电解出的磷酸铁沉淀去除的方法。磷吸附载体的脱磷法是将填充了颗粒状锆吸附载体并可吸附磷的直径约 0.7mm 的圆柱体设置在高度合并处理净化槽后部，并使其完成吸附去除的方法。

如图 13 所示，磷吸附装置上的脱磷吸附剂其主要成分是对磷酸具有异常灵敏吸附选择性的锆铁，形状为球状（照片9）。已开发的具有磷吸附能力的代表性脱磷吸附剂还有氧化铝系列和铝碳酸镁系列等，但锆载体在极低的浓度下也能完成去除任务，而且吸附容量大，还具有通过再生可反复循环利用的特点。该吸附剂的主要基本特征见表4。

如照片 10 所示，设置在土浦市样本地区的脱磷吸附装置在氮去除对应型合并处理净化槽的后部设置、连接并埋设了磷吸附槽，反冲洗排水槽，出水水泵槽。2002 年，以土浦市为主，霞浦流域中的个别家庭设置了 30 多台这种脱磷吸附装置，同时，磷处理性能的评价和分析也在各处展开。为此，还针对个别家庭设置的脱磷吸附装置进行了每月 2～3 次的连续抽样调查和磷浓度测定。磷处理性能的调查结果如图 10。经过四个月，观察到处理水中的磷浓度一直

---

① 译注：MLSS：单位容积混合液内含活性污泥固体物质的总量（mg/L），MLVSS 指混合液挥发性悬浮固体。
② 译注：DAPI 是一种可以穿透细胞膜的蓝色荧光染料。和双链 DNA 结合后可以产生比 DAPI 自身强 20 多倍的荧光。

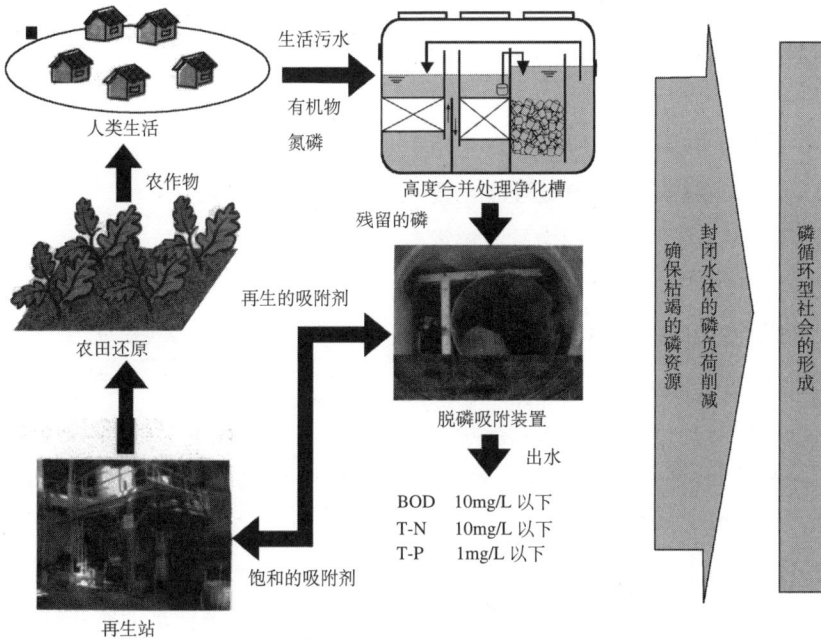

图 9　从生活污水中去除、回收磷的系统

照片 9　脱磷吸附剂

表 4　脱磷吸附剂的基本特性

项目	特性
形状	球状
平均粒径	0.7mm
填充密度	1.0 ～ 1.3g/mL
表面积	约 150m^2/g
磁性	磁性体

照片 10　个别家庭设置的脱磷吸附装置的全景（左）与设置时的情况（右）

267

能够维持在饱和点以下（T-P1mg/L），其他的几十处装置也具有同样倾向。此外，也存在四个月后磷浓度仍超过1mg/L的装置，但大多数装置的磷去除率都在50%以上。结果证实，以流入原水为高度合并处理净化槽处理水的脱磷吸附装置可以在四个月内稳定地使出水的磷浓度降到1.0mg/L以下。

而后，试验在脱磷吸附剂的平面范围和深度范围进行抽样，测定了磷吸附量。结果发现，各处脱磷吸附剂对磷的吸附几乎是均等的，吸附过程顺利，不会被SS阻塞或短路。

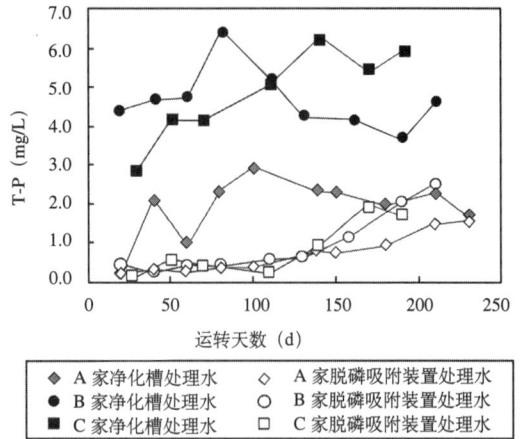

图10　脱磷吸附装置的磷去除特性的逐天变化

图例：
- ◆ A家净化槽处理水
- ◇ A家脱磷吸附装置处理水
- ● B家净化槽处理水
- ○ B家脱磷吸附装置处理水
- ■ C家净化槽处理水
- □ C家脱磷吸附装置处理水

纵轴：T-P（mg/L）　横轴：运转天数（d）

对于吸附饱和的吸附剂，会通过"再生站"（照片11）将其回收再利用，同时可将磷加以回收。这座再生站是作为（独立行政法人）国立环境研究所生物生态工程的研究设施而建设的。再生站的流程是，把吸附剂从脱磷吸附装置中取出（从搬入开始，吸附剂取出）反冲洗工序，脱碱工序，排水工序，再活化工序和pH调节工序使其再生并再次投入到装置中使用。另外也配备了把脱碱液中的磷以磷酸钠等盐形式回收的析出晶体分离工程。这次设置的再生站每次再生规模为200～250kg，可以应对所有装置的再生，成为包括磷回收在内的设备构成。再生站还负责吸附剂的回收再利用和磷的回收，完成了运行指导手册。另外，吸附剂经回收后，再投入使用时的吸附性能与之前几乎相同。

照片11　再生站的整体概况

铁电解磷去除装置如图11，它是由铁电极和散气管组成的反应槽与电极极性转换装置共同构成的，反应槽设在厌氧滤床第一室的内部，电极极性转换装置设在外部，电极由4张两片一组的铁（JIS G3141 记号 SPCC）填充。铁电解法的磷去除模式图如图12所示。电流值的铁/磷摩尔比设定为2，为使试验中的电流值保持不变，需要改变电压。电极的极性转换设为1h。通过电解溶出的金属离子和循环水中的磷酸离子会因反应槽内水流和空气的搅拌而凝聚，生成的絮凝物储留在厌氧滤床槽中。

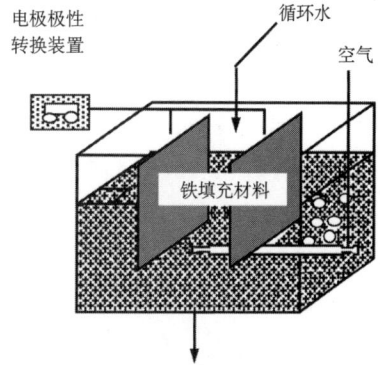

图 11　铁电解磷去除装置

铁电解法在长期（250d）的实际验证期间获得了80% 以上的 T-P 去除率，在磷去除装置和厌氧滤床槽中的 T-P 处理性能并没有下降，也不会引起磷的再次溶释。由于电解法可以防止厌氧滤床槽中磷的再溶释，还能使产出污泥的凝聚能在提高的状态下积蓄，所以对小规模合并处理净化槽的重要因素——污泥管理来说，是一种有效的处理方法。

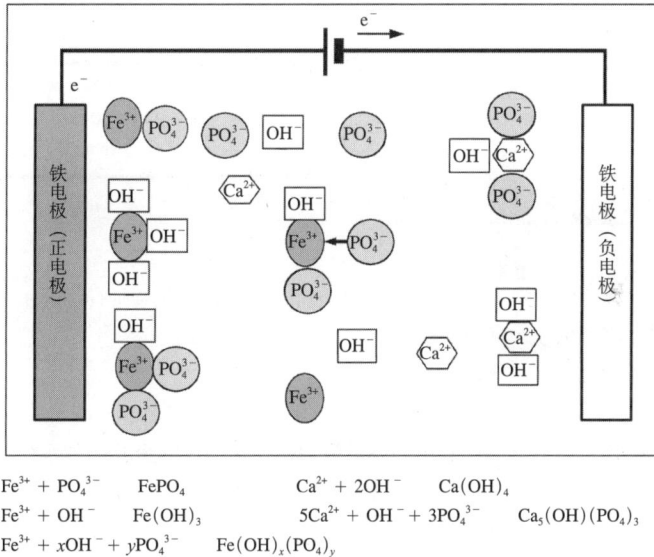

$$Fe^{3+} + PO_4^{3-} \quad FePO_4 \qquad Ca^{2+} + 2OH^- \quad Ca(OH)_4$$
$$Fe^{3+} + OH^- \quad Fe(OH)_3 \qquad 5Ca^{2+} + OH^- + 3PO_4^{3-} \quad Ca_5(OH)(PO_4)_3$$
$$Fe^{3+} + xOH^- + yPO_4^{3-} \quad Fe(OH)_x(PO_4)_y$$

图 12　铁电解法中磷去除反应模式图

在导入了铁电解磷去除装置的试验系统中，BOD 的去除性能不会因水温的变动而变化，去除率一直稳定于高达 95% 以上的水平。另外，在循环比设为4的条件下，在所有实验系统中，氮的去除性能也都不会因水温而变化，T-N 去除率达到 75% 以上。

通过在这种流量调节型的深处理方式——厌氧滤床、生物过滤法中导入物理化学的磷去除法，形成了能够把生活污水中的 BOD，T-N 降到 10mg/L 以下，把 T-P 降到 1mg/L 以下的高度合并处理净化槽。除了可以提高除磷性能，还能提高有机物去除性能和脱氮速度，这种去除法对深处理性能的稳定化做出了巨大贡献。

霞浦流域中由湖底淤泥陶瓷化生成的资源环境系统如图13。疏浚出来的"淤泥"不是废弃物，而是作为资源加以充分利用。利用淤泥，制造出了可充当污水处理用生物载体且生物附着性高的多孔质陶瓷——淤泥陶瓷，并在以淤泥陶瓷载体为填充物的厌氧滤床—生物过滤法净化槽的后部设置了脱磷吸附装置，作为实证化技术开发研究，还对维护管理性，经济性和环境改善性进行了综合的评估和分析，进而证明了该系统的有效性。

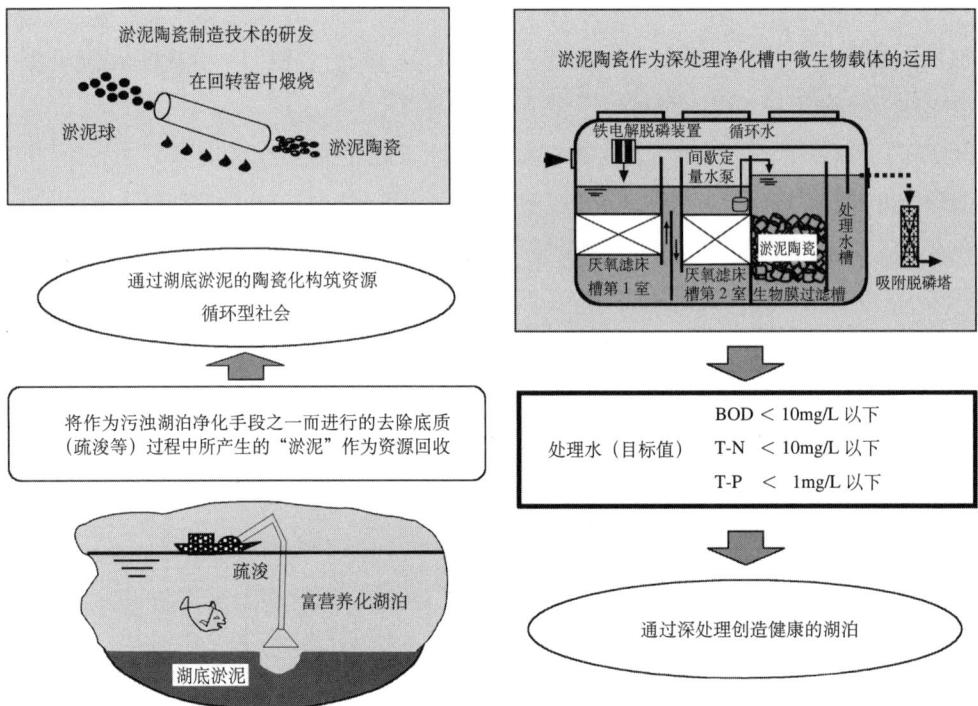

图13 霞浦流域中利用湖底淤泥的陶瓷化形成的资源环境系统

10-6 课题和展望

湖泊的富营养化不仅存在于发达国家，已逐渐波及至发展中国家成为全球性难题，因此，抑制富营养化或修复富营养化的湖泊成了当务之急。作为环境负荷最小资源循环型富营养化的对策，深处理净化槽利用了霞浦湖淤泥制造出生物附着性高的载体——淤泥陶瓷，以淤泥陶瓷为填充物，并结合了生物过滤法和吸附脱磷、铁电解脱磷法，该净化槽作为霞浦水质净化的生活污水处理装置，对有机物，氮和磷等营养盐具有很高的去除性能，很可能成为资源循环型社会中富营养化对策的中心技术。

这里开发的淤泥陶瓷载体填充法不仅适用于高度合并处理净化槽，还可活用于以污浊河流生物膜净化法为代表的生物工程中。作为一项应用普遍的系统和技术，它的发展具有重要的意义。

为了推进21世纪循环型社会的形成，污水，废弃物的再度资源化成了重要的社会课题。从资源循环的观点来看，有效活用疏浚淤泥和净水厂淤泥等未利用资源的技术对抑制自然资源消耗和环境的改善都起到了重要的作用。另外，从资源保护的角度出发，把为保护水环境而去除的磷作为回收再利用的资源而充分利用也是很有必要的。

今后，必须进一步发展在地区集中型共同研究工作中取得的成果，更加适应地区社会的要求，并不断推进能够贡献社会的技术开发。提高磷资源回收经济性，将其作为普遍性技术，目前还有很多遗留的课题，所以有必要面向实用化更进一步对其展开探讨。

最后，为了完成霞浦湖的水质净化，需要确立对核心技术开发和水质改善最有效且可行的全面建设方法，在以可见方式推进霞浦湖水质改善的基础上，以构筑低成本，低维护管理和有利于资源循环的实用化系统为目标，将其作为可以普及的核心技术。在实证现场，需要以提高技术改善状态目标，正确结合各种核心技术，强化技术方法的开发。这种分析评估开发技术的生物生态工程研究设施（图14）已由（独立行政法人）国立环境研究所着手建设，人们期待着面向今后的湖泊保护和恢复工作的强化。

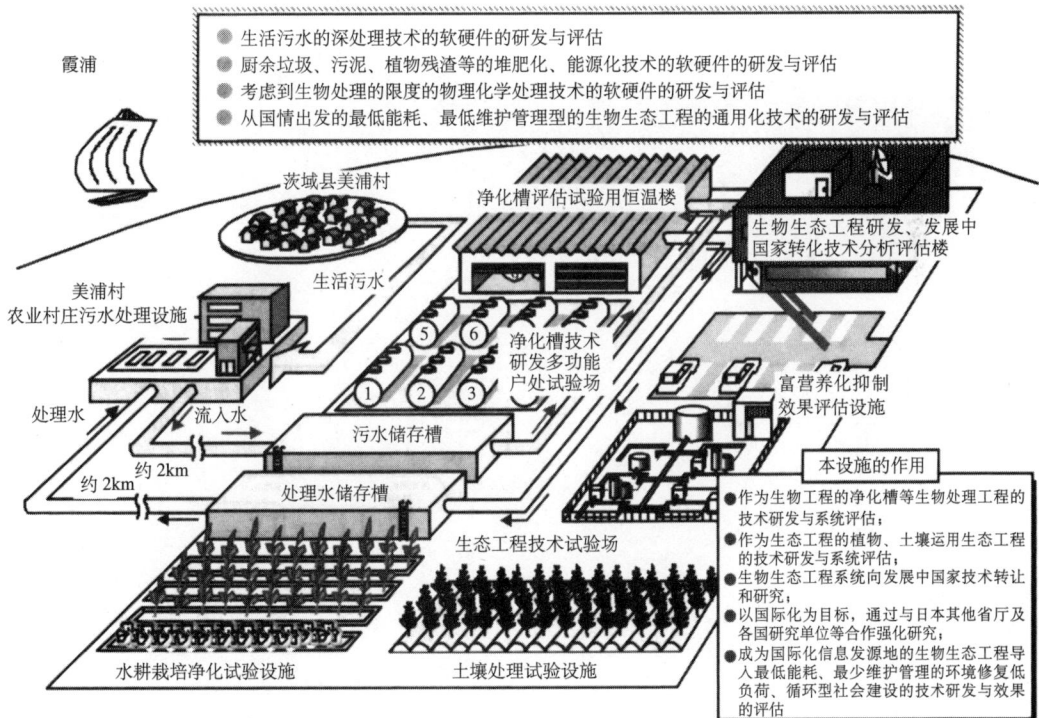

图14　作为国际核心基地的日本国立环境研究所的生物生态、工程研究设施

——引用文献——

1) 茨城県生活環境部霞ヶ浦対策課 (2001)：霞ヶ浦入門.

2) 稲森悠平・岩見徳雄・板山朋聡 (2001)：霞ヶ浦水質浄化プロジェクト，ベース設計資料（土木編），9，No.110，p.53-57.

3) 板坂直樹・高梨啓和・平田誠・羽野　忠 (1999)：水中低濃度リンの除去・回収用吸着剤の開発状況と課題，用水と廃水，**41**(3)，5-13.

4) 高井智丈・岩島良憲・大島純治・村沢　崇・西田克範・小松央子 (2001)：ジルコニウム系強着剤による脱リンと資源化技術，資源環境対策，**37**(2)，157-163.

5) 山本泰弘・三浦勇二・井上　充・藤本尚志・稲森悠平・松村正利 (2002)：嫌気濾床・生物濾過法における物理化学的リン除去法導入による処理性能の評価，日本水処理生物学会誌，**38**(1)，47-55.

6) 山本泰弘・森泉雅貴・藤本尚志・稲森悠平・松村正利 (2002)：鉄電解リン除去法を導入した生物濾過法における負荷変動が発生汚泥および処理性能に及ぼす影響評価，生態工学，**14**(2)，19-25.

7) 水落元之・楊　瑞芳・山本泰弘 (2002)：窒素，リンのヘドロセラミックス充填生物濾過方式による高度処理，第5回日本水環境学会シンポジウム.

8) 俣木幸三・丹羽健太郎・毛利元哉・稲森悠平・水落元之 (1999)：吸着脱リン法による生活排水の小規模方式の高度処理と回収リン酸のリサイクルシステムの開発，第33回日本水環境学会年会.

9) 古屋　昇・井澤正輝・毛利元哉・俣木幸三・稲森悠平 (1998)：吸着脱リン法の小規模合併処理浄化槽における性能評価，日本水処理生物学会第35回大会.

10) (社)茨城県水質保全協会，(財)茨城県科学技術振興財団 (2000)：茨城県地域結集型共同研究事業中間報告書，既存浄化槽への窒素，リン高度処理システムの付加と昨日改善手法の確立.

11) 高井智丈・宮坂　章・稲森悠平・小松央子・小沼和博・中川和哉・常田　聡 (2002)：吸着脱リン法を導入した資源回収型リン除去技術，用水と廃水，**44**(7)，54-60.

Ⅳ. 今后的展望和观点

1. 保护生态学和生态技术

(鹫谷 IDSUMI)

1-1 两个目标和保护生态学

在 20 世纪，世界各地发生了似乎要消灭地球上所有生物的大规模环境改变，森林，泥沼，河流，潮浸区，沿岸带，珊瑚礁等生物们赖以生存、繁殖的场所大幅度减少，与此同时，许多生物遭遇灭绝或是濒临灭绝。据推测，有很多至今未被记载的昆虫等物种，其灭绝危机还没来得及以数字来评价便因热带雨林等的破坏，很多物种在人得知之前便逐渐灭绝。另一方面，对哺乳动物和种子植物等比较容易把握分类群的生物，国际和地区正在进行灭绝危险评估，地球正在迎来前所未有的生物大量灭绝时代。例如，据说在全球的哺乳类中每 4 种都会有一种面临着灭绝危机，而灵长类中几乎有一半的种类数目正在衰退而走向灭绝（国际自然保护联合会：IUCN，1998）。

可以说，地球正迎来产生生物以来从未有过的"丧失时代"。物种灭绝危机的上升反映出成为这些物种生存和繁殖场所的生态系统的丧失和变质，而这将同时威胁人类的继续生存。20 世纪 80 年代以后，面对这种危机，人们的意识急速高涨，为了尽量减少这种"丧失"，人们开始反省自己的行为，并为此做出努力。指明其方向的关键词是"保护生物多样性"和"健康生态系统的持续"。保护生态学则是强烈意识到"保护生物多样性"和"健康生态系统的持续"这两个关系密切的社会目标，并对其进行研究的生态学研究领域[1,2]。

这两个目标是为了既能使子孙后代和当代人一样享受自然的恩惠，又能保障其行使正常人类活动权利的目标，也就是可持续性目标。人类的生活和生产活动不论在过去还是现在都建立在自然，即生物多样性和生态系统提供的恩惠的基础之上，当然，这一点在将来也不会改变。为了不因追求短暂的便利性和利润而破坏给我们带来自然恩惠的生态系统，也为了确保享受恩惠的条件，需要以"保护生物多样性"和"健康生态系统的持续"为目标，限制超过环境容量的开发行为和过度的自然资源利用。

生物多样性在"地球峰会"（联合国环境与发展大会，里约热内卢：1992 年 6 月）中一跃成为众人瞩目的焦点，后来成为社会广泛使用的词语。但这个词语的历史还很短，英语中意味生物多样性的 bio-diversity（bio= 生物 +diversity= 多样性）一词自使用以来才经历了数十年。在生物多样性条约中，生物多样性被定义为"所有生物（陆地生态系统和海洋等其他水生生态系统属于复合生态系统，其他的栖息或繁衍场所暂且不论）之间的变异性，包括种内多样性、种间多样性和生态系统的多样性"。生物多样性是综合代表"生命的丰富多彩"的语言，是广泛包括遗传基因多样性，种群的多样性，物种多样性，栖息繁殖场所的多样性，生态系统的多样性，景观多样性和生态过程多样性等的概念。不论植物，动物还是微生物，不仅所有生物的遗传基因，物种乃至生态系统和景观要素存在多样性，它们之间的相互关系和形成过程也具有多样性。经过地球上三十多亿年生命的历史演变，生活在相同地点的生物在互相施加适者生存的压力的同时，还通过自然淘汰逐渐进化发展至今，这种历史性是生物多样性的重要特征。

生物多样性作为"自然的恩惠"的价值被大多数人认可，生物多样性的丧失也是生物多样性和生态系统提供给人们种种的恩惠（表1）的丧失，它是仅有一次且不可逆的地球上生命历史成果的丧失。

表1　自然的恩惠

生态系统提供的有用物质（财产）	生态系统提供的"服务"
食物	维持水循环
燃料	控制气候
纤维	保持水和大气清洁的作用
建材	维持大气的气体组成
药用植物	对有用作物授粉
对改良家畜和栽培植物有用的野生生物遗传基因	分散有用植物的种子
	维护和形成土壤
	防止河岸和海岸的侵蚀
	贮留和循环必须的营养元素
	吸收污染物质，使其无毒化
	防除农业害虫和杂草
	保护不受紫外线侵害
	感动，灵感，治愈
	提供研究机会

人们把自然的恩惠作为资源（财产）来利用，作为服务来提供，当利用生态系统功能提供的服务理所当然地摆在我们面前的时候，我们几乎毫无意识，而当由于某种原因生态系统的机能被损坏，不能提供必要的服务的时候，才开始意识到它的重要性。因为这些服务不得不开始被人为所代替，而为此则必须付出新的经济代价。

1-2　多样服务的同时丧失

可以说，保持水清洁的作用是生态系统最基本的服务之一。泥沼和潮浸区处于完好状态时可以发挥很好的净化功能。当然，泥沼和潮浸区的丧失会使这种净化功能的作用也随之消失。随着人类活动的扩大化和投入污染物质负荷的增大，泥沼和潮浸区的丧失会导致河流和海域的水质恶化。

比如，在看上去都是泥砂的潮浸区中生存着数量极多的微小的节肢动物，软体动物和微生物。这些生物在生活和共同作用下，分解流入污水中的有机物，消耗氮和磷，并去除水中过剩的养分。如果潮浸区生态系统受损，它的功能也会因此消失。而带来结果通常是赤潮的产生和因富营养化导致浮游植物的大量增殖。这也是造成鱼类和甲壳类受害乃至巨大经济损失的原因。此时，若想弥补损失的功能而设置与其功能等同的净化装置，如污水处理厂等人工设施，则必须做好付出巨大经济代价的思想准备。为了一时的利益而围垦潮浸区并在其中建设人工设施，从长远来看，将会成为连续不断的负担。这种代价究竟值不值得，还需我们来慎重考虑。

而且，生态系统起到的作用绝不像污水处理厂一样单一。在潮浸区，生体体内的有机物会通过食物网进入营养循环，这对提高沿海鱼类生产性也起着很大的作用。潮浸区本身作为候鸟的栖息场所也发挥着无可替代的功能。若把这些细琐的作用详细列举，无论哪种生态系统，都无法将其作用一一指出，因为其拥有多种多样的功能。这也意味着，自然生态系统的丧失标志着多样的资源，多样的功能和多样的服务的丧失。资源一旦消失便无法找回，而若把失去的自然服务一一列出并用代替设施弥补，则需要付出相应的巨大代价。

另一方面，即使生态系统没有消失，若是其构成品种消失，与其所起的作用相对应的那部分功能也会降低或缺失。而人为弥补失去的自然服务也需要付出相当大的经济代价。上面提到，自然服务的一部分可以由昂贵的技术代替，然而自然生态系统提供的服务包罗万象，而且并不是所有服务都能用货币来衡量，所以技术代替服务只能算冰山一角而已。

1-3　生态技术和保护生态学的交集

生态技术（ecotechnology）这一词在 1998 年 Blackwell 社出版的《生态学和环境管理百科辞典》（*Encyclopedia of Ecology & Enbironmental Management*）并未被列出。暂且不谈该词的原始定义，生态技术的接头词 eco 是指 ecological，也就是"生态学的"之意，因而当然也应包括恢复和促进失去的生态系统服务的生态技术。

最近出现了单独针对丧失了的生态系统服务，在以往工程学思维的基础上设计其代替技术的方法，这种方法与保护生态学关联较大，并使同时发挥多样功能的生态系统部分得以恢复。从广义上说，这种生态系统的恢复可被称为"生态系统复原"，但生态系统是具有历史性并拥有多样要素和关系性的复杂的系统，这使人们无法同时把握它的全部。所以，需要将"复原（restoration）"限定在：在原本生态系统的要素和功能之内，以赋予生态系统特征为基础部分恢复其重要功能这一含义上。而比起"复原"，"修复（rehabilitation）"这个词更合适，它更能明确地表达出这个含义。

生态系统是由生存在某个空间（地域）的所有生物和他们周围的环境要素组成的复杂的系统。一般来说，系统并不是简单的要素的集合，而是由要素间的相互关系决定系统状态，性质和动态等的"要素和关系的集合"。生活在生态系统中的生物物种在受到各种各样无生物环境要素的复合影响的同时，还要通过捕食与被捕食关系，像种子植物和以花粉为媒介的传粉动物之间一样的共生关系，或通过寄生和竞争等对抗的生物间相互作用等方式与其他物种互相关联。这些关系在生态系统中形成了网状的复杂脉络并扩展开来。而且在现实的生态系统中，随着环境异质性的提高，要素的多样化也会增加，与此相对应的要素关系的多样化也会有飞跃性的增加。生态系统这种复杂的系统是必然性和偶然性交织的历史产物，原理上讲是不可能再次生成完全一样的系统的。

因此，如字面所示，完全回到原来状态的复原是无法作为现实目标的。但若以无限接近愿景状态为目标，被限定了意义的"复原"一词是可以使用的。实际上，生态系统的复原也被定义为"使生态系统恢复到接近未受损以前的状态"。

1-4　作为保护方法的复原和修复

对一旦受损的生态系统进行理想的功能修复，除了具有恢复生态系统的完整性这一意义之外，其对保护生物多样性的贡献也值得人们期待。

前面已提到，生物多样性和生态系统一旦丧失，想完全恢复包括历史性在内的所有要素是不可能的。所以，把生态学的复原作为保护和管理重要生态系统和系统中生物多样性的手段是不恰当的。但如前面所述，再次生成生态系统中的主要要素并模仿其功能，这在原理上和技术上都是可行的。在与生态系统保护相关的知识还不十分完善的时代，在整理恢复损失重大的生态系统和生物多样化条件这一意义上，这种复原被认为是有效的。在日本列岛生活区域的自然环境中，不久前还很常见的野草和淡水鱼到现在已经濒临灭绝的危机，还有各种丧失和变质正在深化，因此，只要复原地域中的灭绝物种这个目标没有消失，就必要正式采取修复和复原的措施。

1-5　针对生物多样性的修复和复原的必要条件

可以提高濒危物种在地域种群中可存续性的生态系统的修复和复原在保护生物多样性上做出了贡献。正如下面所述，若不能保证种群的大小，一般生物种群的可存续性也无法保证，所以为了缓和限制种群大小的环境容量的制约，需要对栖息，繁殖空间和环境条件进行复原。也就是说，对于濒临灭绝的物种，需要把其种群数目恢复到能够确保其存续性的程度。当种群衰退的原因来自于栖息和繁殖场所的丧失和变质的情况下，在恢复个体数量之前需要首先修复和复原其栖息和繁殖的场所。

在个体数少的种群中，有几个原因会提高其灭绝的危险性[2]。这些提高灭绝危险性的原因分为：随着个体数的减少、生存率和繁殖率也相应降低（决定论要素）和偶然性强力支配个体群动态，也就是概率论要素。

概率论要素需要考虑的是，①种群统计上的概率变动性：样本抽取效果的一种，即使集团中平均适应度和繁殖成功度是稳定的，特定的个体生存和成功繁殖也会因遭受偶然的支配而产生变动性，②环境概率变动性：影响适应度（成分）平均值并提高灭绝危险的概率变动性，就是说，气象条件和生物间相互作用结果的变动会带来生存率和繁殖率时间上的变动，③巨大灾难：山林火灾，洪水，地震，台风等影响整个种群命运的重大事件，以及④遗传概率变动性：也叫遗传漂变，遗传基因的频率概率性的变动。

决定论要素中重要的两点是近交退化（近亲交配导致生存能力和产子数、种子数下降）和Allee 效应（适应度依赖于个体数和个体密度）。决定论要素认为，根据该物种的生物学特性和种群来历不同，其存在状态和大小也是不同的。例如，在 Allee 效应中，随着个体密度的降低，寻找配偶会变得很难，对天敌的集体防御能力也会消失，成熟的标志——荷尔蒙的分泌也开始依赖个体密度。由于在不同生活阶段不同的生理、生态结构中会产生这个效应，所以有关伴随个体数减少的存活率和繁殖率的低下，需要对个别的物种分别进行研究。另外，至于近交退化会达到什么程度，又会怎样起到作用，由于这很大程度上依赖于以生物繁殖特性为中心的生态特性乃至种群的来历和环境条件，所以有必要针对个别事例进行详细探讨。最明显的一般效果是，随着个体数目的减少，合适的交配对象也越来越难找到，而且由于近交退化的强大作用，有性生殖的成功率也会降低。

此外，突变基因固定就是在个体数减少时产生的遗传漂变中出现了有害基因并固定，并通过个体数进一步减少这一正反馈，加速了种群缩小和遗传退化的现象。这种现象会给灭绝过程带来重大影响。个体数少时出现的遗传漂变会使有用的基因变异失去作用，而更可怕的是会带来有害的突变基因的固定。就是说，一旦有害基因固定下来，便会给个体的适应度带来负面影响，由此抑制种群的成长，使种群进一步变小。而这样更给有害基因的固定创造了有利条件，一旦固定扩大就会加速种群的衰退，使其陷入恶性循环。这种效应在有效个体数为 100 以下时表现得十分显著，被认为是重大的灭绝原因。

有效个体数在 100 以下是相对实际个体数大多数情况下为 1000 左右来说的。因此可以推测，个体数小于 1000 以下时的种群遭受突变基因固定的影响而处于濒临灭绝状态的可能性很大。遗传漂变是概率现象，它的效果与物种的差异无关，而是存在范围广的一种现象。

特别是在通过随机交配发展而来的大种群中，当其个体数由于某种原因急剧减少，变成小种群时，发生突变基因固定可能性很大。突变基因固定和近交退化一样，集团中有害基因持有量越高，则容易产生问题。因随机交配而维系过来的大种群很少有机会逐出有害基因，所以有害基因持有量大的可能性很高。当大种群的个体数急剧减少时，从决定论来看是近交退化所导致，从概率论来看是基于遗传漂变的突变基因固定所导致，此时会发生个体平均适应度下降，种群衰退加速等令人担心的现象。另外，在此时，即使有效个体数同样为 100，在历史中通过频繁的近亲交配发展成的种群中，大多数有害基因已经被逐出，因而发生突变基因固定的可能性并不是很高。

防止突变基因固定需要保证 4 位数的个体数。如果个体数达到 4 位数就可以回避种群统计学中概率变动性这个问题。但是在大的环境变动性的前提条件下，4 位数的个体数也不一定能保障种群的存续，这时为了确保个体数就需要实施降低死亡率或提高繁殖率等保护措施。通过适当的保护措施克服了环境变动性后，下一个问题是巨大灾难。前面已经提到，巨大灾难会轻而易举地消灭个体群数目少的物种。为了抵御大的环境变动和巨大灾难，或者是病原体生物的强大作用，进而使物种得以存续，最重要的是使多种个体群处于同一个巨大灾难和物理上、生物上等环境变动影响不到的场所。如果拥有比较稳定的 4 位数以上个体数的种群能够确保有 2 位数以上的数量，只要巨大的灭绝原因不一起作用的话，这个种群就不容易立刻灭绝。为了保护物种，确保拥有 4 位数以上个体数的种群数量保持在 2 位数以上，这是在信息不太充分的情况下不得不用意志决定时的临时保护目标。

不管怎样，如果能预测到降低灭绝概率所需的个体数，接下来要做的就是寻找确保能够收容这些个体数的环境容量的方法。为把环境容量恢复到与可存续下来的个体数相平衡，生态系统的修复和复原是十分重要的，也是唯一的手段。而且，如果能够确保具有可保障目标物种可存续性的环境容量的生态系统，对其他很多物种来说恢复到相同条件的效果也为期不远了。此外，由于完善的生态系统和生物多样性二者互为前提并密切相关，适当选取目标物种并确保其可存续性有利于再次构成与生态系统相关的物种网络，也是恢复健康生态系统的重要核心。

1-6　复原、修复的难度和其的克服

至今为止，美国已在泥沼等地展开了大量的生态系统修复和复原工程。据美国的经验，生态系统的修复和保护有时不仅需要付出巨大的成本，达到理想的成功效果也不是一件容易的事。

佛罗里达州的大沼泽地泥沼到目前已实施了很多复原工程。在对其成果的评论中，出现了水文条件的恢复并没有想象中容易，经济成本太高，很难去除已定居下来的移入种，利害相关者们的意见在应该优先的课题上很难达成一致等各种各样的批判[6]。

费用和项目所需的时间也很多，比如，据说需要 10 ~ 15 年完成的基米河 90km 恢复工程需要投资的费用高达 37 亿美元。森林的恢复取决于该处的土壤和现在生长的植物的条件，但一般需要花费数十年乃至一个世纪的漫长时间。外来物种的排除是复原和修复的中心课题，据以往的经验，为了缩短复原工作完成和恢复的时间，需要彻底地翻耕土地 (site preparation) 以排除外来物种。有关外来物种对生态系统的影响，日本的关注还不够，会经常轻易地使用外来牧草实施大面积的坡面绿化，使那里成为外来牧草的种子资源，给外来牧草创造了易于向河滩蔓延的条件。翻耕土地之前的问题是，如果不修改引起外来物种蔓延的绿化方式，生态系统的修复和复原工作会很难进行。

生态系统的崩溃不论在哪种情况，都是与人和自然关系的崩溃密切相关的，也是由此而引发的。因此，生态系统的复原需要以重新认识人与自然的关系为核心，在重视技术的同时还要重视社会、文化、伦理等各个方面。也就是说，复原的计划需要充分考虑以上每一点的不同方

面[4]。为此必须解决很多问题，生态的修复和复原也必定是一项规模巨大而且相当艰巨的工作。这些困难出现在：①问题之间的复杂关联性，②不确定性，③定义模糊，④意见难以达成一致，⑤社会制约等。

以这些问题，特别是以不确定性高的问题为解决对象，适应性管理作为一种管理方法被提上了议程，目前已北美和澳大利亚广泛地应用在各种工作中[7]。实施生态系统的修复和复原最好运用适应性管理。适应性管理设定以①处理不确定的信息，②充分利用与部分未明确程序相关的可利用数据，③尽量不引发突发事件为目标，是现在工作中的最好可行办法。

1-7　运用了适应性管理的修复、复原方案

如前面所述，适应性管理在承认对象不确定性的基础上实行政策，是一种适应政策执行性的管理方法，另外也是在各种利害相关者参与的基础上，实施的全新的公共系统管理手法[7, 8]。

适应性管理的基本理念来自于 20 世纪 50 年代发展起来的工厂作业理论，而作为自然资源的管理方法得到应用是则始于 20 世纪 70 年代。到现在，"适应性"方法已经广泛地被人们接受，据说在 1997 年至 1998 年间出版的自然资源管理相关的科学论文中，以适应性管理为题目，摘要或关键词的文章有多达 65 篇[9]。

在生态系统的修复和复原过程中，生态系统越是复杂就越会伴随很大的不确定性。而且还会出现很多期待从恢复的生态系统中获得财产和服务的利害相关者。

在适应性管理中，管理和工作被看作是一种试验。适应性管理把计划当作假设，把工作当作试验，并通过监测结果来尝试验证假设，根据验证的结果再设立新的计划＝假设，并以推动工作为目标，实施对工作的"改善"。这种适应性管理方案中包括了具有科学立场的意见，并重视创造促进广大利害相关者们意见达成一致的系统。

除了美国佛罗里达州大沼泽地泥沼的恢复计划之外，在澳大利亚的大堡礁中实施的大规模保护和修复试验也采用了适应性管理方法。

为了顺利推进生态系统的修复和复原，基于目前可信度最高的生态学知识的调查、研究和监测将对支持生态系统成立，结构和功能的生态相互作用、过程起到重要作用。因为管理的计划和方法是"假设"，其有效性只有通过监测来证实。

在适应性管理中，平衡把握科学上的要求，行政上的必要性和社会上的各种要求的决策论坛将起到重要作用。所以，希望包括研究者在内的利害相关者们以尽可能正确的科学数据为基础，在充分理解专业项目的基础上达成意见一致。

适应性管理方案必须以上述的决策论坛为中心，把科学项目包括在内，保障以"从成果中共同学习"为目标的社会进程。行政，市民，研究者之间的积极配合将成为成功的关键。其中研究适应性管理的研究者需要优先采用实践必要性高的研究课题。这些课题是：为搜集拟订计划所需数据而进行调查研究，对监测方法和样本抽取法进行探讨，统计分析，科学模型的开发

和改良等。另外，为了传达相关的调查、研究、监测结果，除了如同以往通过论文发表研究成果之外，还需要运用多种传达方法。

在美国实际推行的适应性管理方案中，有时并没有保障与实践相符的组织和体制，因而很难说其发挥了很好的功能。由此开始盛行了对有关适应性管理中问题点的讨论[9]。在此可以明确的是，使用适应性管理中产生的问题点与其说是科学上的，不如说是社会和政策上的。为了更有效地开展适应性管理，需要：①利害相关者之间共享与方案目标有关的价值观，②从行政立场上强化方案相关人员作为促进者和市民伙伴的角色作用，并为此对行政组织进行适应性改革，③要允许一定程度的经济损失和未预期的负面影响等风险，对此需要相关者之间的意见达成一致。

适应性方案还需要对方案本身进行适应性的改善。

——引用文献——

1）鷲谷いづみ・矢原徹一（1996）：保全生態学入門，文一総合出版.

2）鷲谷いづみ（1999）：生物保全の生態学，共立出版.

3）Hunter M. L. (1995) : Fundamentals of conservation biology, Blackwell Science Massachusetts.

4）Geist, G. and S. M. Galatowitsch (1999) : Reciprocal model for meeting ecological and human needs in restoration profects, *Conservation Biology*, **13**, 970-971.

5）鷲谷いづみ（1998a）：生物多様性の保全に寄与する保全生態学的復元とは，保全生態学研究，**3**，1-7.

6）Holloway, M. (1994) : Nuturing nature, *Scientific American*, **270**, 76-84.

7）鷲谷いづみ（1998b）：生態系管理における順応的管理，保全生態学研究，**3**，145-166.

8）鷲谷いづみ・松田裕之（1998）：生態学管理および環境影響評価に関する保全生態学からの提言（案），応用生態工学，**1**，51-62.

9）Johnson, B. L. (1999) : Introduction to the special feature : adaptive management- Scientifically sound, socially challenged, *Conservation Ecology*, **3** (1) : [online] URL:http://www.consecol.org/vol3/iss1/art10

2. 市民参与和水质保护、环境修复

（饭岛博）

2-1 市民参与的意义：政策综合化视点的导入

（1）经验知识和科学知识的互动～综合化主体——市民

在河流和湖泊的管理中，市民参与应起到的最重要的作用是什么？笔者认为市民参与最重要的作用是能够导入使政策和工作综合化的视点。必须要理解的是，常与河流和湖泊联系紧密，并自主把众多跨越了世代的经验形成体系的市民在促进河流行政综合化上是不可缺少的要素。

由行政和研究者凝聚形成的科学知识中存在普遍性，但也存在专业分化显著，无法将地域作为总体把握的缺点。另一方面，由市民们凝聚形成的经验知识在总体把握地区这一点上，是与每个人的人格分不开的，从世代相传这一点上，与文化也是分不开的。然而经验知识是通过与科学知识的互动而活化的产物。

把仅由数值构成的政策引入地区，引起生活和自然等各种场所的分裂，并导致地区一体化消失的事例并不少见。实际上，有很多河流和湖泊在这种政策下与地区生活和文化产生了背离。河流和湖泊中水质污染和生物多样性减少的背景中，就有这种"分裂化"。

河流和湖泊必须挽回的，是水循环和生物变动等自然环境的连续性以及生活环境和文化的连续性。而重筑失去的连续性，必须恢复能够总体把握地区的经验知识。在今后的河流和湖泊环境保护中需要经验知识和科学知识的互动。这意味着这种互动将成为市民和行政、专业学者互相发挥自己特色并以对等的立场互相合作的平台。

再次构筑失去的连续性要以政策的综合化为前提。在水系单位和流域单位中谋求政策综合化，重要的是与具有大范围网络组织的 NGO 和 NPO 合作。这些市民团体能在自由的立场上致力并发展超越行政和研究者专业分化限制的工作。当然，市民团体的工作通常需要经过科学验证。另外，通过这种合作，市民团体可以提供能够推广经验知识和科学知识互动活动的场所。现在，越来越多的人开始理解环境问题的解决需要社会系统的转换这一理念。而可以开展跨领域活动的市民团体将对社会系统的转换起到重要作用。

（2）市民参与作为"产生主体自觉性的契机"～普及教育主义的局限性

经验知识的恢复成了人们产生地区建设主体自觉性的契机。了解自己所属地区的河流和湖泊若仅靠专业学者的传授或行政方面的指导是不会产生主体自觉性的。普及教育活动大多也仅停留在单方面传授这个层面上，具有局限性。在河流中垃圾泛滥的背景下，现代化和科学主义导致生活环境分裂化和经验知识消失，而这又引发了"主体缺失"现象的产生，人们与河流之间的连带感消失后，垃圾也开始随意丢入河流中。为挽回把自己的经验知识反映在地区建设中的机会，人们才开始从对地区的冷漠中恢复过来，并自主地投入到其中。

经验知识是传承而来的，它与个人和个人，世代和世代，个人和地区相结合。若要实现水质保护和自然保护，就必须构筑结合了健康水循环和自然环境连续性的人类社会网络。然而，这个网络也是由意识到整个地区、流域的每个人所支持的。在它的根源应该存在着人们希望在创造自己和地区关系的过程中实现自我，和希望充实自己人生的愿望。以具有综合化视点的市民为中心而创造出的地区，是每一个市民都能在生活中切实感受到其与地区自然和文化紧密相连的地区，也是人们可以通过对精神和情绪的培养而发现自我的，贴近人们生活的地区。

（3）市民参与促进综合政策的实现

正如上面所述，市民参与原本不是用来补充原本行政政策的。如果市民和行政改变不了这种认识，解决目前环境问题所必须的社会系统就无法转变。因此，对以流域管理等综合政策为实现目标的行政相关者来说，对政策持有积极投入态度的市民应该处于工作的核心位置。行政相关者在考虑实现综合政策时，为了超越自身的（组织）局限性，可以把市民摆在战略性位置上。

另外，为了号召更多作为地区一员并自觉行动的市民（具有统一意志的居民），需要创造更多市民参与行政政策相关决策的机会。因为从一开始便参与到策划地区建设的相关构想中，并把自己的意见和想法反映到计划内，有了这种亲身实践，市民心中才得以产生作为地区一员的自觉性和责任感。这就是民主主义社会的原则。因此，市民参与决策是把个人变为地区社会一员的最重要的手段。

对地区态度冷漠的人群的增大会给地区中各种政策的实施带来困难。如果市民参与行政决策仅仅是一种形式，冷漠人群便只会增加。行政应在计划建设的初期阶段积极地让市民们参与到其中，若无法号召作为地区建设主体并具有自觉性和责任心的市民，就无法实现地区综合化的政策。

（4）与以个人为核心的社会相结合创造性举措

在以个人为核心的现代社会中，对于以水质污染为首的环境问题的解决，如果每个人不在生活方式上改变自己是实现不了的。因为在特定的思想或意识形态下，通过集中众人而解决问题的20世纪解决方式在尊重多样性的当今社会中已不再适用。自然保护和环境保护若只单纯讲求规定和限制是很难唤起人们自觉行动的。所以，笔者认为，自然保护和环境保护应该是创造性的举措。因为如果这些举措无法创造新的文化、社会、技术、价值乃至"生活方式"，就无法渗透到以个人为核心的现代社会中去。也就是说，以个人为核心的现代社会如果无法创造出新的生活方式和价值观，覆盖整个地区的大范围措施就无法生成。这时，经验知识和科学知识的互动便会成为生成措施的创造性平台。而且这种创造性平台会产生于真正有市民参与之时。

和流域管理一样，比如生物地区主义（bio-regionalism），如果只将其看作在生态系统框架中单纯限制人类活动的概念，它就不会渗透到社会中去。相反，在意识到与自然共生的社会系统的再构筑过程中，人们摸索新的人类存在形态，即自然与人类，人类与人类，人类与社会、组织的关系，这种摸索会刺激人的创造力，也会成为释放社会新活力的源泉。

（5）开展重视对立关系的合作

如果排除多样性社会中的对立关系，而建立回避对立的合伙关系，市民参与必定会成为形式化，失去多样性拥有的意义（丰富性）。紧接着，行政与市民之间会产生互相依赖的关系，这将阻碍新举措的展开和系统的转换。我们应该抱着这样的想法：既然以多样性为前提，没有对立就会不自然。对立不应被排除，而需要克服。为此，耐心的对话和彻底的市民参与是必要的。至少，作为妥协产物的合作既没有发展性也没有创造性。

市民团体在具有不依赖行政的独立性的基础上，还需要在每件事上都保持"批判性合作"的态度。越是没有独立性的市民团体就越会回避对行政的批判，自我规定趋势越强，同时活动中也会缺少"整合性"和"综合性"。真正意义上的合作是政策上具有"整合性"的行政和具有"整合性"的市民共同创造出来的（高桥，2000）[1]。市民和行政、研究者之间应该充分互相理解各自的个性和局限，经常互相确认共同的战略目标，把超越各自局限的综合性举措以互动合作的方式向实现的方向推进。在互相重视各自个性的意义上，这些合作与其说是 partnership（合伙），不如用 collaboration（合作）这个词更贴切。Collaboration 的意思是，多个主体在对等的资格下，为完成某具体课题而组成的非制度性的限定性合作关系或合作工作，它超越了不同业种和不同领域的障碍，也超越了企业和 NPO 和政府、行政机关之间的壁垒乃至社会普通观念的制约，是超越了这些制度化壁垒，非日常性的共同工作[2]。

笔者认为，自然保护和环境保护的举措通过社会系统的转换，会创造出全新的价值观和生活方式，是具有创造性的活动[3]。当人类社会网络和从中恢复的自然环境网络巧妙重合的时候，就会形成真正意义上的可持续发展社会。另外，这种举措也是结合了保护生态学的理论构筑和社会系统的再构筑这两个方向的思考而产生的创造性事业[4]。

2-2　市民参与的事例：市民发起的公共事业"荇菜工程"

（1）荇菜工程开始的背景

以前面所述的形式把市民参与摆在战略的位置上，这使前所未有的综合性政策的展开成为可能。这里在介绍目前由市民发起的在霞浦和其流域中实施的措施的同时，还将对今后市民参与生成新举措的可能性加以说明。

这里所介绍的"荇菜工程"是以湖泊和其全体流域为对象的大规模环境恢复工作。该项目不是由组织，而是在以"合作的平台"为中心的流域中农林水产业，学校，市民团体，企业和行政的大规模网络上展开（图1）。1998年版的环境白皮书中把"荇菜工程"介绍为"从源流到湖中，以居民们对流域完善且细致的管理为目标，并结合了地区中各种领域的合作事业"。

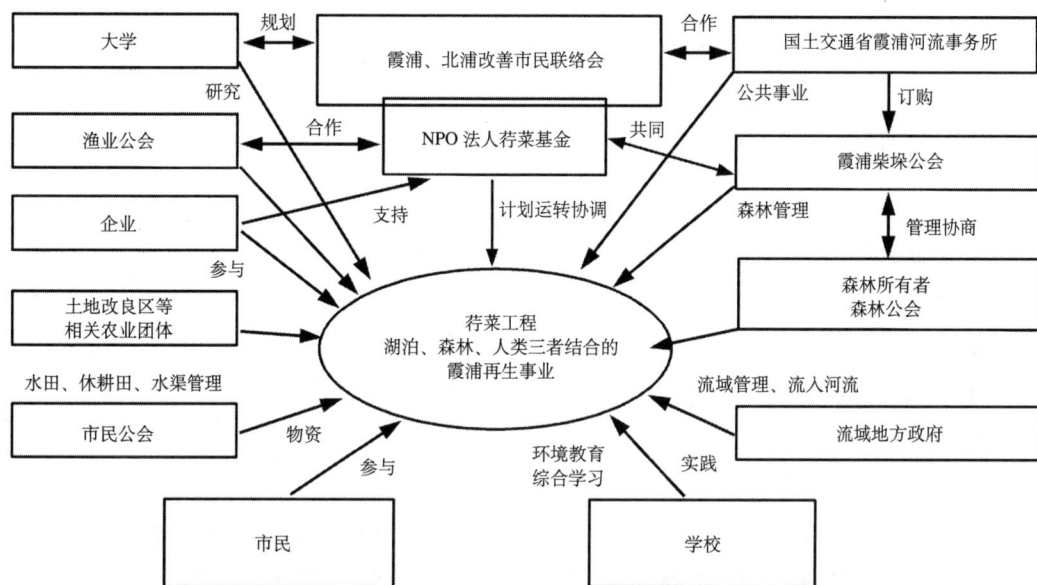

图1　市民参与的公共事业及合作流程图（引自河流审议会资料，部分有改动）

市民们开展这种项目的背景为以下几点。

①水质改善需要社会系统的转换

众所周知，霞浦湖的水质污染正在加剧，其影响也逐渐深化。自水质污染恶化的20世纪70年代以来，虽然行政方面富营养化防治条例的实行对工厂废水等点源对策的实施产生了一时的效果，但后来污染再次恶化，防治污染陷入了找不到根本对策的窘况。水质改善不能进行的最大因素是，污染原因多半为流域人口的增加和对土地的利用，以及人们生活方式的改变等社会系统的变化。也就是说，如果没有社会系统的转换，今天的霞浦湖的恢复也就无法完成。而社会系统的转换又离不开每个人自发的行动，仅以行政为中心推行的普及教育和限制是无法应付的。

②传统公共工程无法作为主体进行湖泊的恢复

作为另一个背景，湖中曾经开展了水质保护和自然修复的工作，但都是以大型机械为主的传统型土木工程，而人们完全没有直接参与霞浦湖恢复和保护的机会。现代的土木技术把河流，湖泊的日常维护管理摆到了市民们无法企及的高度。只要不改变偏重土木工程学的思路，渴望湖泊恢复的市民就无法自觉地参与到其中，而只能向行政请愿，或对部分政策做一些协助。长此以往，市民运动只能作为行政活动的补充而逐渐退化。

③传统市民运动的局限

另外，以水质调查为中心的传统型市民运动具有局限性。简单来说，仅仅靠调查了解并不足以解决问题。若不采取具体的行动，问题是得不到解决的。但如果市民只是一味地重复向行政方面提出个别而片面的提案和要求，这与专业分化了的行政一样，只是纸上练兵，而与系统的转换毫无关系，市民们真正的目标也没有具体地实现。

事实上，荇菜工程是在看清行政政策和市民运动双方存在局限性的基础上而开展的工程。这在市民的眼里是"把从外部对行政加以批判并提出对抗性理念这一阶段转移到通过与行政的合作，怎样把对抗性的理念以政策方式具体化和实践化这一阶段"[2]。

(2) 市民参与促进土木工程学思维向生态工程学思维的转换

在霞浦湖长达25年的霞浦开发事业中，由于在湖岸整体实施了护岸工程，设置了混凝土护岸，湖内的芦苇滩（挺水植物群落）减少了一半以上，浮叶植物和沉水植物群落也濒临毁灭（图2）。水生植物群落的减少导致湖的自净能力下降，同时引起的栖息场所的减少也导致了生物多样性的减少。

开发的影响一直持续到现在。湖岸处设置的垂直混凝土护岸会产生反弹波浪，这对芦苇滩造成了不断的侵蚀。为了防止对芦苇滩的侵蚀，使湖岸植物修复，管理霞浦湖的建设省用大量堆积的石块设置了消波堤。但消波堤的设置存在着很大的问题（图3）。

由于设置消波堤的地点如预想一样无沙砾堆积，没有形成浅滩，所以无法提供芦苇滩可以形成的环境。另外，在其他事例中，有的地点用消波堤将护岸三面包围，沿着护岸铺设沙土形成人工浅滩并在那里种植芦苇等植物。这种方法确实会使芦苇繁茂，但却无法恢复到具有原本功能的芦苇滩。

消波堤的问题在于，它虽然可以防止浪涌来的波浪，但由于由石砌的坚硬构造物构成，也会产生反弹波浪，所以消波堤附近的湖底会被反弹波浪挖掘得很深。另外，消波堤内侧种植芦苇的区域也会产生问题，因为那里会全部被芦苇所覆盖，形成的环境十分单调。

在自然芦苇滩中，波浪经过生长在堤岸附近水域的沉水植物和浮叶植物后会被缓和，由于受到的作用很缓，所以在那里形成了多样化的环境。也就是拥有多样化的芦苇滩。波浪的缓和作用为芦苇滩创造了多样的空间，也在那里形成了时间上和空间上的镶嵌结构。

为了恢复芦苇滩而设置竭力阻止波浪的消波堤，按这种土木工程学的思维是无法恢修复本就很复杂的芦苇滩环境的（图4）。由于消波堤的内侧失去了波浪的作用而处于稳定的静态环境，所以会被芦苇等挺水植物全部覆盖，而其他浮叶植物群落和沉水植物群落却无法在那里生长。这样一来，湖中芦苇滩的生物多样性和各种功能无法形成。被强烈破坏了的自然即使再尽全力

天然湖岸

挺水植物群落

浮叶植物群落　流水植物群落

混凝土护岸

原本的地表

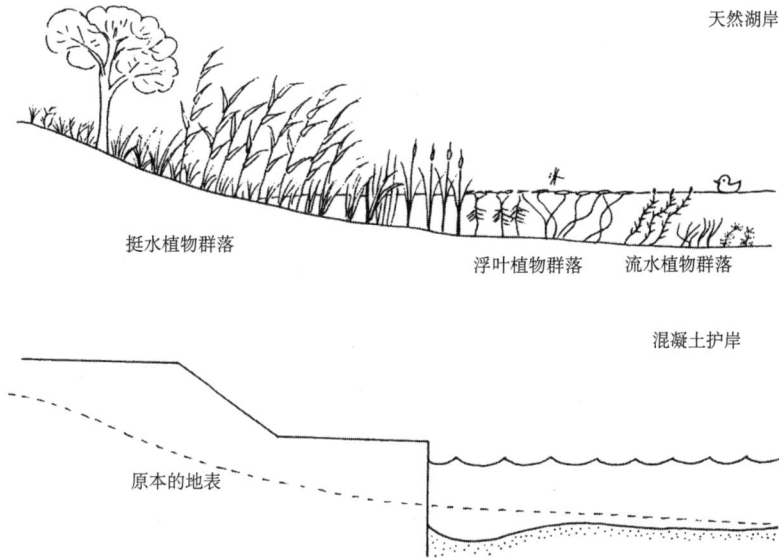

图2　筑堤造成的植物带的破坏

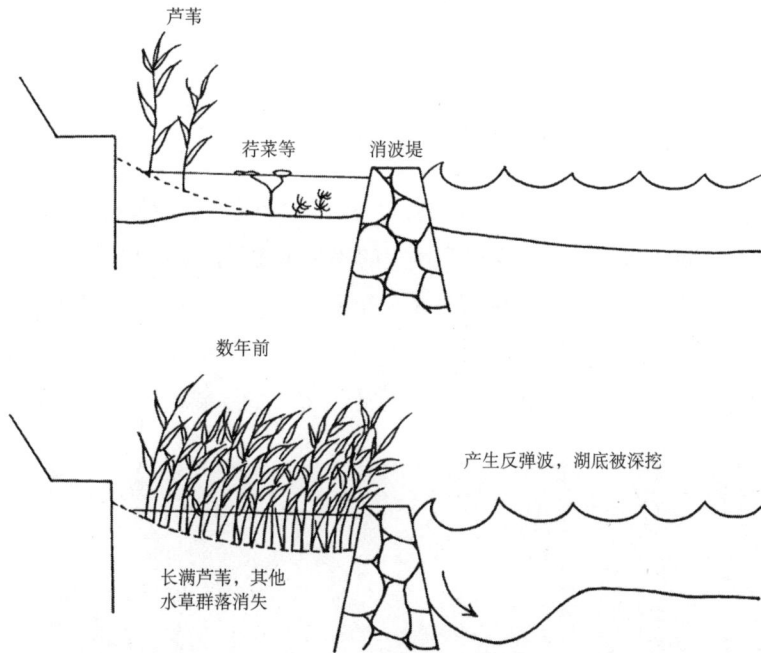

芦苇

荇菜等　　消波堤

数年前

产生反弹波，湖底被深挖

长满芦苇，其他
水草群落消失

图3　基于土木工程学思维的植物复原示例

也无法恢复。从原则上讲，自然修复应该建立在充分理解自然结构（治愈能力）的基础上，并利用能够充分发挥这个结构的方法来展开。

为恢复芦苇滩（称为多样生物繁衍和栖息场所的湿地）的本来面貌，需要阶段性地修复芦苇滩附近水域的浮叶植物和沉水植物，在利用这些群落抑制波浪对芦苇滩的侵蚀的同时，使他们创造出缓和的波浪，促进芦苇滩多样性的生成（动态环境），这就是我们需要的生态工程学。

到将来这些水生植物群落成立为止，在此期间内，包括人工防止波浪的情况在内，都需要避开使用石块或混凝土等能够长久残留在实地并会阻断群落和外部水域的构造物。我们将在后面提到，荇菜工程中建议提出了柴垛消波堤这种消波设施。

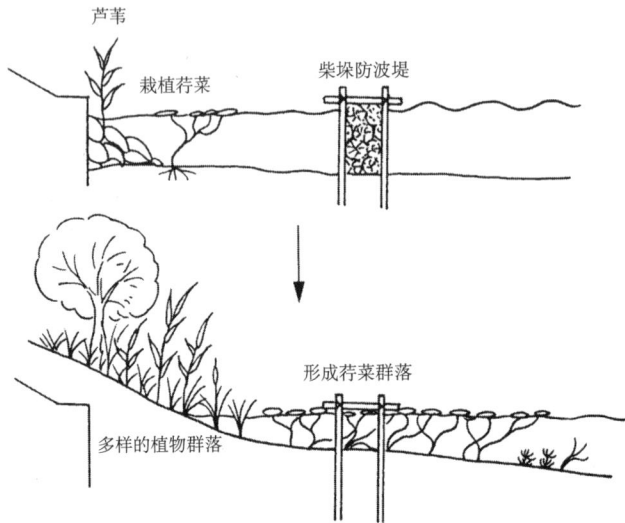

图4 荇菜工程植物复原的示例

在设置柴垛消波堤的同时，通过首先修复浮叶植物，人们开始开展恢复多样水生植物带的工作（图4）。这些浮叶植物生长在从堤岸到水中的水生植物带的重要位置上，创造了很大的群落，并通过浮在湖面的叶子对缓和波浪起到重要作用。在富营养化恶化，透视度下降的湖中，比起在生长在水中的沉水植物，浮在水面上的浮叶植物更容易被恢复。特别是霞浦中原生的被称为荇菜的睡菜科野生浮叶植物，它们适合生存在富营养化的水域，并且生长迅速，很快就在

照片1 荇菜（睡菜科）

湖中形成了大片的群落。荇菜群落（浮叶植物群落）处于沉水植物和挺水植物群落之间。

从当地调查的结果来看，霞浦湖中的多处还残存着大规模的荇菜群落。恢复湖中的荇菜群落，并通过发挥群落的功能阶段性地恢复湖中原本的自然环境，这是荇菜工程开始的原始思路。

(3) 荇菜领养制度～人人都可以参与的公共事业的推广

荇菜工程（1995年～）由从湖中残存下来的荇菜群落中采摘种子，后分给因招募而聚到

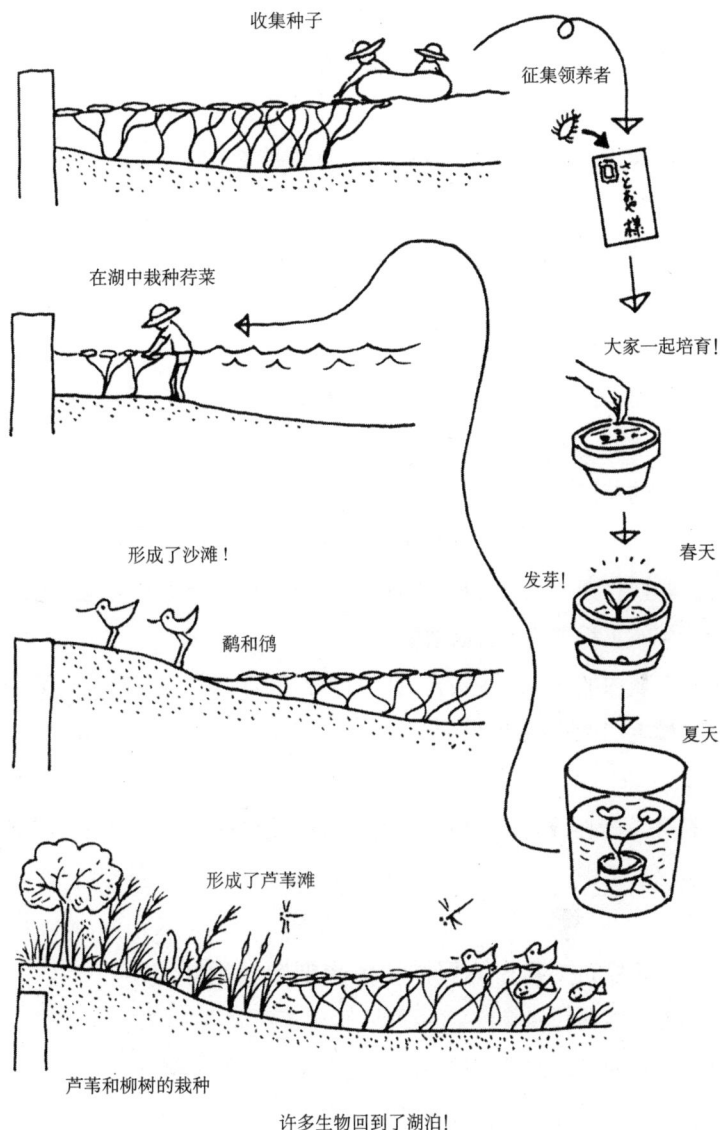

收集种子

征集领养者

大家一起培育！

在湖中栽种荇菜

春天

发芽！

夏天

形成了沙滩！

鹬和鸻

形成了芦苇滩

芦苇和柳树的栽种

许多生物回到了湖泊！

图5　荇菜的领养制度

从霞浦采集荇菜种子并培育，然后移栽回霞浦以恢复群落，是维持种群多样性的举措。

一起的领养者们而开始。在这种领养制度中，分到了荇菜种子的市民首先在自家或公司，学校等栽培，等长得足够大的时再将其移栽到湖中（图5）。

荇菜领养可以让人们理解并加入到灵活利用荇菜功能的霞浦湖恢复事业——"荇菜工程"中。目前大多数领养荇菜的都是流域内的小学，这些小学在栽培荇菜之前就已经开展了介绍该工程内容的课程。到 2002 年 7 月，流域中 9 成以上的小学共计 171 所都参加了这个领养项目，荇菜工程作为一种综合性学习正在更多的学校中扎根，参加人数包括普通市民已经超过 76000 人。

与此同时，通过在流域的各小学中设置蜻蜓池（群落生境），把湖中的荇菜分成多个种群，每个种群送往一个学校培养的活动，霞浦中荇菜的系统保护工作实施了起来（到 2003 年 3 月已有 108 所学校设置了蜻蜓池）。据计划，今后将在参加荇菜领养的所有小学中设置蜻蜓池，并同时开展记录池中蜻蜓和水生昆虫，青蛙等出现的环境学习。目的在于通过在校园中创造新的水边环境，把握每个校区的物种供给潜力。

通过把分布在流域中的小学作为开展荇菜工程的核心地点，可以促成以每个校区为单位的细致的流域管理。这是一种通过把自然保护和环境保护功能渗透到具有教育网络的现有社会系统，进而达到大规模扩大工程的战略。

把小学作为地区建设的中心，这不仅关系到整个地区中孩子们的教育，在支持长期事业的人才培养方面也具有重要意义。另外，每个小学在环境教育下，通过收集地区的环境信息还可以开设以地区为单位的监测据点。孩子们也可以通过对蜻蜓池中来自学校周边的生物的调查来实际感受与学校周边（校区）环境密切相关的事物。这也关系到自身与周围空间的融合。把流域中的小学通过互联网相连，又可促成流域中监测与教育一体化的实施。为此，让各小学参与到放眼全湖，全流域的工程中是很有必要的。

此外，为了在流域内的各小学中设定湖的自然修复目标，当地还开展了小学生针对过去的环境到年长者那里做上门调查的活动，其目的还在于让人们在开展自然修复工作的同时继承地区的经验知识。

以这些环境教育为核心，从 2000 年开始，霞浦、北浦的 11 处地区开展了市民团体与国家合作的大规模自然修复工程。

（4）学习生物与湖的关系～为保护和再生创造共同认识

荇菜领养者们通过培养和移栽荇菜的活动，可以了解湖内生物的生活史与湖中环境的关系，也可以学习到这些生物面临的问题和原因。栽培湖中野生的水草——荇菜，首先必须从了解荇菜的生活史开始。

荇菜的种子在冬季的枯水期时被波浪冲到水位低下的河岸芦苇滩对面的小规模沙滩上（露出沙土的地方），到了春天在那里发芽。事实上，荇菜虽然是水草，但却不是在水中发芽，而是在陆地上。接着，在长出真叶之前这段时间内荇菜一直生长在陆地上。直到涨水期（梅雨）

时湖中水位上涨，被淹没的荇菜在水面上长出浮叶，开始了普通水草的生活。以后便面向波浪一边伸茎一边继续生长[5]。

像这样，领养者通过栽培荇菜可以得知，湖中生物是依赖于湖水水位季节性变化和自然造就的微妙地形而生存的。另外人们还可以了解到，荇菜濒临灭绝的原因在于破坏浅滩的护岸工程和后述的人工操控湖中水位。

为保护生物多样性采取行动，首先需要了解迫使生物濒临危机状态的种种原因。更多的人需要认识到这些原因，并在分享知识的基础上思考去除这些原因的办法。荇菜工程不仅针对荇菜本身，也给更多的人提供学习各种生物处于危机状态的原因的机会。

(5) 真正的自然修复所需的必要环境教育

霞浦湖从 1996 年起开始启用霞浦开发工程，并采用完全无视荇菜等湖中生物生活史的人工水位管理。水位管理的应用使适合荇菜生长的自然湖水位（冬季下降，夏季上升）发生了截然相反的变化：冬季水位上升，夏季水位下降。冬季（10 ～翌年 3 月）水位上升剥夺了荇菜发芽扎根下来的环境。加上冬季水位上升引起的波浪侵蚀加强，荇菜易于生长的平缓斜坡消失，能使种子在岸上发芽的芦苇滩也急剧减少。

为防止波浪对芦苇滩的侵蚀，建设省设置了消波堤。但这种局部的处理无法抑制发生在湖全域的侵蚀。而且，目前的消波堤对策在保护和恢复芦苇，荇菜等多样的植物群落上具有局限性（图 3）。

为了缓和这种影响巨大的水位管理政策，建设省设置过人工浮岛。然而，人工岛并无法代替从陆地延伸到水中的平缓斜坡中富于变化的植物带。即使人工岛上可以种植芦苇等水生植物，不用说能够产生微妙的地形变化和波浪作用的芦苇滩的多样性，即使浮叶植物和沉水植物等多样植物带的修复在那里都无法完成。更重要的是，这些人工浮岛的设置是在使原有芦苇滩继续减少的水位管理的前提下，作为环境对策的一环实施的，这本身就存在问题。

真正的自然修复需要能够造福生态系统全局的技术（能够开展下去的循环型技术）。而那些局部的环境对策（只局限于自身的技术）并无法达成目标。需要让更多的人理解，如果不先解决荇菜衰退和芦苇滩减少的根本原因，真正的自然修复便无法实现。荇菜工程则可以让更多的人通过活动深化对湖中自然的理解，并使社会达成一致意见，对无视生物的水位管理进行重新审视。真正的自然修复是基于覆盖整个地区的长期计划，并通过对环境教育的积累而初次获得实现的。

(6) 市民参与的公共事业与湖泊、森林结合
①柴垛消波堤的采用

1995 年夏天，荇菜移栽首次在霞浦湖实施。但是这一年移栽的荇菜还没扎根便大部分被涌来的波浪冲走。有了这个经验，第二年人们实施了新的措施，设置了传统的河流施工方法"柴

垛沉床（粗枝消波堤）"，在荇菜扎根长到能够形成足够大的群落来缓和波浪之前，保护其免受波浪的冲击（图4）。

这种消波堤和以往用石头等制成的消波堤不同，它几乎不会产生反弹波浪，所以附近的湖底也不会被深深挖掘。另外，柴垛不但可以抑制波浪，还能使水流通过柴垛间缝隙进入消波堤和湖岸之间的水域，促进内外的水流互换。最重要的一点是，柴垛消波堤中的柴垛经过一段时间便会分解最后消失，当荇菜形成群落将来向水中扩展时，给荇菜提供伸展地下茎并向水中扩展的条件，而传统石块堆砌的消波堤却无法允许其地下茎向下伸展。真正的自然修复原则是，需要避开石块和混凝土等能够永久性残留在设置地点的材料，而要以利用木桩或柴垛等能够回归自然的材料。

②使湖和森林相联系的战略

荇菜工程中采用柴垛消波堤的背景是，同时实施湖恢复工作和森林恢复工作的战略。霞浦湖流域的森林由于开发而逐渐被破坏，现在森林占流域面积的比例已减少至约20%。维护健康的水循环就需要防止森林的减少，于是放眼全流域的综合性森林保护政策的实施迫在眉睫。

森林的减少伴随着森林的荒废而加剧。无法被附近村落利用而失去与地区间联系的森林在没有除草和疏伐的管理下逐渐荒废，形成多样生物无法生存的环境。

流域中的森林作为水源地发挥着十分重要的作用，为使森林恢复到生物多样性能够确保的状态，必须重新创造森林和地区间新的联系。而为了展开面向流域中全体森林的恢复工作，需要在社会系统这个广阔的范围下思考地区与森林结合的方法。这就是使森林保护功能融入已存社会系统的战略。

荇菜工程中实施了这样一种方案，即把已实施的石砌消波堤转换为柴垛消波堤，并通过这一公共工程拉动对大量砍伐木材和柴枝的需求，而这些材料的生产又会促进疏伐和除草等的森林管理。该提案最开始得到森林公会和渔业公会的支持，并在市民的帮助下尝试建成了小规模的柴垛消波堤。工程最初全部是人力完成，用大木槌把木桩固定到湖底。

第二年，管理霞浦湖的建设省正式导入该提案，开始了正规的柴垛消波堤建设工程。与此同时，市民团体开始在建设省和流域中的森林公会之间斡旋，尽可能保证工程中森林砍伐材料和柴枝的提供，使工程与推进上游和下游环境保护一体化的方针相一致。至此，通过荇菜工程，原本没有交流的上下游组织开始互相合作，这使全新的工作展开成为可能。另外，以这项工作为契机，为实现砍伐材料的有效利用，建设省和茨城县联合设置了联络调整会议。该会议旨在通过县内公共工程对砍伐材料的充分利用促进对县内森林的保护。

能够跨越不同领域壁垒开展活动的市民团体通过整合至今为止的各项独立政策，创造出了新的情况，实现了综合性政策。建设省也在与市民团体的合作下实施了小到湖内水源的流域管理。由于利用补助金的间伐使得白白腐烂的木材有了新的需要，森林保护方也自主地实现了对森林的管理。

（7）市民公共事业创造新产业

通过荇菜工程虽然将流域的森林管理和湖泊的恢复工作联结起来，但仍存在着问题。日本柳杉和日本扁柏的供给虽然由流域中的森林公会应对，但关于柴枝，利用流域中枹栎和麻栎等杂树林（次生林）的产业却中断已久，利用杂树林制造柴垛并发货的组织和人也消失了。为此，建设省在刚开始着手建设柴垛消波堤时曾有一段时间无法供应流域产的柴垛。这样一来流域管理便失去了意义。

这时，建设省呼吁参加荇菜工程的 20 位个体户的加入，在管理流域杂树林的同时设立了能够供给柴垛的企业。这个"有限公司霞浦柴垛公会"设立于 1999 年 9 月，到第二年 3 月，已经发货约 2 万捆柴垛，对约 20hm^2 的杂树林进行了管理。该公会目前仍继续着流域的森林管理，目标是每年新增管理 100hm^2 森林。

霞浦柴垛公会的活动实现了广域的森林管理，与此同时，为了探求有利于森林生物多样性的适当管理方式，以此为目的的监测工作也在全流域范围内实施。监测工作与东京大学的鹫谷泉教授共同实施，旨在以监测得到的数据为基础，检讨并实施适当的管理方法。

霞浦柴垛公会的设立使森林公会管理不到的流域中大部分的森林管理成为可能。这也基于了荇菜工程的战略，即把环境保护的机能融入产业这一社会系统，并实施大范围的持续自然保护。

柴垛公会的活动是经济上能够独立的大范围森林保护活动，也创造了雇佣关系等社会效应。而且，其开展工作的高效率和有效性是行政利用补助金实施传统森林保护的政策无法相比的。像这样，行政机关也应该通过积极与市民活动合作来谋求综合政策的具体化。

（8）克服上下级行政的市民行动～以市民参与为核心推进流域管理

流域管理和流域贯彻这样的词语已经耳熟能详，然而实际上却没有具体实施。这些词语是否能被具体化，这取决于对市民参与的理解方式。市民和行政双方如果不能充分理解市民参与的意义，以流域为单位的综合政策就无法展开。

在流域内，各种机关实施了政策，但这些政策只是单纯地拼在一起，显然不能成为综合性政策。霞浦湖在过去也曾多次召集各行政机关尝试共同项目，但综合性政策却一直没有实现。这说明，行政主体的组合很难克服上下级机构而实现政策的综合化。

笔者认为，行政机关可通过把"市民发起的公共事业"置为核心便能够推进流域管理和流域贯彻的政策。荇菜工程就是通过把过去市町村和国家分开执行的公共事业结合起来，创造出全新的效果的。这里举一实例具体说明。

流入霞浦湖的山王川是穿过石冈市中心的中小河流，随着流域的城市化，那里水质污染加剧（最差流入河流）。而且由于护岸化，河流的自然环境极大受损。山王川的河道被修成直线，三面被混凝土包围的区域占河流的大半部分，这就是所谓的城市河流。另外，山王川周围休耕的田也在不断增加。对此，管理该河流的石冈市环境保护科实施了水质净化政策，而向周围扩散的休耕田对策则由农政科执行。但双方政策的实施毫无关联。

另一方面，管理山王川流入的霞浦湖的是建设省。建设省也实施了湖泊的保护政策，但却没有和市町村在流入河采取的对策相联合。从水系上来看，流入河和湖泊是一体的，但在行政的框架中各个机构的政策却分别实施。目前，同样的状况也存在于管理流域的茨城县和管理湖泊的建设省之间。

在荇菜工程顺利开展之际，建设省和石冈市都参与到工程之中。这时，经市民们建议，以工程为中心，超越行政界限的水系单位综合工作开始实施了（图6）。

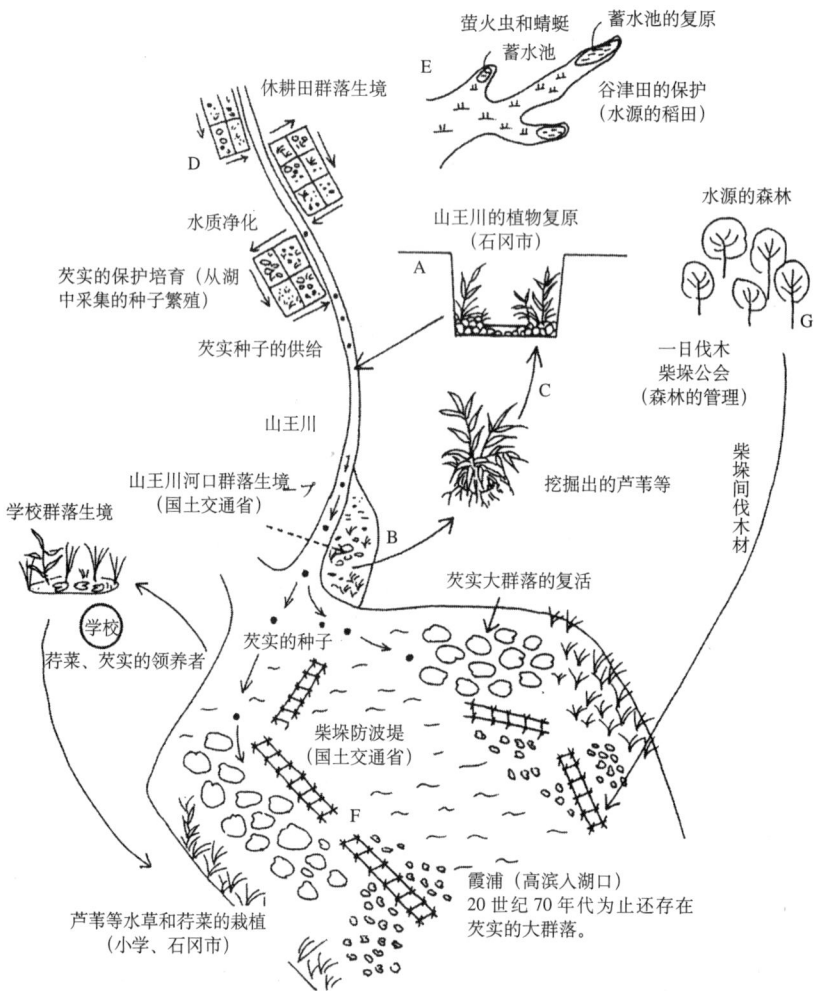

图6 对霞浦和流入河流山王川进行整体保护和再生的工程
由市民团体，石冈市与霞浦河流事务所合作进行的综合性水环境保护

首先，山王川从1998年开始在三面被混凝土包围的河流中恢复植物生长，为生物创造栖息空间的工作则由石冈市展开（图6-A）。

与此同时，建设省在山王川河口处开始了把过去建造的现在堆积着沙土且失去原有功能的植物净化设施改造为群落生境的工程（图6-B）。那是在区域中植栽了芦苇并以水质净化为目的而建造的设施，但经过多年的沙土堆积已经陆地化，内部已经无法引入水，其作为设施的功能已经丧失。当然，鱼类等水生生物也无法将其作为栖息场所利用。

于是，为了恢复河口被搅乱的水环境，保护濒临灭绝的生物，项目提出了把该净化设施改造成群落生境的计划。创造群落生境，就是再次把湖或河流中的水引到设施中，让那里的生物可以自由出入。为此，人们实施了挖掘陆地化部分的工程。在挖掘工程中还挖出了芦苇等挺水植物，挖出的芦苇等被直接运送到上游，供石冈市实施的山王川植物修复工程使用（图6-C）。由于生物的移动发生在同一条河流内（约1km），所以出现问题的可能性不大。为了使两个工程的工期互相重合，市民团体介入建设省和市之间对工期加以调整。

与此同时，河流周边休耕田的群落生境化也正在进行（图6-D）。该工程把山王川的水抽到休耕田中，为当地水生植物（芡实）、水鸟和蜻蜓等创造繁殖栖息场所，同时把水净化并引回河中。1999度年约有50hm^2，2000年度约有80hm^{2}的休耕田被群落生境化，计划今后将扩大规模。

另外，从2000年度起，修复水田上游处谷津田传统蓄水池的工作也开始展开（图60E）。蓄水池建设了被一枝黄花和芦苇覆盖的休耕田，变回到了具有开放性水面的湿地。蓄水池中贮留的水是来自周围森林的泉水。谷津田是在山谷间开辟的水田，多数情况下都因难以机械化等原因被放弃耕作。最近，日渐荒废的谷津田，又出现了工业废弃物的非法丢弃现象，在各地成了一大问题。而谷津田位于湖的源头地区，它的荒废和污染在将来将产生重大的影响。荇菜工程中制订了重点实施谷津田保护工作的方针，目前各地正着手准备联合群落生境制造和地方酒制造业者在休耕田扩大的谷津田中实施酒米栽培项目。

以上这些群落生境又可以被活用作市内小学环境教育的场所。通过大范围的举措，在互相关联的不同场所积累学习，造就出具有综合性见解的人材。

在这样的荇菜工程中，市民们通过与上下级的行政组织合作，找回了失去的连续性（水田，河流，湖）。该项目的目标之一是，恢复20世纪70年代之前存在于山王川流入的高滨入湖口（霞浦的入湖口）日本国内为数不多的芡实（濒危品种）群落。据说休耕田群落生境每年生产的大量芡实种子（霞浦产）都经过山王川流入了高滨入湖口，所以连续的水环境的恢复必须由水系单位来实现。石冈市内的全部小学正在高滨入湖口参加蜻蜓池（群落生境）的建设，荇菜、芡实的培植等恢复工作也正在那里实施。自2000年起，市民团体和国家共同发起的大规模自然修复工作开始实施，约1.2km的浅滩被修复，小学生种植芡实的活动也在进行（图6-F）。这项修复工作中在消波堤中活用了流域内的柴垛（图6-G）。

（9）适应性管理下的100年长期计划

自然修复工作的最终目标就是建立可持续的社会。为此，需要连锁地开展出一项又一项新

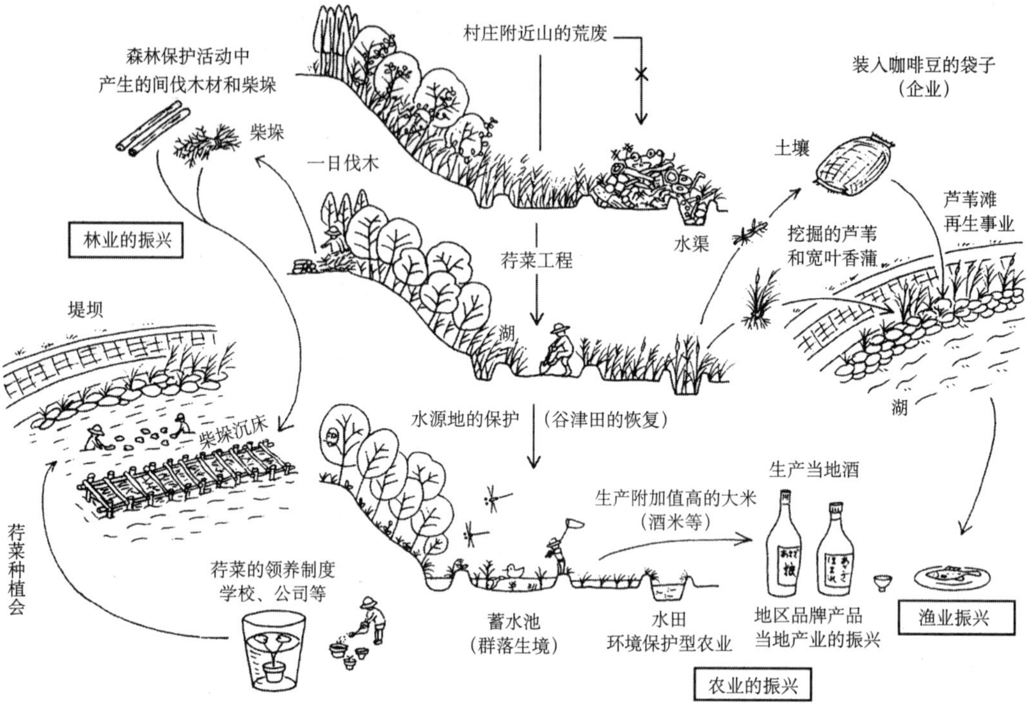

图 7　市民型公共事业的开展

的修复工作，也就是"开展并循环的工作"（图 7）。按照传统型公共事业中各项工作各自完成的思维是无法构筑可持续社会的。

　　另外，建立可持续社会还需具有长远展望的计划。为实施这种长期计划，战略中最重要的是通过在地区产业和教育等社会活动中渗透环境保护的功能，来实现覆盖地区的工程。也可以说是现有网络的质的转换。

　　然而，长期计划不能对未来的一代产生约束。因此长期计划要通过适应性管理来推进。适应性管理是把计划和方法当作"假设"，是通过对其有效性和影响的时常监测而灵活地推进工作的进展的生态层面上的试验[8]。

　　荇菜工程是跨越 100 年的长期计划。每 10 年达成的目标会通过生物表现出来（图 8）。各种不同的生物是综合了包括栖息地在内的多样环境要素（自然要素和社会要素）的存在。每一个 10 年，目标生物的栖息地会逐渐扩大，而那里又会包含更多的环境要素和社会要素。为了综合栖息地内的自然要素，当其结合了社会要素，且社会系统得到再次构筑时，就可以唤回目标生物。因此，评估这项计划的是生物、是湖、是自然。

　　荇菜工程是面向可持续社会并创造出全新的自然与人类关系的举措。同时，它也推进了个人和组织，和社会的关系的再构筑。

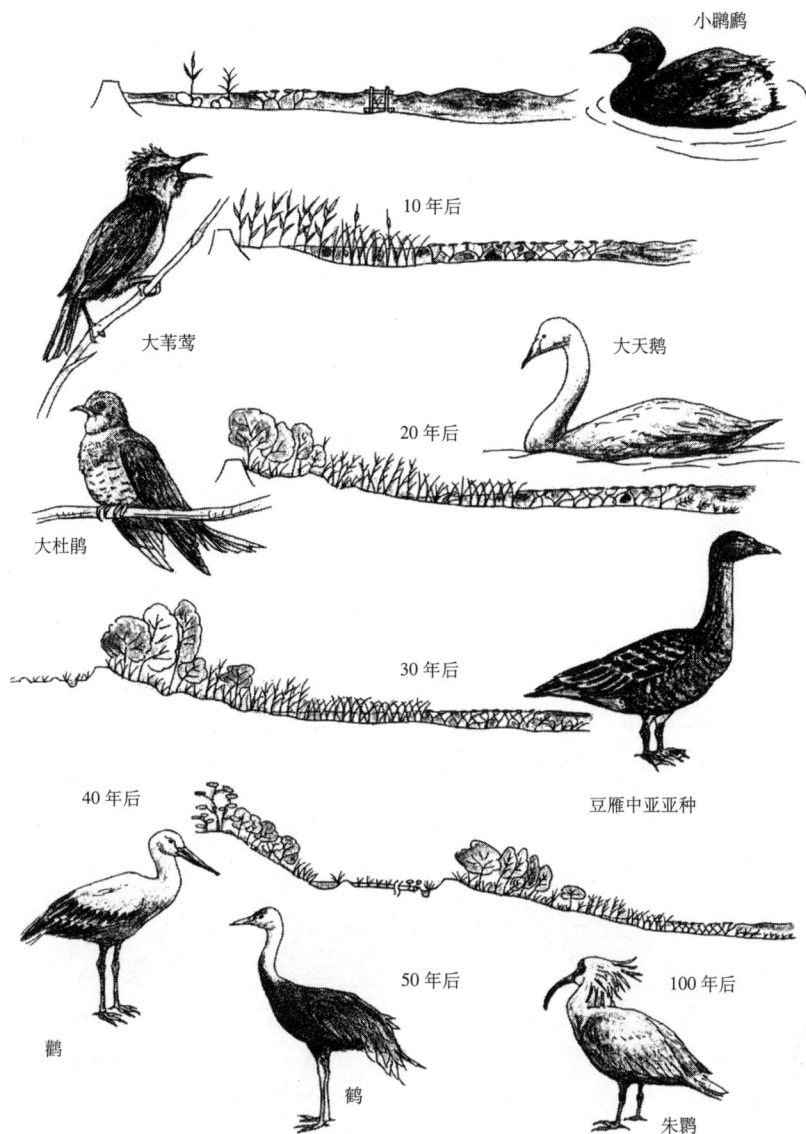

图8 以构筑循环型社会为目标的百年计划

2-3 市民合作创造出更大的项目：鹳的梦网

（1）关东两大湿地：霞浦和渡良濑联合行动唤回鹳

兵库县丰冈市的县立"鹳乡公园"开展了使曾经一度灭绝的野生鹳重返野生的活动。关东地区过去也存在过野生鹳栖息的记录，荇菜工程中也是40年后让鹳在霞浦流域重返野生的计划。为使需要广阔栖息地的大型鸟类——鹳能够真正安定下来，霞浦流域需要与另外一片大湿地联手合作。

Ⅳ．今后的展望和观点

在霞浦以西约 50km 处有一座同处于关东平原的渡良濑蓄水池。同时恢复关东这两大湿地并实现鹳重返野生的计划，就是鹳的梦网（图 9）。由此，鹳便可以拥有互相支持的广大湿地。50km 左右的距离对鹳来说也并不很远。

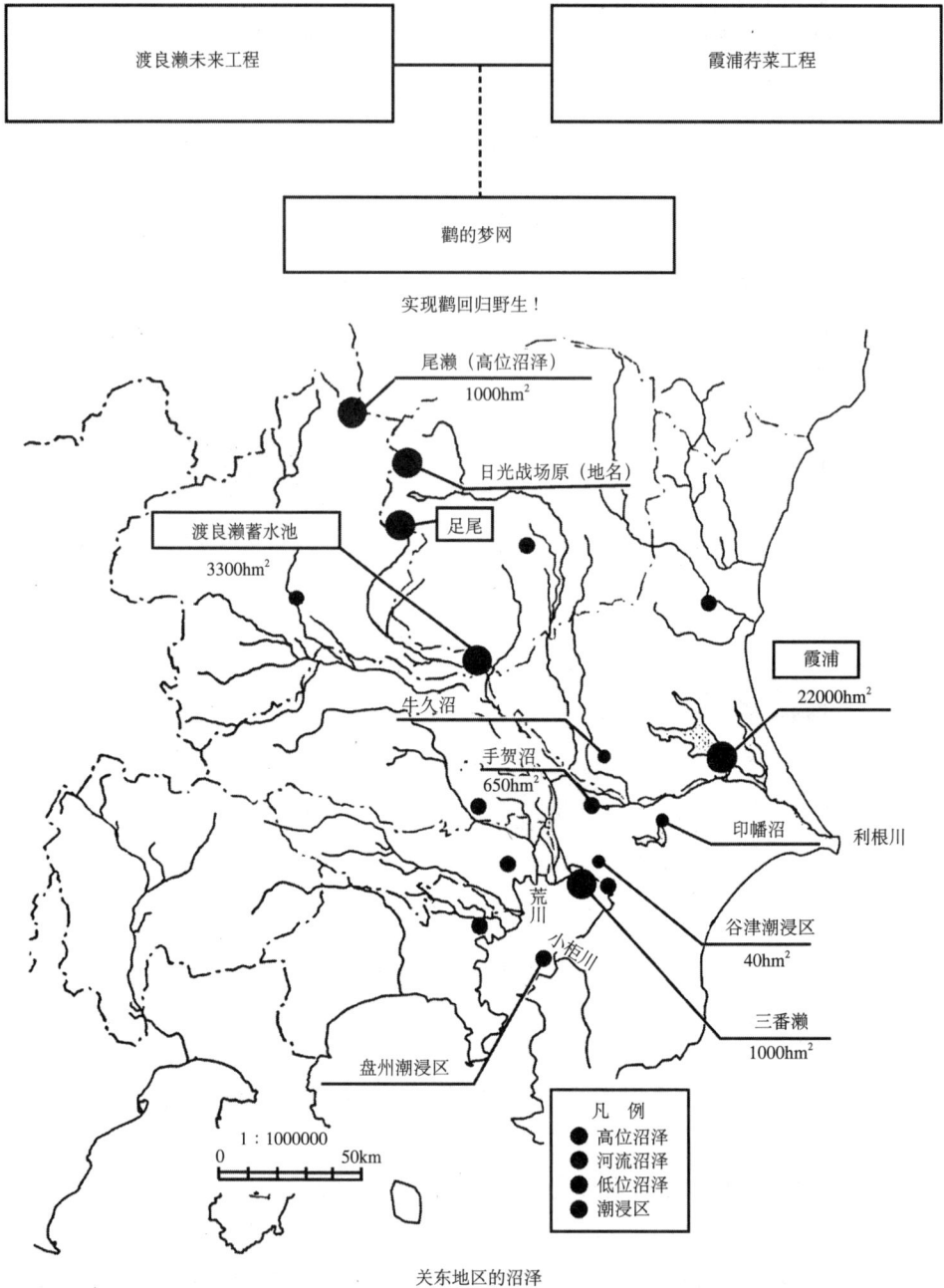

图 9　鹳的梦网

这种大规模的计划若只单纯依靠自然环境网络化的推进，是无法实现的，在分别构筑两大湿地自然环境网络所需的人类社会网络的同时，还需要两大湿地之间紧密的人类社会的合作。建立这些网络化和合作的核心是"市民开展的公共事业"。

(2) 渡良濑未来工程～从公害受害地开始的恢复工作

与霞浦荇菜工程联合的渡良濑川流域的举措是"渡良濑未来工程"。这项恢复工程是以保护渡良濑蓄水池的利根川流域居民协会为中心开展的，是一项以市民活动为媒介，综合实施恢复因日本现代化进程中发生的代表性公害事件——"足尾矿毒事件"而荒废的渡良濑川流域环境的工程。

由于渡良濑川上游的森林因矿山的烟害而大规模（约 3000hm^2）消失，所以日本现在仍开展着绿化工作。据说经过持续了 40 多年的绿化工作，森林已经恢复了约全体的一半。然而恢复该地区的森林和其绿色屏障的功能，还需要继续长期的绿化事业。

另外，在渡良濑川下游有一座渡良濑蓄水池，这座水池是为了防止足尾矿山的矿毒流入首都，以储留矿毒为目的将谷中村破坏并改造而成的。这里曾发生过以田中正造为中心的保护人权和环境的反公害运动，是一片具有历史性的土地。渡良濑蓄水池由于沙土的流入和与河流的更换等作用，近年来干燥化显著，逐渐失去了湿地的环境。对此，保护渡良濑蓄水池的利根川流域居民协议会开展了恢复该蓄水池湿地环境的行动。

渡良濑未来工程在同协议会立案的"渡良濑生态博物馆构想"的基础上，为实现构想委托笔者制成了具体的行动计划。[9]

(3) 恢复渡良濑蓄水池中的河漫滩生态系统～恢复河流打造的自然

河流中的紫苑和湖泊中的芡实等植物以依赖洪水等的干扰为生而得名。在濒临灭绝的生物中，依赖水域引起的干扰而生的种类占很大部分。河流中因河漫滩的干扰而生成不稳定的环境，这种环境的消失是河流生物多样性低下的重要原因。

芦苇滩广泛遍布的渡良濑蓄水池（约 3300hm^2）是国内屈指可数的可以恢复大规模河漫滩的地点之一。再现渡良濑蓄水池中河漫滩的环境并恢复多样的生物，是渡良濑未来工程的目的。

(4) 渡良濑未来工程的湿地恢复计划

渡良濑未来工程和荇菜工程一样，每 10 年达成的目标用野生动物来显示。具体的工程计划如下。为了实现 40 年后有鹳栖息的渡良濑蓄水池，该工程实施了以下计划。

①从工程开始～第 10 年 休眠种子的植物修复，目标为白头鹤的繁殖

"渡良濑探宝工程"为恢复渡良濑湿地带的休眠种子挖掘工作

该计划根据以下的顺序实施。确认渡良濑蓄水池处过去存在的沼泽，池塘和水渠等的位置，挖掘当时的表土。在流域各学校中设置浅池（群落生境、蜻蜓池），把挖出的土放入水中。进行观察并开展调查哪种植物会发芽的学习。同时，调查哪些生物会进入学校的群落生境，把握流域中不同地区的物种供给潜力。保护并繁殖学校群落生境中再生的过去的水草。

把从各学校得来的数据送往大学（东京大学鹫谷泉教授）用作研究。大学以从当地得到的数据为基础开展研究，并把研究成果反馈到蓄水池恢复计划和学校教育。灵活运用网络，共同分享信息。根据得到的数据制成渡良濑蓄水池的恢复计划。把在学校成功再生的植物活用到将来渡良濑湿地带恢复中。

②环境评估和计划制定

通过调查对蓄水池内的各地区进行环境评估，把握恢复工作所必要的环境要素。把依赖这些环境要素的生物设定为不同地区的达成目标。以一个地区多个生物为目标，在解释每个生物揭示了怎样的环境要素组合（单元）的同时，拟定修复计划。通过把这些计划与环境教育联合实施，创造机会让更多人理解详细的环境评估和恢复计划的意义。

③适应性管理对湿地阶段性的修复～在接受湿地环境变化的同时灵活地推进计划

日本建设省计划通过大规模的挖掘在蓄水池创造湿地，但如果用这种方法创造湿地的话，恐怕不仅休眠种子，就连现存的生物也可能消失，还会造成恢复生物多样性所需的必要供给潜力低下。有种观点[11]认为，在蓄水池中表土被搅乱的地方会出现过去植物的再生。根据这个观点，首先在干燥化严重的实地完善湿地植物再生的条件（从河流引水等），再尝试恢复灵活利用现存平缓起伏地形并具有多样水分条件的湿地。

在阶段性地从相邻河流引入河水的同时实施监测。引入河水后，根据监测结果设置调查区（不需太大的面积，比如 10m×10m），并对其进行干扰。之后对干扰过的区域实施监测。研究适合植物再生的干扰时期和干扰频率。从河流引水只是现阶段的一种提案。

当判断引水对再生有效时，在调查的基础上实施能够创造多样湿地的引水，设定连续湿地，孤立湿地等能够保护生物多样性的湿地形式。把湿地按类型分成稳定湿地和不稳定湿地（某时候会变干等）。针对不同类型的湿地展开充分调查，对其进行综合性评价。

④向有利于保护生物多样性的芦苇焚烧转换

蓄水池每年都会在全域范围内对芦苇进行焚烧，但不像过去那样整齐划一的焚烧，而是以保护生物多样性为目标，设定焚烧区域和焚烧次数（隔年焚烧等）后再实施，并对每个区域进行监测。

⑤为实现白头鹞的繁殖而实施的有计划的芦苇焚烧

有计划的芦苇焚烧可以实现白头鹞的繁殖。芦苇焚烧的区域取决于白头鹞的行动。焚烧前要割断芦苇创造出防火带，有计划地设置不焚烧的区域以确保白头鹞的巢穴和繁殖场所。

⑥准备鹳的筑巢场所

在有计划地配置不焚烧芦苇区域的基础上，在蓄水池内培育林地，作为鹳将来筑巢的场所（有大树的林地）。同时也要充分考虑到白头鹞等生物在开阔地处的栖息。

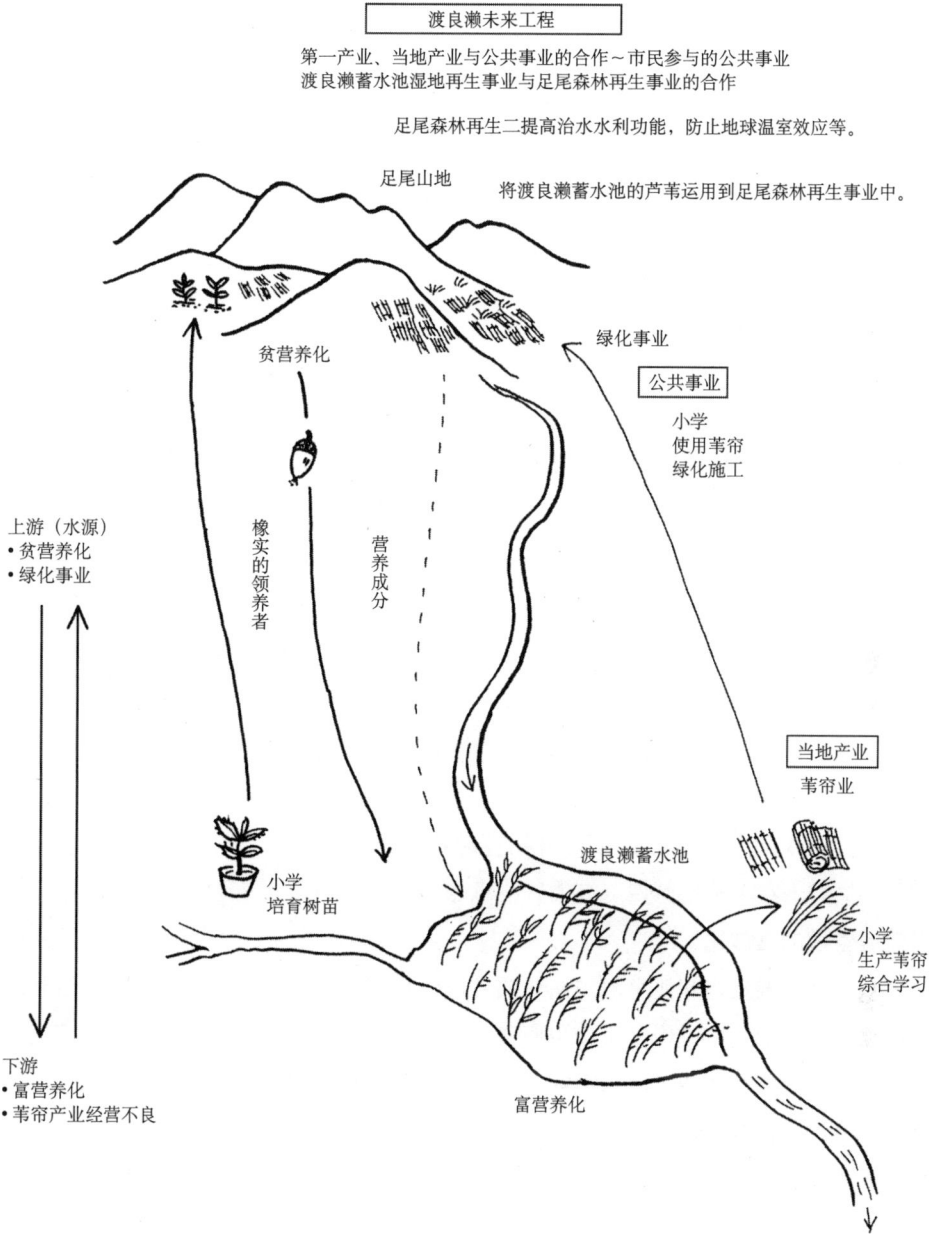

渡良濑未来工程

第一产业、当地产业与公共事业的合作～市民参与的公共事业
渡良濑蓄水池湿地再生事业与足尾森林再生事业的合作

足尾森林再生二提高治水水利功能，防止地球温室效应等。

足尾山地   将渡良濑蓄水池的芦苇运用到足尾森林再生事业中。

绿化事业

公共事业
小学
使用苇帘
绿化施工

贫营养化

上游（水源）
·贫营养化
·绿化事业

橡实的领养者

营养成分

当地产业
苇帘业

渡良濑蓄水池

小学
培育树苗

小学
生产苇帘
综合学习

下游
·富营养化
·苇帘产业经营不良

富营养化

图 10　霞浦流域、渡良濑川流域和足尾山地联合进行的环境保护与再生事业

将由于足尾矿毒事件而流至下游的养分通过芦苇返回上流足尾的举措。

⑦设定焚烧区域的规模要考虑到生物的移动分散

焚烧的实施范围要以栖息在芦苇滩上会受到焚烧影响的生物，特别是移动能力差的生物为标准，把区域设定在这些生物可能的移动扩散范围之外。

⑧以保护生态学为基础并面向大范围芦苇滩管理的举措～和地区产业联合的流域管理

为开展放眼渡良濑川全流域的恢复工作，计划中提案了活用蓄水池中芦苇的上游足尾绿化工程，以确立上游与下游的联系。通过与蓄水池中的当地产业——苇帘业合作，在保护生态学的基础上实施放眼蓄水池全体的综合性管理，再通过与上游绿化工程的合作来实现流域管理这一目标（图10）。

(5) 10～20 年　目标是天鹅

①湿地的阶段性目标

阶段性地推进湿地的扩大。根据十年间的调查提出并实施更加具体的恢复计划。以所取得的数据为基础对湿地进行分类，提出并实施每个区域的详细的恢复计划。把基于保护生态学的调查研究结果反映到当地的同时，通过适应性管理推进工程的实施。研究成果与居民共享，适应性管理也在居民参与下实施。

②确保生物的移动

为提高生物的生产性，设法保证生物在湿地内的移动。因此可以设置联络水渠或临时的上升水位（鱼类的产卵期等）。鹳的栖息需要青蛙和鱼（泥鳅等）等饵料充足的湿地。确保动物从周边河流向湿地的移动。拆除蓄水池中谷中湖的混凝土护岸，实施植物的修复，使那里成为天鹅的栖息地。对湖进行管理，使天鹅采食的菱白能够形成群落。

(6) 20～30 年　目标是白额雁和豆雁中亚亚种

和霞浦同样，在关东地区恢复有大雁栖息的风景。

①流域管理的具体化

进一步把上游的足尾和渡良濑川周边的环境保护工作具体化。大雁会大范围地利用蓄水池和周边的水田，池沼，所以恢复工作也应该大范围化。通过流域管理的具体化，实现适合谷中湖内生物（特别是浮叶植物、沉水植物、双壳贝类等）繁衍栖息的水位管理。

②实现河流干扰的工程

根据人工实施河流干扰的数据，为实现创造多样栖息场所的河流干扰工程而积极推进研究。使实现河流干扰的可能性与流域管理的具体性共同进行探讨。

(7) 30～40 年 目标是鹳的野生回归

与霞浦合作，展开关东所有地区的湿地恢复工程。

(8) 40 年～　鹳在赤麻寺的屋顶筑巢

创造东亚的湿地网络工程。

这是面向与渡良濑蓄水池相结合的可持续社会确立的文化构造。把与保护相结合的系统渗透到关东地区的产业和教育中。把渡良濑河流域和霞浦流域的网络工程作为关东地区湿地恢复，日本国内湿地恢复乃至东亚湿地恢复的据点来开展。

（9）实现流域管理的战略～在现有社会系统中融入环境保护机能

①芦苇滩的活用促成上游和下游的交流

恢复和保护渡良濑蓄水池全域需要与地区产业合作。特别是在实现白头鹞繁殖上，需要同时完成芦苇滩的保护和利用。为此，需要谋求振兴芦苇相关产业与环境保护一体化的工程的展开。

渡良濑蓄水池中对芦苇的利用与霞浦荇菜工程中对砍伐木材和柴垛的利用方式相似。霞浦中的砍伐木材和柴垛的输送流程是从森林（上游）到湖泊（下游），渡良濑的芦苇的流程则是从蓄水池（下游）到山上（上游）。

在渡良濑川上游足尾山周边实施的绿化工程（植物修复工程）中使用了下游的芦苇。两个地区都是受足尾矿毒事件危害的地区，所以共同推进两地区的自然再生工程是很有意义的。

②从物质循环的角度来看

足尾森林荒废引起的土壤流失导致了渡良濑蓄水池中的沙土堆积，从而湿地干燥化。同时，从上游流失掉的营养成分积蓄到了下游并和污染负荷共同引发了渡良濑蓄水池的富营养化。为了修正这样的过剩物质从上游到下游的移动，人们设计出了物质的回流（从下游到上游）。具体的方法就是在足尾的绿化工程中活用蓄水池中的芦苇，把上游流失的营养成分通过芦苇再次运送到上游，实现对森林的恢复。通过自然修复工程，与环境破坏产生的物质流动方向相反的逆向流动形成了。

③活用芦苇的战略性意义

把环境保护的机能纳入苇帘产业（渡良蓄水池的当地产业）可以使对湿地的恢复从保护生态学的角度计划性地实施，与产业的联合能够有计划性地管理大范围的芦苇滩。对苇帘产业者来说，结合了环境恢复的全新事业的展开成了可能，而对芦苇的新需求（附加价值）又可以振兴产业。现在国内的苇帘业处于被进口苇帘制约的严峻情势下。

芦苇活用工程扩展到了全流域，特别是上游的森林恢复工程中，这可以使将来的流域管理具体化，并促进其向综合治水和综合利水的转换，同时也能够减轻河流和蓄水池的负担。结果实现了向全流域阻挡洪水工程的展开，也实现了蓄水池中河水干扰的再现和谷中湖中适当的水位管理。另外，足尾绿化工程向全流域强势推进，这也为防止全球气候变暖作出了贡献。

④为实现作出的努力

建议把芦苇活用于足尾绿化工程（公共事业）。开发利用芦苇制成的绿化垫和防止花木干燥用的芦苇帘等商品。市民团体成为苇帘业者和绿化工程者之间的媒介。根据白头鹞和濒危植物等的保护计划具体提出了芦苇的焚烧和采集方法。焚烧芦苇前制造防火带时割掉的芦苇可以制成堆肥垫和绿化垫。这种情况下，防火带的制作也可以由苇帘业者来实施。以上这些都开始展开了面向实用的实验。另外，这些也都列入到了渡良濑川流域中小学的综合学习中。2001 年，以橡子为纽带的上下游交流工程也开始了。这项工程就是将在足尾采集的橡子运送到下游蓄水池周边的小学，由各所学校负责培养橡子苗，等苗长大了再送回足尾栽种成树。

2-4 市民参与必须克服的问题

（1）为确保行政的整合性

1996 年在霞浦实施完全无视生物生活史的水位管理后，荇菜种群急剧减少，群落面积降到总面积的 1/10 以下 [12]，芦苇滩也在全域范围内持续减少（霞浦开发监测委员会）[13]。霞浦目前正因不适当的水位管理而处于危机状态，而且这种状态在转换到目前的水位管理之前就曾被指责过（美化霞浦市民联络会）[14]。

与此相对，管理湖泊的建设省对因开发霞浦而消失的植物带实施了修复工程。但这些修复工程并没有使植物带恢复原本具有的功能。可以说，石块堆积的消波堤和浮岛等反映了一面对环境造成重大影响的水位管理置之不管，另一面又实施只有部分效果的修复工程（封闭的技术）这种没有整合性的行政姿态。在无视湖中生物生活史的水位管理的前提下实施的修复工程当然不可能把湖恢复到原本自然的状态。希望人们能在荇菜濒临灭的同时回想起在浮岛上种植芦苇的情景。自然修复工作的危险性就在这里。

为修正这种失去政策整合性的行政路线，具有综合性的市民参与显得尤其重要。荇菜工程就是为达成市民参与的目的而推进的。

根据霞浦中市民联络会议和研究者的提案，从 2000 年起实施了暂时不提升冬季水位的管理。同时市民团体和研究者、行政共同设置了讨论会，旨在探讨把保护自然环境考虑在内的水位管理。这被人们评为面向湖水水位适应性管理的新动向。

（2）为不重蹈无法恢复的自然破坏的覆辙

行政和一般组织一样遵循组织的规律。因而如果政策上保证不了整合性，就会出现很多用来做弥补的临时小对策。实际上，环境缓和和自然修复等词也经常在这种情况下使用。组织的逻辑必然会向着使自己的政策正当化的方向起作用，按照这个规律，当被组织逻辑固定的"封闭组织"开始失控时就会产生重大的问题。

在流入霞浦的小野川下游流域，有一片关东地区唯一留存的大雁过冬地（也是太平洋的南限），每年约有 50 只豆雁中亚亚种在那过冬，但建设省却计划在那里建设高速公路。建设省和茨城县实施了环境评估后，隐瞒了大雁过冬地处于计划建设区的事实，并向居民们公示规划书。市民团体的调查揭露了行政有意把豆雁中亚亚种从规划书中隐去的事实 [15]，但茨城县却继续履行城市规划的程序，在豆雁中亚亚种不在的夏季对其过冬地实施了生态调查，并更换规划书，声称"影响可以避免"，进而决定了规划路线。然而在这期间的一切信息却始终没有向居民们公开，结果居民只是一边翻览虚假的规划书，一边接受强加的决策。

强行推行无视国家保护动物——豆雁中亚亚种的开发计划，在环境评估中表面声称原则上基于文化遗产保护法保护豆雁中亚亚种，这是完全没有整合性的行政政策的典型。然而，如果行政为了整合性而勉强推行政策的话，又会带来更大的问题。茨城县决定规划路线后，把豆雁中亚亚种过冬地中计划修筑高速公路的地区划为狩猎区域实施猎枪捕猎，而把远离高速公路的区域划作鸟兽保护区。这样一来，就形成了把警戒性强的豆雁中亚亚种赶出狩猎区（预定建设地），塞进远离预定地区域（鸟兽保护区）的形式，使豆雁中亚亚种可利用的过冬地减少了一半。后来，建设省对豆雁中亚亚种展开了调查，得出"由于豆雁中亚亚种对预定建设地周边地区的利用减少，高速公路对其没有产生影响"这样的结论，以至高速公路手续目前仍在进行中。行政所持的态度的确是"指责在所难免"（豆雁中亚亚种自然权利申诉，水户地方法院判决）。

豆雁中亚亚种过冬地减半的状态一直持续了 10 多年却无人问津，种群的数目每年都在减少。其间行政自始至终都在掩饰过错。行政未对豆雁中亚亚种采取任何保护措施。由于缺乏整合性行政的失控，关东地区最后仅存的豆雁中亚亚种也濒于灭绝。行政失去整合性开始失控的原因之一是，市民参与和信息公开的形式化。为了不重蹈这样的覆辙，行政方面必须积极加强市民参与。

2-5 "具有统一意志的居民"和"具有人格的技术"

传统河流施工方法中，材料以当地供应为原则，技术也具有适应当地土地和社会的构造，是注重与人们生活相联系的施工方法。其中也生成了运用居民经验知识的平台。

例如，在江户时代的农业书籍中，具体的技术是与自然观察法，人生观和世界观共同探讨的。在书中可以感受到，跨越多领域的技术和理论被老农的人格融为一体。相反，生活在现代的我们又是如何呢。失去自己与地区间精神和情感上的连带感，身处分裂的生活环境，这样能否真正获得人生的充实感？技术的专业化显著。不知何时起，技术和人格开始割裂而谈。然而，作为居民，我们难道不具备通过人格统一生活全部的意志吗？

最近，目睹"组织崩溃"的机会增加了。从居民的角度来看，"趁豆雁中亚亚种不在的时期在其过冬地开展生态调查不会产生影响"等说法违背了常识，然而在组织中，这种非常识却被常识化。当构成"封闭组织"的人们失去了居民具有的感性（统一的意志）时，组织会因失控而走向崩溃。

失控的不仅是组织。支持现代社会的技术也会失控。战争，公害，自然破坏等，可以说，20 世纪是组织和技术失控的破坏世纪。在当今的 21 世纪，致力于水环境恢复的我们，需要"市民参与"和"复兴具有人格的技术"，来把具有统一意志的居民的感性融入到组织中。

Ⅳ. 今后的展望和观点

——引用文献——

1）高橋秀行（2000）：市民主体の環境政策（下）～多様性あって当然の参加手法，p. 284-293，公人社.

2）長谷川公一（1999）：対立を乗り越えてゆくための「コラボレーション」を，新環境学がわかる，p. 50-53，朝日新聞社.

3）飯島　博（2000a）：創造的自然保護のすすめ～霞ヶ浦アサザプロジェクト，湖と森と人を結ぶ霞ヶ浦再生事業，遺伝，**54**, 83-87.

4）飯島　博（2000b）：自然保護のための市民型公共事業，環境と公害，**29**, 32-38.

5）鷲谷いづみ（1994）：絶滅危惧植物の繁殖／種子生態，科学，**64**, 617-624.

6）飯島　博（1999）：湖と森と人を結ぶ霞ヶ浦アサザプロジェクト，鷲谷いづみ・飯島　博編，よみがえれアサザ咲く水辺～霞ヶ浦からの挑戦，文一総合出版.

7）鷲谷いづみ（1994）：絶滅危惧植物の繁殖／種子生態，科学，**64**, 617-624.

8）鷲谷いづみ（1998）：生態系管理における順応的管理，保全生態学研究，**3**, 145-166.

9）飯島　博（2000c）：わたらせ未来プロジェクト，渡良瀬遊水池シンポジウム21世紀へ資料集，p. 15-19, 渡良瀬遊水池を守る利根川流域住民協議会.

10）鷲谷いづみ（1997）：「植生発掘！」のすすめ，保全生態学研究，**2**, 2-7.

11）大和田真澄・小倉洋志（1996）：渡良瀬遊水池の植物相，栃木県立博物館研究紀要，**13**, 31-108.

12）西廣　淳・川口浩範・飯島　博・藤原宣夫・鷲谷いづみ（2001）：霞ヶ浦におけるアサザ個体群の衰退と種子による繁殖の現状，応用生態工学，**4**(1)，39-48.

13）建設省関東地方建設局・水資源開発公団（2000）：霞ヶ浦開発事業モニタリング委員会資料「モニタリング調査結果」平成12年7月6日.

14）霞ヶ浦をよくする市民連絡会議（1995）：市民による環境保全戦略～かすみがうらローカルアジェンダ.

15）飯島　博（1992）：圏央道茨城ルートの環境アセスメントにおける情報操作，日本の科学者，**296**, 560-565.

16）水戸地方裁判所（2000）：平成7年（行ウ）第16号オオヒシクイ損害賠償請求事件判決.

17）日本農書全集編集委員会編（1979）：百姓伝記，日本農書全集第16巻，17巻，農山漁村文化協会.

3. 生态技术：今后的展望

（中村圭吾、细见正明）

3-1 作为第三公共事业的生态技术

世界人口在目前的 2003 年为 63 亿人，据称到 2050 年将达到约 90 亿人。人口增加会引发耕地面积增加和废弃物增加，这将给健康的生态系统带来巨大威胁。据推测，人口增加的 97% 来自于发展中国家，增加的人口集中在城市地区 [1]。城市的人口集中对水环境的量和质两方面会带来深刻影响。也有说法认为，到 2025 年，世界将有 2/3 的人口难以获得安全的水 [2]。城市的水质改善中完善排水系统是不可或缺的，但对发展中国家来说，只依赖高成本的排水系统是一个现实性难题。即使城市中心设有排水系统，在市郊利用生态技术的水质净化系统还是变得越来越重要。为解决发展中国家，特别是城市中的水质问题，利用生态技术，构筑简单廉价的水质净化系统是有必要的。目前生态技术的技术水平从成本和效率来看，还不能充分满足这个需求，但发展中国家的水质净化系统相关技术大有发展潜力，该领域的市场也很广阔。

保护健康的生态系统对多数发展中国家来说是重要的。据说 [3] 地球上的生物在没有太大气候变动的情况下，在 400 年来还是有三百几十种灭绝 [3]，其中人类的巨大影响是毋庸置疑的。这也是被称为自地球产生以来，与多次集群灭绝（mass extinction）相比，在规模和速度上都空前的大规模灭绝。这些濒于灭绝的生物大多栖息在发展中国家，对其的保护、保全很重要。但是，发展中国家的人们也有享受富裕生活的权利。只优先保护，而滞后发展是不可行的。不能只依据发达国家的逻辑而推进生物保护。像这样，为推进生态系统保护和开发这两个相互矛盾的目标，就需要把"生态技术"作为"关键技术"。

那么，在发达国家对生态技术是如何看待的呢？为说明发达国家的生态技术，在此导入"第三公共事业"这一概念。什么是"第三公共事业"？"第三公共事业"就是为创造精神上充实的生活和自然环境而开展的公共事业。"第一公共事业"是最低限度的公共事业，以治水等的"安全"为目的。"第二公共事业"是为创造更方便，物质上更充足的生活和产业活动，以"方便"必要水资源的开发等为目的的事业。其后的公共事业被定义为"第三公共事业"。模仿心理学家马斯洛的需求层次理论 [4]（注），把"公共事业的需要层次"形象化则如图 1 所示。

注 马斯洛的需求层次理论 [4]：人类的需求是有层次的，由低到高依次为①生理需求，②安全需求，③社会需求，④尊重需求，⑤自我实现五个阶段。人类的需求会由低层次发展到高层次。此后，马斯洛认为，在自我实现的上层，每个人的心中都会有一种渴望超越自己，达到与宇宙一体的"自我超越需求"。

位于"安全需求"和"方便需求"之上的，是"环境需求"，基于环境需求的公共事业是与以往的公共事业有所区别的。这种范式变化不仅存在于公共事业，在经济领域也开始了。市场中形成了与消费者（市民）要求相关的新认识，被称为"体验经济（Experience Economy）"[5]。何谓体验？以咖啡连锁店星巴克为例[6]。星巴克的价格并不低，但人们为了体验其他店没有的高雅气氛而消费。那里有人们渴望"体验"的某种事物。第三公共事业也是一样。安全已经确保，生活也更方便。但环视四周，孩童时代有很多鱼的河流，令人心

图 1　公共事业的需求阶段

情愉悦的森林也从生活场所附近消失。令人充满好奇的河流，治愈心情的森林，可以说，渴望"体验"这些事物的心情成为支持第三公共事业的原动力。"第三公共事业"的目的，是保护和修复这些让人渴望品味（渴望体验）的事物，人们开始觉得把钱消费在这些事物上也未尝不可。然而，体验经济的价值是由市场决定的，而公共事业不是这样。由于本质上是议会制民主主义国家，公共事业的价值应由选举决定，但只有自然再生成为选举辩论焦点这种事例还很少，所以选举很难实现。随着地方分权的推进，也许自然再生等第三公共事业成为选举辩论焦点的事例会增加。实际上，在县级行政中，"脱坝宣言"和"三番濑"问题已经成为重大争论焦点。

"生态技术"作为支持第三公共事业的核心技术体系和思想是很重要的。生态技术是第三公共事业的关键技术。在此列出"低技术"、"自然再生"、"NPO"、"氮"、"日本文化"和"水环境"几个占卜"生态技术"今后命运的重要关键字，探讨生态技术的未来。

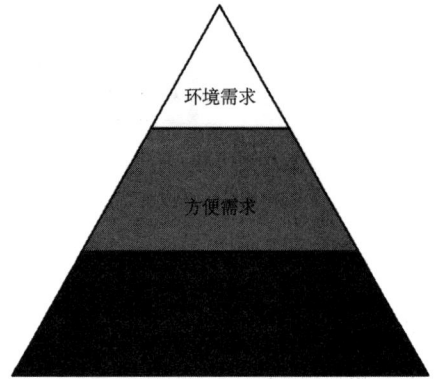

3-2　高科技和低科技

生态技术分为高科技和低科技。所谓高科技，就是把最尖端的科技应用到生态技术中，如最近正取得显著发展的膜净化技术和可能从根本改变净化系统的某纳米技术，生物技术，以及用作净化能源的燃料电池等能源革命，这些都被认为是推动生态技术发展的原动力。与此相对，与高科技相反的低科技也十分重要。低科技的重要性在于三方面。首先是低成本。在发展中国家，高成本的高科技净化技术在现实上是无法实现的。低成本的生态技术才是保护地球环境的重要技术。其次是简易。很遗憾，把高科技导入发展中国家，结果却没被应用，这样的事例有很多。再者以河流和湖泊等自然水域为对象的水质净化与工厂的废水处理有着根本上的差异。也就是说，水质会变化，水量会变化，下雨时会混浊，这样的河流和湖泊并不适合使用一般的精细型高科技水质净化技术。而需要低科技的粗糙性。最后，低科技的优越之处在于工匠的好

手艺。它是貌似低科技的高科技，为了恰当地使用生态技术，需要科学上难以验证的工匠们的直觉和感受性。可以说，活用自然结构的生态技术在微妙之处与其说是科学，不如说它更接近工匠的世界。这种说法对基于科学，研究生态技术的我们来说有些奇怪，但未成为科学的部分是生态技术的本质，反而用科学能够不费力解释清楚的技术并不是生态技术，只能算单纯的高科技而已。

3-3　自然再生和生态技术

自然再生是生态技术中的重点领域。目前，日本全国各地在自然再生的名义下开展着各种工作。由于自然再生与以往的公共事业存在根本上的差异，各地正处于探索状态。需要生态学观点被称为生态体系的领域以及推进实际工作时，土木技术人员对技术的感受性是必要的。发展生态技术对自然再生来说今后是重要的。那时需要的，是谦虚的态度。归根结底，人类的智慧在大自然面前不过与猴猿等同，这种谦虚的态度在以自然再生为目标的生态技术中是必要的。另外，还需要用冷静的眼光看待自然拥有的潜在能力。在以往的公共事业中，例如桥，它从完成的一刻起开始发挥其完美的功能，并伴着时间慢慢老化。而生态技术中因为预期存在自然潜在能力（potential），刚刚完成时还处于不完整的状态。但自然潜在能力会随着时间慢慢使工作接近理想的状态。也就是说，先给予最低限度的帮助，其后任凭自然潜在能力的发挥，从事人员的这种态度是重要的。"不做多余工作"，"等待"，当问题实在无法解决时再插手（适应性管理），这种态度对与自然再生相伴的生态技术来说十分重要。

3-4　NPO 的作用——人是最大的自然能源

作为生态技术的一个方面，NPO（非盈利组织）的存在显得十分重要。作为新能源，风力，太阳能，生物能等自然能源正有待开发，但对生态技术来说，最重要的能源是"人力能源（human energy）"。基于 1998 年实施的特定非盈利活动促进法（NPO 法）而取得法人资格的 NPO 法人目前（2003 年 2 月 28 日）已具有 10089 个团体，其中 28% 的团体参与了环境保护相关活动[7, 8]。这些法人在生态技术的发展中担任着重要角色。从生态技术的规划阶段，到施工和维护管理，NPO 法人起到了重要作用。由于生态技术基本上属于低科技，是为各地量身定做的，因此需要紧密联系当地情况进行计划和设计。在施工阶段，多数情况下志愿者提供的重工机械只要一台就可以满足需要。维护管理一般成本不高，但需费功夫，因此也需要 NPO 的合作。像这样，为了生态技术的发展，以 NPO 的存在为前提的技术推广是有必要的。另外，以往担任建设顾问的行政与市民、NPO 团体的合作是值得期待的，实际上，担任这个角色的建设顾问正开始崭露头角。

3-5 氮：古老又崭新的问题

氮的去除是生态技术中亟待解决的领域。氮，在水质问题中可以说是古老的物质。但最近，氮的问题再次被关注[7]。氮占空气的78%，是常见物质，但这是在大气圈（atmosphere）的情况；在生物圈（biosphere）中，氮和磷、钾等一样，是限制生物生长的物质。然而，在1913年，工业中确立了运用哈伯-博施法把氮气直接合成氨的方法，使氮对生物圈的供应增加。特别在发生绿色革命的20世纪60年代开始，氮对生物圈的供给激增。1960～2000年间，人口增加了2倍，与此相对，氮肥增加了约10倍，在2000年，全世界生产了约$9×10^{10}kgN/a$[9]。这个量相当于生物对氮固定量的37%，人类活动对物质循环造成了巨大影响。氮的增加导致绿藻等有毒蓝细菌的增加，并伴随上水道受害，渔业受害，氨供给引起的贫氧水增加，NO、N_2O等温室气体增加，硝酸性氮增加引起的高铁血红蛋白血症（发绀症）等各种问题[9]。加之这样的世界现状，日本还出现了进出口引起的氮贸易盈余（供给过剩）。1992年度，日本国内通过进出口过剩供给了$9.6×10^8kgN/a$，对此还有研究事例（据文献10，估算）。

可以说，氮问题是21世纪古老而又崭新的问题。生态技术是活用了生物的净化方法，如前几章所述，有很多去氮能力优秀的技术。作为减少进入水域中的氮的技术，湿地净化法和利用蓄水池或提高湖滨带功能（潮浸区修复，湖岸修复）的净化法令人期待。另外，结合生物技术开发对氮去除能力高的植物，以及通过回收该类植物利用生物能等方法也值得考虑。

3-6 日本文化和生态技术

日本是一个非常珍惜资源的民族。纵观从江户时代到高度经济成长期这一阶段的日本人生活，把排泄物作为肥料，利用肥料培育水稻等作物并食用，产生的排泄物被再次利用，形成一种循环。而水稻的稻草可用作燃料，烧成的灰又可作肥料，尽量重复使用，以免浪费资源。一句话，日本是具有"珍惜文化"的国家。当然，资源缺乏是这种文化兴起的理由之一，但其佛教背景的影响也不容忽视。佛教认为，一切事物都具有佛性（皆有佛性）。也许正因如此，日本人才产生了任何物品都不能糟蹋的思想。

日本最古老的宪法中，第一条讲的是"以和为贵"。"和"是"调和"的"和"，"和"又与"轮"有关。事实上，所谓的"轮回"，也就是今天所说的"循环"。技术也需要在全局上保持"调和"，物质要"循环"，不能浪费。以该理念为根基，在遍布于世界的"日本制造"中，隐含着"生态技术"的理念。

生态技术作为一种技术，不产生废弃物，或可以循环利用是很重要的。废弃物再利用的技术也属于生态技术范畴之内。即便是通过废弃物再利用制造出的物品使用后也可继续回收，这样的系统的开发很重要。举个例子，这种技术中就有NTT的电话簿回收利用。NTT把它称为

"闭路循环（译注：closed loop recycle）"[11]。这种回收系统的流程为：回收电话簿→将用纸再生→印刷→新电话簿，是利用电话簿制造电话簿的闭路循环。正如佛教中的轮回一样，是一种物质循环系统。电话簿用纸占国内纸总生产量的 0.4% 左右，因此是相当重要的循环。本书中介绍了利用木炭的净化技术，该木炭与山地管理，振兴山村息息相关，若把使用后的木炭用作燃料，或耕地改良材料等，一系列的循环系统便得以完成。仅在一个侧面，一段时期内对环境有益的技术是不够的，对今后的生态技术来说，与整体相"调和"，充满物质"循环"的技术系统的开发才是重要一环。

3-7　关于健康的水循环

自循环型社会形成推进基本法实施以来，日本制定了各种法律，社会进入了以创建循环型社会和低环境负荷型社会等"循环"为关键词的时代。在水领域，在此之前开展了"以恢复健康的水循环为目标"等各种讨论。其中日本环境厅从 1998 年开始举办"关于确保健康水循环的恳谈会"进行了反复研究。研究结果显示：①水环境除了重视水质，还要综合考虑水量，水生生物，滨水地区等因素；②同时要着眼于流域等的水循环，"重视水环境与其周围的人和生物的关系"和"从整体流域水循环是否健康来评价水循环"是十分重要的。

以前的水质管理行政有一个称为水质环境基准的最终目标，认为只要不超过这一标准就不会产生恶劣影响。甚至当水量减少，常见生物减少，乃至人类无法接近滨水地区活动时也固执地遵守水质循环标准。

广辞苑中对循环的解释是，环绕一圈后仍回到原处，如此回环往复。流域中的水循环过程是：降到山地的雨在流入河川过程中，一部分作为自来水和农业用水被利用的同时，渗入地下然后再次渗出进入河流，最后流入大海，变成水蒸气在大气中移动，再次聚集成雨落下。在此循环过程中，太阳能带来的蒸发担当着使水回到原状的作用。自然界中无意中形成的循环如果用人力来完成，可以想象会是何等巨大的工程。

上述水循环如果恶化，将导致以下后果[12]。

·森林具有保水保湿，涵养地下水的功能，还可以通过水质净化功能为地下水和地表水提供水源。但开发等引起的森林锐减和人工林维护不足降低了森林的这些功能。

·以水田为首的耕地具有通过对大量水的利用从而涵养地下水和自然净化的功能。但近年来耕地减少，表层土壤流失，混凝土覆盖水渠建设等使渗透水量下降，另一方面，由于枯水期对地下水的过量采集，造成了地下水减少，地面沉降等现象。

·在城市，近几年由于不渗透区域的扩大，使地下水涵养量减少，来自于城市街区和路面中的非特定污染源通过雨水等流出的污染负荷增加，为增大流下能力而使城市河流水渠化的结果发生泉水枯竭，河流的正常流量减少，水质恶化，生态系统退化，地面沉降，热岛效应，城市水灾发生等危害。此外，也出现了城市生活中人工供排水系统引发的背离自然水循环现象（不仅在物理上，还有精神上）。

·沿岸区域的填埋和开发导致藻类繁生地和潮浸区减少。

但是，至今为止，被称为治水，疏通水利和水处理，在分裂水循环的情况下，已各自构筑成最佳及高效的系统。却不论处理对象状况如何。土木工程学，建筑工程学，卫生工程学等领域并没有在对象系统内（道路、桥梁、集合住宅、排水系统等），利用评估优化、收支和功能的知识讨论其与系统外（流域，或森林—河流—海域的联系和与其他产业间的联系等）的关系。

基于以上的反省，今后的方向是需要把过去纵向分裂的系统放到大的水环境中，并正确看待与人类息息相关的治水，疏通水利和水处理的各个系统。应该放眼流域整体，对各系统进行重新评估。为此，需要构筑能够横向切割、综合表现各个系统的模型。

届时可参考岩波新书系列栗原的《有限的生态学——稳定和共存的系统》[13]。栗原通过试验，解释了在烧瓶中即使不投入饵料，很多生物也可以继续存活的奇异现象，揭开了稳定并能持续的系统的谜题，并将其引申到地球环境乃至宇宙。其概要如下。

小烧瓶中，首先细菌开始繁殖，捕食细菌的原生动物也开始增加。但当食物用尽，原生动物减少时，水表变得透明，小球藻吸收阳光变成绿色。一段时间后，营养盐不足，小球藻也减少，出现了轮虫类和在瓶底呈丝状分布的蓝藻类。就这样这些微生物在重复些许增减的同时保持着长期稳定状态。若是一种生物，会因食物耗尽或自己排出的排泄物而死亡，为什么这些生物可以在烧瓶中长时间生存呢？

这种迁移不是人为控制产生的，而是生物以太阳能、瓶内有机物和营养盐为基础而独自设计的系统。也就是说，在稳定共存的生态系统中，可以学到与物质循环基础和循环所需能量有关的知识。

在烧瓶这个有限世界中，原生动物的排泄物和细菌等的尸体保持了瓶内生态系统的稳定[13]。细菌担任分解者的角色，把溶解的有机物快速分解，但无法立刻利用如排泄物那样的固体物，分解需要一定时间。也就是说，物质循环是快速的循环，所以循环缓慢的物质的存在才会使其稳定化。以家庭收支为例的话，从仅以现金收入进行快速应对的家庭收支转为现金收入较少，但以储蓄、证券、土地等不动产、美术品乃至文化等积蓄为中心时，家庭收支的稳定度就会增加。

试把这种原理应用到生态系统。在混凝土铺设的水渠中设置水湾状的水坑（可暂时储水的结构）的话，进入坑中的水颗粒和生物便可从平均（单纯地）停留时间分布，一下子畅游在具有不同停留时间分布的世界中；其中还可生存适合各种停留时间的物种。这种的储水坑是多样生态系统的摇篮。

如上，创造健康的水循环，重点在于能否在流域中分布这种水坑（除了水量，在优化水质的立场上也需要。将来也应把水文化也包括在内，对其进行进一步讨论）。也在于怎样使流域中的水边储存边慢慢流出。[4]

最后，如国际日本文化研究中心的河合隼雄所长所述，"依赖至今以来的技术进步，从控

制自然和自负的思想中走出来, 重视与自然共鸣, 心心相连, 互相体谅, 共同生存的切身感受" [15),

这才是今后寻求的方向。

——引用文献——

1) 世界資源研究所, 国際環境計画, 国連開発計画, 世界銀行 (2001)：世界の資源と環境2000-2001, 日経BP社.

2) UNEP (1999) :Global Outlook 2000, Earthscan Publications Ltd.

3) 鷲谷いづみ・矢原徹一 (1996)：保全生態学入門, 文一総合出版.

4) 例えば, 大脇義一 (1955)：心理学概論, 培風館.

5) バーンド・H. シュミット(著), 嶋村和恵, 広瀬盛一 (翻訳)(2000)：経験価値マーケティング—消費者が「何か」を感じるプラスαの魅力, ダイヤモンド社.

6) 藤村正宏 (2001)：2時間でわかる!「モノ」を売るな!「体験」を売れ!—エクスペリエンス・マーケティングがあなたの会社を救う!, オーエス出版.

7) 日経BP社 (2002)：NGOの可能性, 日経エコロジー2002年8月号.

8) http://www5.cao.go.jp/seikatsu/npo/index.html, 内閣府, 国民生活政策, NPOホームページ.

9) Huub J Gijzen (2001) : The nitrogen cycle out of balance, WATER21, August.

10) 水谷潤太郎 (1997)：総窒素・総リンの物質循環図, 土木学会論文集 No.566／Ⅶ-3, p. 103-108.

11) 例えば, 電話帳から電話帳をつくるクローズドループリサイクル, 日経エコロジー, 2003年3月号, p.50-51.

12) http://www.env.go.jp/water/junkan/index.html, 環境省, 健全な水循環の確保に関する懇談会 (平成9年) 資料より.

13) 栗原 康 (1975)：有限の生態学－安定と共存のシステム－, 岩波書店.

14) 細見正明 (2000)：世は「循環」の時代？ ダム水源地ネット, 4月号, p.5.

15) 河合隼雄 (2000)：日本経済新聞 平成12年12月29日付け.